和秋叶一起学PPT

第5版

秋叶 陈陟熹 著

人民邮电出版社

北京

图书在版编目（CIP）数据

和秋叶一起学PPT / 秋叶，陈陟熹著. -- 5版. -- 北京 : 人民邮电出版社，2023.7
ISBN 978-7-115-60668-6

Ⅰ. ①和… Ⅱ. ①秋… ②陈… Ⅲ. ①图形软件 Ⅳ. ①TP391.412

中国版本图书馆CIP数据核字(2022)第235814号

内 容 提 要

本书是《和秋叶一起学 PPT》的第 5 版，在综合前 4 版的优点，充分听取读者对前 4 版图书的意见和建议的基础上，本次改版在结构上进行了调整和优化。

本书共 7 章：第 1 章主要针对用户制作 PPT 时所需要的各类素材应该到哪里去搜索和下载提供了必要的指引；第 2 章对完成一整套 PPT 制作需要重点掌握的主题颜色和主题字体、母版与版式等功能进行了阐述；第 3 章则详细介绍了在 PPT 中调用 Word、Excel 文档的内容，以及插入视频、音频等其他类型素材的方法；第 4 章主要介绍了排版必须掌握的工具及高效操作技巧；第 5 章全面介绍了文字、线条、形状、表格、图片的常见美化方法及动画设置的基础知识；第 6 章为读者解答了外出演讲、分享 PPT 时的常见问题；第 7 章为读者推荐了包括 iSlide 插件、OK 插件、口袋动画（PA）插件在内的多款主流插件，并对它们的部分特色功能做了简要介绍。

本书适合职场白领、培训主管、教师，以及政府机关中希望能又快又好、独立完成 PPT 制作的职员等学习。

◆ 著　　　　秋　叶　陈陟熹
责任编辑　李永涛
责任印制　王　郁　胡　南

◆ 人民邮电出版社出版发行　　北京市丰台区成寿寺路 11 号
邮编　100164　　电子邮件　315@ptpress.com.cn
网址　https://www.ptpress.com.cn
廊坊市印艺阁数字科技有限公司印刷

◆ 开本：690×970　1/16
印张：26　　　　2023 年 7 月第 5 版
字数：407 千字　　　　2024 年 10 月河北第 10 次印刷

定价：109.90 元（附小册子）

读者服务热线：(010)81055410　印装质量热线：(010)81055316
反盗版热线：(010)81055315
广告经营许可证：京东市监广登字 20170147 号

系列书序

如果你是第一次接触本系列书，我们坚信它是你学习 Office 三件套的上佳读物。

秋叶团队自 2013 年开始全力以赴做 Office 职场在线教育，目前已经成为国内非常有影响力的品牌。截至 2021 年年底，有超过 60 万名学员报名“和秋叶一起学 Office”课程。

我们的主创老师都有 10 年以上使用 Office 的经验，在网络上给学员答疑无数次。我们非常了解，很多时候大家办公效率低下，仅仅是因为不知道 Office 原来还可以这样用，也深刻理解大家在学习 Office 时遇到的难点和产生的困惑。

因此，我们对写书的要求是“知识全、阅读易、内容新”。我们迎合当今读者的阅读习惯，让我们的图书既能帮读者进行系统化学习，又能碎片式查阅；既要内容简洁明了，又要让操作清晰直观；着重体现 Office 常用及核心功能，同时有工作中会用到但未必常用的“冷门偏方”，并兼顾新版本软件的新功能、新用法、新技巧。

我们给自己提出了极高的要求，希望本系列书能得到读者发自内心的喜欢以及推荐。

做一套好书就像打磨一套好产品，我们愿意精益求精，与读者、学员一起进步！感谢那些热心反馈、提出建议和意见的读者，是你们的认真细致让我们不断变得更好。

如果你是第一次了解“秋叶”教育品牌，我们想告诉你我们提供的是一个完整的学习方案。

“秋叶系列”包含的不仅是一套书，更是一个完整的学习方案。

在我们的教学经历中，我们发现要真正学好 Office，只看书不动手是不行的，但是普通人往往很难靠自律和自学完成看书和动手的循环。

阅读本系列书的你，切记要打开电脑，打开 Office 软件，一边阅读一边练习。

如果你想在短时间内把 Office 操作水平提高到能胜任工作的程度，我们推荐你报名参与我们的线上学习班。在线上学习班，一众高水平的老师会针对重点、难点进行直播讲解、答疑解惑，你还能和来自各行各业的同学一起切磋交流。这种学习形式特别适合有拖延症、需要同伴和榜样激励、想要结识优秀伙伴的读者。

如果你平时特别忙，没办法在固定的时间看直播和交作业，又想针对工作中不同的应用场景找到对应的解决方法，不妨搜索“网易云课堂”，进入网易云课堂后搜索同名课程，参加在线课程，制订计划自学。这些课程不限时间，不限次数。

你还可以关注微信公众号“秋叶 PPT”“秋叶 Excel”，阅读我们每天推送的各种免费干货文章，或者在视频号、抖音上关注“秋叶 PPT”“秋叶 Excel”“秋叶 Word”，空闲时就能强化对知识点的学习，加深记忆，帮助自己轻松复习。

软件技能的学习，往往是“一看就会，一做就废”，所以，不用过度关注知识点有没有重复。对于一个知识点，只有经过不同场景的反复运用，从器、术、法、道不同的层面提升认知，你才能真正掌握它。你要反复训练，形成“肌肉记忆”，从而把正确的操作技巧变成下意识的动作。

依据读者的学习场景需求，我们提供了层次丰富的课程体系。

图　书——全面系统地介绍知识点，方便快速翻阅、快速复习。

网　课——循序渐进的案例式教学，可谓是解决具体场景问题的法宝，学习不限次数，不限时间。

线上班 —— 短时间、高强度、体系化训练，直播授课、答疑解惑，帮助快速提升技能水平。

线下班 —— 主要针对企业客户，提供 1~2 天的线下集中培训。

免费课 —— 微信公众号和视频号、抖音等平台持续更新干货教程、直播公开课，帮助快速学习新知识、复习旧知识，打开思路和拓宽眼界。

我们用心搭建学习体系，目标只有一个，就是降低读者的选择成本 —— 学 Office，找秋叶就够了。

对于“秋叶”教育品牌的老朋友，我们想说说背后的故事。

2012 年，我们决定开始写《和秋叶一起学 PPT》的时候，的确没有想到，几年以后一本书会变成一套书，内容从 PPT 延伸到 Word、Excel，每本书在网易云课堂上都有配套的在线课程。

可以说，这套书是被网课学员的需求“逼”出来的。当我们的 Word 课程学员数破 5000 之后，很多学员就希望在课程之外有一本配套的图书以供翻阅，这就有了后来的《和秋叶一起学 Word》。我们也没想到，在 Word 普及 20 多年后，一本讲 Word 的图书居然也能轻松实现销量超 2 万册，超过很多电脑类专业图书。

2017 年，我们的 PPT、Excel、Word 单门课程学员都超过 1 万人，推出《和秋叶一起学 PPT》《和秋叶一起学 Excel》《和秋叶一起学 Word》三件套图书也就成为顺理成章的事情。经过一年的艰苦筹划，我们终于出齐了三件套图书，而且《和秋叶一起学 PPT》升级到了第 3 版，另外两本也升级到了第 2 版，它们全面展示了 Office 新版本软件的新功能、新用法。

2019 年，在软件版本升级且收集到众多学员反馈的情况下，我们决定对三件套图书再次升级。这次升级不仅优化了排版结构，增补、调整了知识点，更是专门录制了配套的案例讲解视频。

现在回过头来看，我们可以说是一起创造了图书销售的一种新模式。要知道，在 2013 年把《和秋叶一起学 PPT》定价为 99 元，在很多人看来是很不可思议的。而我们认为，好产品应该有相应的定价。我们确信通过这本书，你学到的知识的价值远超 99 元。而实际上，这本书销量早就超过了 20 万册，成为一个码洋超千万元的图书单品，这在专业图书市场上是非常罕见的。

其实，当时我们也有一点私心：我们希望图书提供一个心理支撑价位，好让我们推出的同名在线课程能够有一个较高的定价。我们甚至想过，如果在线课程卖得好而图书销量不高，这些损失可以通过在线课程的销售弥补回来。但最后是一个双赢的结果，图书的高销量带动了更多读者报名在线课程，在线课程的扩展又促进学员购买图书。

更让我们没有想到的是，我们基于图书的专业积累，在抖音平台分享 Office 类的技巧短视频，短短 1 年时间就吸引了超过 1000 万名粉丝。因为读者和学员信任我们的专业积累和教学质量，我们的职场类线上学习班（训练营）也很受欢迎。目前，已有的学习班包括 PPT 高效实战、PPT 副业变现、Excel 数据处理、Excel 数据分析、Photoshop 视觉设计、Photoshop 商业海报变现、小红书变现、直播、手机短视频等，截至 2022 年 6 月，我们已累计开展 118 期学习班，吸引了 35000 多名学员跟我们一起修炼职场技能，提升竞争力。

这是产品好口碑的力量！图书畅销帮助我们巩固了“秋叶系列”知识产品的品牌。因此，我们的每一门主打课程，都会考虑用“出版 + 教育”的模式滚动发展，我们甚至认为，这是未来职场教育的一个发展路径。

我们能够走到这一步，要感谢一直以来支持我们的读者、学员以及各行各业的朋友们。是你们的鞭策、鼓励、陪伴和自愿自发的宣传，让我们能持续迭代；是你们的认可让我们确信自己做了对的事情，也让我们有了更强的动力去不断提升图书的品质。

最后要说明的是，这套书虽然名称是“和秋叶一起学 ××”，但今天的秋叶已经不是一个人，而是一个强有力的团队，是一个学习品牌。我很荣幸能遇到这样一群优秀的小伙伴。我们作为一个团队，一起默默努力，不断升级、不断完善，将这套书以更好的面貌交付给读者。

希望爱学习的你，也会爱上我们的图书和在线课程。

秋叶

前　言

大家好，欢迎来到 PPT 的世界！我是秋叶老师，你们的“新手村向导”。作为一名尽职尽责的“接待员”，我在这里已经工作了 9 年，接待了无数想要学好 PPT 的有为青年，他们之中的很多人后来都成了 PPT 世界里的高手，其中的一些佼佼者甚至名震一方，成为 PPT 世界里响当当的人物。

可是你知道吗？当初他们刚来到 PPT 世界时，也和你一样满怀疑惑：“我到底该怎么学 PPT？”“已经工作几年了，现在学 PPT 还来得及吗？”别急别急，你们想要问的这些问题，接下来我会挨个儿解答！

Q：我什么都不会，这本书适合我看吗？

A：总的来说，本书适合以下这些读者学习。

1. 零基础的 PPT“菜鸟”。本书通俗易懂，充分考虑了初学者的知识水平，涵盖资源搜索、素材组织、元素处理、动画应用等 PPT 制作的各个环节。哪怕以前从来没制作过 PPT，也不会影响你看懂本书的内容。

2. 想对新版 Office 有更多了解的用户。本书所有内容及案例截图均使用 Microsoft 365 版本的 PowerPoint，保证大家学到全面新的功能。如果你暂未使用 Microsoft 365，也可以通过本书提前了解新版本软件的许多便利功能。

3. 时间碎片化的学习者。最近几年，各种知识付费类社群和训练营在社交媒体上发展得如火如荼，但很多人因为工作繁忙，报名后往往无法按时参加学习、坚持每天完成作业，落下的进度一多，就很容易放弃。本书按照知识结构组织内容，每个知识点只用 2~5 页来讲解，非常方便大家利用碎片时间进行学习，每次学习 2~3 个知识点，时间和强度上都没有压力，更容易坚持。

Q：和其他同类图书比，这本书有什么特色？

A：其实如何写出特色也是我在写书时考虑得最多的问题。

我问自己：大家为什么要学习制作 PPT？是要励志成为微软公司下一代 Office 软件的开发者吗？是要成为 Office 应用能力认证考试的考官吗？所以……

为什么要花大量时间去逐一熟悉软件功能呢？

对于大部分人来说，学习制作 PPT 就是为了满足日常工作需要，而在许多公司，工作汇报 PPT 有专用模板，领导也不喜欢满篇特效和动画，所以……

为什么要陷入过分追求 PPT 技术“高大上”的“深坑”呢？

正是因为思考了上述问题，本书在构思和写法上都具有明显的特色，与过去绝大多数讲 PPT 功能的图书有着显著区别。

绝大多数讲 PPT 功能的图书	本书
按软件功能组织	按实际业务组织
截屏 + 操作步骤详解	图解 + 典型案例示范
书 + 花样模板	书 + 实战案例 + 高效插件
只能通过图书单向学习	同名在线课程 + 自媒体平台矩阵

另外，本书又不像一些侧重于讲 PPT 审美的图书那样，给出很多案例却很少讲操作，让大家陷入“知道该做成这样却不知道如何才能做成这样”的困境。

Q：看完这本书，我都能学到哪些知识和技巧呢？

A：关注学习者 PPT 制作能力的实际提升，正是本书组织模式的搭建之源。

过去绝大部分讲 PPT 功能的图书都是按照软件功能来组织内容的：要么按菜单功能逐一介绍，要么按版式、文字、表格、图表、动画的顺序来介绍，再搭配着讲几个案例。我们觉得这些组织模式都不错，但看完之后，学习者的 PPT 制作能力能提升多少呢？

所以，本书采用了如下组织模式。

每章内容	对应的思路	涵盖的知识
第 1 章，快速找对素材	先有素材，再做构思	找到 PPT 制作需要的各种素材
第 2 章，快速统一风格	先定规范，再做设计	4 步美化 PPT
第 3 章，快速导入材料	先有内容，再做删减	快速导入找到的各种材料
第 4 章，快速完成排版	先有方法，再做排版	高效完成 PPT 页面元素排版
第 5 章，快速美化页面	先有思路，再做美化	修饰 PPT 页面
第 6 章，快速完成分享	先有干货，再做分享	分享 PPT 到各场景
第 7 章，快速提升效率	先有“神器”，再做提速	功能“高大上”的 PPT 插件

虽然我们知道有很多年轻的学习者，特别是在校大学生，他们是真的喜欢制作 PPT、喜欢反复打磨 PPT，但对于更多已经工作的学习者来说，**制作 PPT 并不是一件令人愉悦的事情，很多时候真的是不得已**……

所以，抓住大部分学习者的实际需求，有针对性地进行讲解，着重体现**高效**和**套路化**，亦是本书组织内容的重要准则。

Q：这本书有没有配套资源呢？

A：当然有！来，让秋叶老师手把手教你下载本书提供的配套资源！

步骤 1：关注我们的公众号——秋叶 PPT

点击微信对话列表界面右上角的“放大镜”，然后点击“公众号”，在搜索框中输入关键词“秋叶 PPT”，最后点击键盘右下角的“搜索”按钮，添加关注即可。

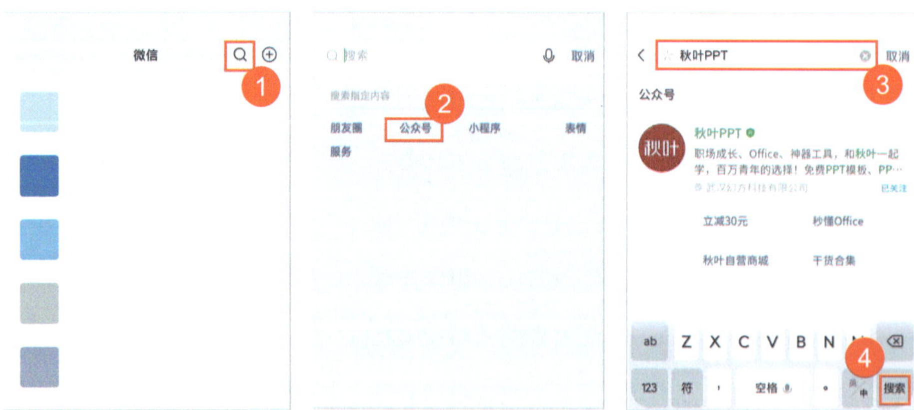

▲关注“秋叶 PPT”公众号，获取图书配套资源

步骤 2：在公众号对话界面中发送关键词

进入公众号对话界面后，发送关键词“秋叶 PPT 图书”，即可获取我们为大家精心准备的图书配套资源的下载链接。

Q：除了看书自学，还有别的学习渠道吗？

A：如果你担心一个人坚持不下去，就来网易云课堂参加我们的在线课程吧！

虽然本书通过各种方式尽可能地帮大家把学习制作 PPT 的难度降到了最低，但我们知道，对于大多数人来说，学习并不是一件轻松愉快的事，特别是身边没有同伴的时候。

想要和更多小伙伴一起学习？不妨到网易云课堂搜索“和秋叶一起学 PPT”，参加这门在线课程，和近 9 万名学员一起学习成长吧！

参加在线课程的理由

1. 针对在线教育，打造精品课程。秋叶 PPT 核心团队针对在线教育模式研发出一整套 PPT 课程体系，绝不是简单复制过去分享的内容。

2. 先教“举三反一”，再到举一反三。这门课程提供了大量习题及参考答案，我们相信，经过这样的强化练习，你一定能将各种 PPT 制作技巧运用自如。

3. 在线结伴学习，微博、微信互动。这门课程不仅分享干货，还鼓励大家通过微博、微信分享互动！你不是一个人在学习，而是和近 9 万名学员一同学习。

Q：基础的 PPT 制作没问题了，有没有提升的课程？

A：必须有！“和秋叶一起学工作型 PPT”这门课程可能适合你。

如果说“和秋叶一起学 PPT”是一门带你真正学会 PPT 制作的基础性课程，那么“和秋叶一起学工作型 PPT”就是一门注重实战运用的实用性课程。这门课程不聚焦于软件功能，而是根据实际工作中的需求展开，逐一讲解团队介绍、时间轴、图表汇报、产品介绍、年终总结等各种类别的 PPT 的制作，让你学了就能用，用了就能见成效。

目　录

1 哪里才能　找到好素材

2 快速打造 “帅气”的PPT

3 快速导入　多种类材料

4 怎样排版 操作更高效

5 怎样设计 页面更美观

6 怎样准备 分享更方便

7 善用插件 制作更高效

1

哪里才能找到好素材

- 找不到好图片？不知道怎么搜？
- 找不到好字体？不知道怎样装？

这一章，学完便知！

1.1 别忽略PPT中的素材

一直以来，那些称得上优秀的 PPT，通常都做到了以下两点：**第一，能展现制作者严密的逻辑；第二，能带给观众赏心悦目的感受。**

关于前者，如何才能让 PPT 更具逻辑性，从而准确又强有力地表达观点，本书不做过多探讨。如果你想要在这方面获得提高，推荐你阅读《说服力 让你的 PPT 会说话》一书。该书以逻辑为线索，深入剖析了为什么制作 PPT 要重视逻辑，以及让 PPT 的内容架构更具逻辑性的具体方法。同系列的另外两本书《说服力 工作型 PPT 该这样做》和《说服力 又快又好设计完美 PPT》则聚焦于 PPT 的制作“套路”和风格，搭配阅读，效果更佳！

▲ 秋叶团队出品的“说服力”系列图书

而关于后者，要想构建出一份让人赏心悦目的 PPT，我们就必须借助于大量优质的素材，这些优质的素材就是我们制作 PPT 的原材料。

新手往往只注意到了 PPT 上的背景、图片或者关系图示，却忽略了 PPT 设计元素还包括字体、配色、版式等，对制作者使用了何种设计手法来整合这些元素更是知之甚少，所以很多新手才会产生“做 PPT = 找个好看的模板 + 填上自己的内容”的误解。

我们在学习和阅读他人制作的 PPT 时，**除了要学习制作者的逻辑和设计创意，也要留心制作者利用哪些设计手法增强了 PPT 的说服力。**

如下面这一页 PPT，选自 @Simon_ 阿文 的“几何城市”主题模板。页面上几乎只有一个“壹”字，它作为章节页出现时，或许只展现几秒就会被翻过去。如果你只是想套个好看的 PPT 模板，这一页几乎不用修改什么内容，顶多就是把右侧用来占位的英文更换一下。但如果你带着学习的心态慢慢研究，就能从这一页 PPT 中学到不少设计手法。

（带有本标志，表示配套资源中有对应的视频，请注意观看。配套资源的获取方法详见封底的说明。）

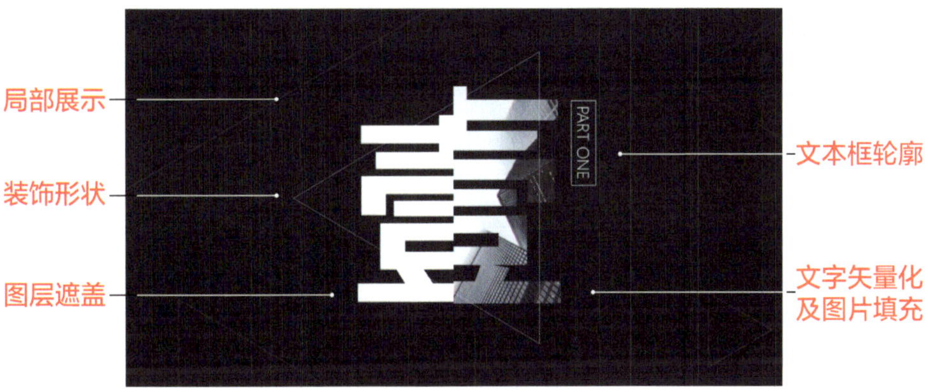

▲ @Simon_ 阿文 的“几何城市”主题模板中用到的设计手法

不过，新手制作 PPT 时最大的问题往往不是不知道如何美化素材，而是根本不知道该去哪里找素材，又或者是找到很多素材后不知道该如何取舍。

在这一章，我们将带领大家一起了解制作 PPT 时哪些素材是需要系统考虑的，有哪些渠道可以快速获取素材。另外，我们还会提供一些可供参考的选材建议。

1.2 别忽略PPT中的字体

字体能让 PPT 立即与众不同

看看下面两张 PPT，你觉得哪一张更专业？右边的对吧？没错，右边的 PPT 之所以看起来更加专业，很重要的一点原因是其使用了恰当的字体，当然还有合理的配色。

▲ 根据 iSlide 主题库中的免费主题模板修改

衬线字体和无衬线字体

西方把字体分为两类：衬线字体（Serif）和无衬线字体（Sans Serif）。

衬线字体在笔画开始和结束的地方有额外的装饰，笔画的粗细也会有所不同。相反，无衬线字体就没有这些装饰，而且笔画的粗细都差不多。

宋体 **方正粗宋**

衬线字体： 笔画粗细不同，更适合大字时使用，小字时投影清晰度不高。

黑体 微软雅黑

无衬线字体： 笔画粗细几乎相同，大字小字均较清晰，投影时更美观。

在传统的书籍印刷中，正文的文字通常较多，衬线字体笔画的粗细之分使得文字、段落之间的空隙更多，正文的“透气性”更好、易读性较强，读者阅读时的视觉负担较小。如果使用无衬线字体——**本段文字就是如此**——就容易形成“黑压压一大片”的视觉效果，给人带来阅读负担，让人产生“没有勇气继续看下去”的情绪。

▲ 直观感受一下无衬线字体段落的“压迫感”

但 PPT 这一形式在实际使用中，投影观看的需求远大于打印或通过电脑屏幕观看的需求。受投影仪分辨率、光源损耗程度、幕布清洁程度等因素的影响，投影的实际效果较电脑屏幕显示的效果总是会有损耗。

如果在正文中使用宋体等衬线字体，投影时，较细的横线笔画往往无法清晰地显示出来，**文字内容的识别度下降，反而会造成阅读不畅。**

▲ 做 PPT 时一定要考虑投影演示的最终效果

因此，如果你的 PPT 是为投影演示而做的，推荐你在正文小字部分使用无衬线字体，在标题等字号较大的部分才使用装饰性较强的衬线字体。当然，无衬线字体干净、简洁、有冲击力，也可以用于标题，特别是在商业、科技、政府报告等题材的 PPT 中。

另外，无衬线字体的种类比衬线字体多，选择余地也更大。随着扁平化、极简风格的流行，无衬线字体正被越来越多的人喜欢。

衬线字体	无衬线字体
优点	
透气性好 装饰性好 字形优雅	识别度高 有冲击力 简洁大方
缺点	
小字在投影状态下不易看清，种类相对较少	中规中矩，较难表达特定情绪

▲ 衬线字体与无衬线字体的优缺点对比

不管选用衬线字体还是无衬线字体，都没有绝对的对错，只有合适与不合适、恰当与不恰当之分。**即便同是衬线字体或无衬线字体，不同的种类在**

风格和气质上也可能存在明显的差别。

▲ 封面文字均为无衬线字体，但风格有明显的差别

我们的建议是，多尝试一些不同的字体，感受它们在风格和气质上的差别，找到最适合你 PPT 内容主题与风格特征的一款。

1.3 PPT里的中文字体

不同场合可以使用不同的字体

除了前面说到的来自西方的“衬线”和“无衬线”的分类方法，就中文来讲，PPT 里的字体还可以根据使用场合、书写风格等的不同来进行分类。PPT 里常见的中文字体有以下几类。

内容字体

内容字体是阅读型 PPT 中最常见的字体，常用于正文部分。其主要特点是字形清晰易识别，通常是各种黑体，如微软雅黑、微软雅黑 Light、思源黑体系列等。

强调字体

强调字体常用于标题或段落中的关键词、金句，通常是有一定装饰作用的粗笔画衬线字体，如华康俪金黑、方正风雅宋、方正粗宋等。

书法字体

书法字体能快速增强 PPT 的文化感，多见于国风 PPT，如今也常被用于科技发布会等场合。常见的书法字体有叶根友系列、禹卫书法行书简体、汉仪尚巍手书等。

儿童字体

儿童字体是萌萌的幼儿风格的字体，常用于低年级教学课件或亲子类 PPT。常见的儿童字体包括方正胖娃简体、汉仪黑荔枝简体、汉仪小麦体、汉仪乐喵体、华康娃娃体等。

不同的字体代表着不同的情绪。在制作 PPT 的过程中，根据 PPT 的内容和风格来选择合适的字体至关重要。Windows 系统自带的字体数量非常有限，表现力也相对较差，这就要求我们平时多浏览一些字体网站，如方正字库、汉仪字库等，根据自己最常使用的 PPT 风格，有的放矢地筛选和下载一些合适的字体，从而有效提高 PPT 的表现力。

▲ 方正字库、汉仪字库中有多种字体

1.4 PPT里的英文字体

不同风格可以使用不同的字体

除了前面提到的中文字体，很多 PPT 也会用到英文字体。在外企或在国外工作的朋友还经常会有制作全英文 PPT 的需求。因此，在 PPT 中用对英文字体也是至关重要的。

假设你需要制作的是一份中英文结合的 PPT，那还得考虑中英文字体之间的匹配程度，**尽量选择风格相近的中英文字体以保证视觉效果统一。**

和前面的中文字体分类方式类似，从实际使用的角度出发，我们可以从风格感受上把英文字体大致分为以下 5 类。

无衬线粗体

此种英文字体现代感较强，多用于科技、工业、商业、教育等领域，包括但不限于 Roboto 系列、Arial 系列、Impact 等。为了体现出层次对比，无衬线粗体常搭配无衬线细体使用。

无衬线细体

此种英文字体时尚感较强，多用于潮流、设计等领域。在英文字体中，有很多字体都有对应的细体字型，例如前面提到的 Roboto 和 Arial 系列，就有对应的细体字型 Roboto Light 和 Arial Nova Light。

衬线传统字体

衬线传统字体是最能体现英文“优雅”的字体，精心设计的衬线装饰让字母看上去精致感十足。衬线传统字体包括但不限于 Garamond、Tranjan 及 Times New Roman 等。

手写英文字体

手写英文字体是自由流畅的手写体，一般用于文艺、节日等主题，请帖、写真相册上也非常常见。一般来说，手写英文字体的名称中都带有“Script”这个单词，搜索的时候认准即可。

复古哥特字体

复古哥特字体是中世纪复古风格的哥特字体，其适用范围相对较小，一般用于欧美复古风格的封面、标题，包括但不限于Old English Text MT、Sketch Gothic School等。

前面提到了中英文字体混用时应该注意二者风格的一致，这里刚好就有一个现成的例子——在本书的正文部分，我们便使用了中文字体“方正宋一简体”和英文的“Times New Roman ” 。二者都是衬线字体，风格接近、视觉效果统一，不会给人不和谐的感觉。

1.5 PPT里的数字字体

不同用途可以使用不同的字体

PPT的正文、表格或图表中可能会出现大量数字，这些数字通常字号偏小，如果要方便阅读，推荐优先使用兼顾清晰和美观的英文字体Arial。当然为了设置方便，和中文统一使用“微软雅黑”也是可行的。

偿债能力分析表				
项目	第一年	第二年	第三年	第四年
短期偿债能力分析				
流动比率	2.17	2.05	1.97	1.87
现金比率	1.55	1.47	1.38	1.23
	宋体	等线	Arial	微软雅黑

▲较小字号下，使用 Arial 和微软雅黑字体的数字更清晰美观

在 PPT 中，数字还有另外一种用途，即强调和美化。如作为章节页的背景序号出现（左下图），又或是用于展现名次、百分比、业绩等重要数据（右下图）。**这种用途下的数字，往往需要选用笔画较粗的字体，经刻意放大字号、改变颜色才能出彩。**

1.6 除了官网还能去哪里下载字体

前文提到过，Windows 系统自带的字体数量较少、表现力有限。要想制作出优秀的 PPT，通常需要自行安装更多字体。方正和汉仪的字体我们可以从官网下载，其他字体又应该去哪里下载呢？这一节就和大家分享几个可以下载字体的网站。

找字网

找字网是一个提供字体效果预览与字体下载服务的综合性网站。该网站

对字体的分类非常详尽，用户可以按字体厂商分类浏览，也可以按字体外观分类浏览。

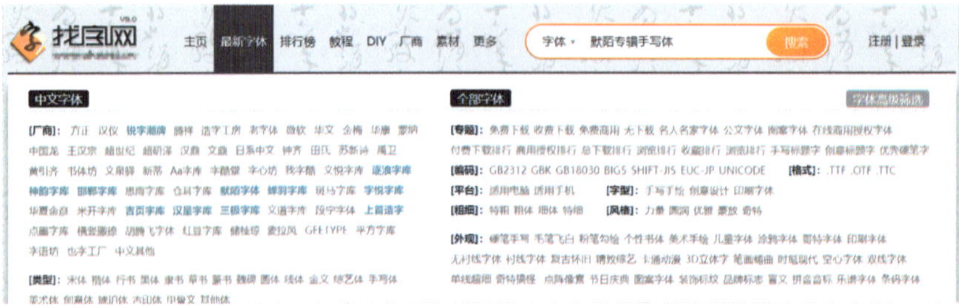

▲ 将鼠标指针移动到“最新字体”，即弹出字体分类菜单

字体传奇网

字体传奇网与找字网类似，也是一个较大的字体下载网站，不但有丰富的字体资源可供下载，还有很多供参考的艺术字设计灵感案例。字体传奇南安体、字体传奇特战体等免费可商用字体正是该网站发布的。

▲ 字体传奇网不但发布免费字体，还提供字体设计案例

在设计 PPT 的过程中，如果你知道某款字体确切的名称，也可以直接利用搜索引擎搜索该字体的下载链接。但我们也要提醒大家：字体是一种版权作品，在使用字体制作 PPT 时一定要注意避免字体侵权。**在使用一种字体之前必须先了解其是否是免费字体！**

2019 年 3 月，微博上一则爆料引起了广大网友的关注：某公司实习生使用盗版修图软件及微软雅黑字体印刷了 5000 万张样稿，导致该公司赔偿了 2800 多万元，裁员数十人。

虽然事后微软雅黑字体版权所属的北大方正集团出面进行了辟谣，表示方正字体授权费用仅为几百至几千元，但事实上字体使用前的授权费和侵权后的赔偿费是两码事，很多公司都曾因字体侵权而被起诉。

虽然有这样的“天价”维权案例，但各字体公司维权主要针对的还是“未授权的商业用途”，对“个人非商业用途”的规定相对比较宽松。

以方正字库为例，你只要在官网注册账号时选择“设计师”，**就可以在“个人非商业用途”下免费使用所有的方正字体。**

汉仪字库则不但在“个人非商业用途”的“业务介绍”中明确说明了注册用户在个人作品（包括但不限于个人论文、PPT 等）中使用字体属于“个人非商业用途”，还在细则中授权用户**以个人研究、学习或欣赏的目的向第三方展示字体。**

当然，如果你不确定自己设计的 PPT 是否属于商业用途，也可以使用那些免费可商用的字体进行 PPT 设计。不知道哪些字体是免费可商用的？那下面这个网站你一定要收藏好！

猫啃网

猫啃网是一个专门收录免费可商用中文字体的站点，单击网站首页右侧的“字体大全表 - 图文版”即可预览免费字体的使用效果。

浏览到喜欢的字体后，单击对应的卡片进入详情页，按照网站提示选择下载地址下载即可。

天下没有免费的午餐，当我们把字体用于商业场合时，请尊重原创者的劳动。只有这样，字体设计者才能不断创造出漂亮的字体。

1.7 使用网站生成书法字体效果

在 1.3 节里，我们给大家推荐了一些不错的书法字体。如果你只需要在封面标题等位置使用一两次书法字体，又不想安装太多字体，那么你可以试试使用在线书法字体生成网站来生成书法字体效果。

以阿酷字体网站的毛笔字在线生成页面为例，操作步骤如下图所示：直接在网页提示框内输入文字内容，选择一种字体，设置好字体参数（建议勾选“透明？”），右击保存生成的 PNG 格式的字体图片，将其插入 PPT 即可。

▲ 简单 3 步就可以生成各种书法字体效果

阿酷字体网站提供了 89 款书法字体，包括段宁毛笔行书、尚巍手书体、默陌山魂手迹、汉仪秦川飞影等多款 PPT 高手们常用的书法字体。在网站顶部导航栏中切换到艺术字生成页面，我们还能使用同样的方法生成造字工房启黑体、站酷快乐 POP 设计字体等其他字体效果，非常方便。

1.8 发现不认识的好字体怎么办

新手学习 PPT 制作，很重要的一点就是要学会博采众长，从他人的优秀作品中吸取经验。如果看到网上某个设计作品、超市中某张广告海报用了一款不错的字体，在联系不到作者的情况下，你有办法知道这是什么字体吗？下面这个实例就教你怎么做！

实例 01 使用求字体网识别未知字体

视频案例

首先，对需要识别的图片中文字轮廓清晰的部分进行截图，如下图所示。

打开求字体网，直接按 Ctrl+V 组合键粘贴截图。如果之前已经保存了截图，也可以单击搜索框右侧的“图片”按钮选择图片进行上传。

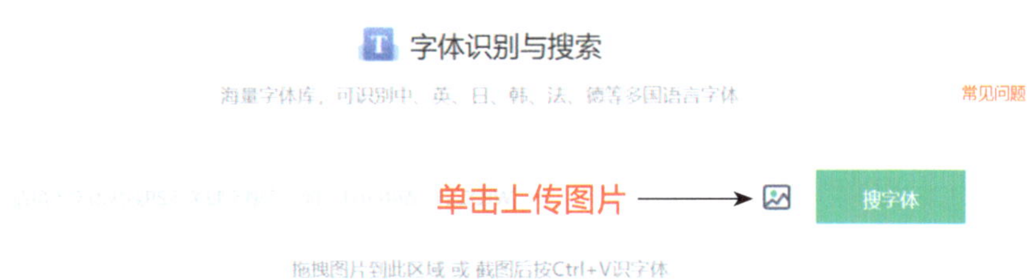

图片上传后，网站会跳转到“请选中下方最有特点的单字”页面，按照页面提示选择字形清晰完整的单字并单击“确认完整单字”，然后单击“开始

搜索”。

稍等片刻，网站就会给出识别结果列表，排名越靠前相似度越高。第一个结果通常就是我们想要查找的字体。

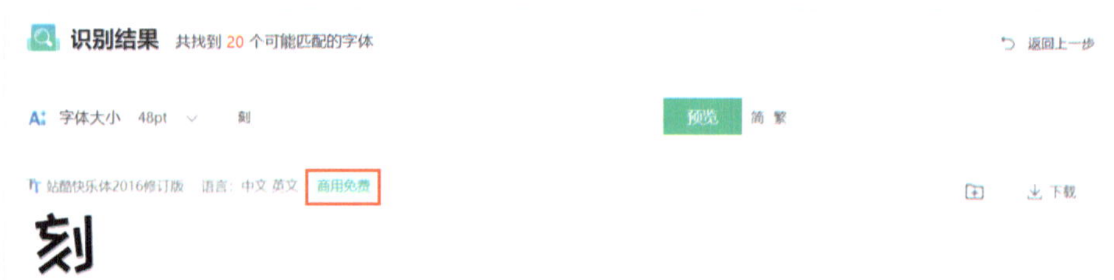

本实例的识别结果是“站酷快乐体 2016 修订版”，该字体免费可商用。虽然网页右侧提供了下载链接，但实测下来很难顺利完成下载。不过既然我们已经知道了字体名称，且该字体商用免费，就可以去前面推荐过的猫啃网搜索下载。另外，同样是收录免费可商用字体的网站，100font 也很实用。

如果对识别结果有疑问，可以单击“返回上一步”，使用“原始拆字”模式重新拆分并识别文字。

在这个模式下，我们可以手动拖动不同的文字笔画部件，将它们组合成完整的文字，然后单击“确认完整单字”，再单击“开始搜索”，进行文字识别。

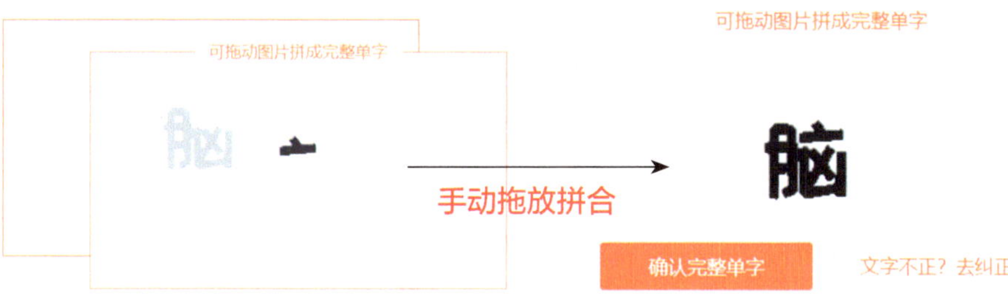

受文字图片质量及字体本身字形独特性的影响，并非所有文字的字体均能被准确识别。特别是在平面海报、品牌 Logo 中使用的文字，有很多都是专门设计的，并非通用字体，自然也就无法被准确识别了。

1.9 防止字体效果丢失的几种方法

对于新手而言，在使用字体方面经常遇到的问题就是——**换了一台电脑，PPT 的字体效果就全丢了。**要解决这个问题，一般来说有以下 3 种方法。

复制安装字体

将 PPT 中用到的非系统自带的字体从字体文件夹中复制出来，换电脑之后先安装字体再打开 PPT，这是最保险的一种方法。不过如果是代他人制作的 PPT，将 PPT 和字体发送给对方后，对方是否会安装字体也是一个问题。

视频案例

嵌入字体

执行“文件—选项—保存”命令，勾选“将字体嵌入文件”，然后保存 PPT，可以将用到的字体随 PPT 捆绑保存。（详见 2.11 节）

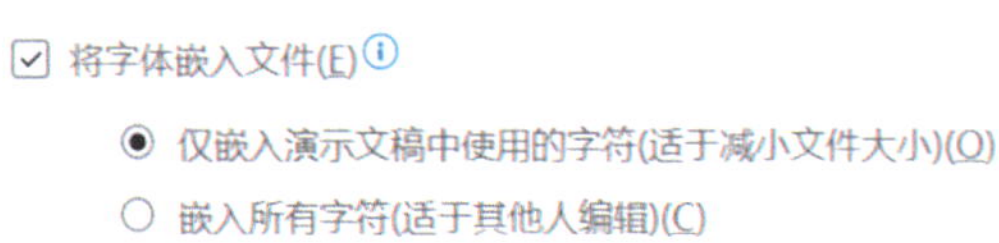

▲ 嵌入字体的两种不同方式

由于这一操作可以在制作 PPT 时完成，所以就不存在第一种方法中对方可能不会安装字体的尴尬。但是这种方法也有缺点，那就是**并非所有的字体都可以顺利嵌入 PPT。**有时你会在尝试嵌入字体、保存 PPT 时收到系统的提示：“某些字体无法随演示文稿一起保存”。

出现这样的情况是因为字体设计者为了保护版权，对字体的使用进行了许可限制。使用这些受限字体时，用户只能将其用于在本地显示器上显示、通过桌面打印机打印，而不能将其嵌入 PPT 中分享传播。

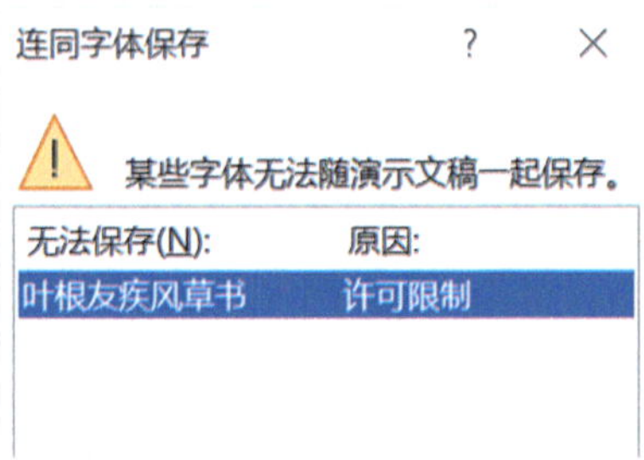

▲ 尝试嵌入字体时可能会遭到拒绝

如果你必须使用这类受限字体，在不涉及版权问题的情况下可以采取第三种方法来防止字体效果丢失。

将字体转存为图片

选中使用了受限字体的文本框，按 Ctrl+X 组合键进行剪切，然后按 Ctrl+V 组合键进行粘贴。

粘贴出来的文本框右下角会出现一个浮动按钮。单击这个按钮，选择弹出的菜单中位于右侧的选项——“图片”，即可将文本框中的文字以图片的形式插入 PPT。这样做的缺点也很明显——文字在变成图片之后就无法再进行编辑了，因此这种方法只能在确保文字内容不用再修改时使用。

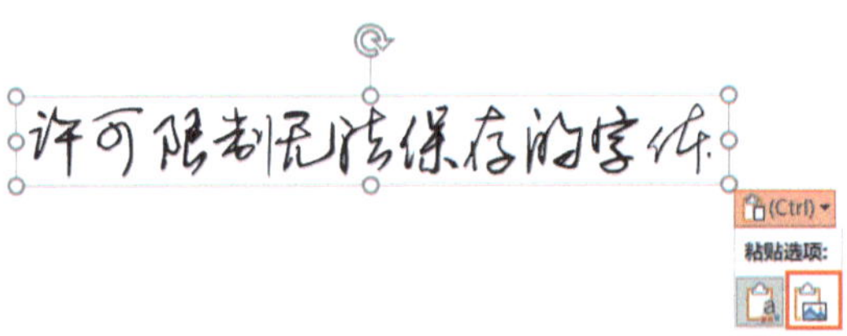

Office 2013 以上版本还可利用插件或合并形状功能，将字体转换为形状；转换后可二次改色，字形也更加清晰。（详见 7.13 节）

1.10 这些使用图片的窍门你知道吗

PowerPoint 支持 SVG 矢量格式图片

俗话说“字不如表，表不如图”，图片对 PPT 的重要性不言而喻。最新

Microsoft 365 的 PowerPoint 支持的图片格式非常丰富，除了常规的 PNG、JPG 等格式，还支持最新的 SVG 格式，并内置了大量 SVG 格式图标，即选即用，用户可以随意调节图标的大小和颜色，不用担心失真。其操作步骤如下。

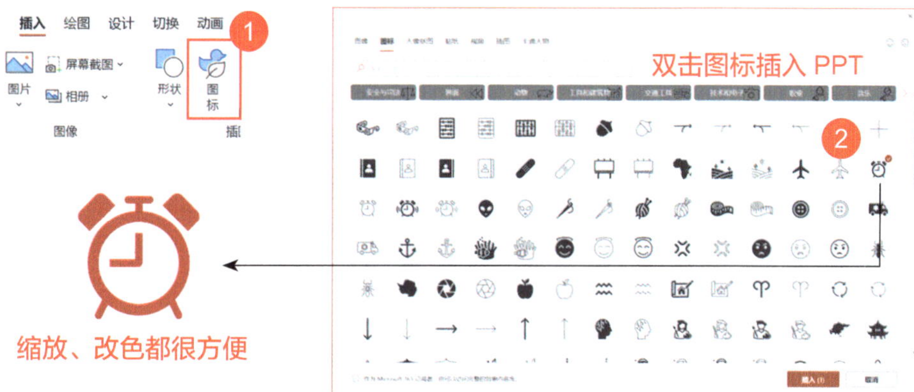

非 SVG 格式图片要注意分辨率

在使用非 SVG 格式的图片时，分辨率较低的图片的投影效果会模糊不清，影响信息的传递。如果再将其放大，效果就更“不堪入目”。因此，我们在最开始搜索图片素材时就要尽量选择分辨率高的图片。

1.11 哪些网站的图片质量好

要想找到好图片，就得收藏一些找图的好网站。不过要提醒各位：好图片往往都有版权限制，如果随意地把从网络上下载的图片用于商业场合，很可能有侵权的风险。

当然，也有一些网站专注于收集和贡献免费可商用的图片，虽然其图片数量相对付费网站来说较少，但用于日常 PPT 制作还是绰绰有余。例如最大的收录免费可商用图片的网站 Pixabay。**在写作本书第 4 版时，该网站收录了 170 万张免费图片，而如今，这个数字已经超过 260 万。**

▲ 内容免费可商用，而且在不断扩充的 Pixabay

在 Pixabay 首页搜索框中输入关键词（支持中文）进行搜索，挑选你喜欢的图片，单击进入详情页就可以免费下载。部分图片的分辨率高得令人咋舌。

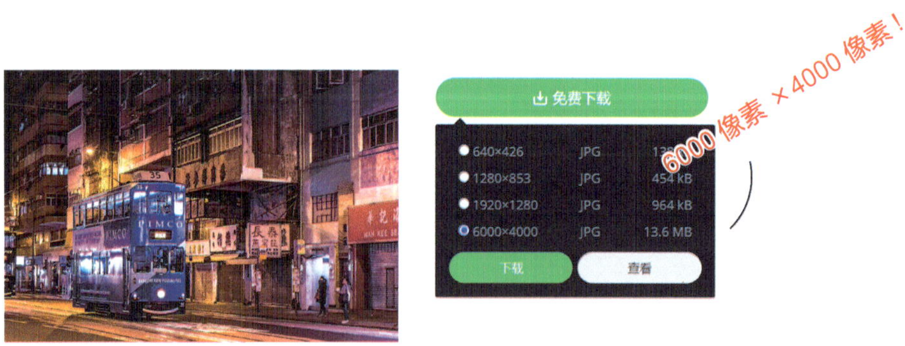

Unsplash 也是一个深受 PPT 高手们喜爱的免费图片网站，这里收录的图片数量没有 Pixabay 多，但图片在品质和格调上有过之而无不及。

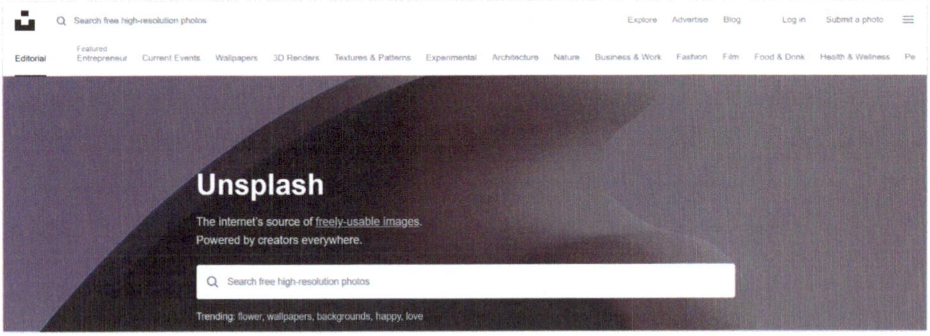

▲收录的图片称得上“张张精品” 的 Unsplash

例如，搜索关键词“Wood”（不支持中文），我们就能找到许多木质纹理图片，这些图片用来当 PPT 的背景图片再合适不过了。

▲利用 Unsplash 上的木质纹理图片制作 PPT 的背景

除了 Pixabay 和 Unsplash，免费的优质图库还有 Pexels、Gratisography 等。如果你愿意付费，国内的摄图网、国外的 500PX 等网站也值得去看看。受限于篇幅，这里不再一一介绍。

1.12 别忽略强大的图片搜索引擎

知道了一系列优质图片素材网站，并不代表我们就不需要利用搜索引擎来搜索图片了。在一些需要为 PPT 快速配图，且对图片质量要求不是特别高的场景下，用搜索引擎搜图，效率更高。

百度

曾几何时，百度还是图片搜索引擎中的反面教材，通过百度搜到的图片质量较低，很多图片不但分辨率较低，构图、色彩、风格等也跟不上时代。

但随着时间的推移，我们惊喜地发现，百度收录的图片质量较以前有了大幅度的提升。例如在百度中搜索关键词“城市”，能搜到不少不错的图片。

▲ 百度中关键词“城市”的搜索结果（部分）

除了在图片质量上有明显进步以外，百度在给用户提供便利方面也做了不少努力。我们可以通过**单击导航栏下方的标签对图片进行快速筛选**，不管是想要找高清图片，还是想要搜索动图，又或是想要搜索明确了版权归属的图片以方便购买后商用，都可以一键搞定。此外，用户还可以通过设置图片的尺寸和颜色来缩小搜索范围，这些设置极大地提高了用户使用百度搜图的效率。

▲ 百度丰富的一键筛选选项

Bing

微软公司出品的 Bing（必应）也是深受大众喜爱的一款搜索引擎。由于出身于微软公司，当我们在 Bing 上搜索英文关键词，或者切换到“国际版”搜索时，搜索结果可能会与中文关键词的搜索结果有一定区别。**因此如果搜不到合适的图片，不妨换英文关键词或切换到“国际版”搜搜看。**

▲英文关键词“city”在 Bing 国际版上的搜索结果（部分）

1.13 为什么高手们搜到的图片质量更好

对于搜图，不少新手会有这样一个疑惑：“**同样是使用搜索引擎搜索图片，为什么高手们搜到的图片质量总是比我好呢？**”

原因很简单，除了使用前面推荐的搜索引擎和筛选选项外，这些高手在设置搜索关键词时也有一套独到的方法。下面我们就把这套方法分享给大家。

组合关键词搜图法

前面提到过，我们可以使用搜索引擎的筛选选项来缩小搜索范围，以提高搜图效率。其实还有一种方法也能达到这个目的，那就是组合使用关键词。

根据需求的不同，关键词的组合方式可以是多种多样的，这里给大家提供一个基本的关键词组合公式：

组合关键词 = 主关键词 + 辅助关键词 / 类型关键词

如何使用这个公式呢？举个例子，比如到年底了，我们要做年终总结报告 PPT，其中有一部分是讲公司业绩的。为了给这部分的章节页找一张配图，我们在百度上搜索“业绩”，得到的结果基本如下。

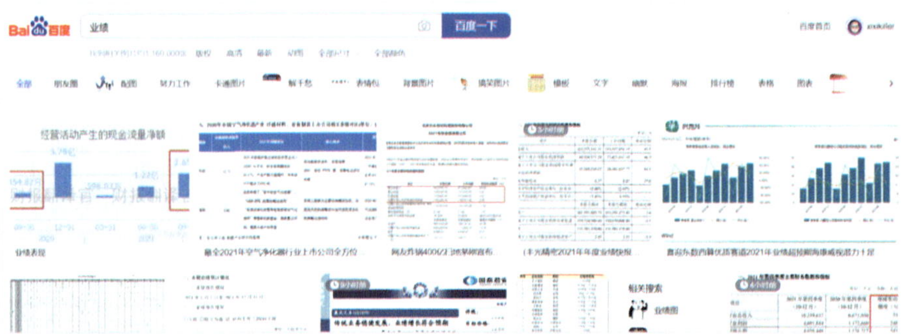

▲百度中“业绩”的搜索结果（部分）

这些图片显然不能用作配图，而出现这么多不合适的图片的原因就是关键词设置得太宽泛。**试试加上一个辅助关键词，搜索“业绩 上升”，结果又会怎么样呢？**

▲添加辅助关键词后，搜索结果立马大不同

加上辅助关键词“上升”后，图片搜索结果的相关性明显得到了增强。这里使用搜索结果中的第一张图片，进行简单的排版，就可以完成章节页的制作了。

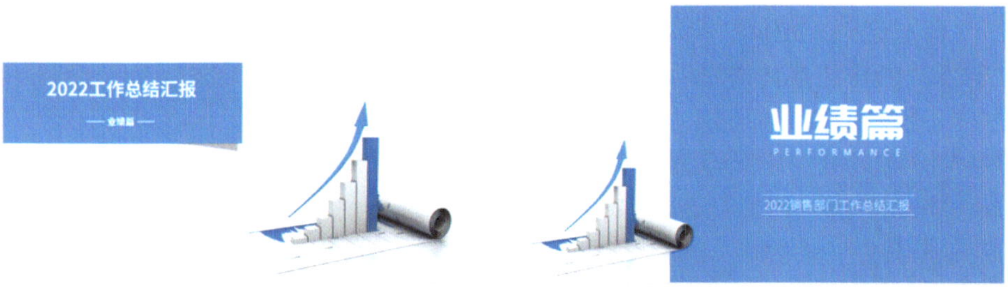

那什么叫类型关键词呢?

类型关键词就是指明图片属性和类型的关键词。比如你在做“团队介绍”这类主题的 PPT 时，往往需要讲到团队成员的分工合作。如果平时没有积累团队照片，只能使用网上的“团队”图片素材，就会多少有点儿尴尬——**图片上的人并不是你的团队成员，出现在你的 PPT 上会显得格格不入。**

此时如果加上一个类型关键词“剪影”，问题就迎刃而解了。把下面这样的剪影图片用到 PPT 里，既能辅助观点表达，又不会显得突兀。

联想关键词搜图法

联想关键词搜图法主要适用于一些偏理念、概念化的场景。这些场景很难通过直接搜索关键词找到合适的图片，这时就要借助发散思维来搜图。

例如要找一张图片来表达“好奇”，无论是搜索中文关键词还是英文关键词，结果都不理想，那么什么场景能表达“好奇”呢？

浩瀚的银河总能激发人类的好奇心吧？—— 得到关键词“银河”。

仰望星空、观测银河要用到什么设备呢？—— 得到关键词“望远镜”。

有了这些关键词，再结合前面讲过的 Pixabay 等图片素材网站，可以表达“好奇”的优质图片就会一张接一张地被我们搜索出来了。

▲ 使用“银河”和“望远镜”在 Pixabay 中搜到的图片

使用联想关键词搜图法搜图时，另一种常用的方法是搜索反义词。例如要表达“坚持”，可以搜索“放弃”。不过要注意把握一些微妙之处：同样是一个跑步跑累了趴在地上的人，如果画面左上角有一只向他伸来的手，这张图就有“坚持”的含义；而如果画面背景是一双双掠过他的腿，那这张图就真的只能表达“放弃”了。

当然了，即便只能找到后者那样的图，你也可以结合反问式的文案，如“难道就这样放弃了吗？”表达出鼓励坚持的意思。**很多时候，你需要的其实并不是一个超级图库，而是一个有发散思维的大脑。**

1.14 如何找到高质量的卡通图片

卡通图片是很多人制作 PPT 时必需的素材，在 Microsoft 365 版本的 PowerPoint 里，我们可以非常便捷地通过单击“插入—图片—图像集”找到许多成套的卡通图片，而且它们都是高清无背景的，非常好用。

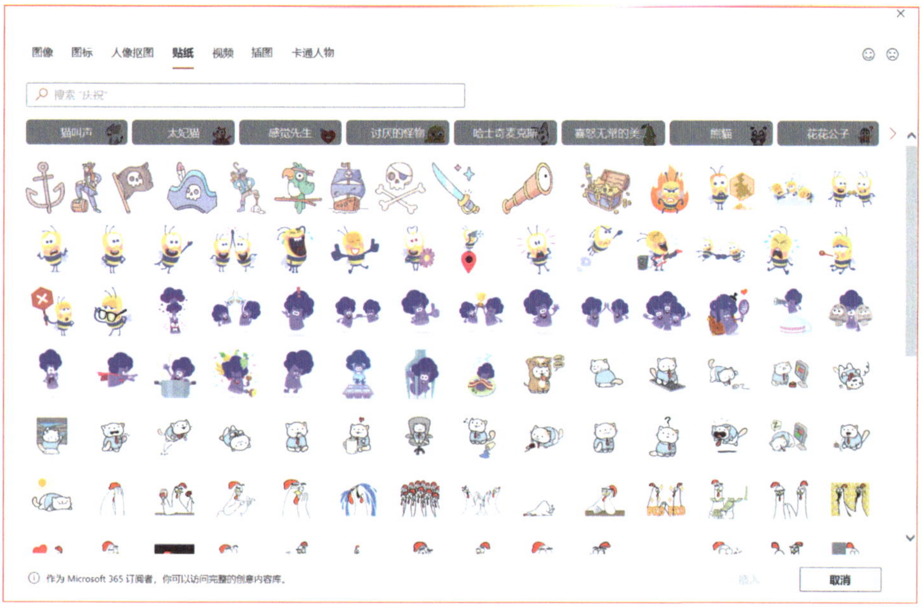

▲ 图像集中的“贴纸”“插图”“卡通人物”分类下都是卡通风格的图片

不过图像集里的图片数量有限，如果有特定的需求，如需要一系列卡通风格的汽车图片，图像集中的搜索结果可能会不尽如人意。

▲ 在“图像集—贴纸”分类中搜索“汽车”仅有一个结果

那如何才能找到数量多、质量高的卡通图片呢？给大家推荐一个网站：freepik。

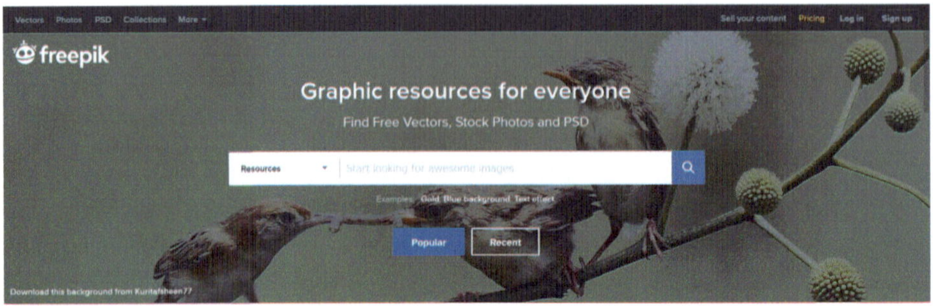

▲ freepik 是全球最大的矢量图素材网站之一

还是以搜索“汽车”为例，在搜索框中输入“Car”（国外网站记得使用英文关键词），按回车键搜索，在左侧的 Filters（筛选器）里选择“Vectors”（矢量）和“Free”（免费），就能得到上万张高质量的免费卡通汽车矢量图片素材。很多图片还包含一个系列的多辆汽车，这些汽车的风格相对统一。

▲ 在 freepik 搜索到成套的免费卡通汽车矢量图片素材

更难能可贵的是，当下载好素材之后，你会发现 freepik 免费提供的素材并非单纯的图片，还包含 EPS 或 AI 格式文件。如果你的电脑上安装了 Adobe Illustrator（以下简称“AI”），你就可以更加灵活地使用这些素材了。

实例 02 利用 AI 让 freepik 上的素材为我所用

在确保自己的电脑安装有 AI 的前提下，双击从 freepik 下载的压缩包中的 EPS 或 AI 格式文件，将其在 AI 中打开。

视频案例

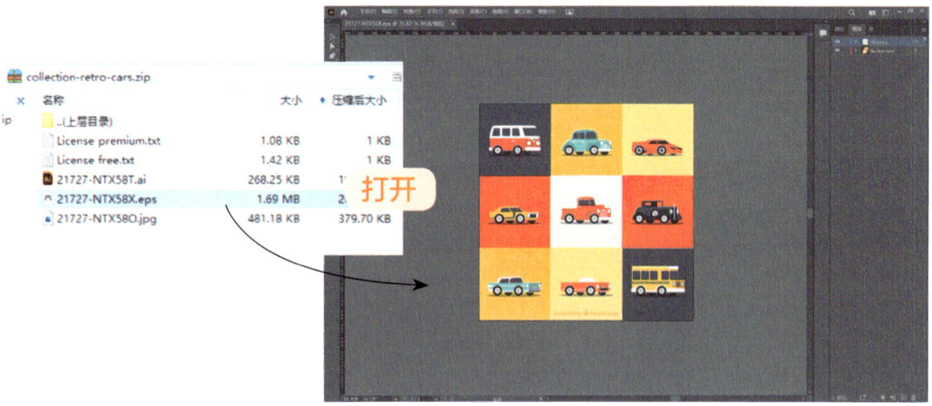

如果打开后素材不在窗口正中间，可以按住空格键将鼠标指针变成小手样式，然后拖动素材将其移动到窗口正中间。

将鼠标指针放在素材上，按住 Alt 键向上滚动鼠标滚轮，可以放大显示素材。不难发现，放大之后的素材依然非常清晰，这是因为 EPS 格式是矢量格式的一种。还记得 1.10 节介绍的 SVG 格式吗？任意放大也不会模糊正是矢量格式素材的优势之一。

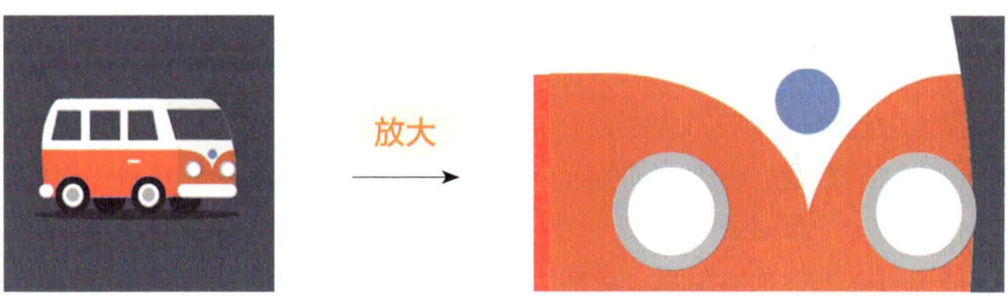

在 AI 中单击可选中某一辆汽车（如果发现选中的是多辆汽车的组合，则可以双击进入组合内部选取单一汽车图像），继续双击还可以进入组合的下一层，直至可以单独选中车灯、车轮等不同的部件。

根据需要选中素材中任何你想要的元素，例如上图中这辆红色的小巴士，**按 Ctrl+C 组合键复制，然后在 PPT 页面中按 Ctrl+Alt+V 组合键进行选择性粘贴，将其粘贴为“图片（增强型图元文件）”**，就能把它以 EMF 格式插入 PPT 了。这样不仅无须裁剪、删除背景，还可以保留矢量格式素材能无损放大的优点。

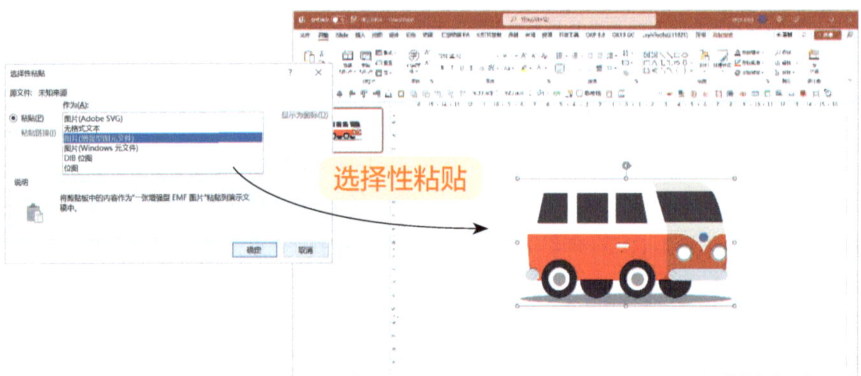

你以为这就完了吗？大招还在后面！选中粘贴到 PPT 里的 EMF 格式图片，右击取消组合，在弹出的提示框中选“是”，图片就会变成 PPT 里的形状组合，每一个颜色区域都是一个独立的形状，可以单独选中并修改填充色，甚至可以进行顶点编辑。这样就可以按照实际需求轻松对素材进行二次开发了！

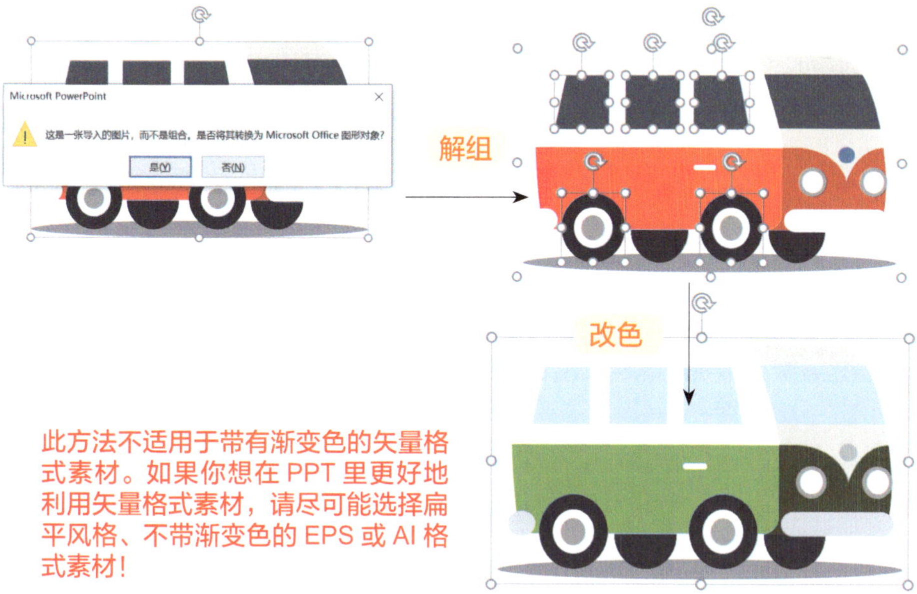

1.15 精美的图标素材哪里找

制作 PPT 时经常需要用到各种图标，例如移动互联网产品图标或一些通用标志。图标可以简明扼要地传递大量信息，甚至通过改造和组合能轻松塑造颇具场景感的画面。

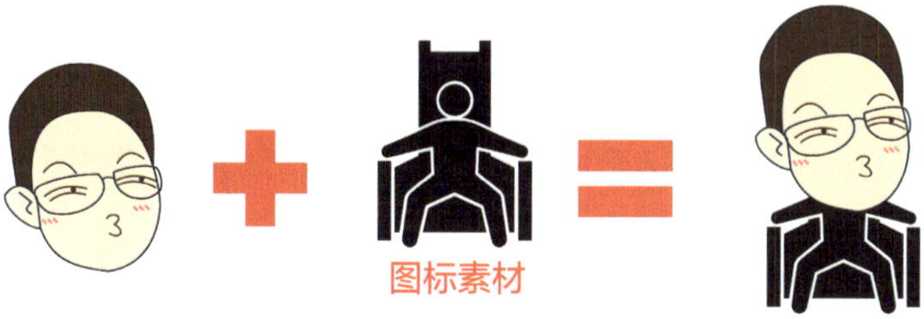

▲ 简单图标的组合就能打造出漫画感十足的画面

这些图标素材有哪些方便的获取渠道呢？

除了搜索引擎外，我们还可以通过**阿里巴巴矢量图标库**等专业的图标素材网站获取（注意不可商用）。打开阿里巴巴矢量图标库，将鼠标指针移到想要下载的图标上，单击“下载”，即可进入参数预设窗口。

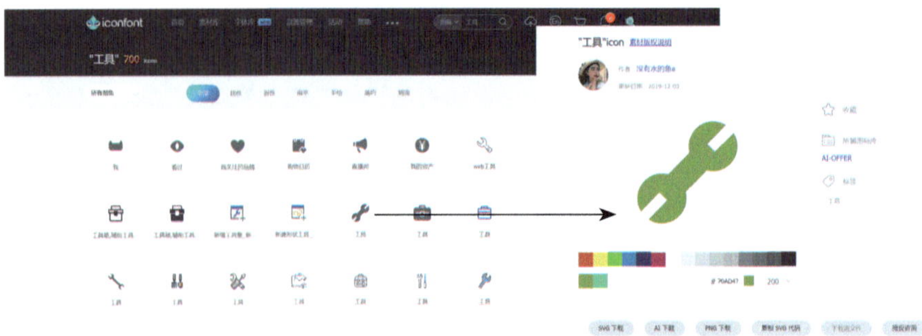

▲ 在阿里巴巴矢量图标库下载图标素材

如果你使用的是 Office 2016 以上支持 SVG 格式的版本，可以直接单击参数预设窗口下方的“SVG 下载”，将下载的 SVG 格式文件拖入 PowerPoint 后可更改填充色。

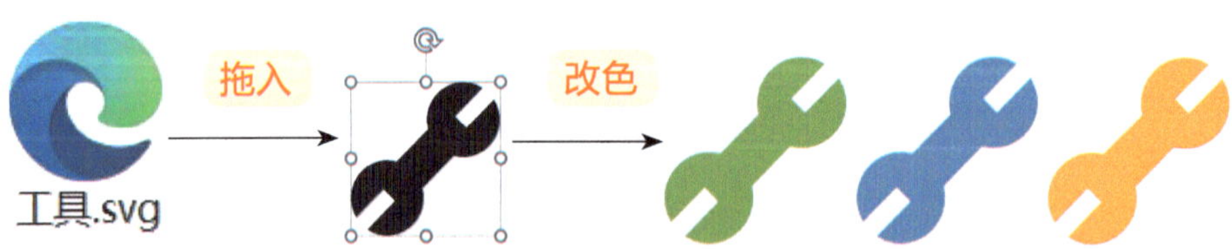

▲ 将 SVG 格式文件拖入 PowerPoint 后可使用“形状填充”更改填充色

如果你使用的是早期不支持 SVG 格式的版本，则可以先利用参数预设窗口下方的颜色设置功能设置需要的颜色（可选择推荐色或手动指定十六进制色值），然后下载已更改颜色的 PNG 格式图片即可。

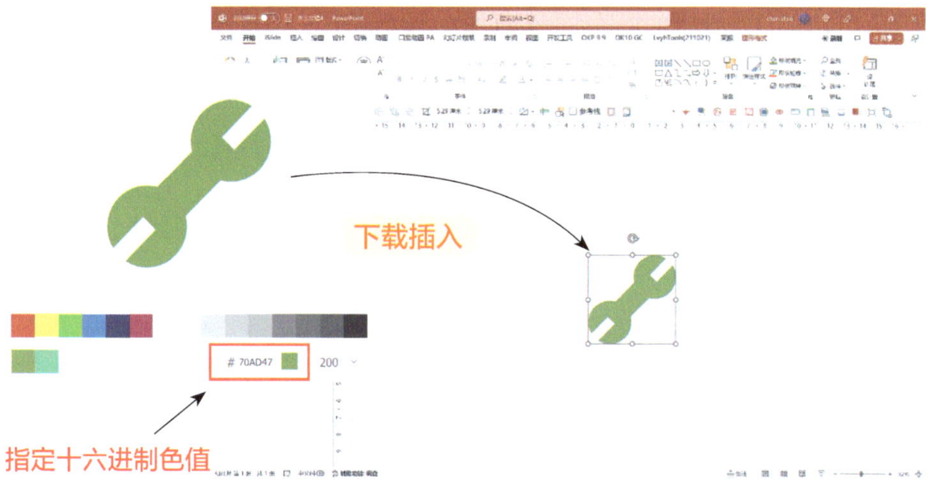

▲ 使用参数预设窗口下方的颜色设置功能设置颜色

1.16 图片素材不够理想怎么办

当找到的图片素材不够理想（有水印、比例不对、色调不合适、需要抠图等）时，我们可以通过 PowerPoint 的图片处理功能对其进行调节和修改。如果图片素材的分辨率足够高，还可以实现“1 张图变 3 张图”的效果。

▲ 1 张图片使用不同的裁剪方式可以做出 3 页不同主题的 PPT

综合运用 Power Point 的“艺术效果”“图片颜色”“图片校正”“三维转换”等功能，我们甚至可以做出以前只有通过 PS 才能制作的效果。一些图片经过处理也能发挥其之前不具备的作用。（详见 5.31 节）

用好 PowerPoint 的图片处理功能，你会发现，制作日常工作所需的 PPT，根本无须动用 PS 来处理图片。

1.17 PPT中的图示应该怎么做

在制作 PPT 时，我们经常会用各种关系图来表达并列、递进、总分等逻辑关系。过去，我们只能从网上下载各种各样的 PPT 模板，以获取其中的图示。

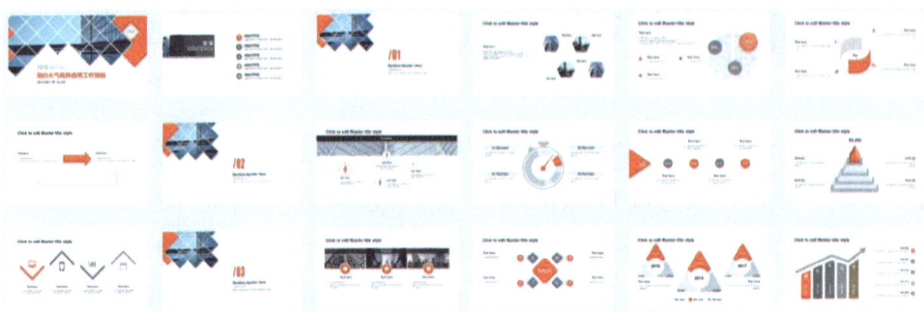

▲ 微软 OfficePLUS 网站提供的免费 PPT 模板

但随着 Office 版本的不断更新及 SmartArt 功能的加入，在 PPT 中制作图示（特别是扁平风格图示）的门槛变得越来越低。我们已经不用再为了获取几个特定的图示去下载一大堆 PPT 模板了——插入 SmartArt 提供的基本图形，自己动手进行改造，对结构和风格进行一些必要的调整，就能得到很多好看的图示。

除了利用 SmartArt 功能调整图示结构外，还可以将 SmartArt 图形取消组合，转换为形状，更加自由地进行绘制。

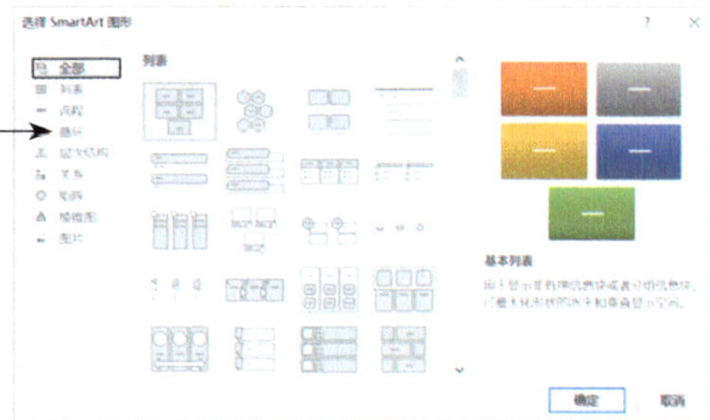

即便不使用 SmartArt 功能，只要你留心观察图示页的元素构成，也能发现基础的图示页并不难绘制——还记得本书开头教给大家的“元素分析法”吗？现在刚好能派上用场！

视频案例

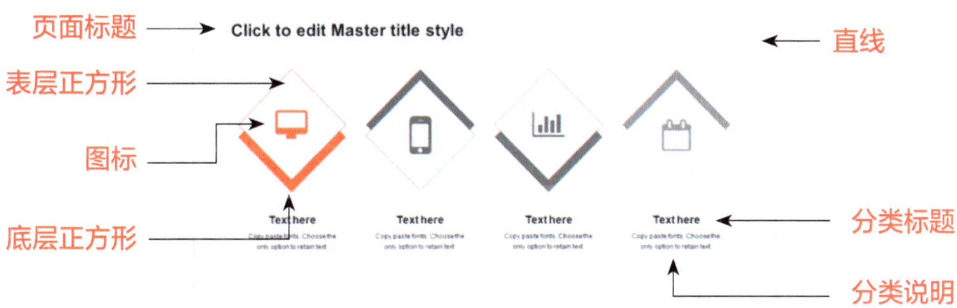

▲ 简单的图示页无非是一些形状、线条、文本框和图标的组合

如果你安装了 iSlide 插件（详见 7.3 节），制作图示就更简单了。直接套用插件提供的“图示库”功能，就可以迅速创建出专业级的图示。

选择、使用关系图示的关键

（1）选择符合你想要表达的逻辑关系的图示，而不是选择最漂亮的。

（2）确保图示的风格与整个 PPT 的风格一致，如不要在扁平风格的 PPT 里使用立体风格的图示。

（3）同一份 PPT 中如果有多张图示页，这些图示页应该保持风格上的稳定性和一致性，切记不可每张图示页都使用一种新风格。

1.18 去哪里找优质的PPT模板

目前国内 PPT 模板分享社区已经较为成熟，尊重版权、付费购买原创 PPT 模板也已经成了主流。接下来给大家推荐几个作者原创能力强、作品品质上乘的网站。同时也要提醒大家：**PPT 模板也有版权，请勿私自分享他人的付费 PPT 模板！**

稻壳儿

稻壳儿是金山办公旗下的 PPT 模板交易商城，拥有大量精品付费模板，会员可免费下载。除了 PPT 模板，其还有各种实用表格、文档、海报、简历模板及制作工具。

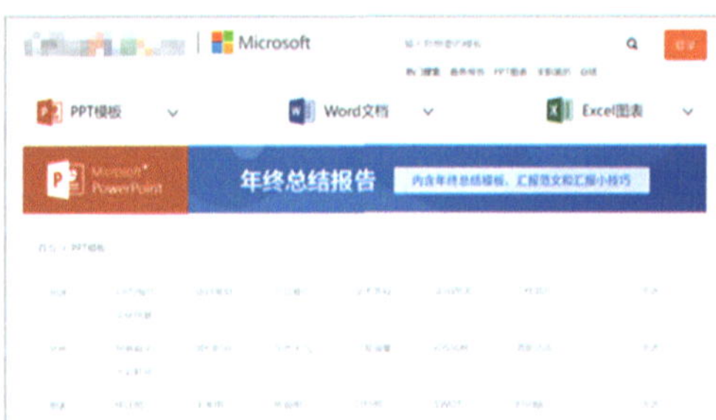

OfficePLUS

OfficePLUS 是微软官方模板商城，模板质量有保证，关键是免费！总结报告、项目策划、产品推荐等类型的 PPT 模板，以及各类实用图表，这里统统都有。

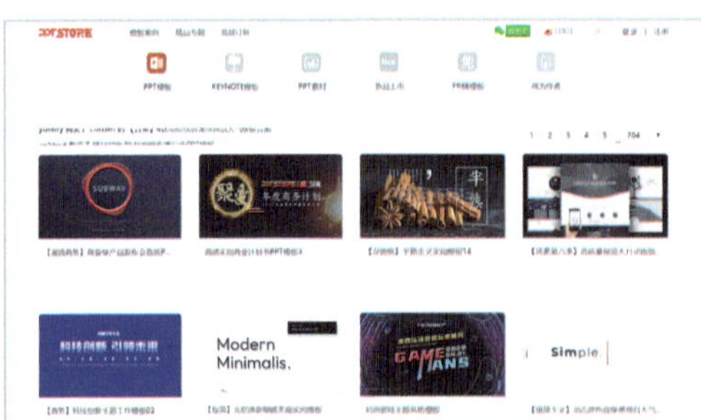

PPT STORE

PPT STORE 是国内知名的 PPT 模板销售网站，汇集了大批原创能力极强的作者。大家都熟知的 PPT 高手 **@Simon_ 阿文** 就是在这里创下了模板销售收益破百万元的纪录。

1.19 如何学习制作PPT动画

很多人对 PPT 感兴趣，是因为看到别人制作出的很酷炫的 PPT 动画，而自己却只能让 PPT 中的几张图片、几段文字“飞”来“飞”去。怎样才能学会制作更高级的 PPT 动画呢？这里列举了几种学习方法供大家参考。

方法一：利用网络教程学习

PPT 在国内逐渐得到重视和普及已经有大概 10 年的时间了，在这期间，网络上汇聚了大量先行者们创作的各类教程，其中就不乏有关 PPT 动画的教程。许多专注于 PPT 教学的微信公众号、头条号、抖音账号、小红书账号都发布了大量值得学习的 PPT 动画教程。不过这样的网络教程最大的问题是缺乏系统性，有时你想学却发现看不懂，或者看完很快就忘记了，因为你缺乏基础知识，脑海里也没有一个完备的知识框架。

▲ Jesse 老师在小红书上分享的 PPT 动画教程的部分截图

方法二：通过源文件学习

如果你能从网上下载 PPT 动画的源文件，直接对源文件进行拆解学习也是种不错的方法。打开下载的 PPT 动画源文件，进入“动画窗格”界面，仔细分析动画组合顺序，可以尝试隐藏不同的元素看动画的变化，从中了解别人的动画创意——注意从动画行为、时间轴、效果选项设置 3 个方面综合观察。

不过这种方法也有弊端，那就是很多高手制作 PPT 动画时都会使用动画插件来修改或自定义对象的动画行为。这些被修改后的动画在 PowerPoint 里无法被识别，只能简单显示为“自定义动画”，但事实上包含各种复杂的参数设置，甚至受控于函数表达式。很多人就算拿到了源文件也是一头雾水。

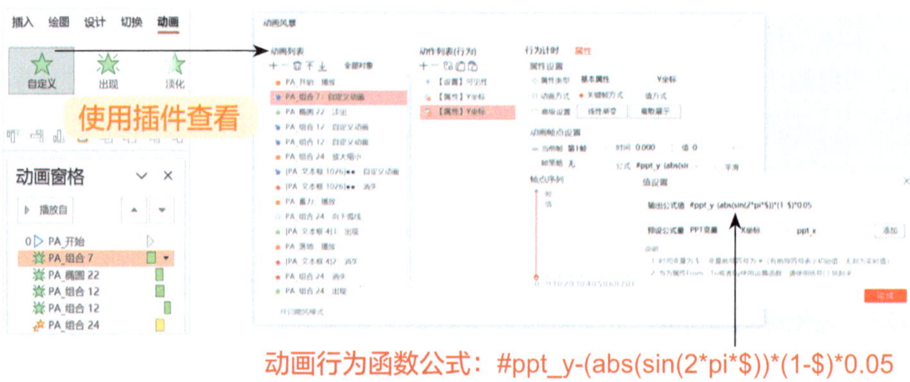

▲ 只有使用动画插件才能看到“自定义动画”的实际内容

方法三：学习系统的 PPT 动画课程

读者如果对 PPT 动画没有太多研究，基础较为薄弱，可以学习一些系统的 PPT 动画课程，**如网易云课堂的和秋叶一起学 PPT 动画课程。**

这门课程涵盖了切换动画、文本框动画、图表动画、MG 动画、交互动画等各类动画的制作，内容深入浅出、生动有趣。每一堂课既有讲解细致、一看就懂的视频版，又有适合复习查阅、非 Wi-Fi 环境观看的图文版，非常实用。

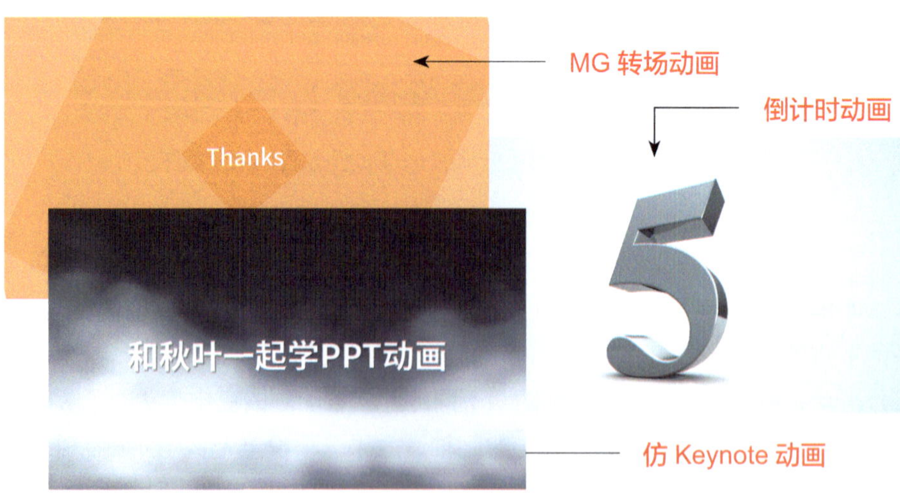

▲ 和秋叶一起学 PPT 动画课程的部分内容

方法四：加入 PPT 动画发烧友组织

在掌握了 PPT 动画的基础知识之后，如果想要学习更复杂的 PPT 动画制作技巧，还可以通过微信、QQ 等渠道加入口袋动画等 PPT 动画发烧友组织，向高手取经。前面说到的更高级的自定义动画设计、函数动画设计都是借助口袋动画这款插件完成的。关于这款插件的基础知识，我们会在第 7 章为大家进行专门的讲解，对 PPT 动画感兴趣的读者可以重点关注。

1.20 去哪里找PPT需要的背景音乐

有时 PPT 需要插入背景音乐，去哪里才能快速找到合适的背景音乐呢？利用百度这样的搜索引擎直接进行搜索固然非常方便，但这样搜到的音乐品质往往没有保障。如果你没有想好具体使用什么音乐，只是有大致的风格需求，那么你可能连用什么关键词搜索都很难确定。

我们推荐大家在网易云音乐上搜索所需的背景音乐。进入网易云音乐首页，在顶部右侧的搜索框中输入“背景音乐”进行搜索，然后单击搜索结果分类中的“歌单”，就能看到由广大音乐爱好者们收集整理的优秀背景音乐合集了。

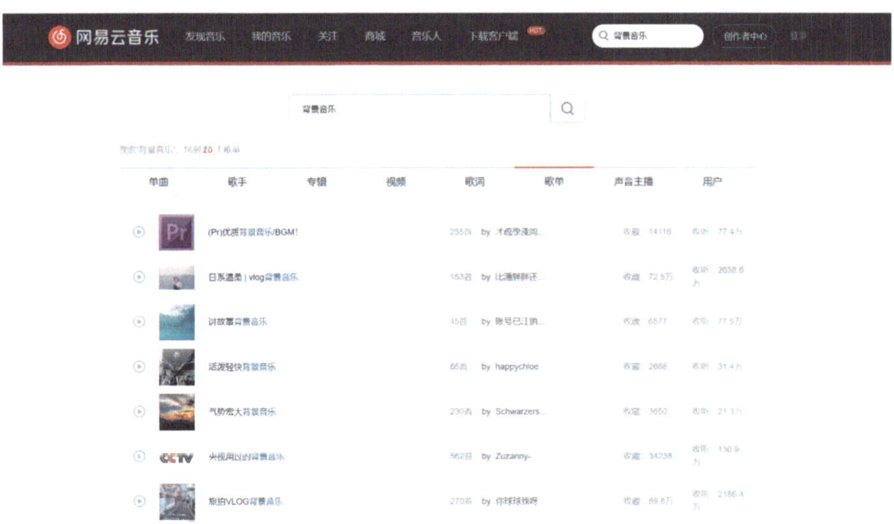

▲ 利用网易云音乐搜索背景音乐合集

如果 PPT 需要某些可营造特定氛围的音乐，你也可以结合有关这些氛围的关键词进行搜索，如“舒缓 背景音乐”“动感 背景音乐”等。

除了网易云音乐，还有一些类似的音乐平台也提供了这样的歌单功能，例如 QQ 音乐、酷狗音乐等，这些都是大家很熟悉的音乐平台，这里就不一一介绍了。

和选图片一样，选背景音乐也是 PPT 设计中大家公认的最令人头疼的环节之一，因为问题的本质不是选好听的音乐、选好看的图片，而是思维的可听化和可视化。这需要设计者全面了解图片和背景音乐的内涵，结合 PPT 的演示场景和内容表达进行选择。

2011 年 10 月，秋叶老师在微博上发布了一则指导大学生制作简历的 PPT 动画作品《让你的简历“Hold”住 HR》。这则作品只有动画，没有背景音乐，秋叶老师把为该作品挑选背景音乐的任务交给了广大网友。

当时还是秋叶老师微博粉丝的 Jesse 老师正是看到了这条微博，并结合该作品的内容（关键词为简历、求职、年轻人）、风格（轻松）以及节奏，为其精心选配了日本小提琴家叶加濑太郎的小提琴作品作为背景音乐，得到了秋叶老师的肯定，随后逐步成为秋叶 PPT 团队的核心成员。

如果你的乐感很好，动画制作能力又强，还可以把背景音乐的节奏与 PPT 动画的构思和安排结合起来，使音乐效果和动画效果更协调。不过，这就要求你在动手前对背景音乐与 PPT 设计有整体的考虑——毕竟我们没办法像拍电影那样，先把视觉化的 PPT 做出来，再根据内容原创背景音乐；也不可能为了迎合某一首背景音乐完全放弃 PPT 的构思，最终把 PPT 做成音乐视频。

1.21 去哪里找PPT的设计灵感

在 Office 3 件套中，PowerPoint 无疑是设计“基因”最强的一个。设计 PPT 不但要求设计者的软件操作能力过关，对创意的要求也很高。如果在设计 PPT 的时候实在找不到灵感了，不妨去以下网站逛一逛，其中好的构思、版式和配色说不定能启发你。

站酷网　优设网　花瓣网　Dribble　Behance　Pinterest

▲ 国内外优秀的平面设计创意灵感网站

虽说 PPT 设计离专业的平面设计还有一段距离，但从版面设计和构思方面来讲，二者并无两样。事实上，PPT 设计风格的流行趋势，也会明显受到平面设计风格变化的影响。因此，上面这些平面设计师们寻找设计灵感的网站也同样适合 PPT 设计者们！

另外，本书的两位作者及秋叶 PPT 的社交平台账号也有大量的干货、经验分享，赶紧拿出手机添加关注吧！

微博：@ 秋叶

关注他，你就不会错过国内高手原创的精彩 PPT

微信公众号：Jesse 教课件

秋叶 PPT 团队元老级成员，可能是东半球 PPT 技术最好的钢琴老师

微博：@ 秋叶 PPT

PPT 技巧 / 职场干货，一网打尽！学到就是赚到！

微信公众号：秋叶 PPT

印象笔记 2021 微信识力榜职场提升榜 Top1

2

快速打造“帅气”的 PPT

- 打造一个“帅气”的 PPT 需要几步?
- 时间紧迫，老板催着要怎么办?

这一章，教你搞定!

2.1 那些年我们看过的“辣眼睛”的PPT

简单易上手，是 PowerPoint 最大的优点之一。很多 PPT 动画爱好者之所以愿意用 PPT 折腾几个小时去制作使用专业动画制作软件可能分分钟就能搞定的效果，很大程度上是因为那些动画制作软件的学习成本太高。

但是，也恰恰是因为容易上手，很多人都认为 PPT 没什么好学的——简单输入几段文字，插入一两张图片，再加上动画，就觉得自己会制作 PPT 了。所以你会发现，不少求职简历上写着“熟练运用 Office 软件”的人，做出来的 PPT 都是下面这样的“辣眼睛”造型。

▲ 在各行各业都能看到这样的“辣眼睛”的 PPT

有的人可能对此不以为然。在他们的心目中，自己还不至于把 PPT 做成上面这个样子——**毕竟他们收集了一大堆精美的 PPT 模板。**

可事实上，如果你不懂基本的 PPT 设计，再精美的 PPT 模板也逃不过被糟蹋的命运。

▲阿文出品的模板和某个套用了该模板的 PPT

问题出在哪里

新手制作的 PPT 即便使用了模板还极有可能“辣眼睛”的原因在于不知道如何进行排版。

要理解排版的重要性，我们不妨来看看下面两张图片。

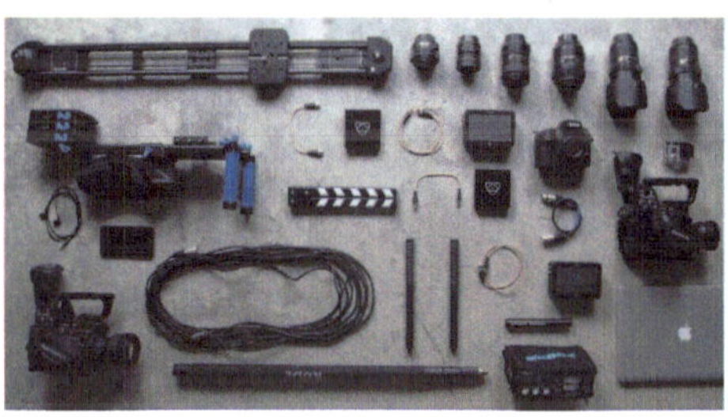

▲混乱的感觉到底是什么因素导致的

同样是有非常多物件的两张图片，左图中的摄影器材大小、长短、形态各不相同，但整体看上去整齐有序；而右图中的电线，虽然每根电线的质地、粗细、颜色都差不多，但整体看上去非常混乱。

再来看下面两张图片，拍摄对象是线缆，这些线缆颜色还各不相同，可你会感觉整张图片乱糟糟的吗？

▲ 虽然五颜六色却给人有序的感觉

通过这个例子，相信你一定能发现：**如何排列和放置物件对我们的感受和认知有着巨大的影响。**在制作 PPT 时，如果我们不重视排版，只管把手中的文字内容和图片素材一股脑地丢到页面上，又或者随意更改模板上元素的大小、颜色、位置等属性，只求能把文字内容“装完”，最终的效果自然是一团糟。

再来看前面这个胡乱套用模板的例子，这位同学首先把模板中整齐排列的主副标题变成了一长一短的两行文字，把下方原本大小一致的两个绿色色块变成了一大一小、一粗一细的样式，还随意改变了标题文字的字体和颜色，导致文字内容和背景混在一起，让人根本无法看清，“李逵变李鬼” 也就在所难免了。

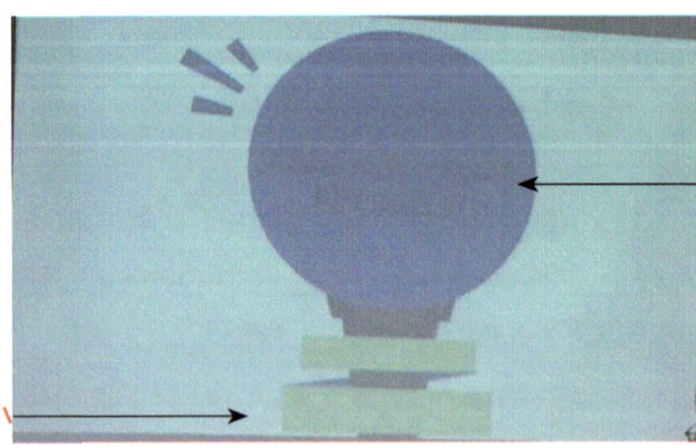

2.2 打造一个“帅气”的PPT需要几步

制作 PPT 就好像穿衣打扮，即便普通人很难像模特那样穿件白 T 恤都能迷倒众人，但好好打扮一下，展现出自己阳光帅气的一面还是没什么问题的。

打造一个帅气的形象我们可能会从发型、妆容、衣着、配饰等方面入手，打造一个“帅气”的 PPT 是否也有一定的套路可循呢？

根据多年的观察与实践，我们总结出了简单的 PPT 美化 **4 步法**，只要完成这 4 个步骤，你的 PPT 就可以变得“干净”又“帅气”！

这 4 个步骤就是：**统一字体、突出标题、巧取颜色、快速搜图。**

▲ 秋叶 PPT 团队独创的 PPT 美化 4 步法

简单解释一下这 4 个步骤。

（1）统一字体：将 PPT 的文字部分统一设置为“微软雅黑”等美观度尚可的字体。

（2）突出标题：采用加大字号、加粗、换行等方式，突出标题内容。

（3）巧取颜色：对 Logo 取色或使用企业色、主题色，对 PPT 进行简单的配色。

（4）快速搜图：利用关键词搜图法等方法为 PPT 配图。

接下来，我们就通过实例对这 4 个步骤进行具体说明，欢迎大家一起来练练手。

视频案例

步骤 1：统一字体

在第 1 章，我们给大家介绍过一些不错的中文字体。但要使用这些字体，需要预先进行搜索、筛选、下载、安装等一系列准备工作，很多时候还得面临“换电脑掉字体”的风险。为了省去这些麻烦，对于日常非商业用途的 PPT，大家可以选择使用美观度尚可的 Windows 系统自带字体“微软雅黑”。下面就来看看如何把 PPT 的字体统一为“微软雅黑”。

实例 03　快速将 PPT 的字体统一为“微软雅黑”

首先，我们一起来看看原稿长什么样。

原稿

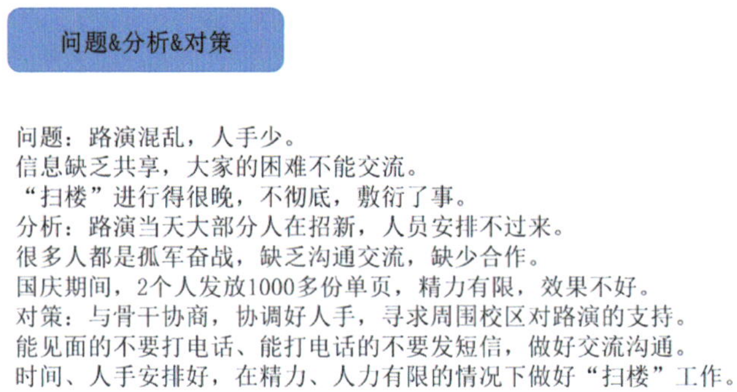

操作方法

在“开始”选项卡下找到最右侧的“替换”按钮，单击按钮旁边的小三角展开下拉菜单，选择“替换字体”，在弹出的对话框中，设定好替换方案——将“宋体”替换为“微软雅黑”，单击“替换”即可。

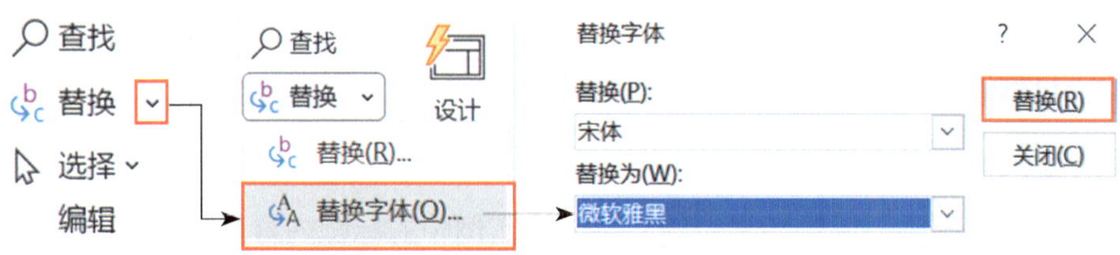

要点提示

（1）该操作会将整个 PPT 所有页面中使用“宋体”的文字都更改为“微软雅黑”字体，并非只针对当前页面。

（2）如果 PPT 中还使用了其他字体，可重复本操作，将其他字体替换为“微软雅黑”，直至字体统一为止。

修改好的 PPT 页面如下。

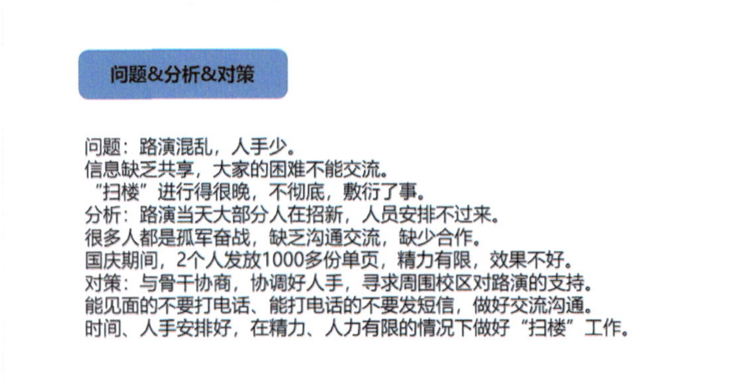

步骤 2：突出标题

经过第一步操作，页面中的文字看起来更加清晰、整洁了，但文字数量太多，给观众阅读和获取信息造成了很大的阻碍，因此我们需要**把这段文字里的标题、要点通过强调的方式突出展现出来。**有一种说法是“PowerPoint，要的就是有力的（Power）观点（Point）”。突出标题就是一种有效的手段。

实例 04　通过加粗、放大、缩进，突出标题

具体该怎么操作呢？不妨一起来改改看！

操作方法

选中段落中需要作为标题的文字。本实例中的标题内容为“问题：……”“分析：……”“对策：……”。因为这些内容并不连续，所以需要按住 Ctrl 键，分别进行拖选。选中后单击“加粗”按钮，再适当加大字号。

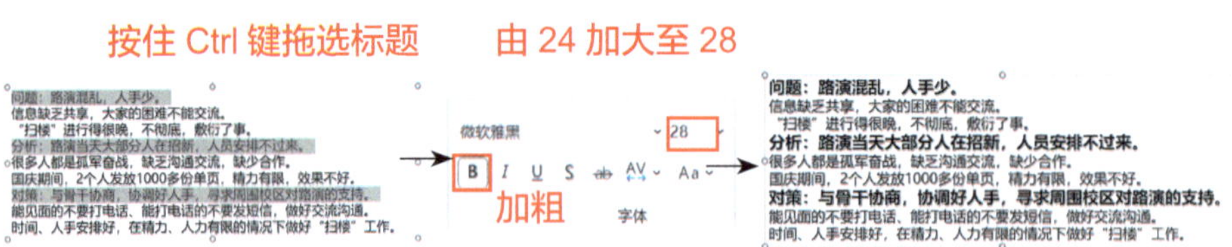

接下来，还是按住 Ctrl 键进行拖选，分别选中每一行标题下方的正文，为其设置缩进格式，从视觉上进一步突出标题。

要点提示

（1）加粗、放大标题后，有可能会导致标题文字跳行，可适当拉宽文本框进行调整。

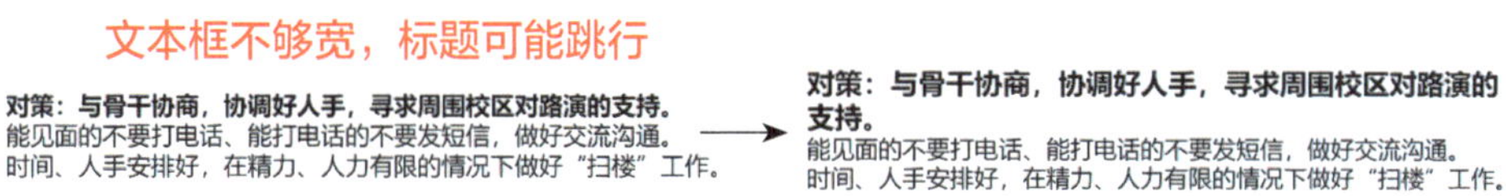

（2）如果本页顶部有章节标题，那么也要对它进行相应调整，保证其字号等于或大于其他标题的字号，以体现正确的逻辑层次关系。

修改好的 PPT 页面如下图所示。

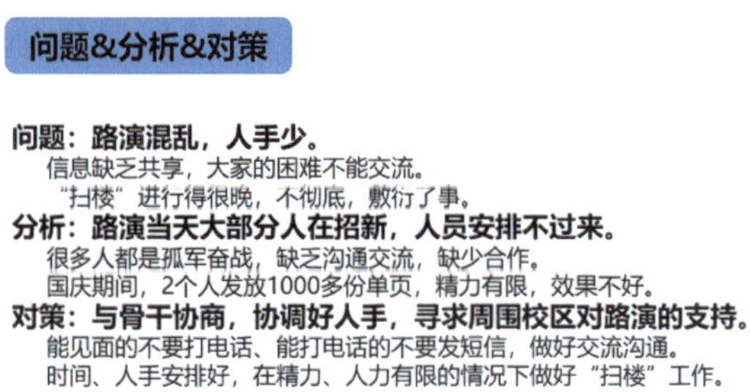

步骤 3：巧取颜色

为了让标题更加突出和显眼，方便观众抓住内容精髓，我们往往还会将它们设置成与正文文字颜色不同的颜色。

如果你所在的企业有特定的企业色或主题色，可以直接套用；如果没有，从企业 Logo 上取色，或结合 PPT 主题来挑选颜色也是一个不错的选择。

实例 05　从企业 Logo 上取色套用

此处以“秋叶”这个品牌 Logo 为例，我们一起来看看取色套用的过程是怎么样的。

操作方法

首先在当前页面插入企业 Logo 图片。

选中段落中的标题文字，打开“字体颜色”下拉菜单，选择“取色器”，移动吸管工具到 Logo 上单击即可完成取色。

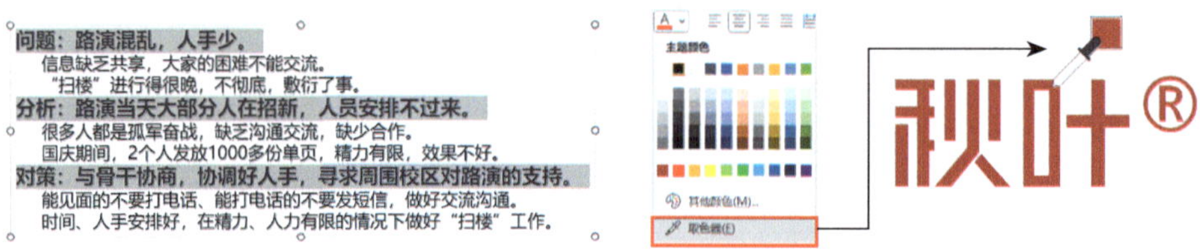

“秋叶”Logo 为纯色设计，比较方便取色。如果你要取色的企业 Logo 为多色或渐变色设计，可以用取色器吸取其中最具代表性的颜色。

要点提示

（1）为了体现出逻辑层次上的区别，我们可以将页面中的大标题设计为底色为红色、文字颜色为白色的反白形式。

（2）“红黑配”是经典的颜色搭配方案，但如果大标题将红色作为底色，文字再用黑色就很难看了，实在要用的话可以试试左下图所示的样式。

到这里，PPT 页面已经整洁很多了。

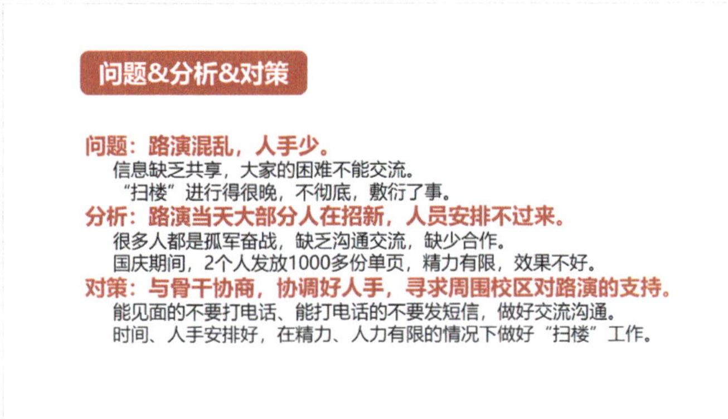

步骤 4：快速搜图

搜图的技巧在第 1 章已经有过详细的讲解，这里就不再赘述。需要提醒大家注意的一点是，图片会占据页面上一定的空间，**插入图片后，一定要从页面整体的角度出发，重新调整版面结构、文字大小和段落位置。**切忌“哪里有空位就放哪里”！

实例 06 根据内容主旨搜图、配图并整理版面

本页的主要内容是分析问题、寻找对策，因此使用“问题”“分析”“思考”等关键词进行搜图即可，这里我们选用了一张在 Pixabay 上找到的图片。

插入图片后，调整图片的大小、位置和层级，重新规划版面。但很显然，**单方面调节图片，使其适应文字是不可取的，**接下来还要对文字进行调整。

选中文字段落，单击“减小字号”按钮将段落字号整体适当缩小。然后

单击“段落”功能区右下角的“对话框启动器”按钮，在弹出的对话框中将行距设置为“多倍行距”，并填写倍数“1.3”。

要点提示

（1）当文本框中包含不同字号（如 18 号和 22 号）的文字时，字号框会显示“18+”。此时可以选中文本框的边框线，单击加减字号按钮整体加减字号，两种字号的文字的相对大小保持不变。

（2）除了单击按钮加减，也可以手动输入数值进行字号调整，数值支持保留到小数点后一位。

完成段落调整后，重新规划版面，最终效果如下。

如果觉得使用真人图片商务感太强，也可以选用一些与内容主旨相关的非人物类元素，如问号、放大镜、灯泡等来传递“问题”“分析”“思考”的内在含义。

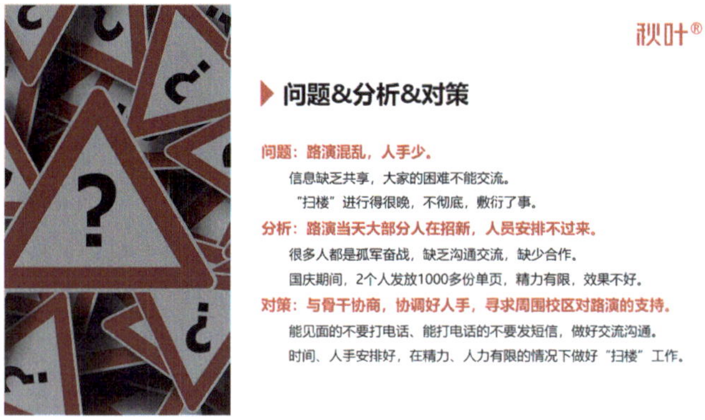

让我们换个例子再看一遍

右图是只有基础文字内容的原稿，现在我们还是使用 PPT 美化 4 步法，看看能不能把它变得“干净”又“帅气”！

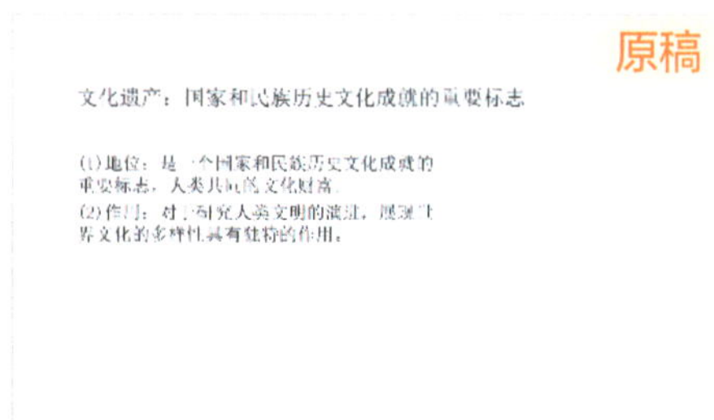

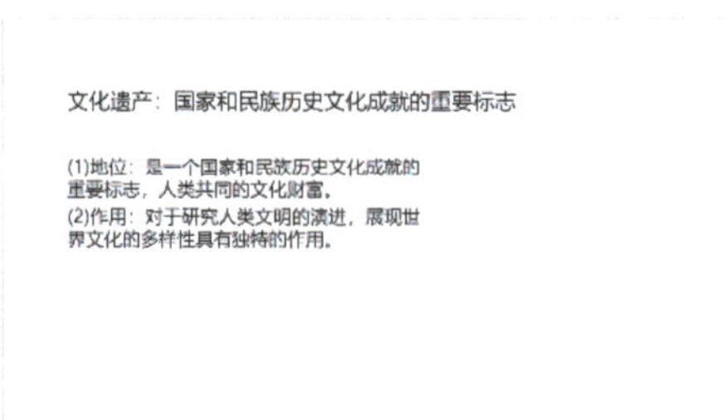

Step1：统一字体

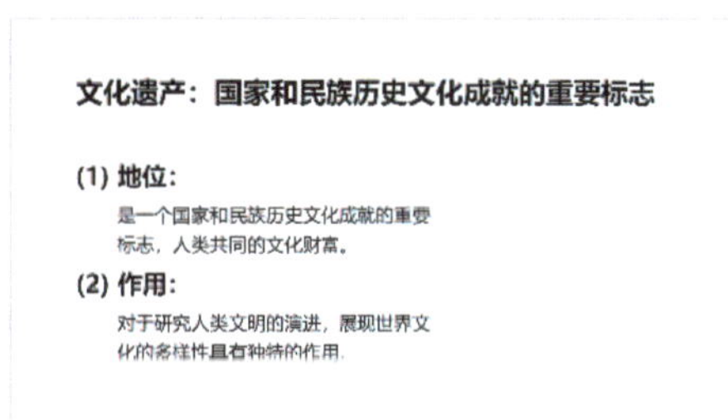

Step2：突出标题

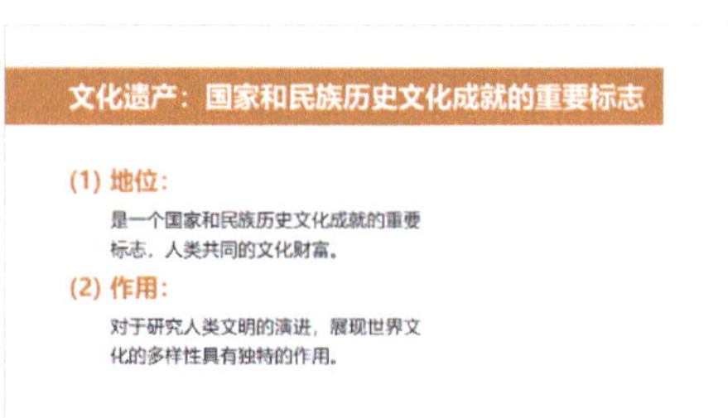

Step3：巧取颜色（历史：城墙色）

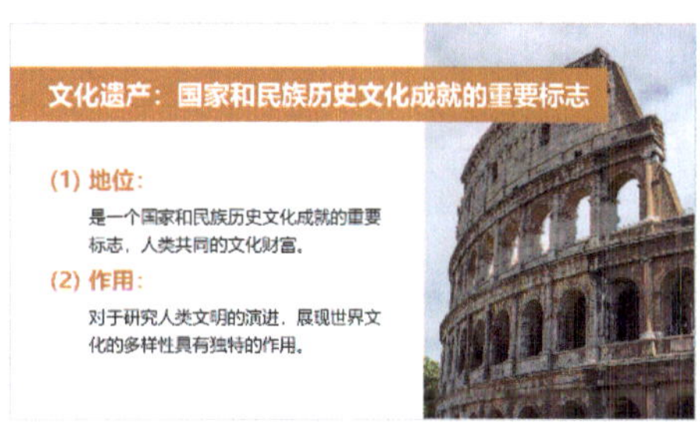

Step4：快速搜图

虽说用 PPT 美化 4 步法做出来的 PPT 与高手的作品相比，在美感方面还是有较大差距，但它能让新手用极少的时间和精力，做出较好的效果。我们认为，**PPT 美化 4 步法称得上每一位新手都应掌握的 PPT 制作基本功，值得所有新手学习！**

2.3 什么是PPT主题

关于 PPT 主题，大部分新手都了解得不多，但“主题”这个概念，我们每个人都接触得不少。因为不管是手机还是电脑系统，都有其主题，只是如果你不爱“折腾”，可能一直使用的都是默认主题。

▲ 小米手机主题和 Windows 10 主题设置窗口

从以上两个例子可以看出，主题其实就是一种视觉化风格的体现，它往往需要多种元素相辅相成才能展现出效果——例如左上图中的“米兔”手机主题，哪怕你用了同款壁纸，但只要各种应用图标还是默认风格，整个手机主题的表现力也会大打折扣。

对于 PPT 来讲，完整的主题包括颜色、字体、效果以及背景样式 4 个要素。用好 PPT 主题就相当于为 PPT 规定好了明确而统一的配色方案、字体、效果，整个 PPT 的风格也就得到了统一。

▲ PPT 主题可在“设计”选项卡下的“变体”功能区设置

PPT 主题的 4 要素

下面我们分别来看一看 PPT 主题的 4 要素对形成前面所说的“视觉化风格”都有什么作用。

主题颜色

选择不同的主题颜色可以改变调色盘中的配色方案。如果 PPT 是使用主题颜色进行配色的，更改主题颜色可以瞬间完成 PPT 整体的颜色替换。

主题字体

选择不同的主题字体可以改变 PPT 标题及正文的字体样式。默认的 Office 主题的正文字体为“等线”，因此当你新建文本框时，字体会默认为“等线”。

主题效果

选择不同的主题效果可以快速改变 PPT 中形状、SmartArt 图形、图表等元素的样式，也可以影响这些元素的默认样式。

背景样式

背景样式可以让我们快速统一设置所有页面的背景色及与之搭配的文字颜色。背景样式的主色调可在“自定义主题色”中设置。

2.4 如何利用PPT主题打造特定的风格

正如前面讲到的手机主题案例一样，在 PPT 里改变 PPT 主题的 4 要素，使之相互搭配，就能综合展现出某些特定的风格。下面来通过一个实例看看具体怎么做。

实例 07　修改 PPT 主题 4 要素让 PPT 改头换面

左下图是一张有关圣诞节活动的 PPT 封面。很显然，PPT 的配色与圣诞节主题不匹配。将 PPT 的主题颜色调整为红色，效果更符合圣诞节的气氛。

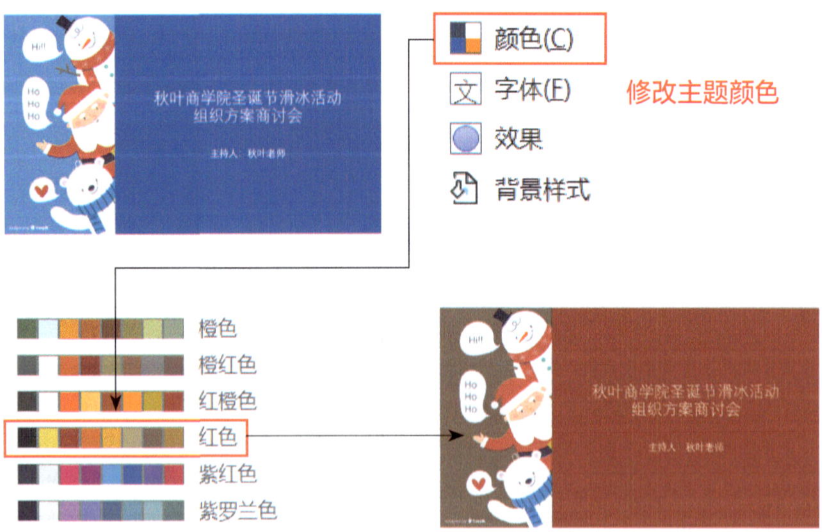

将主题字体改为“微软雅黑 - 黑体”，然后单独加粗标题，让标题更显眼，从而增强层级之间的对比。

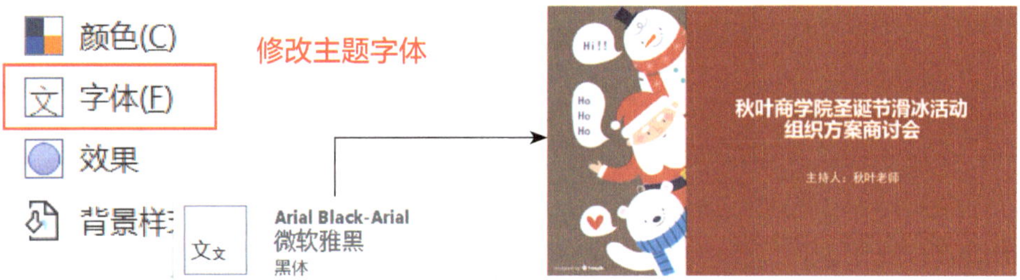

在“背景样式”中选择“样式 9”背景颜色渐变方案，模拟雪地的效果，进一步烘托气氛。

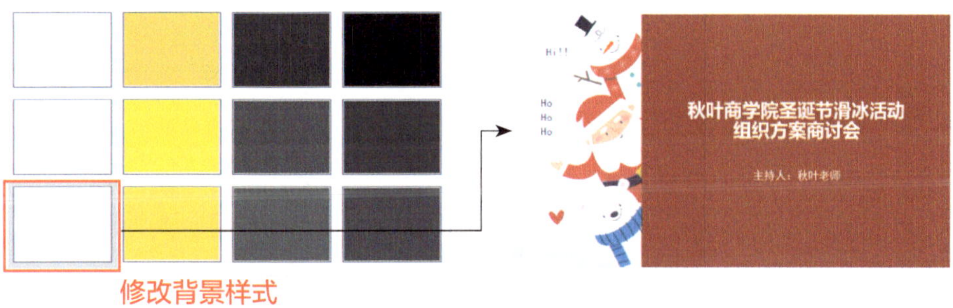

对比一下修改前后的效果，右图是不是比原稿好多了呢?

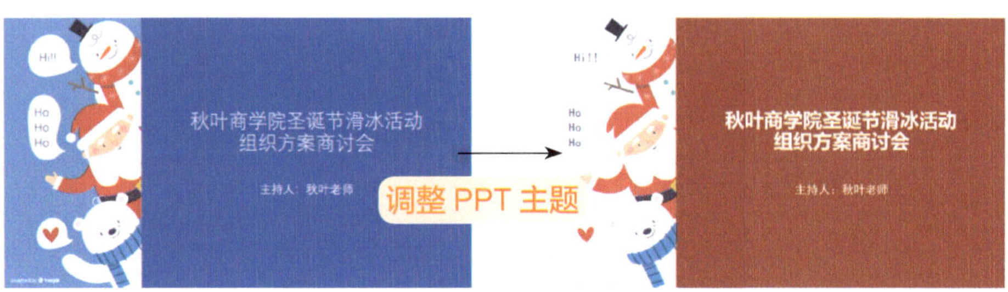

不知道你注意到没有，在本实例的整个修改过程中，除了加粗标题，我们没有对任何具体的形状或文本框进行设置，仅仅调整了 PPT 主题 4 要素中

的 3 个，PPT 的风格就发生了极大的改变。

另外，**虽然这里只展示了封面的变化，但事实上 PPT 主题 4 要素的修改是针对整个 PPT 的所有页面同时生效的！**所以，当我们需要修改整个 PPT 的风格时，使用这种方法的效率可以说是相当惊人的！

一点不足

不过，用这种方法来修改已经成型的 PPT，也有一点不足——如果这个 PPT 在制作时不是通过主题功能对字体、颜色等元素进行统一设置，而是手动对单一元素进行设置，那么更改 PPT 主题是无法使其随之改变的。

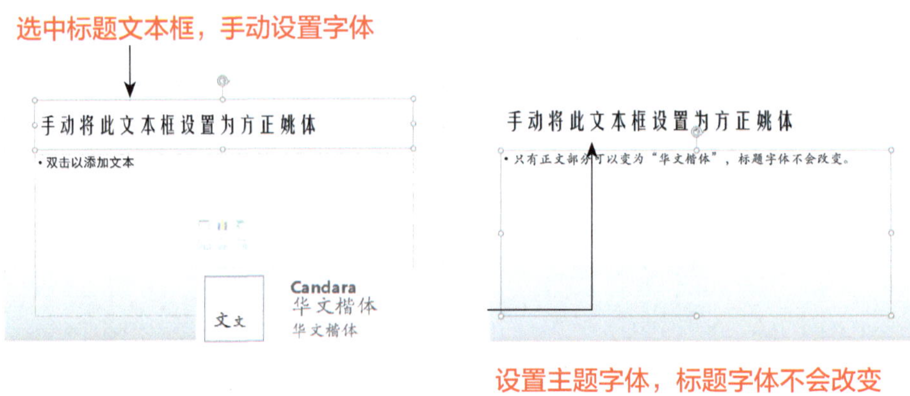

此外，高端的 PPT 制作往往讲究针对性，几乎不可能在一个旧 PPT 上通过更换主题来修改更新，所以这种方法适用面相对较窄，更适合新手或不常做 PPT 的人使用——花点心思制作一次，下次还是拿这个 PPT 换个合适的主题、换掉文字内容，工作很快就可以搞定了。

2.5 如何设置PPT的主题

前面说到，手动设置字体、颜色之后，就无法使用主题功能全文批量调整了。那么为了保留批量调整的可行性，我们是不是必须要在开始制作 PPT 之前，花费很多时间去逐一设置 PPT 主题 4 要素呢？

答案是：不一定。

如何使用 PowerPoint 的内置主题

PowerPoint 的“设计”选项卡里有 30 多套主题供我们选用。如果不是特别正式的场合，对 PPT 的效果没有过多要求，只需要在短时间内制作一个 PPT 来应急，我们完全可以使用这些内置的主题，达到“一键搞定”PPT 主题设置的目的。

▲ PowerPoint 内置的主题，可以“一键套用”

想要使用内置的主题，可采用以下几种方法。

（1）直接单击某主题，或右击某主题，选择“应用于所有幻灯片”选项，可将该主题应用于整个 PPT 的所有页面。

（2）选中单页或多页幻灯片后，右击某主题，选择“应用于选定幻灯片”选项，可更改当前选定页面的主题。

（3）如果当前 PPT 使用了多个不同的主题，则右键菜单中会多出“应用于相应幻灯片”选项，选择此选项，可将选定的主题应用于与当前选定页面使用了相同主题的所有幻灯片。

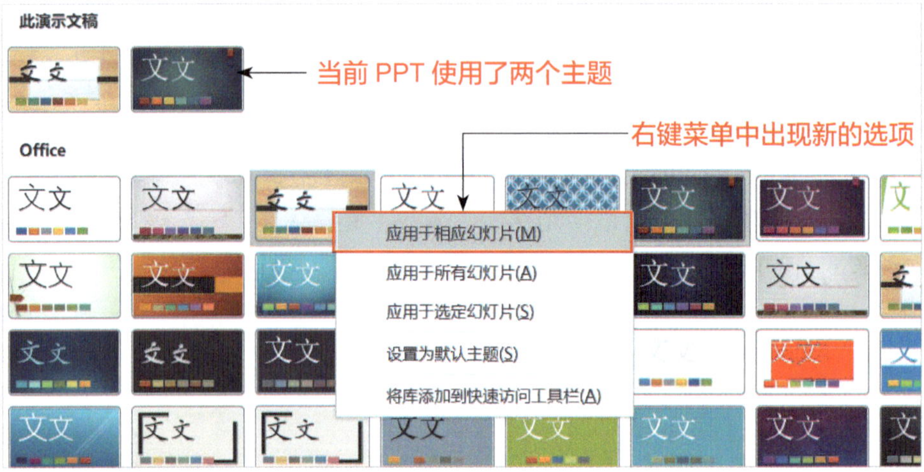

▲ 多主题 PPT 可以分主题批量设置新的主题

如何做得更好

和前面讲的 PPT 美化 4 步法类似，使用 PowerPoint 内置的主题，的确方便快捷，但如果对 PPT 质量有一定的要求，例如需要用于汇报、答辩等场合，这些主题还是显得有些粗糙，甚至可能会给人敷衍了事的感觉。**如果想要获得更好的效果，还是建议大家花一点时间自行搭配、调整主题效果，或者新建 PPT 主题。**

如何新建 PPT 主题

上一节讲了通过修改 PowerPoint 自带的主题的颜色、字体、效果、背景样式让 PPT 改头换面的方法。如果你在 PowerPoint 自带主题中找不到满意的主题，也可以自行创建新的主题。下面通过一个实例来讲解新建主题颜色和主题字体的方法。

实例 08　如何新建主题颜色和主题字体

还记得在实例 07 中调整主题颜色时展开的下拉菜单吗？在该下拉菜单底部有一个“自定义颜色”选项。单击它，在弹出的对话框中就可以自定义主题颜色了。

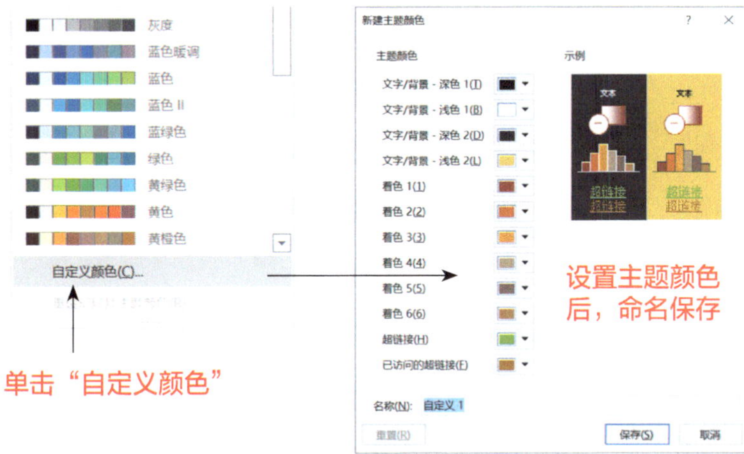

▲ “新建主题颜色”对话框

对话框里列出了很多种颜色，它们之间又有什么关系呢？看看下面的图片，你就都明白了！

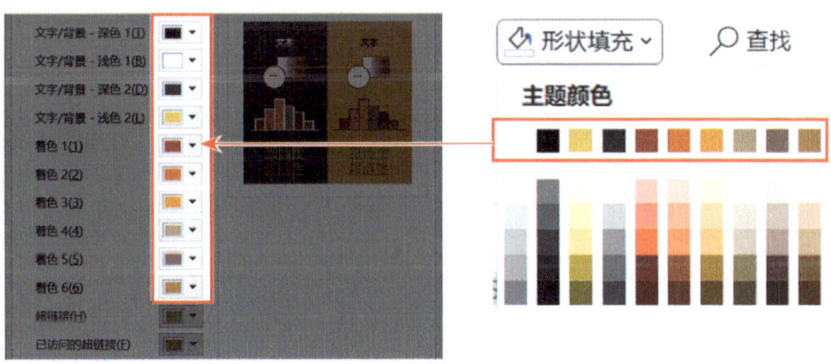

▲ 主题颜色其实就是调色盘里的第一行颜色（“超链接”除外）

原来，**主题颜色决定着我们在设置形状、字体、线条的颜色时在调色盘里能直接选取到的颜色。**调色盘中下方纵列的颜色，均是亮度不同的主题颜色。

再来新建主题字体。设置主题字体的方法和设置主题颜色类似，只是在设置主题字体的时候，需要分别设置西文字体和中文字体、标题字体和正文字体。也就是说，一共要设置好 4 种字体，才算是搭配好了一套主题字体。

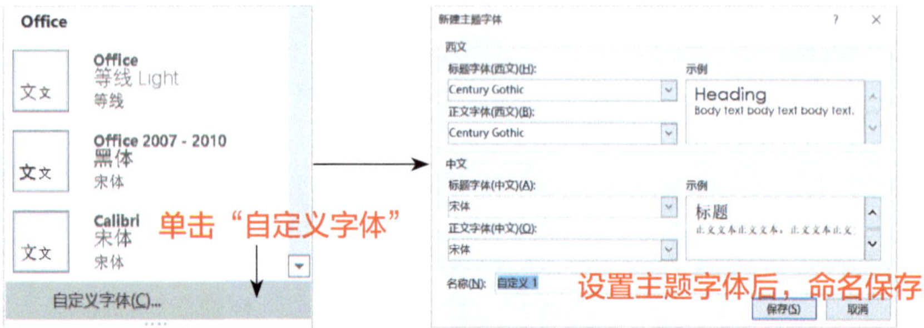

▲ 主题字体的设置与主题颜色的设置基本相同

搭配好主题字体之后，在页面的标题框或正文框中输入文字，文字的字体会自动变为设置好的标题或正文字体；在新建文本框中输入文字，文字的字体会变为设置好的正文字体。可想而知，**如果你经常制作同一风格的PPT，新建一套主题字体将大大提高你的工作效率。**

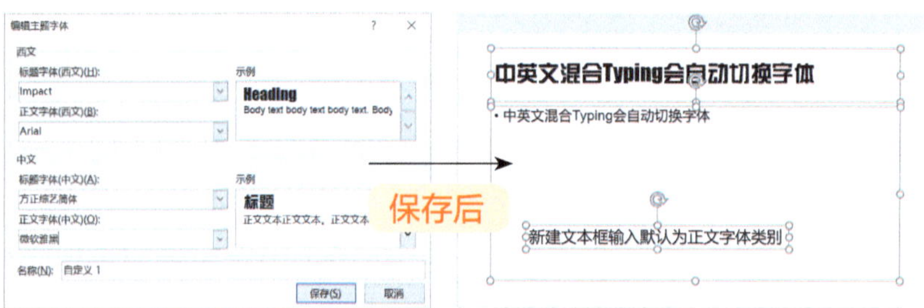

▲ 将主题字体设置为 Impact + Arial、方正综艺简体 + 微软雅黑的效果

保存下来的自定义主题颜色和自定义主题字体会出现在相应列表的顶部，无论是关闭 PowerPoint 之后再次打开，还是新建一个 PPT，都能看到这些自定义方案，并可以直接单击完成套用，非常方便。如果不需要这个自定义方案了，在其上右击，即可在右键菜单中将其删除。

▲ 自定义方案会列在相应列表的顶部

2.6 如何保存常用的PPT主题

当我们设计好 PPT 主题 4 要素（特别是主题颜色和主题字体），也就是设计好 PPT 主题之后，未来可能会反复用到它。在这种情况下，我们就可以把这个 PPT 主题保存下来，让它成为上一节开头我们说的那种可以“一键套用”的 PPT 主题。操作方法也很简单，在主题下拉列表底部单击“保存当前主题”即可。

和主题颜色、主题字体一样，自定义的主题会出现在 PowerPoint 主题列表的顶部，右击可以将其删除或设置为默认主题（不推荐）。

2.7 去哪里找更多的主题

如果觉得 PowerPoint 自带的主题不够好，自己重新搭配又嫌麻烦，那么能不能像从网站上下载 PPT 模板那样下载更多的 PPT 主题呢？

实例 09　方法一：通过 Office 主页获取 PPT 主题

访问微软官网的 Microsoft 365 页面，单击顶部菜单栏中的"模板"，跳转到 Office 模板页面，向下滚动页面，单击"演示文稿"，就能看到很多 PPT 模板了。

▲ Microsoft 365 页面提供了很多模板

先单击合适的模板打开详情页，然后单击下载，会得到一个扩展名为".potx"的文件，直接双击打开这个文件，即可使用此模板的主题。

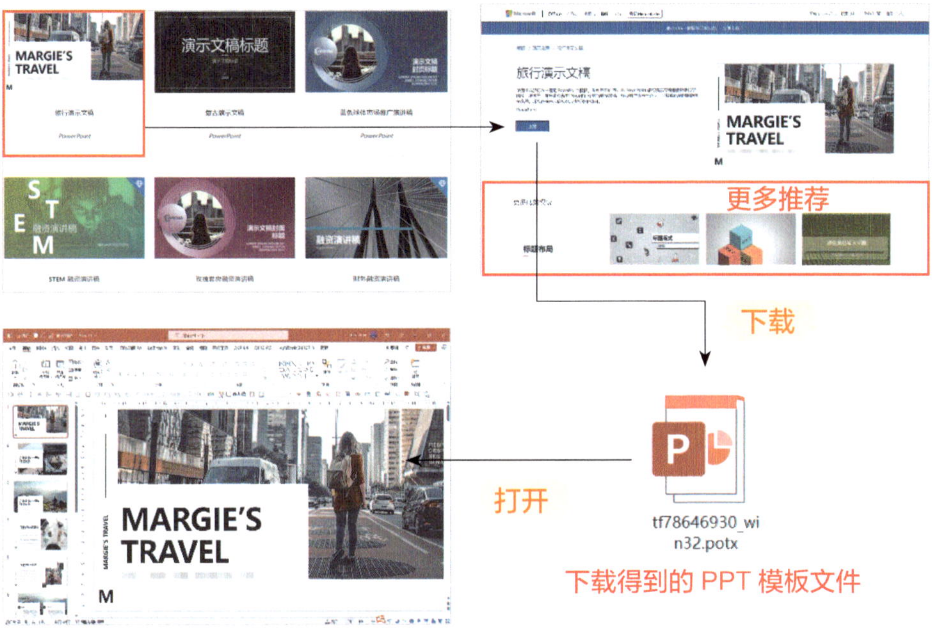

▲下载、打开官网提供的模板

当然，你也可以使用我们之前讲过的方法，把这个主题保存为自定义主题，增添至“自定义”栏中，方便下次使用。

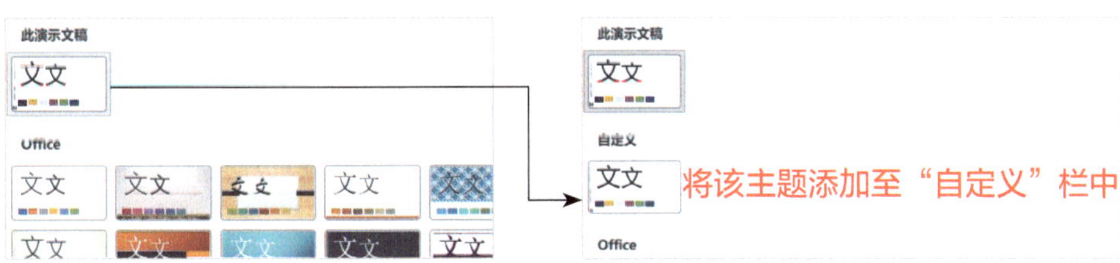

▲将下载的模板主题添加到“自定义”栏中

⚙ 实例 10　方法二：在 PowerPoint 内部获取 PPT 主题

除了在官网下载主题外，直接在 PowerPoint 中单击“文件—新建”，也可以在界面右侧看到许多 PowerPoint 自带的主题。

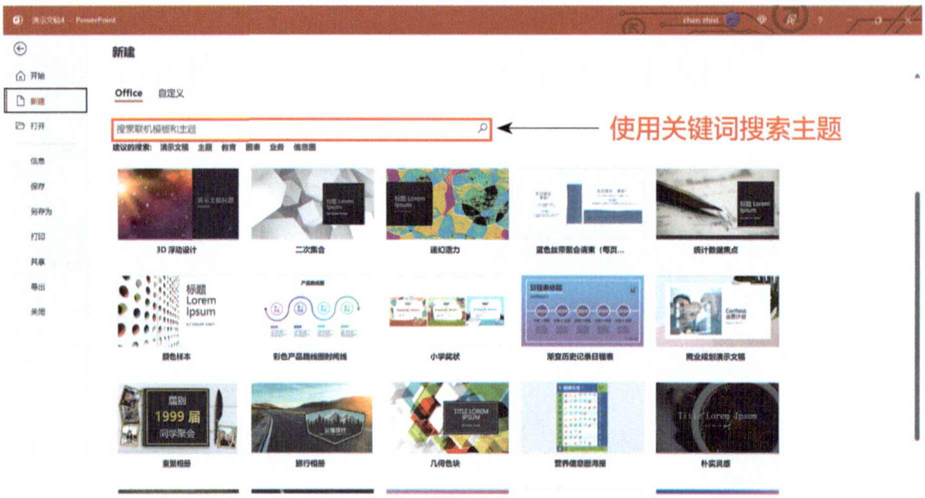

▲ 在 PowerPoint 中新建文档时的界面

如果你需要特定内容的 PPT 主题，可以在搜索框内输入关键词后按回车键搜索，或直接单击搜索框下方的建议关键词进行搜索。

选择合适的主题，在弹出的面板中单击“创建”即可下载并应用此主题。

▲ 选定主题，创建文档

看到这里，一定会有读者问：“PPT 主题就是我们所说的 PPT 模板吧？我看它们也没什么区别呢！”

你可别说，它俩还真不一样！

PPT 主题和 PPT 模板的区别

严格来说，我们常说的“PPT 模板”应该是“PPT 主题”，它包含了精心搭配的主题颜色、主题字体、主题效果以及背景样式（或背景图片），可以帮助我们快速完成 PPT 的大体布局，后期也能做整体调整。

但从网上下载的大多数 PPT 模板的制作者并没有花那么多心思按照 PPT 主题 4 要素对模板进行设置，很多看起来很漂亮的模板，主题却很混乱。

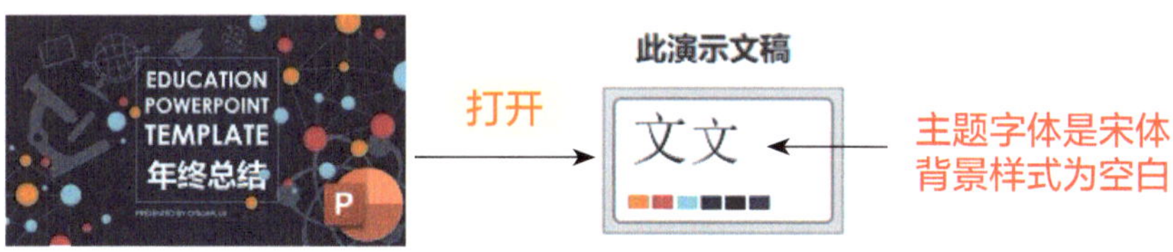

主题字体不规范会导致当我们想在某处加一段文字时，新建文本框里敲出来的文字字体是“宋体”，而不是和模板其他部分相匹配的“微软雅黑”。

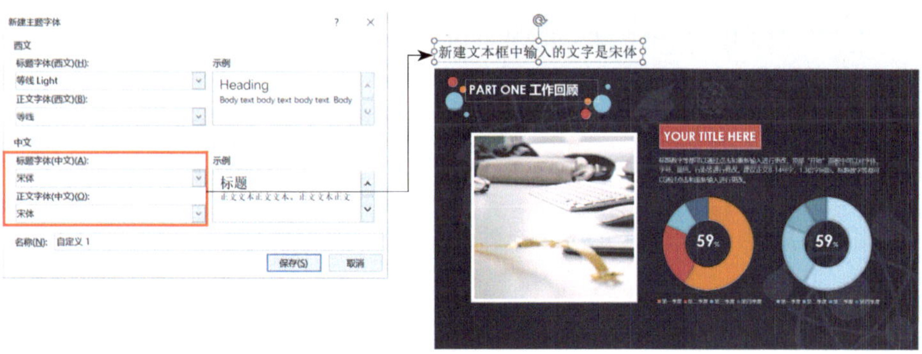

▲ 主题字体不规范带来的问题

打开“开始”选项卡中的“版式”下拉列表，我们可以看到，这个 PPT 模板几乎所有的幻灯片版式都是“标题幻灯片”版式，而且排在第一位的还是空白页，难怪它的主题缩略图背景是空白的，而不是像规范的 PPT 主题那样呈现出封面背景。

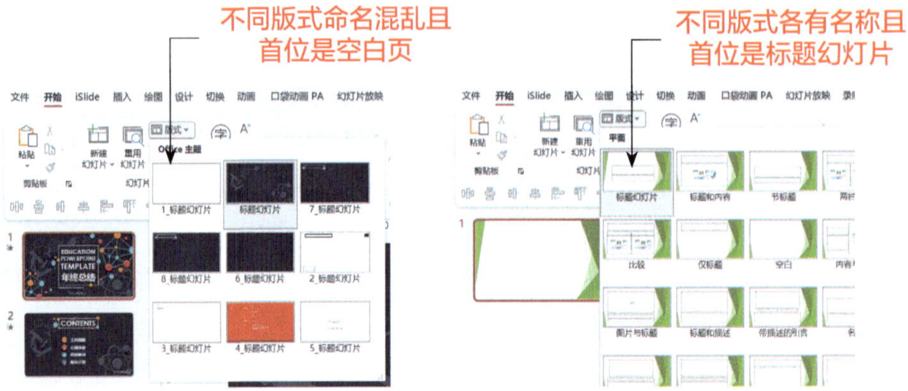

▲ 版式不规范带来的问题

PPT 主题还有哪些优势

除了更加规范、便于修改之外，和 PPT 模板比起来，PPT 主题还有一个更大的优势就是：**PPT 主题不一定是一个完整的 PPT。**事实上，从“主题”这个词我们也能感受到这一点——它是指事件的中心点，所以才有“围绕主题”的说法。

于是，你便能在微软提供的教育类 PPT 主题中搜索到“课堂计时器”“奖状证书”“日程表”这类功能性极强的 PPT 主题。

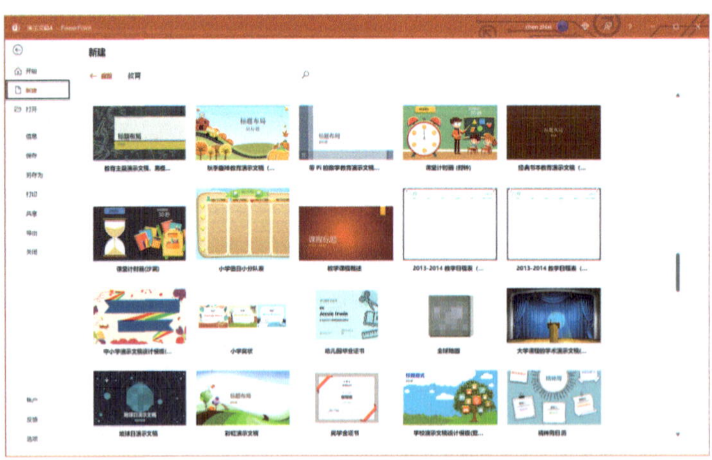

▲ 各种功能性极强、有明确用途的 PPT 主题

要知道，“怎么在 PPT 中插入倒计时？”这类问题在网上的解法可谓是花样百出：有人做动画、有人装软件、有人用插件，甚至还有人不惜写程序来搞定。

怎么在PPT中插入倒计时?

Edward Yin：可以写个winform程序控制ppt的字符显示，如下：鉴于有的小伙伴需要源码，我现在已经把项目提交到Github上。... 阅读全文

▲ 赞同 13 ▼ 7 条评论

谁能想到，最简单的做法是直接打开 PowerPoint，搜索一个计时器的 PPT 主题就搞定了？从 30 秒到 30 分钟，每页一种计时方案任你选择！

▲ 从平面效果到动画，全都不需要你操心，直接放映就好

想要做得更文艺一点？那就选择沙漏款的！同样不需要操心动画设置的问题，设定时间限制，按 Shift+F5 组合键从当前页开始播放，然后单击“启动计时器”即可。**现在你知道 PPT 主题与 PPT 模板之间的差别了吧？**

▲ 沙漏款计时器的动画设置比闹钟款更为复杂

不过，目前这两套主题出现了动画效果丢失的问题，Jesse 老师已知会微软官方修复，具体修复时间未知。大家也可以参照上面的动画窗格截图试着做做看。

2.8 什么是图片背景填充

前面我们说到，制作 PPT 主题时，PowerPoint 会以封面背景为依据生成缩略图。那么，封面背景是怎么来的呢？这就要用到 PowerPoint 的图片背景填充功能了。使用这个功能，我们可以手动将图片设置为页面背景。

实例 11　将电脑上的图片设置为 PPT 背景

视频案例

在“设计”选项卡下单击“设置背景格式”或直接在页面右击，在弹出的菜单中选择“设置背景格式”，均可以打开设置背景格式面板。在这里，我们可以将图片设置为 PPT 的页面背景。

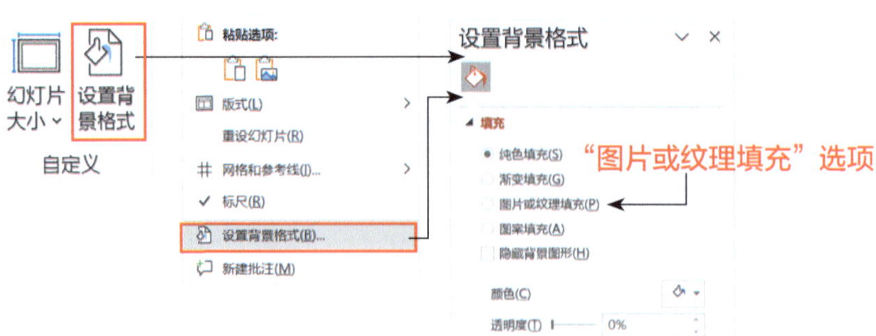

▲ “图片或纹理填充”是 4 种幻灯片背景填充方式中的一种

在填充方式中选择“图片或纹理填充”，然后单击“插入—来自文件”，在弹出的对话框中选择用于背景填充的图片文件，然后单击“打开”进行填充。如果想要把每一张幻灯片的背景都填充为这张图片，完成填充之后，单击面板底部的“应用到全部”按钮即可。

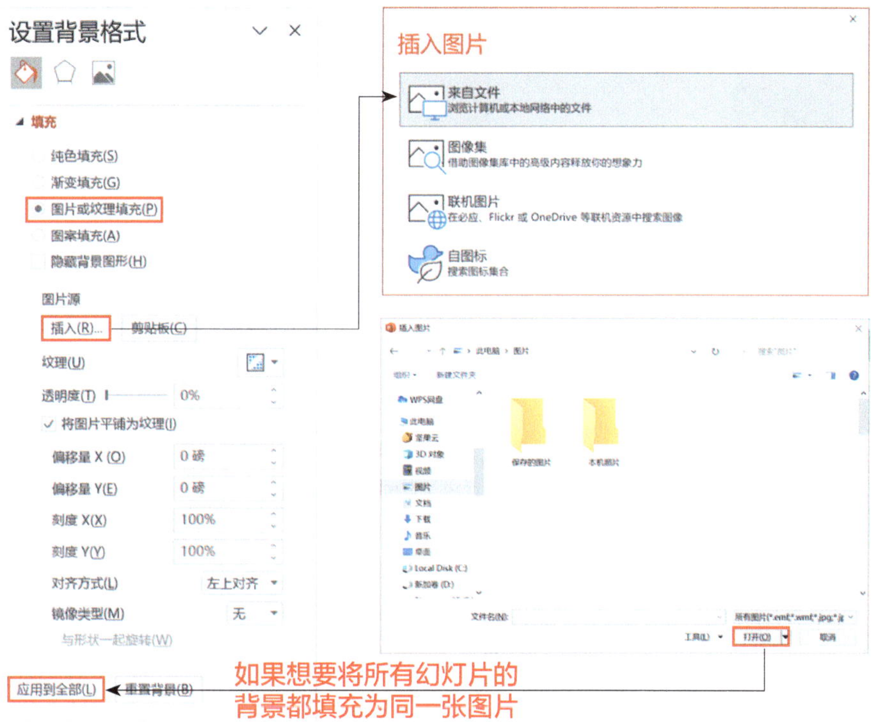

▲使用“图片或纹理填充”的具体流程

多种多样的图片填充效果

为 PPT 页面填充背景图片时，最终的填充效果与图片本身的大小比例及具体填充方式有很大的关系，PowerPoint 也为用户提供了大量的控制手段，诸如是否平铺填充、偏移量控制、对齐方式控制、是否镜像重复等。下面我们通过几个实例来深入了解一下。

实例 12　使用拉伸模式对背景进行填充

将图片拉伸后填充是使用图片填充背景时的默认填充方式，它使不同比例的图片均可填满整个页面。例如我们想要用一张竖向的图片填充 PPT 时，默认效果如下。

▲ 不管比例如何，图片填充后都会占满页面

对于这种竖向的图，PowerPoint 会在保证图片比例不变的情况下，将其宽度拉伸至与 PPT 页面宽度相等，然后将图片垂直居中放置，对超出页面的部分则不予显示。

图片拉伸填充后，我们还可以调节它在左、右、上、下 4 个方向上的偏移量。虽说名叫“偏移量”，但其更像是图片相对于页面的“拉伸比例”。

▲ 图片与背景比例不吻合，填充后会产生偏移

例如，在当前这个例子里，完成填充后按 Ctrl+Z 组合键，或者手动将向上、向下的偏移量改为 0%，可以将背景图片原本未显示的区域以压缩的方式全部“挤进”PPT 页面里。这种方法虽然看似可以自由调节图片的显示区域，但调节后的图片已经变形失真，几乎没有什么实用价值。

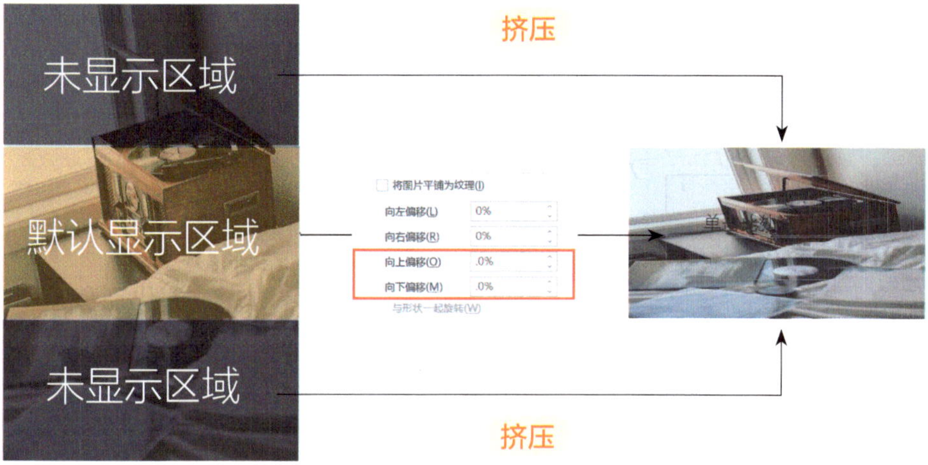

▲在拉伸模式下进行图片填充，调整偏移量会导致图片变形失真

实例 13　维持原图比例不变的平铺模式

与拉伸模式相比，平铺模式则是一种维持图片原大小、比例不变的填充模式，我们只需要在完成图片背景填充之后，手动勾选“将图片平铺为纹理”即可应用此模式。如果原图不足以覆盖整个 PPT 页面，PowerPoint 会先用原图填充一次，然后通过重复显示的方式将原图铺满整个页面。

▲勾选“将图片平铺为纹理”后的填充效果

在本实例中，原图在垂直方向上是足够铺满页面的，而在水平方向上差了一大截，所以最终在水平方向上呈现出“两个还多一点儿”的图片内容。

查看“设置背景格式”面板可以发现当前图片是以左上角为基准与页面对齐的，且缩放比例为 100%。如果你想要调整图片的平铺效果，可以调节这些数值——如修改偏移量 X/Y，可以让图片单位在 *X* 轴、*Y* 轴方向上产生位移；修改刻度 X/Y，可以让平铺的图片单位的大小发生变化。

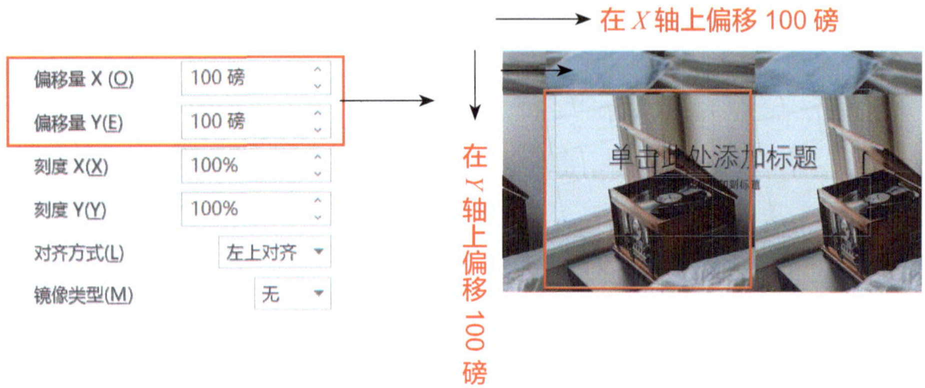

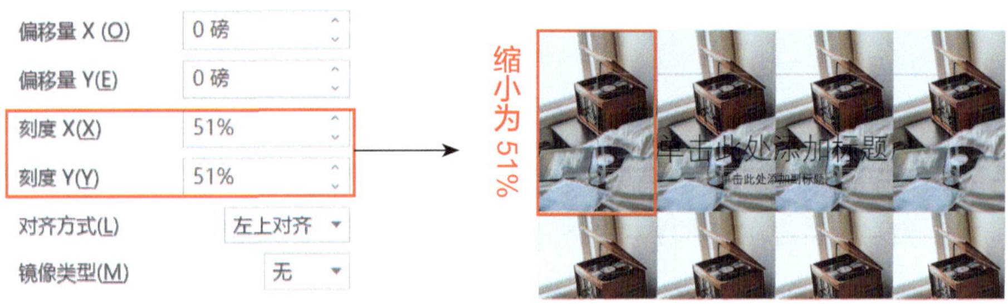

实例 14　平铺背景填充模式的更多玩法

通过前面的例子我们可以看到，**图片在经过平铺之后，会形成在 *X* 轴或 *Y* 轴上多次重复的效果。**利用这个特性，再结合网上很容易下载的平铺纹理素材，我们可以轻松打造出无痕拼接平铺背景效果。

▲结合纹理素材，轻松打造无痕拼接平铺背景

此外，对于一些特定的图片，设置完平铺模式后再叠加水平或垂直的“镜像类型”，结合对偏移量的调节，还能打造出十分有创意的效果。

▲ 利用“镜像类型”开发出图片素材新的用法

实例 15　更加自由的图片填充方式

虽然平铺模式有很多有趣的玩法，但在工作和学习时用到的 PPT 中，我们更多的是希望能够将一张图片 1 ∶ 1 填充为背景。而使用拉伸模式填充又需要通过设置偏移量来调整图片的显示区域，很不直观。**因此，我们可以采用更加自由的填充方式：先定位，再填充。**具体的做法如下。

首先插入需要填充的图片，如果是网络图片可以直接从网页复制，进入 PowerPoint 粘贴即可。

下载完成之后，发现图片比 PPT 页面略小。拖动图片的 4 个角，等比放大图片，使其能够完全覆盖 PPT 页面（右下图中黄色区域为 PPT 页面范围）。

也可以根据图片的具体内容，对其进行不同程度的放大和移动，选择不同的覆盖方案，总的来说，就是**把想要填充为背景的部分画面留在页面内。**如本实例中，就可以放大图片后仅保留彩虹部分的画面在 PPT 页面范围内。

选中图片，使用“图片格式”工具栏中的“裁剪”命令裁剪图片，拖动裁剪框至页面边缘（会有自动吸附效果），然后单击图片外的范围退出裁剪模式，完成裁剪。

完成这一步操作之后，从视觉效果上看，我们已经得到了想要的效果。但此时的图片尚未填充为页面背景，仅仅与页面大小一致而已。

因此，我们还需要选中图片，按 Ctrl+X 组合键剪切，打开“设置背景格式”面板，将背景填充模式设为“图片或纹理填充”，单击“剪贴板”完成填充。

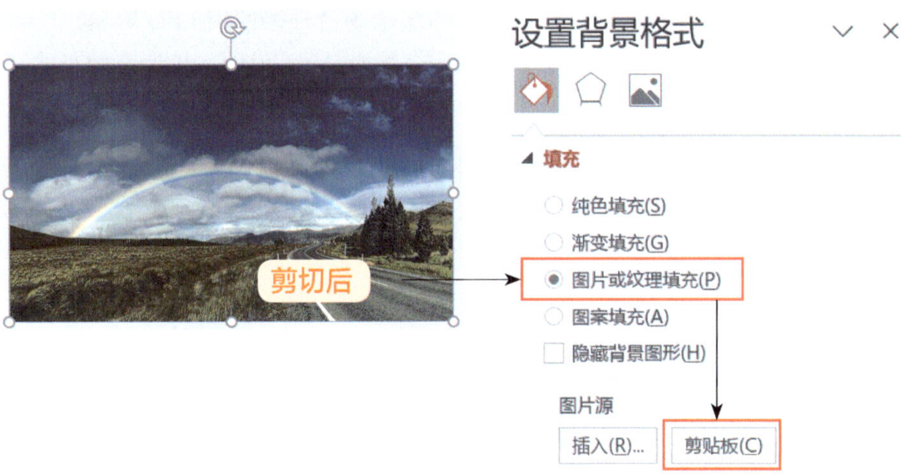

由于裁剪后图片的大小与 PPT 页面的大小一致，将其填充为 PPT 背景时不会产生任何的拉伸变形，也不需要调节偏移量，非常方便。只不过**在放大图片的过程中，请一定要留意图片的清晰度。**原图清晰度不够高的话，过分放大之后会变得很模糊。

裁剪出合适的图片，再搭配文字和线框，就能做出不错的 PPT 封面

2.9 如何调整幻灯片的页面比例

在 PowerPoint 2013 版发布以前，PowerPoint 默认的页面比例都是 4 ：3，大多数投影仪的幕布也是这个比例。这样，PPT 投影出来就刚好能占满整个幕布。

随着时代的发展与进步，越来越多的演示场合开始使用 LED 屏幕，广大中小学则开始使用液晶电教板，PowerPoint 的默认页面比例也就随之变成了 16 ：9。

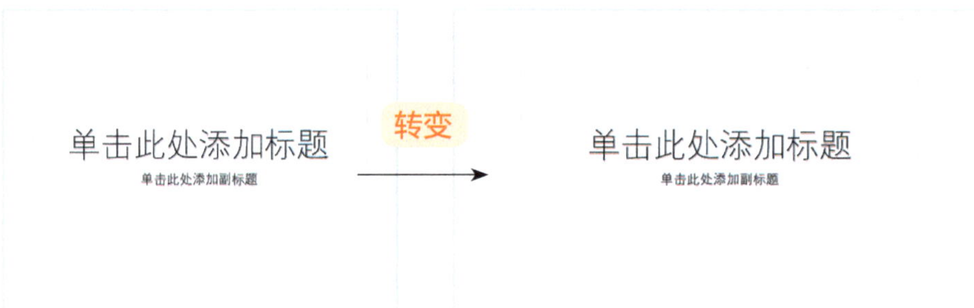

▲ 16 ：9 的页面比例逐渐成了主流

设置不同的页面比例

不过，我们仍然可以手动更改幻灯片的页面比例。单击“设计—幻灯片大小”即可非常方便地在 4 ：3 和 16 ：9 两种页面比例之间切换，单击“自定义幻灯片大小”还可以看到更多选择。

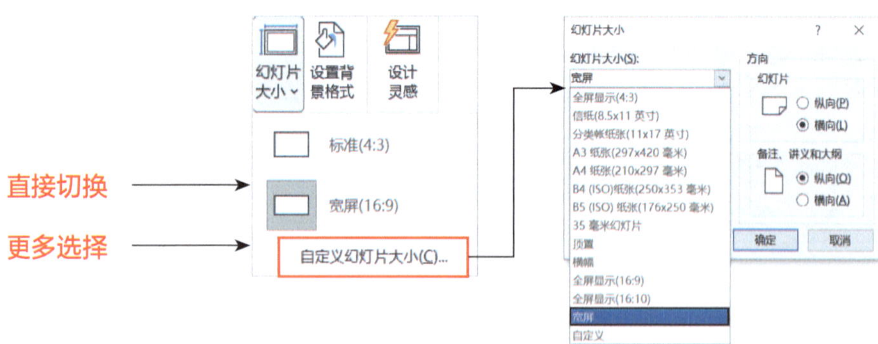

要提醒大家注意的是，当我们修改幻灯片的页面比例时，页面上的图片、形状等元素并不会依据新的页面比例自行调整大小、位置及相互之间的距离，往往需要重新修改和排版。因此，**最好在制作前就考虑好幻灯片的页面比例。**

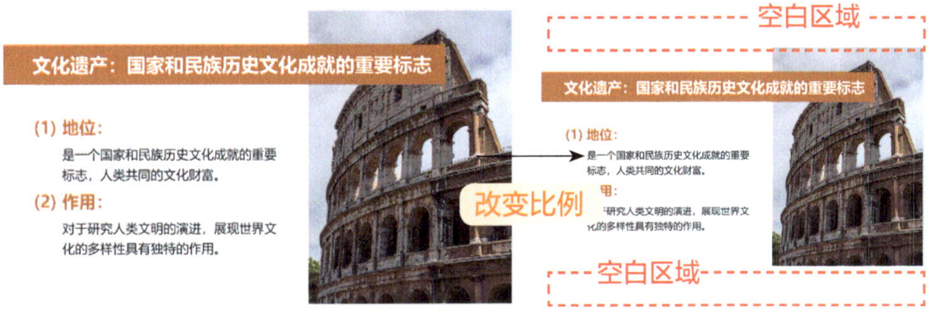

▲ 16：9的页面比例直接更改为4：3后，幻灯片顶部和底部会出现空白区域

设置版面方向

由于 PowerPoint 排版自由、设计方便，我们除了用它制作 PPT 外，还可以用它制作简历等其他形式的文档，此时就需要把幻灯片的版面方向设置为“纵向”，并指定幻灯片大小。

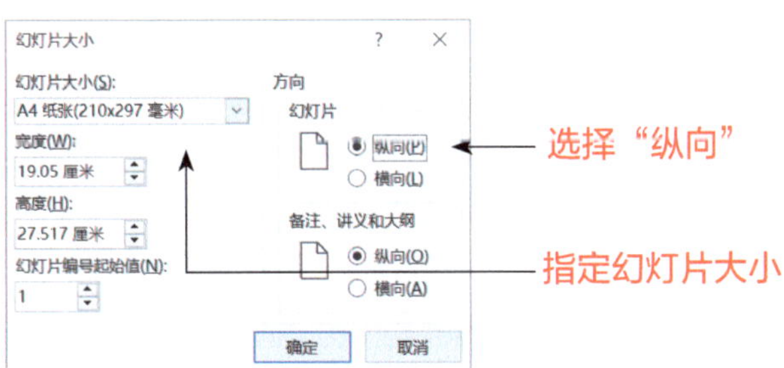

▲ 在“幻灯片大小”对话框中更改幻灯片的方向和大小

除了制作简历外，纵向的页面还可以用来编写书籍。如本书自第1版起，每一版的初稿都是用 PPT 写成的。

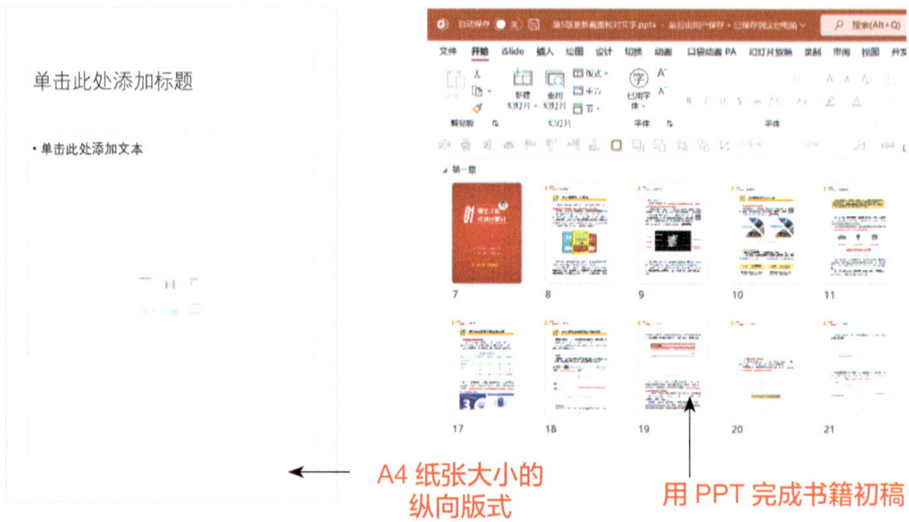

特殊页面比例与自定义幻灯片大小

在预设的页面比例中，除了常见的纸张尺寸外，还有一些特殊的页面比例，例如“横幅”，单击下拉按钮即可在下拉列表中选择。

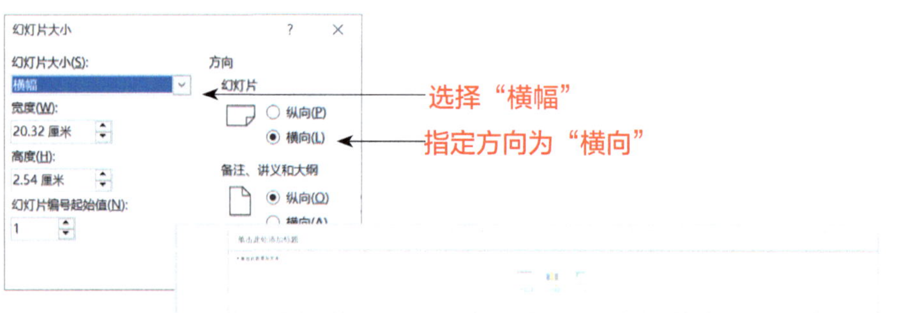

▲ 设置特殊页面比例“横幅”

你只要足够细心，就一定会发现，随着页面版式的变化，幻灯片的宽度和高度也在发生改变。或者说，正是宽度和高度的改变才导致了页面版式的变化。因此，我们完全可以根据需要，自行输入宽度值和高度值，自定义页面的大小和比例。

如将幻灯片的形状设置为宽高比为 1 ：1 的正方形，其就可以用来设计微信、微博头像了。

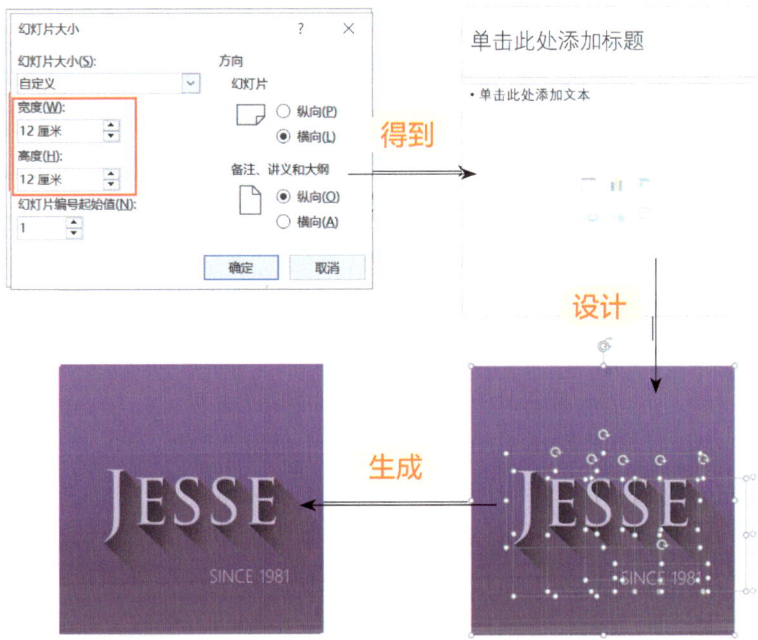

▲ Jesse 老师的微博、微信头像就是用 PPT 设计的

知道怎么自定义幻灯片大小之后，还可以用它来制作明信片、信封、海报、台历……不管需要什么尺寸和比例，相信都难不倒你了！

2.10 如何安装和管理字体

在 PPT 美化 4 步法中，我们出于简单易行及安全可靠的原则，推荐大家在 PPT 里统一使用 Windows 系统自带的“微软雅黑”字体。但我相信，待大家有了一定经验之后，必然不会满足于只做这种基础款 PPT，而是想要尝试使用更多优秀的字体。那么，如何安装一款新字体呢？

如何安装字体

在学习安装字体之前，我们首先要明确一点，那就是虽然我们是在 PowerPoint 里使用各种字体，但其实**所有的字体都是安装到 Windows 系统中的，PowerPoint 只是调用了这些字体资源而已。**因此，我们实际需要掌握的是在 Windows 系统中安装字体的方法。

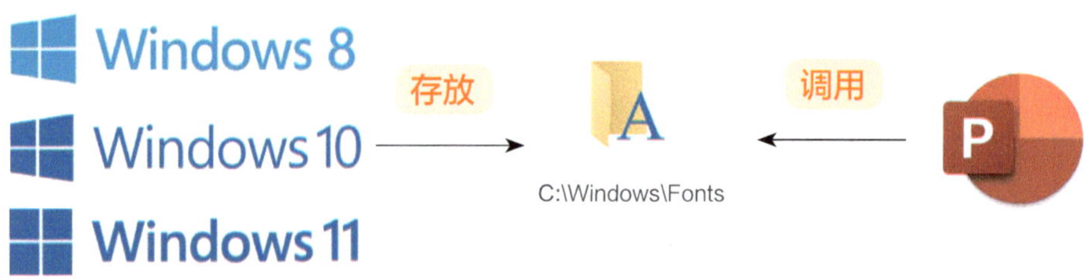

▲ 系统、字体文件夹与软件之间的关系

Windows 系统里的字体文件都被安装到 C 盘 Windows 目录下的 Fonts 文件夹里，我们只需要把下载好的字体文件复制到这个文件夹中，就可以完成安装了，再次进入 Office 软件时就能看到新安装的字体。当然也有更简单的方式，那就是**直接右击字体文件，选择"安装"。**

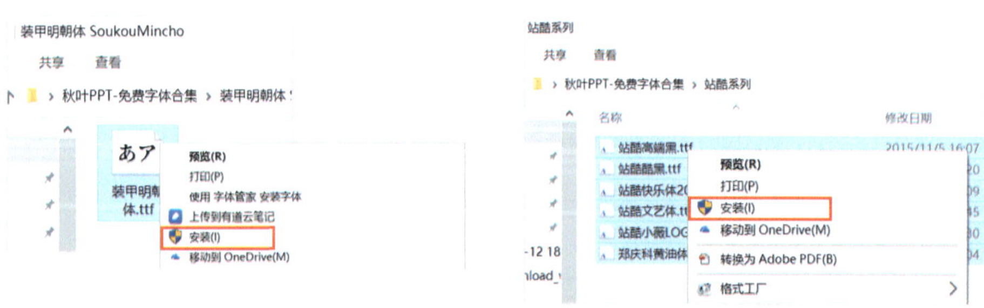

▲ 安装单个或多个字体

如果一次性下载了很多字体，也可以同时选中多个字体，然后还是右击字体文件，选择"安装"，实现批量安装（右上图）。

如何管理字体

随着 PPT 制作水平的提高，你可能需要制作各种风格的 PPT，对于字体种类的需求也会随之增长。如何有效管理字体，特别是如何备份和恢复已安装字体以应对系统重装、更换电脑等情形，就是你不得不考虑的事情了。

如果你有一个大容量的 U 盘或移动硬盘，最简单的方式当然是把安装后的字体文件存入盘内。为了便于后续查找特定字体，建议大家按字体的实际运用场景将字体分类存放。对于从事商业设计的朋友来说，也可以把字体按是否可以商用来分类存放。

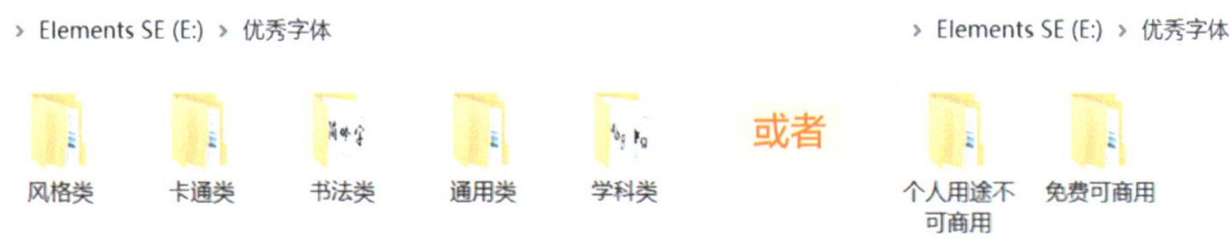

▲ 用文件夹分门别类地保存字体

除了管理现有字体外，如果还想便捷地搜索下载新字体，那就需要使用一些专门的字体管理软件。

目前市面上比较流行的字体管理软件有两款，一款是“字由”，另一款是“iFonts”。这两款软件的网站界面、使用方法和功能都差不多，它们一方面提供大量免费商用字体的“一键下载安装”服务，另一方面拥有数百款“会员商用免费”的独有字体资源。购买会员之后，哪怕是商用场景也有很多风格不同的字体可以选择，且不用担心侵权问题，非常省心。

▲ 目前比较流行的两款字体管理软件：字由、iFonts

如果非要说二者有什么区别，“字由”目前收录的免费商用字体更多，而“iFonts”则拥有更多的会员可免费商用的字体。如果你还是新手，可以先试用一下“字由”，感受一下这类一体化字体管理软件的功能。等到你积累了一定的设计经验，或做好准备朝商业接单的方向发展时，可以换用“iFonts”并购买会员，妥善运用那些会员可免费商用的字体，做出更具独创性的 PPT 作品。

2.11 保存PPT时嵌入字体

学习完上一节，相信你已经明白，字体是 Windows 系统的一部分，并不存在于 PPT 中。如果我们在 PPT 里使用了特殊字体之后，仅仅只是复制 PPT 或将其发送至其他电脑，而该电脑又没有安装这款字体，使用了这款字体的文字内容是无法正常显示的，它们只能以其他默认字体的样式显示出来。

▲ 字体丢失会极大地影响 PPT 的美观度和视觉表现力

辛辛苦苦制作的 PPT，发到领导手中就“丑”得一塌糊涂，或者投影出来笔画细到看不清……如果你不想这样的事情发生在自己身上，那就得知道如何才能在保存 PPT 时将字体嵌入 PPT 一同保存。

实例 16　将字体嵌入 PPT 一同保存

在 1.9 节我们曾经探讨过防止字体效果丢失的几种方法，其中最常见的一种就是嵌入字体。那么这种方法到底应该怎么用呢？下面来看看具体的操作步骤吧。

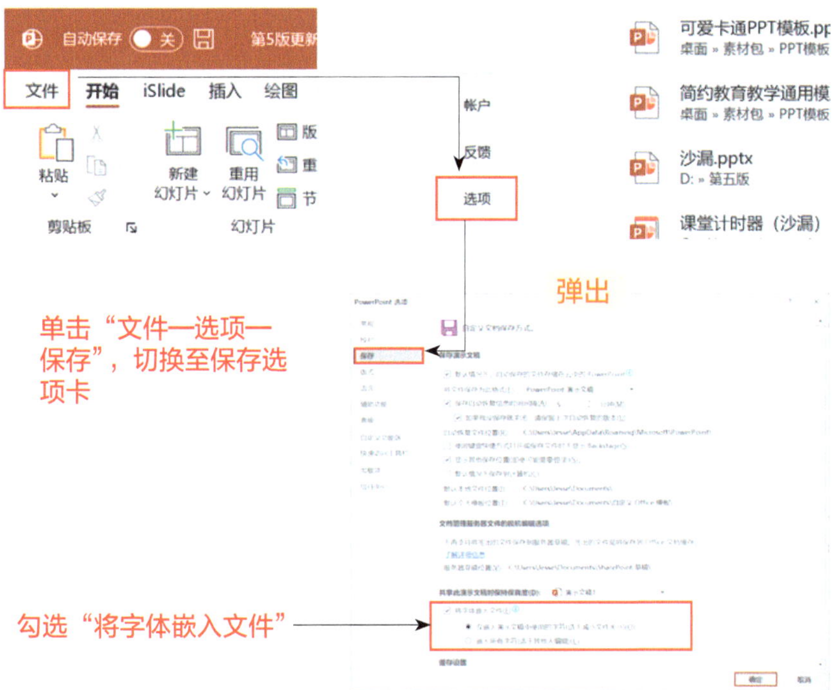

嵌入字体包含两种模式。一种是“仅嵌入演示文稿中使用的字符（适于减小文件大小）”，使用该模式只会嵌入当前 PPT 使用过的字形，在没有该字体的电脑上打开 PPT 修改时，就可能出现以下问题。

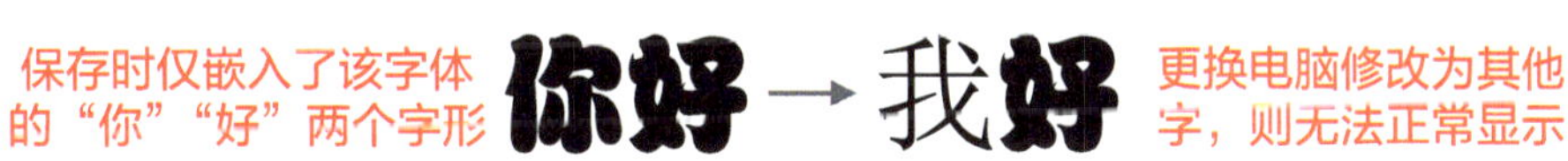

另一种是“嵌入所有字符（适于其他人编辑）”，使用该模式虽然可以避免这样的麻烦，但会嵌入当前 PPT 所用字体的所有字形（每款字体有 6000 多个），导致 PPT 体积增大，不利于网络传输。

总的来说，两种模式各有优劣，使用哪种模式还需根据具体情况而定。选择好模式后，单击确定，**再按 Ctrl+S 组合键保存 PPT，即可完成字体的嵌入。**

2.12 快速搞定PPT的配色

用好主题颜色

PPT 作为一种注重视觉化表达的信息呈现方式，对合理的颜色搭配的需求可以说是不言而喻的：配色恰到好处的 PPT，无须看具体的内容，只是远远瞥上一眼，就能让人心生愉悦。

▲ 来源：iSlide 插件案例库模板

然而，对于大多数没有美术学习经历的普通 PPT 制作者来说，想要完全自主地确定一套 PPT 的配色较为困难。这时 PowerPoint 自带的主题颜色方案就可以助你一臂之力。

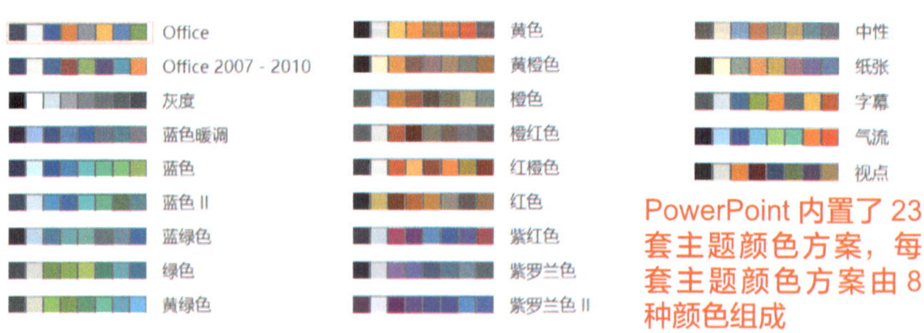

当我们使用主题颜色方案中的颜色制作 PPT 时，一旦切换到另一个主题颜色方案，所有使用了主题颜色的元素的颜色都会自动变成新方案中对应的颜色。

▲ 切换主题颜色方案以完成 PPT 配色方案的调整

即便你是在做一套新的 PPT，页面上还是一片空白，暂时看不出上图中那么明显的变化，但**主题颜色的设定会直接影响调色盘中有哪些颜色，也就限定了你的用色范围**，从源头上保证了配色方案的质量。

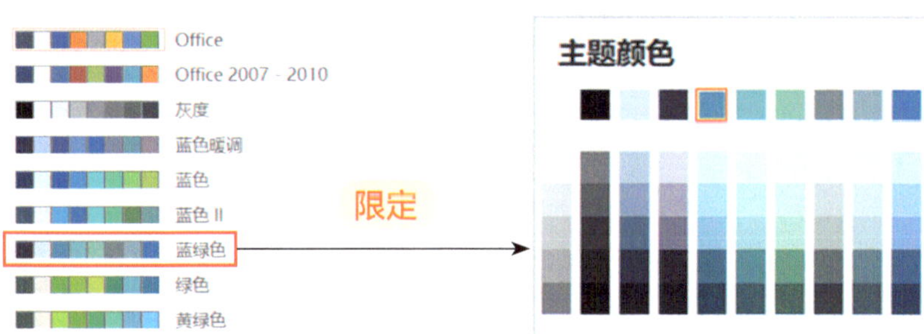

参考优质配色网站

在互联网时代，只需要连上网络，我们就能源源不断地挖掘出各种超乎想象的优质资源。

就拿配色来说，若只是为了完成工作型 PPT，则不必学习配色理论。厌烦了 PowcrPoint 自带的主题颜色，又担心自己配不好色？可以去 Color Hunt 这个配色方案参考网站看看。

▲优秀配色方案参考网站：Color Hunt

Color Hunt 上陈列了各种各样的配色方案，自 2015 年上线至今，每天都有新方案上线（注意看上图中配色卡片右下角的时间戳）。

或许你会觉得这些配色方案包含的颜色没有 PowerPoint 每套主题颜色方案包含的 8 种颜色那么丰富，但对于制作 PPT 而言，**我们通常会把使用的颜色控制在 3~4 种**，Color Hunt 的配色方案完全够用。

除了可以在首页滚动浏览各种各样的配色方案外，我们还可以单击顶部的搜索栏，选择特定的主题颜色进行搜索。如选择红色（Red），就能集中显示各种包含红色的配色方案。

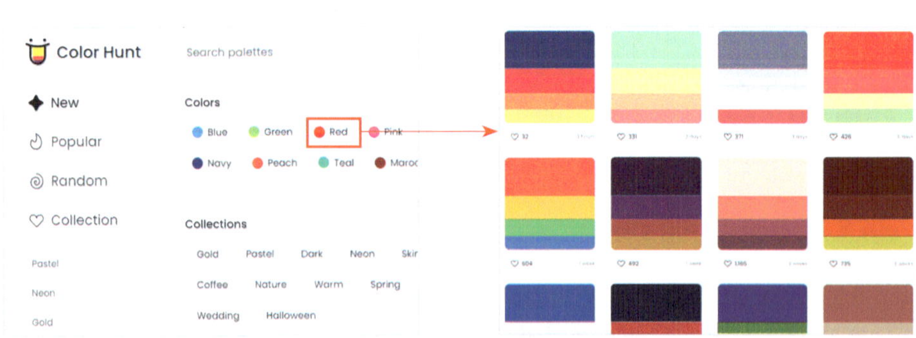

▲Color Hunt 支持对包含指定颜色的配色方案进行搜索

如果看到了特别喜欢的配色方案，你可以单击配色卡片左下角的爱心为其“点赞”，点赞过的配色方案会陈列在主页右侧，方便日后再次浏览。

▲ Color Hunt 页面右侧会单独列出点赞过的配色方案

单击页面右上角的 3 个点可打开下拉菜单，单击“Collection”可打开“收藏夹”，浏览自己曾经点赞过的配色方案。而不管是主页右侧还是专门的收藏夹页面，当我们单击某个配色方案时，都可以进入该配色方案的详情页，单击配色卡片下方的下载按钮，就能下载配色方案图片。

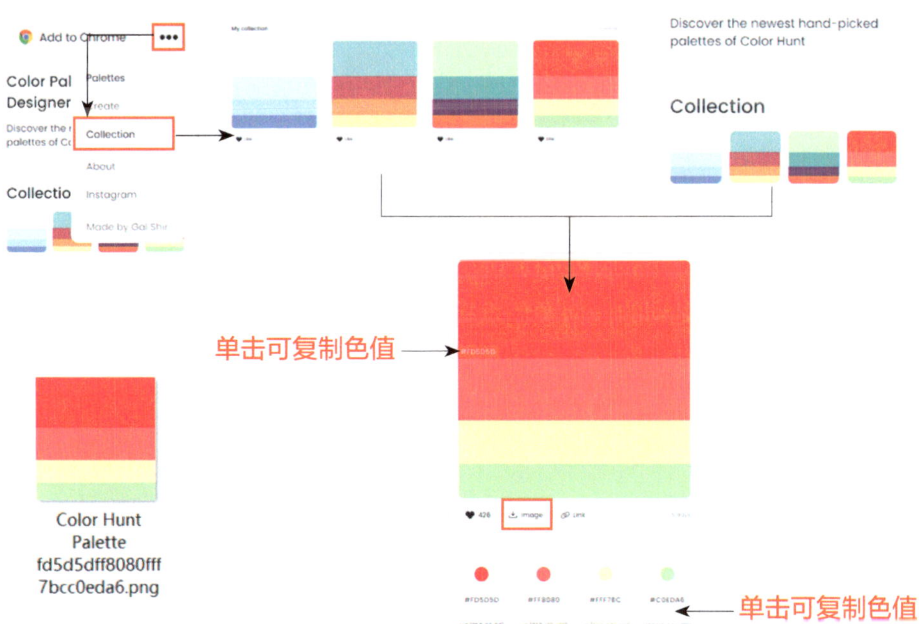

▲ 从点赞过的配色方案中下载配色方案图片

将鼠标指针放在配色方案中的某个颜色上时，会浮现出该颜色的十六进制色值，单击文字区域就可以复制色值，图片下方列出的颜色色值也可以复制。最新版的 PowerPoint 已经支持通过输入十六进制色值来设置颜色，单击"其他填充颜色—自定义"，然后粘贴色值就能完成颜色设置了。

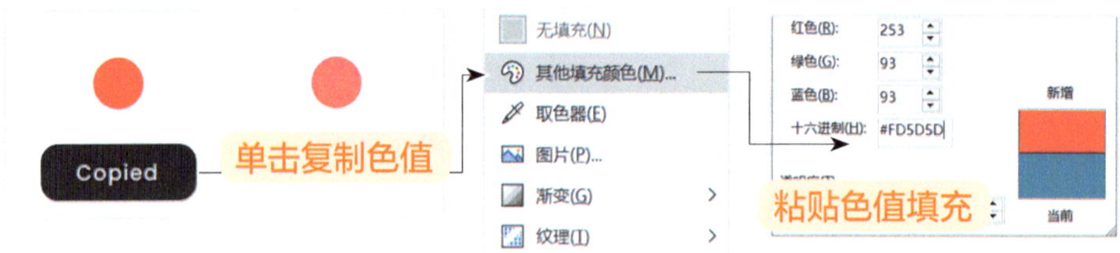

2.13 PPT中特定颜色的获取和设置

学完上一节，相信很多朋友都有一个疑惑：如果我使用的是旧版 PowerPoint，不支持用十六进制色值指定颜色，那么我还能用 Color Hunt 上的配色方案吗？当然能！这一节我们就来学习两种常见的方法。

使用取色器进行颜色填充

自 2013 版开始，PowerPoint 增加了取色器功能，利用它我们就能轻而易举地将屏幕上所能见到的任何颜色直接填充至 PPT 里的形状、文字、背景等一切需要调整颜色的地方。

实例 17　利用"取色器"实现屏幕取色并将其填充给形状

首先，在 PPT 页面中插入想要获取颜色的图片样本——例如从 Color Hunt 上下载的配色方案图片或其他想要取色的图片，准备好需要填色的形状。

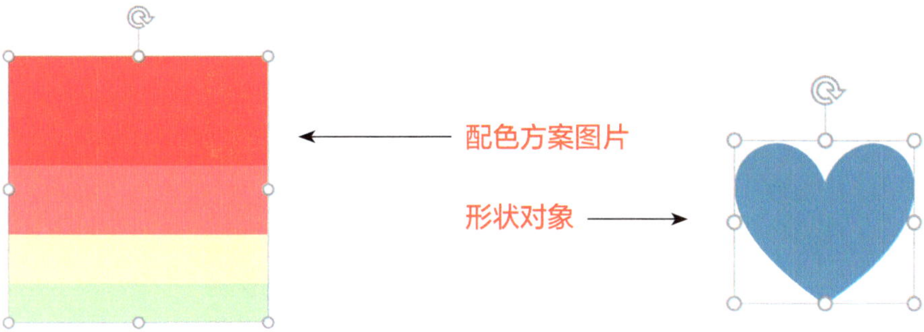

选中形状，单击“开始”选项卡中的“形状填充”展开下拉菜单，单击下拉菜单中的“取色器”，此时鼠标指针会变成吸管样式。将吸管移动到图片上想要取色的位置并单击，形状就会被填充为相应的颜色。

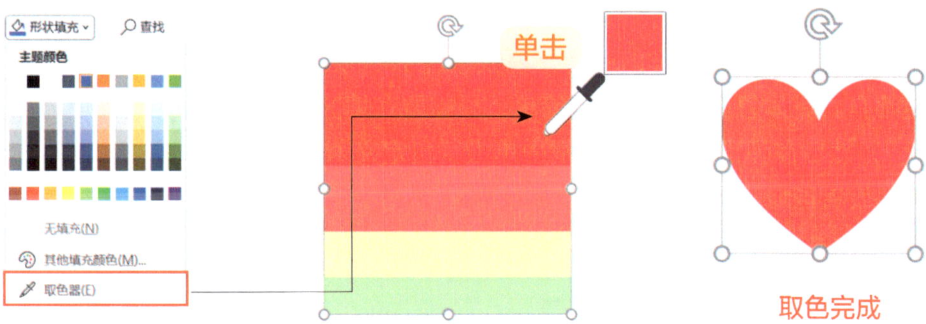

使用 RGB 色值进行颜色填充

有过口红选购经验的朋友都知道，口红会分色号。没有了色号，我们几乎无法拜托他人代购，即便是拍照也会有色差。下面这排口红（从右到左），你能用语言描述出它们的颜色吗？即便你能描述出来，他人又能够准确理解吗？

▲没有了色号，代购口红就成了一个难题

在 PowerPoint 里，我们也可以用“色号”来精确指代某种特定的颜色，这就是 RGB 色值（R= 红色；G= 绿色；B= 蓝色）。

大家都知道，红色、绿色、蓝色是三原色，不同比例的三原色混合在一起，就能形成各种各样的颜色，总数超过 1600 万种，可以说你想要什么颜色都有。具体怎么设置呢？很简单，只需要在填充颜色时选择“其他填充颜色”，然后在弹出的颜色对话框中单击“自定义”选项卡，就可以看到 RGB 色值设置区域了。

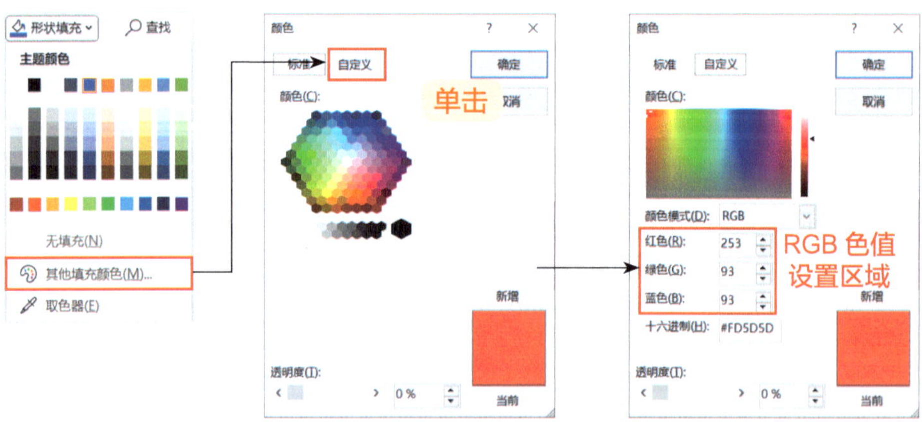

▲进入以 RGB 色值为依据的颜色设置区域

在 RGB 色值设置区域内的红色、绿色、蓝色 3 种颜色后对应的文本框内分别输入不同的数值（0~255），就能得到不同的颜色。**选中已填色对象再打开这个对话框，还能查看当前颜色的 RGB 色值。**

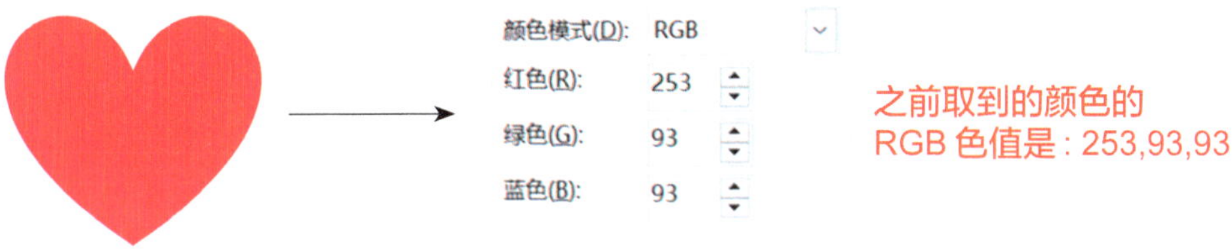

▲ 利用 RGB 色值设置区域查看当前填充色的 RGB 色值

由于每一组 RGB 色值都对应一种特定的颜色，因此**当我们需要指定某种特定颜色时，使用 RGB 色值来表述和交流就可以避免误会的产生。**

例如在一些公众号发布的 PPT 教程中，对颜色的使用会有较高的要求，只有按照要求设定颜色，最终才能做出一模一样的效果来。可读者们往往都在手机上阅读公众号文章，即便教程里给出了案例图示，读者们也在法直接用取色器来取色。这时如果教程里给出该颜色的 RGB 色值，读者们就能根据 RGB 色值在自己的电脑上设置一模一样的颜色了。

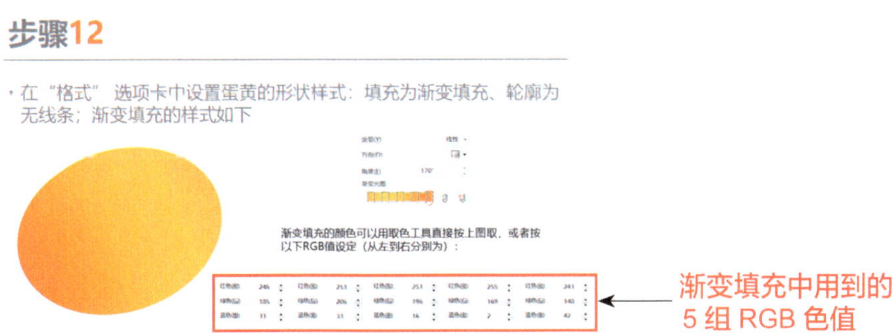

▲ PPT 教程中给出的渐变色的 RGB 色值

虽说用 RGB 色值表达颜色非常精确，但它毕竟是一种机器语言，我们单看数值的话，是很难想象出其对应的颜色的。因此，很多时候**我们还需要一种更加便于理解的颜色表达方式。**

RGB：121，20，11 ← 这是什么颜色？你能想象出来吗？

▲ RGB 色值最大的缺点就是不直观、不便于理解

2.14 “讲人话”的HSL颜色模式

前面我们说到 RGB 色值最大的缺点是不够直观。如果代入生活中的场景来看，它还有一个缺点就是不够人性化。

当你做好一份 PPT 之后，老板给你反馈意见时可能会说“我希望这个颜色再偏红一点”“要是能再活泼一点就更好了”之类的话。而在另外一些场合，我们又可能需要同时使用一组类似的颜色，例如“粉红”“桃红”“大红”“深红”等。

这时，我们就需要一种**可以从“程度”上对颜色进行描述和控制，“会讲人话”的颜色模式**，PowerPoint 中的 HSL 模式恰好能做到这一点。

在设置 RGB 色值时，上方有一个连续的颜色显示区域，根据这个区域我们就能很好地理解 HSL 颜色模式。

HSL 颜色模式中的 H 代表的是色调，0~225 代表不同的色调。S 代表的是饱和度，也就是颜色的鲜艳程度，值越大颜色越鲜艳，值越小颜色越发灰。不管是什么颜色，低饱和度时都是灰蒙蒙的，看不出来区别。L 则代表亮度，正常情况下颜色的亮度是中间调（128），亮度越大颜色越发白，反之则越发黑。

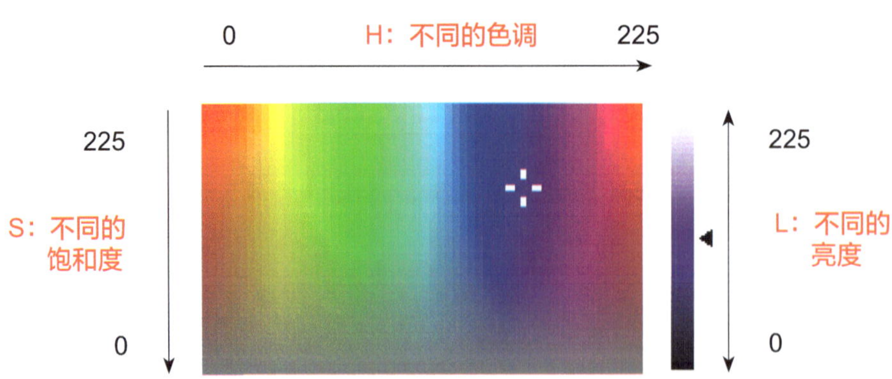

▲ HSL 颜色模式

在 PowerPoint 中，我们可以直接单击这个颜色显示区域，通过调整光标的位置来确定 H 和 S 的值，上下拖动右侧的三角形来调节 L 的值。这样就可以根据相对模糊的要求修改颜色了。

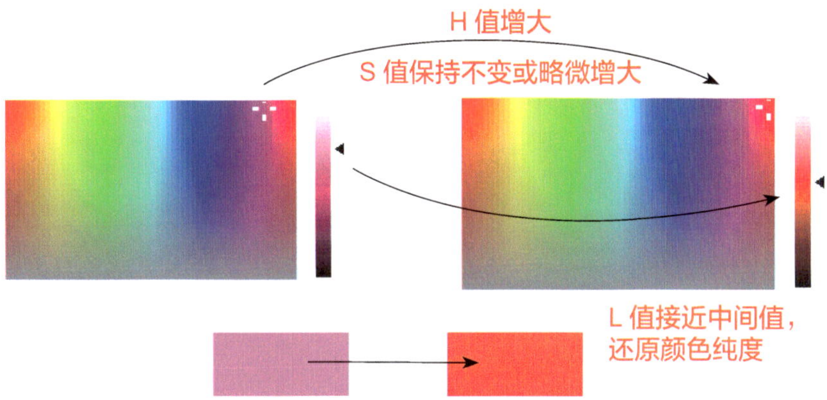

▲ 下次老板要求红色再纯正一些时，你可以这样做

当然，我们也可以像设置 RGB 色值那样，通过一组数值来精确控制颜色，只需要单击“颜色模式”下拉按钮，选择“HSL”。

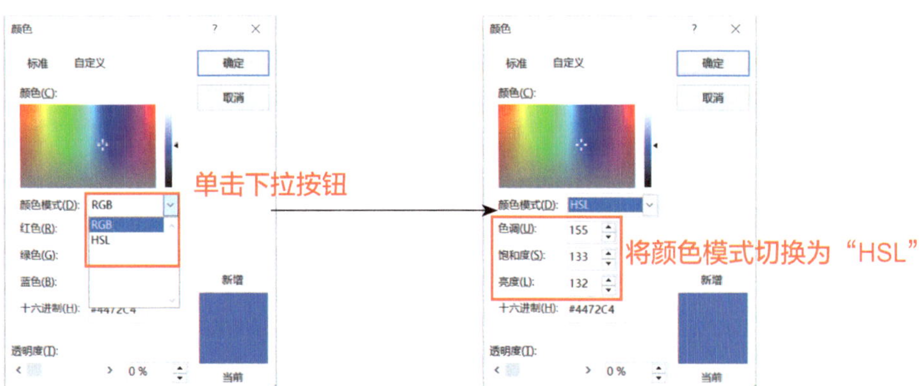

▲ 切换颜色模式为“HSL”后也可以通过数值来精确控制颜色

实例 18　使用 HSL 颜色模式制作立体感横幅

基于 HSL 颜色模式在颜色“程度”描述方面的优势，我们可以借助它非常方便地将一系列近似的颜色搭配起来，营造非常和谐的视觉效果或者空间立体感。

1 绘制矩形，按图中的 HSL 值设定颜色

2 将矩形复制两份，将复制得到的矩形缩短长度后移动到如图所示的位置，置于底层

3 降低两个小矩形的 L 值至 100，得到上图所示的效果

4 绘制两个直角三角形，位置如上图所示。先用格式刷将其填充为和小矩形一样的颜色，再继续降低 L 值至 60。最后输入横幅文字完成制作。这个横幅看起来是不是很有立体感呢？

2.15 别再混淆母版和版式了

什么是母版？什么是版式？

我相信很多新手都分不清母版与版式，再加上大家常说的"模板"发音与"母版"相同，新手们就更容易把各种概念混为一谈。即便是有一定 PPT 制作经验的人，如果对这部分研究不深，往往在认识上也存在很多错误。

PowerPoint 中的母版功能体系涉及 3 个概念，分别是母版、版式和页面。这 3 个概念之间存在着制约和被制约的关系——**普通页面的排版受到版式的影响，而版式的排版又受到母版的影响。**为了更好地理解这 3 个概念，大家不妨对三者的关系进行如下理解。

公司章程（母版）—部门规定（版式）—个人行为（页面）

在一家公司里，因为有着不同的职位，办公室的布局会有所不同。部门经理的办公室里或许就只放了一张大大的办公桌和方便会谈的沙发椅，而在设计部的工作间，或许就有两套办公桌椅，可以容纳两名员工同时办公。

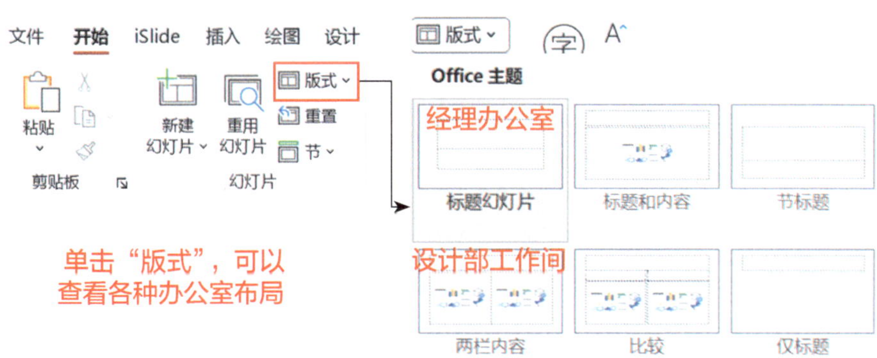

▲ 同一家公司可能有不同的办公室布局

我们在页面上进行的任何操作，都属于"个人行为"——你在自己的办公桌上放了一盆绿植，并不会影响其他同事的工位。

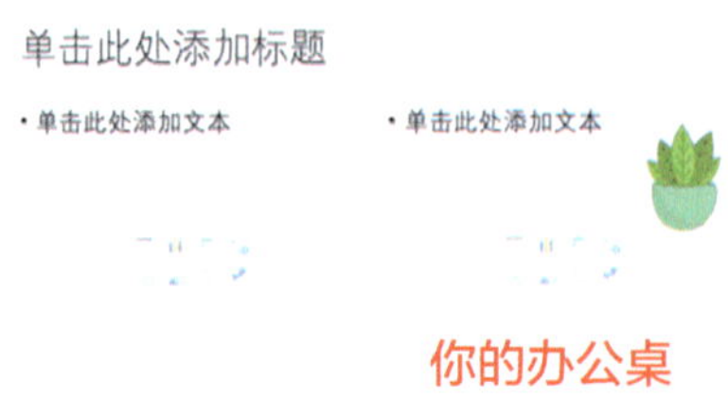

2 号工作间　　　　设计部 1~4 号工作间总览

▲ “摆放绿植”不会影响其他 3 个工作间，哪怕它们都是设计部工作间

而如果我们在“设计部工作间”对应的版式上摆放绿植，那就成了“设计部的部门规定”，所有的“设计部工作间”都会统一摆放绿植。

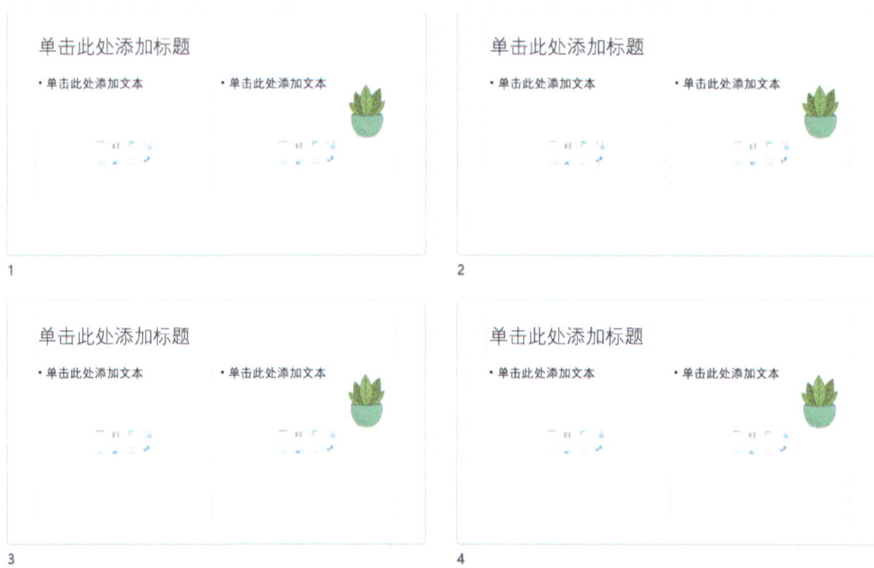

▲ 改变版式，可以间接改变所有使用该版式的页面，效率较高

但把范围放大到全公司，你会发现并不是所有的办公室都摆放了绿植。这是为什么呢？因为摆放绿植只是设计部的内部规定，对其他部门（版式）没有约束力。

那如果想在全公司所有办公室都摆放绿植应该怎么办呢？只有在公司章程（母版）上做文章了——将绿植摆放到母版上，摆放绿植就成了公司章程，任何部门（版式）都要遵守，更别提在工作间上班的个人（页面）了。

那么，如何制定“部门规定”和“公司章程”呢？还是通过实例来学习吧！

实例 19　为特定的相同版式页面添加公司 Logo

在前面“摆放绿植”的例子里，如果我们把“绿植”想象成公司 Logo，那么**给设计部工作间都摆上绿植，就成了给特定的版式添加公司 Logo**，这样的需求在工作中非常常见。接下来，就让我们实际操作一遍，熟悉一下整个流程。

新建 6 张幻灯片，PowerPoint 会默认把除封面以外的页面都设置为同一种版式——“标题和内容”版式。

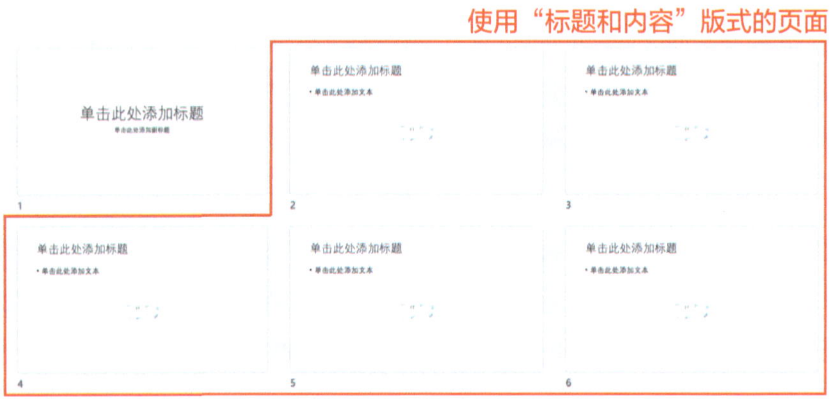

按住 Ctrl 键，在左侧幻灯片缩略图栏中单击第 5、6 两张幻灯片，将它们同时选中。在其上右击，在弹出的右键菜单中选择“版式”，将它们的版式更改为“两栏内容”。

你也可以在选中幻灯片之后单击“开始”选项卡中的“版式”，然后单击“两栏内容”，将第 5、6 两张幻灯片变为指定的版式。

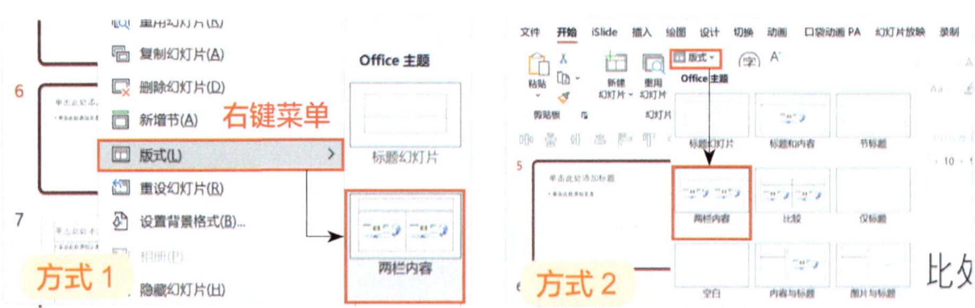

更改完成之后，这 6 张幻灯片的版式如下。

选中第 2 张幻灯片，单击“视图—幻灯片母版”进入母版视图。

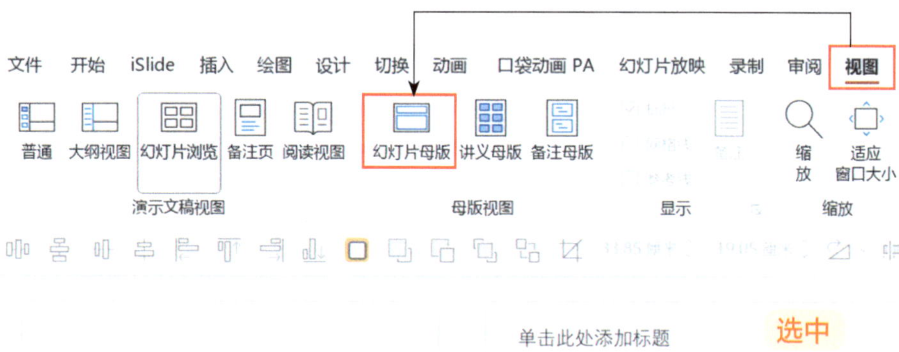

因为选中的页面使用的是“标题和内容”版式，所以进入母版视图之后，默认选中的也是“标题和内容”版式页。将鼠标指针移动到左侧缩略图上，会浮现出窗口信息，说明使用当前版式的有哪些幻灯片。正在被使用的版式是无法删除的。

在该版式的编辑区右上角插入公司 Logo，就完成了对“部门规定”的修改。关闭母版视图返回普通视图，可以看到，只有使用了“标题和内容”版式的第 2~4 张幻灯片加上了公司 Logo ，我们为特定版式页面添加 Logo 的目的就实现了。

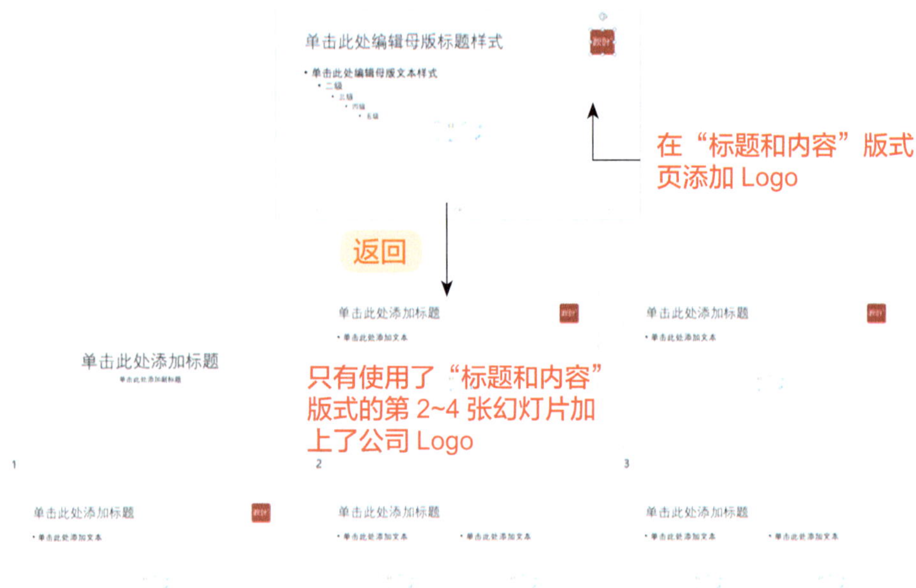

在实际工作中，诸如公司 Logo 这样的元素，几乎是所有页面都要求统一放置的，如果仅仅在某些特定版式的页面中出现，那在播放幻灯片时效果就会很不统一。

因此，下面就让我们再来看看“如何让全公司所有办公室都摆放绿植”。

实例 20　让 Logo 在所有的版式页中出现

要想让 Logo 在所有的版式页中出现，就得让它成为“公司章程”。那么制定“公司章程”的地方在哪里呢?

还是进入母版视图，在左侧的版式预览区域向上滚动鼠标滚轮，就可以看到一个大大的版式页。从虚线指代的树状结构来看，它负责统管下面所有的版式页，这就是母版页。

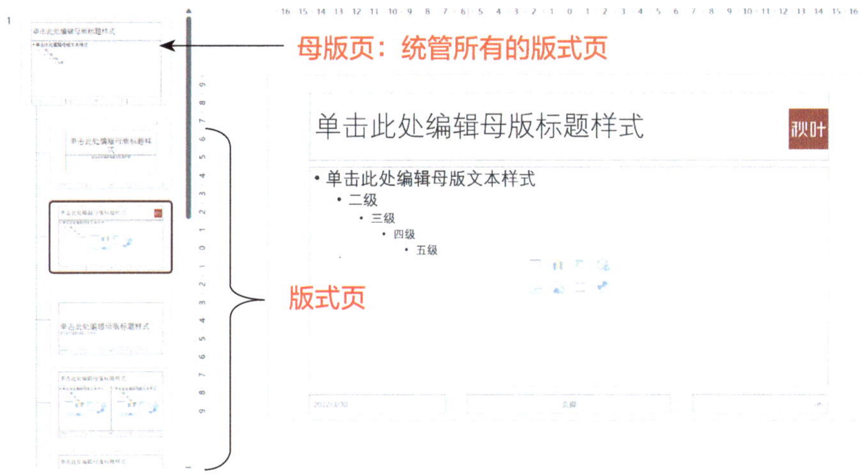

我们只需要把刚才放置在“标题和内容”版式页上的公司 Logo 剪切、粘贴到母版页上，就可以让所有的版式页中都出现公司 Logo。再返回普通页面视图，我们会发现所有页面的右上角都出现了公司 Logo。

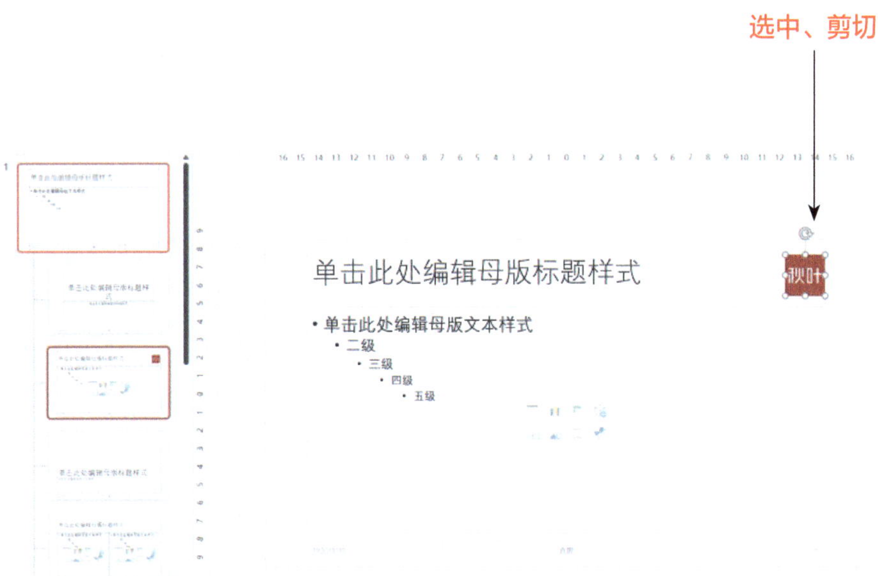

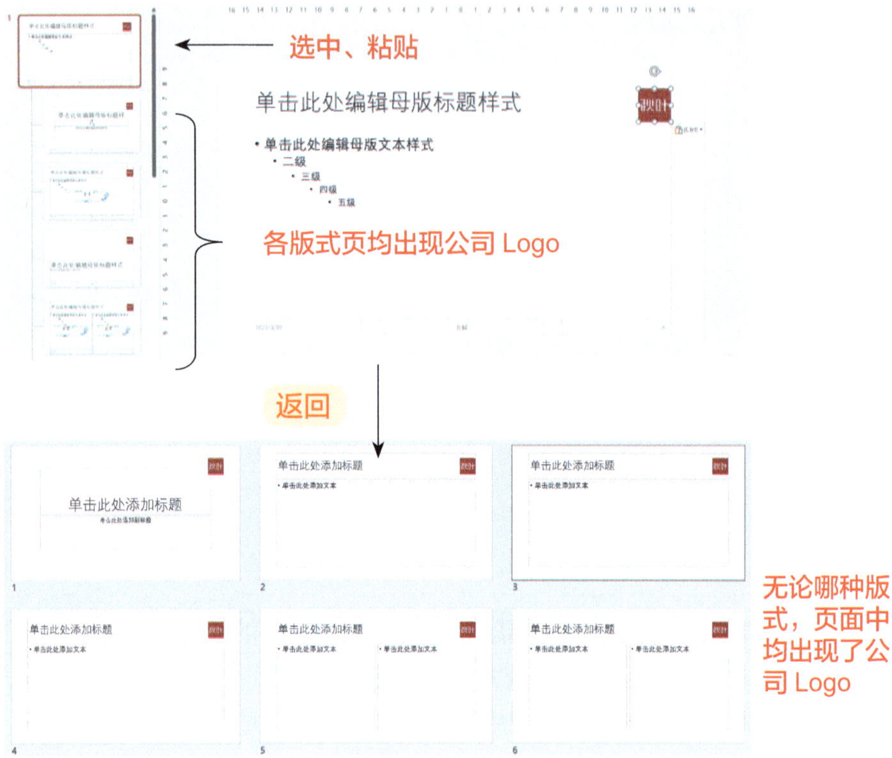

母版中的特例处理

通过母版进行公司 Logo 的添加，可谓是省时省力，无论你有多少页幻灯片，只要你打算在每一页的同一个位置添加公司 Logo，那就可以用母版页一次性完成任务。

不过，这种方法也有一定的局限性。如同生活中有些人会对花粉过敏，公司不能强制要求他的办公室内也摆放绿植一样，在 PPT 中也有页面需要“网开一面”，不添加公司 Logo。例如封面、转场页、致谢页、结束页等页面，它们的排版通常与内容页有所不同，如果也加上公司 Logo，反而会影响页面的美观度。

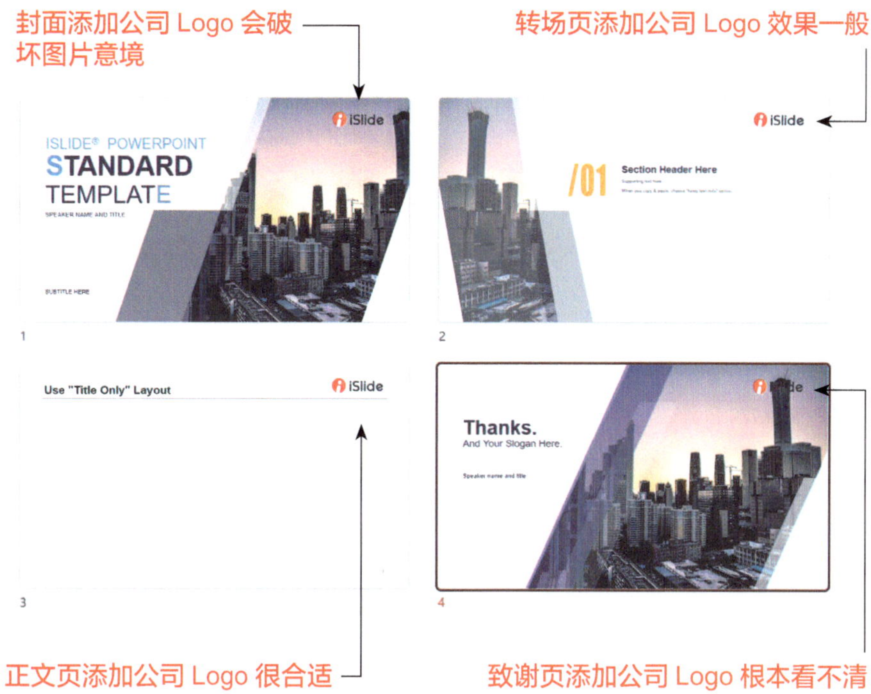

PowerPoint 显然也考虑到了这种个性化需求，因此在版式页中加入了隐藏母版元素的功能。将公司 Logo 添加至母版页之后，选中不需要显示公司 Logo 的版式页，勾选“隐藏背景图形”，就可以取消公司 Logo 在这些版式页中的显示。这样的功能设置既提供整体添加公司 Logo 的便利，又照顾了个别页面的特殊需求，可谓是两全其美。

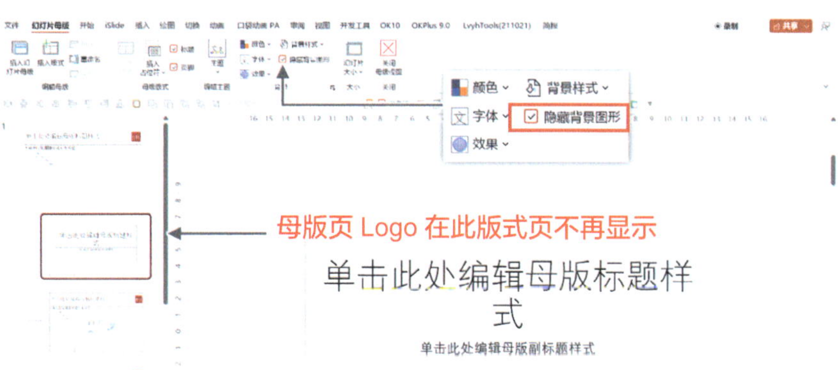

通过本节的学习，相信你已经掌握 PowerPoint 中母版和版式的功能和用法了。不过利用目前我们学到的这些知识，还不能解决下面这个问题——**假设同样是设计部（同一种版式），却要求男女员工的办公桌上摆放不同的绿植，又该怎么办？**

为什么会出现这样的情况呢？因为绿植不一定是公司 Logo，还有可能是章节标志。第一章和第二章的版式相同，但章节号显然会有所区别。怎么办呢？别急，下一节告诉你！

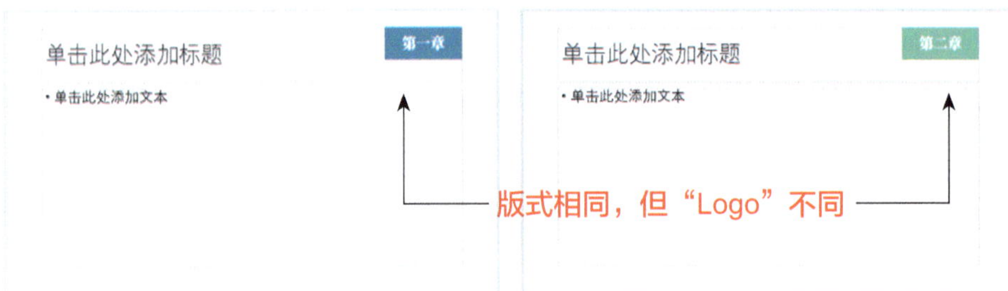

2.16 版式的复制、修改与指定

在上一节末尾，我们提到了一个非常现实的问题，那就是在使用母版来规划页面布局时，可能需要对同样的版式进行分类。版式相同，却需要分配不同的“Logo”，例如章节号或章节标题、要点。

▲ 如何快速做出类似这样的版式呢？

事实上，我们可以通过对版式进行复制和修改来解决这个问题。下面一起来实际操作吧!

实例 21　不同章节同类版式的复制、修改与指定

以制作上面这两页类似的版式为例，单击“视图—幻灯片母版”，进入母版视图。选中版式预览区域中的“空白”版式，我们要利用它来进行改造。

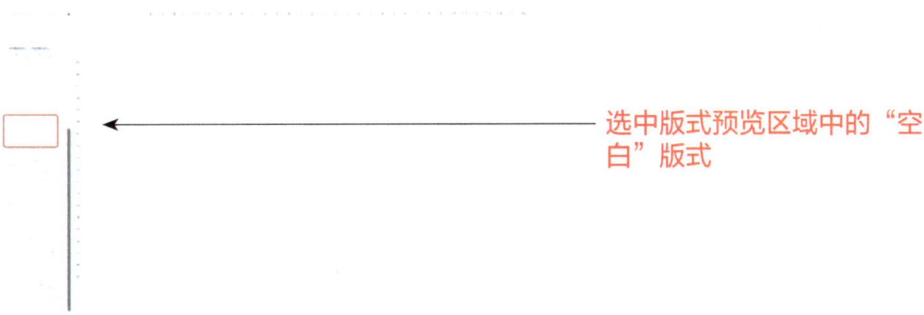

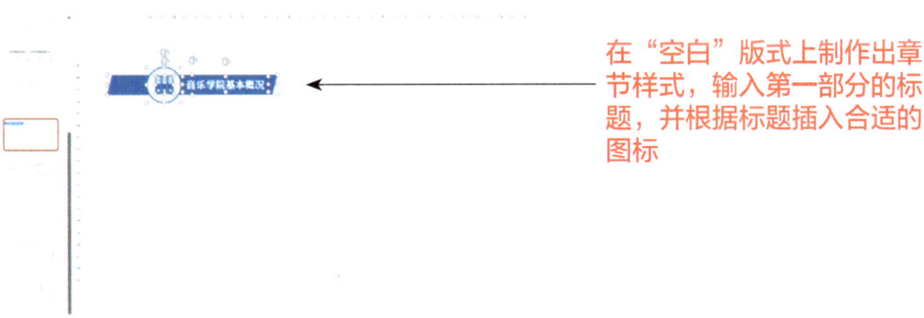

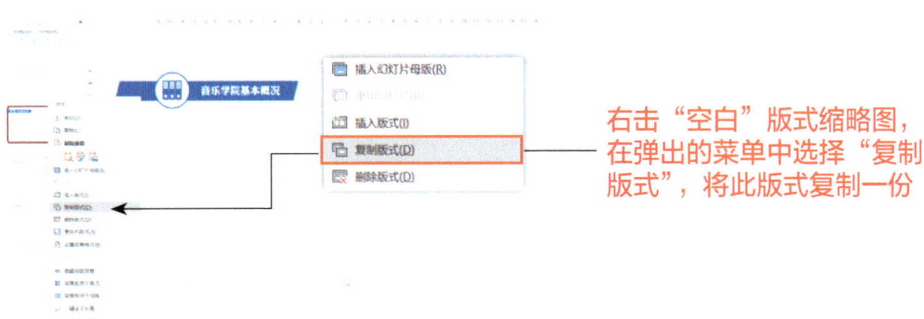

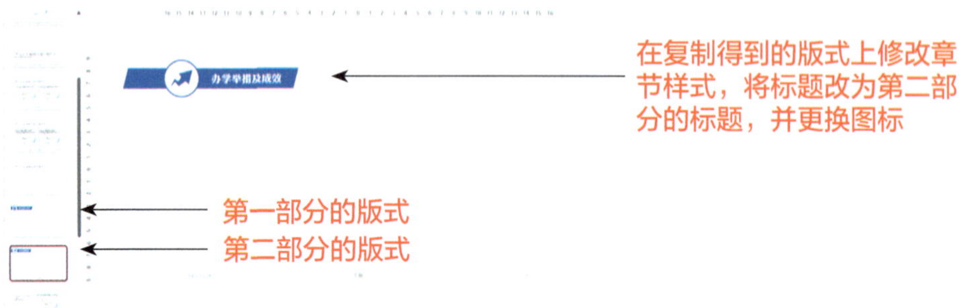

通过上面的操作，我们就做好了在不同章节使用的两种版式。不过，当我们返回普通视图时，似乎什么都没有发生，呈现在我们面前的仍然是默认使用“标题幻灯片”版式和“标题和内容”版式的页面，这又是怎么回事呢?

这是因为刚才我们拿来改造的版式是“空白”版式，这种版式在默认状态下不会显示。使它显示出来也很简单，手动设置一下就好了。

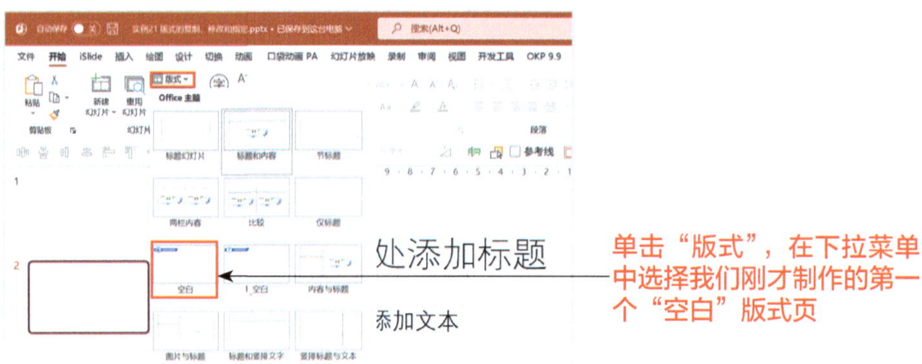

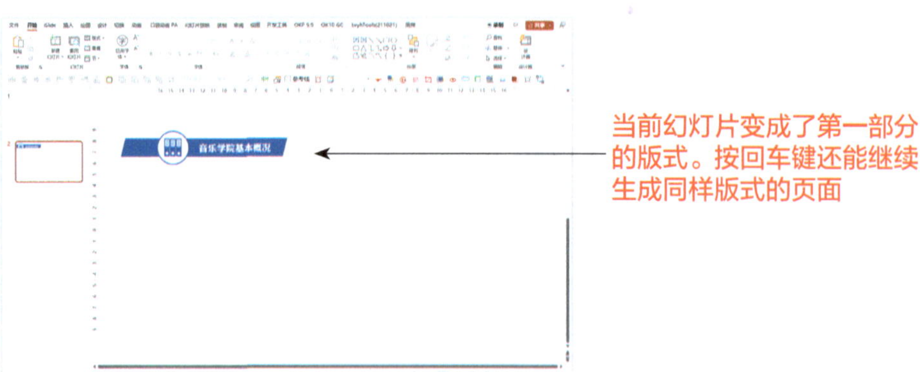

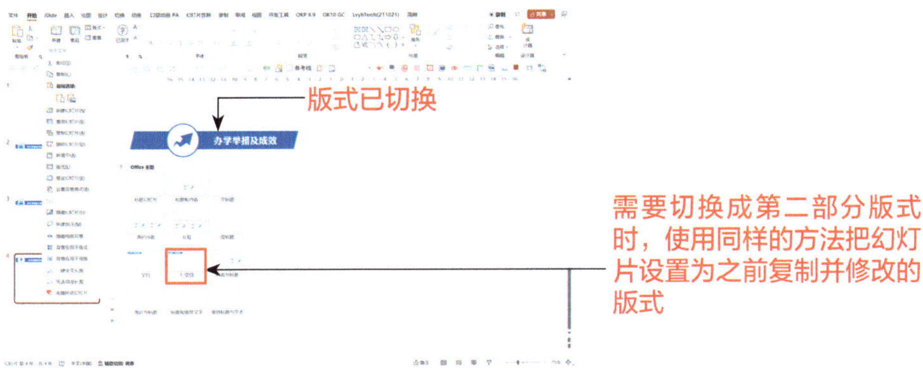

版式的跨幻灯片复制

在本节的最后，让我们再来看一种版式复制中的特殊情况——跨幻灯片的版式复制。很多朋友都有这样的经历：看到别人的 PPT 里的某一页特别好看，想要复制到自己的 PPT 里来，结果复制、粘贴之后，不是背景图案不对，就是颜色无法保持一致，甚至变成了“白纸”一张。

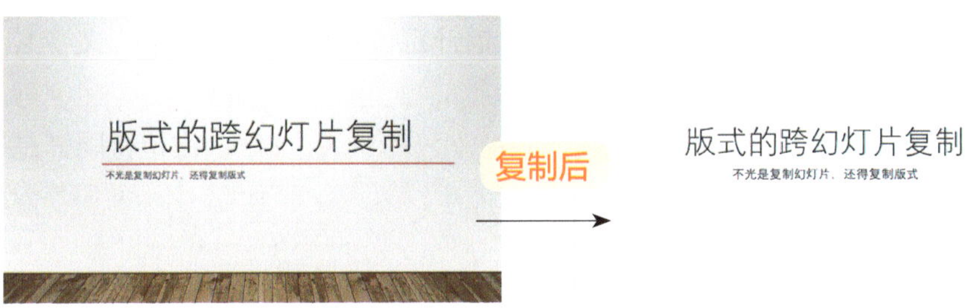

之所以出现这样的问题，是因为直接复制、粘贴只对页面内容起作用，版式还是默认使用当前幻灯片的版式。PowerPoint 有这样的设定也是为了维持 PPT 前后页面风格的一致性——但如果你确实想要原封不动地“搬运”其他 PPT 里的页面，**粘贴时在缩略图区域右击，选择“粘贴选项”中的“保留源格式”就可以了。**这样不但可以保证效果一致，连其他 PPT 里的整个版式库也都能复制过来。

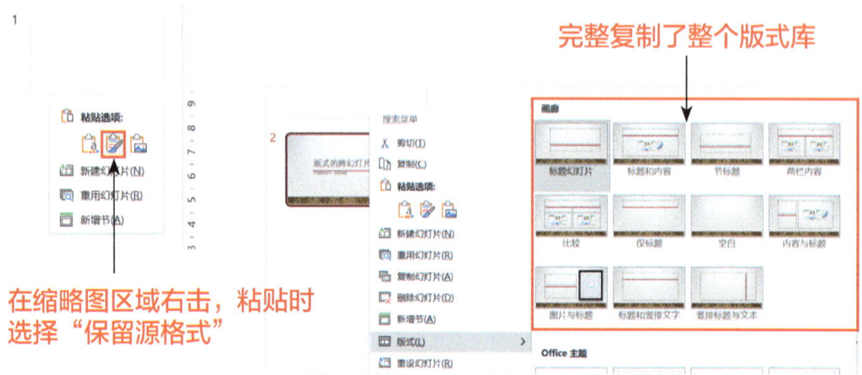

2.17 版式中的占位符

什么是占位符

在新建的 PPT 页面中，我们可以看到带有“单击此处添加标题”“单击此处添加文本”等提示语的框体，将鼠标指针定位到框体内时，这些文字又全都消失不见了。这种**使用框体限定文本在页面上的位置和格式，但又不具备真实文字，方便后续添加文本内容的功能就叫作“占位符”。**占位符同样是通过母版功能实现的。

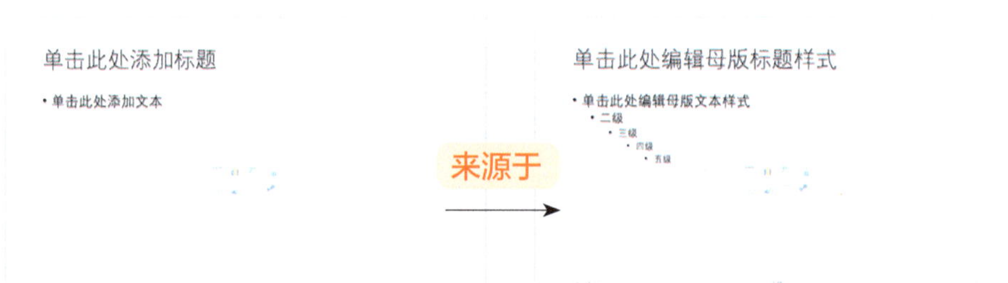

▲ 页面上的占位符来源于母版中的占位符设置

使用占位符有两种方式：一是沿用版式上已有的占位符，在必要时进行修改；二是根据需要新建不同类型的占位符。

沿用和修改已有占位符

当你的 PPT 结构与现有版式相差不大时，可以沿用当前版式上的占位符，并根据需要进行必要的调整与修改。通常需要调整的内容有：占位符的大小和位置，占位符的字体、字号及颜色等。

例如 PPT 封面，在默认的“标题幻灯片”版式中，存在主标题和副标题两个占位符。无论你打算把 PPT 封面做成什么样子，这两个元素可以说都是必需的，因此我们可以通过修改占位符的方式，调整其显示效果，使之符合设计需求。

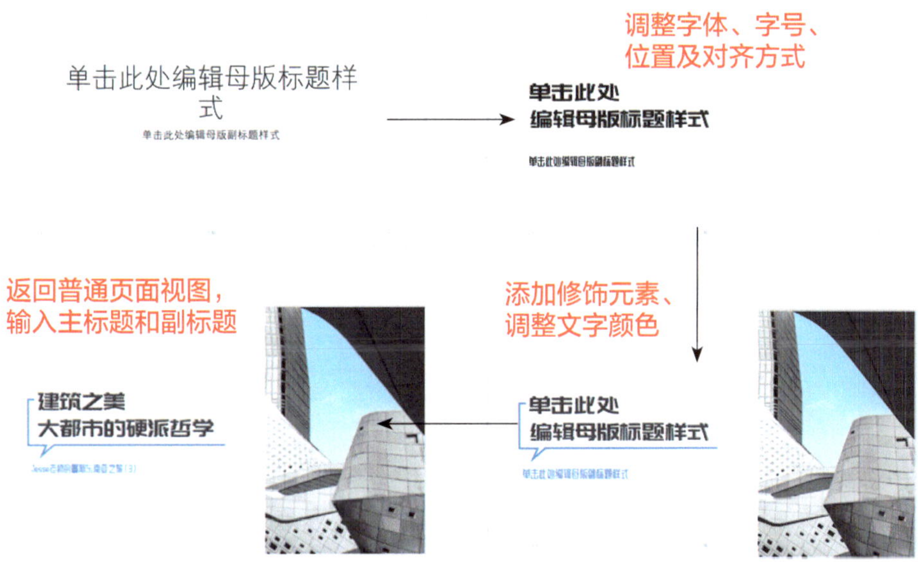

▲ 大部分设计在母版中完成，返回普通页面视图操作时仅需要输入文字

按需新建占位符

对于 PPT 内页而言，根据 PPT 的类型、内容、风格的不同，版面的设计可能会有巨大的差异。因此，很多高手在进行 PPT 制作时都不太习惯用占位符功能，而是更偏向于使用“空白”版式，根据实际需求直接在页面上进行排版。

但内容相对统一的日常或工作用 PPT 显然更注重版面的干净整洁而非设计感和多变性，同一套 PPT 内页的版式不会有太大区别。这种情况下，只要确定了内页排版方案，我们就可以利用占位符制作出相对统一的版式，这样不但能提高 PPT 的规范程度，更能让日后同类 PPT 的制作任务变得轻松。

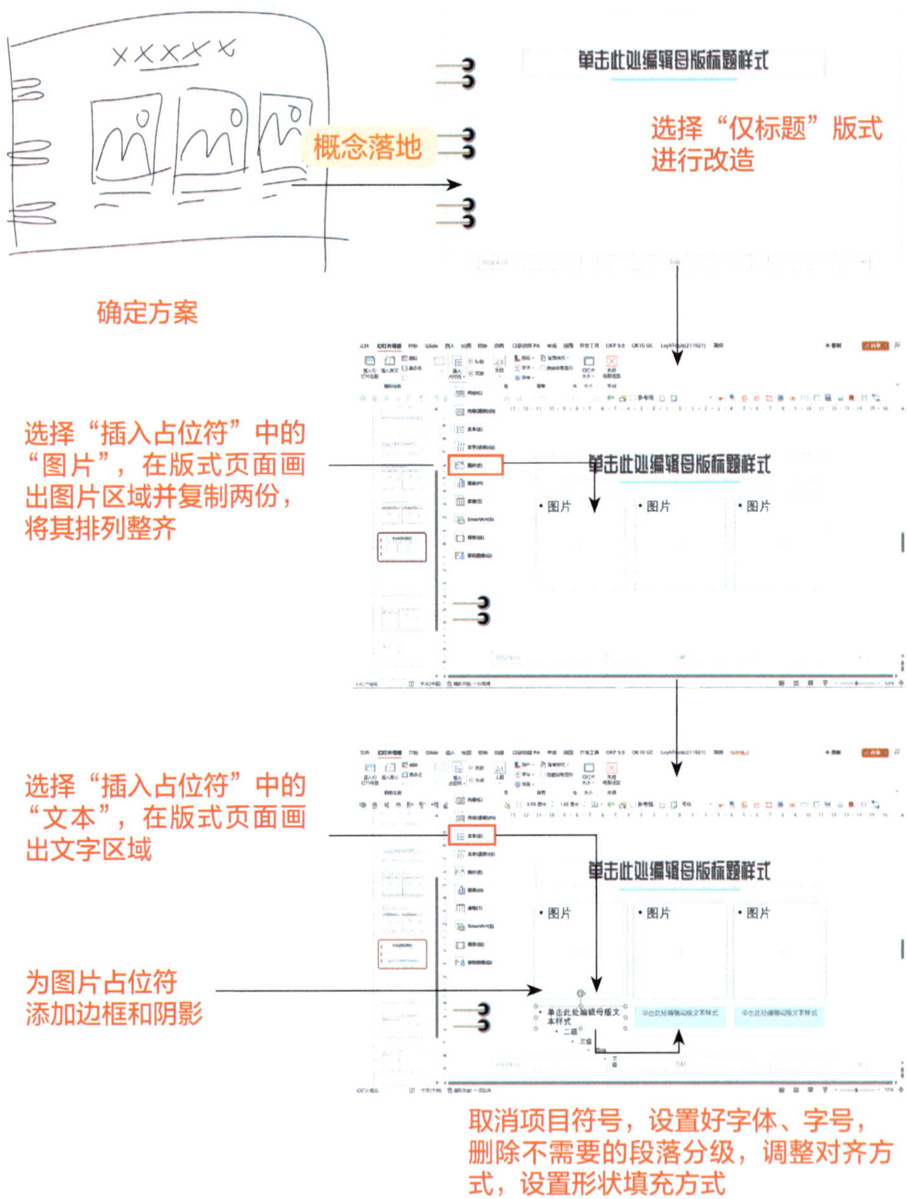

经过上面这一系列的操作，我们已经完成了一套**可反复使用的**相册风格

图片展示页的版式设计，剩下的工作就可以退出母版视图，返回普通页面视图进行了。

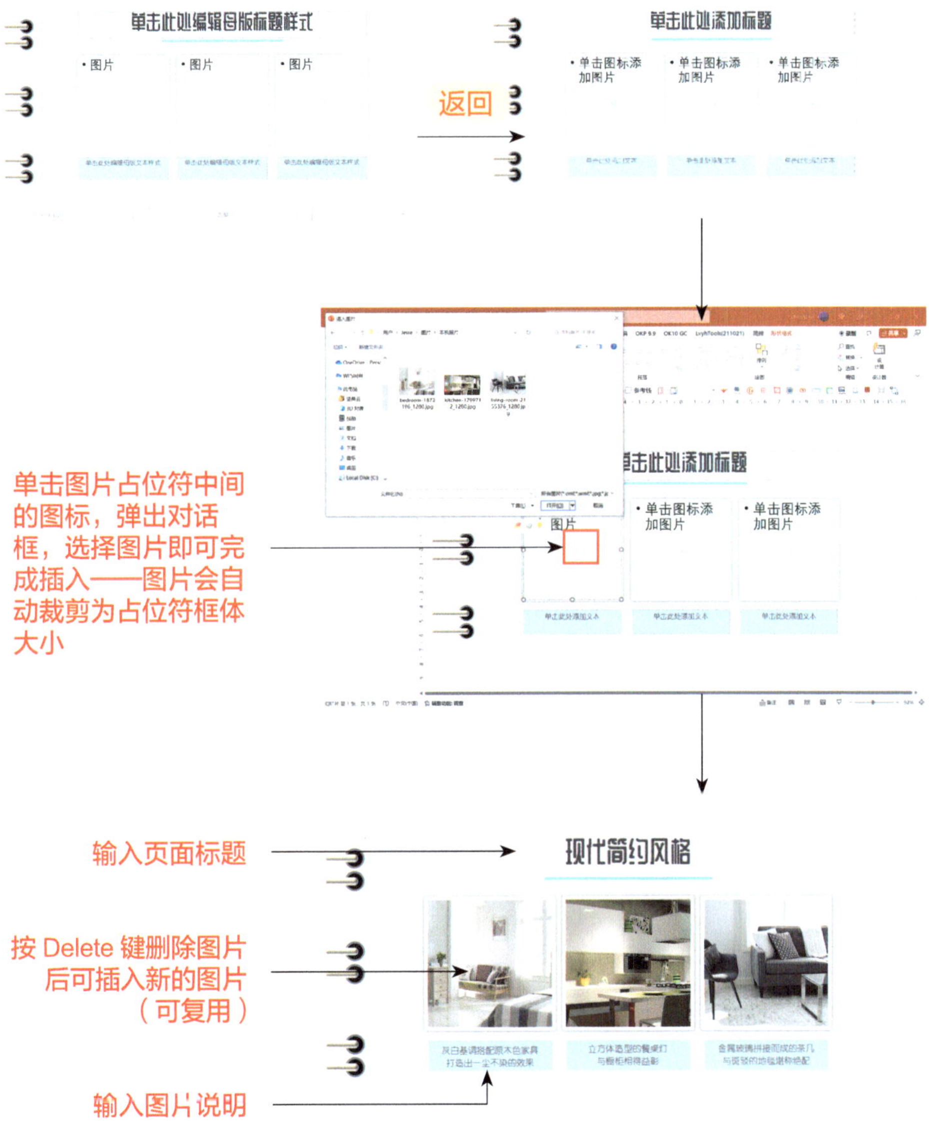

2.18 设置PPT的页脚与页码

PPT 中的页脚和页码虽然没有 Word 中的那么重要，但在制作一些观众自行翻阅浏览的 PPT 时，还是有必要设置的。利用母版页中的页脚占位符，我们可以一次性轻松搞定所有幻灯片的页脚和页码设置。

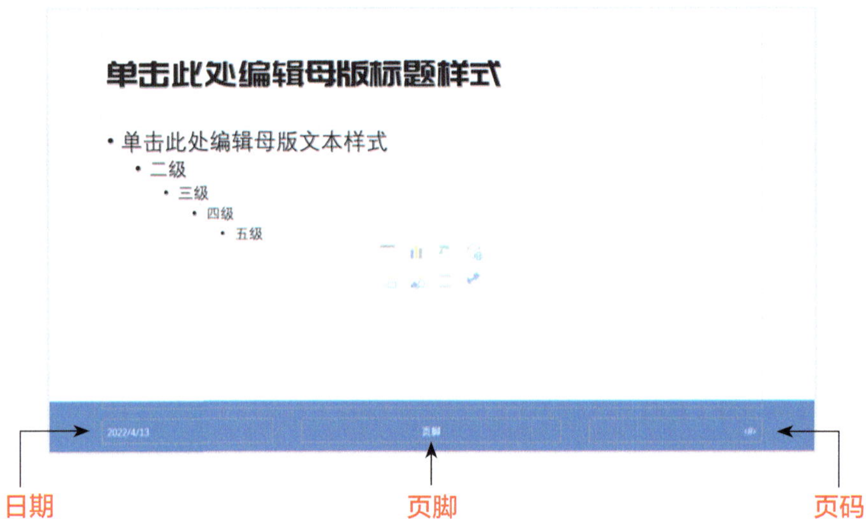

▲ 母版页中的页脚与页码设置区域

一般来说，PPT 中很少需要每一页都显示日期，因此我们设置好页脚和页码即可。

页脚的设置和文本占位符类似，我们要做的就是构思好它的位置、字体、字号，在母版页上做好格式设计。设置页码的方法大体也是如此，唯一需要注意的是用于替代页码的“<#>”是一个整体，不是单书名号加井号，我们不能对它进行除格式以外的修改或干脆将其删除后手动输入，只有母版页里源生的“<#>”才能在普通视图下生成可以自动切换的幻灯片页码。

另外，页脚和页码是贯穿整个 PPT 的元素，可以直接在母版页设计，而非在版式页设计——除非你想要分版式设计不同的页脚、页码样式。

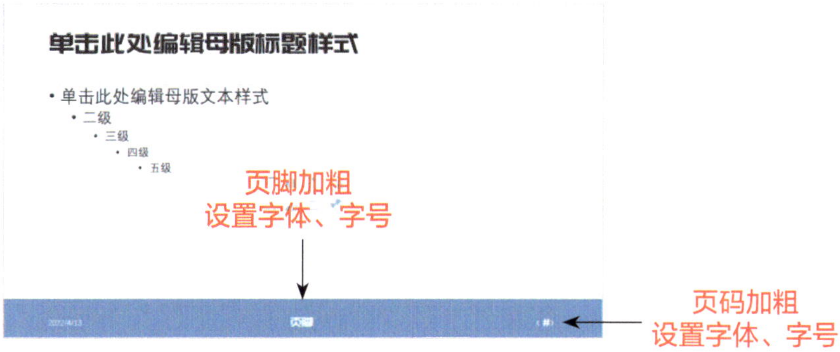

▲ 仅在母版页中设置页脚和页码的格式，不修改具体内容

在母版页中设置好页脚和页码的格式之后，选中“标题”版式页，勾选“隐藏背景图形”，关闭母版视图。单击“插入”选项卡中的“页眉和页脚”，在弹出的对话框中勾选“幻灯片编号”“页脚”，输入页脚的文字内容，单击“应用”或“全部应用”即可。

2.19 文本段落的设置

PowerPoint 中的段落设置与 Word 中的有很多相似之处，总体来说，比

Word 更加简单方便。选中文字段落，在“开始”选项卡中单击“段落”功能区右下角的对话框启动器按钮，弹出“段落” 对话框。对齐、行距、缩进等，几乎所有的段落设置都可以在这个对话框里完成。

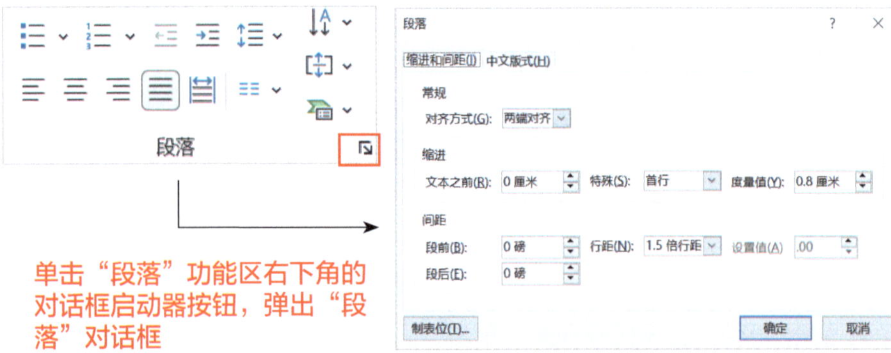

▲ 功能相对简约和集中的“段落”对话框

对齐方式

段落的对齐方式包括左对齐、居中对齐、右对齐、两端对齐、分散对齐 5 种，我们一般直接在“段落”功能区中单击按钮实现对应的功能，很少在此处设置。

5 种对齐方式的效果大致如下。

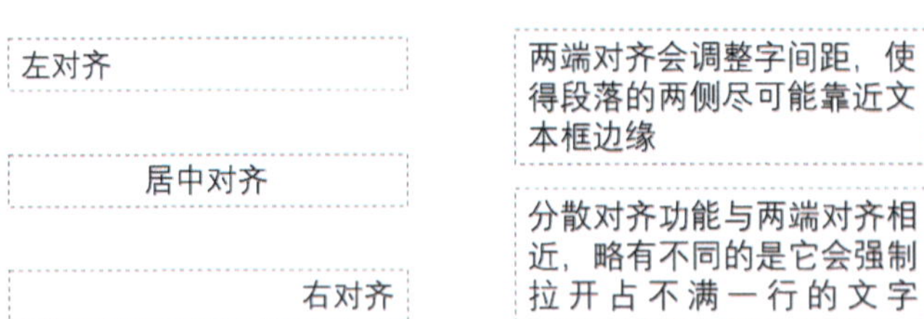

缩进

缩进功能决定了段落左侧是否在文本框内边距的基础上再额外向右缩进一定距离，选中文本框之后填入数值，能看到段落样式的显著变化。

除了整体向右缩进，我们还可以利用右侧的“特殊”选项设置两种特殊的缩进方式。一种为“首行缩进”，大家都很熟悉，首行缩进两字符可以说是中文写作的基本规范了。不过 PowerPoint 中的首行缩进与 Word 中的又有所不同，它不能以字符为单位直接设置缩进 2 字符，只能设置缩进距离。**可字号不同，2 个字符的宽度也就不同**，到底需要缩进多少厘米才能实现“空 2 格”的效果，除非使用的是默认字号，否则很难准确把握。

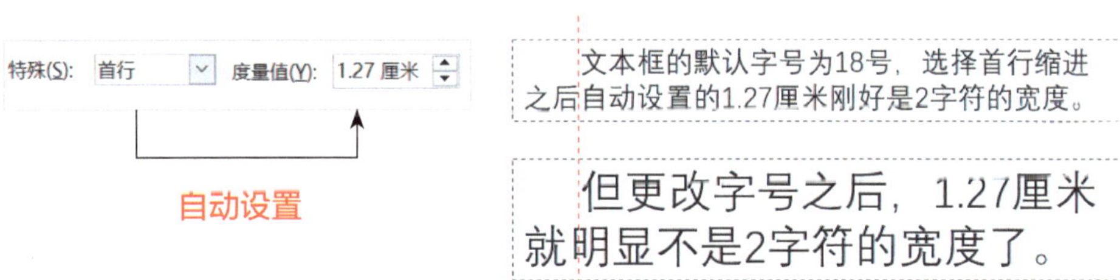

另一种特殊的缩进方式为“悬挂缩进”，你可以理解为它的作用和首行缩进刚好相反，即将首行文字向左伸出，使得其他行的起始位置与首行相比靠右 1.27 厘米（默认情况下）。

不过，由于有文本框的限制，文字并不能真的突破文本框边界“向左伸出”，因此**如果只设置悬挂缩进，你看不到任何效果**。在下面这个案例中，只有搭配整体缩进将段落整体向右移动 1.27 厘米，才能将悬挂缩进的效果显示出来。

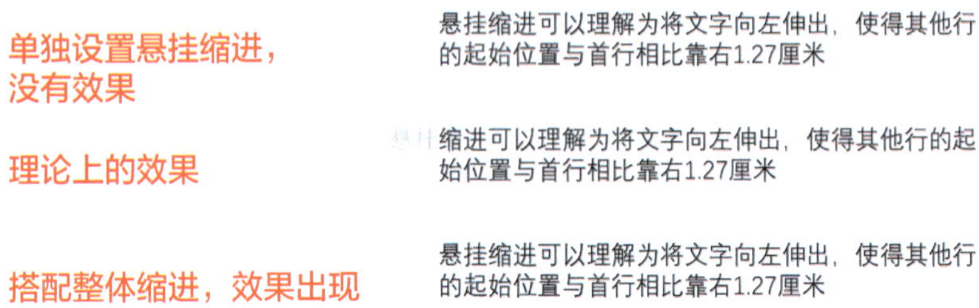

除了在“段落”对话框中通过选择缩进方式、填写缩进距离实现首行缩进和悬挂缩进外，还有一种更加直观的缩进距离调整方式，那就是使用标尺。

前面我们说到当字号不同时，要想缩进 2 字符，很难精确地预判缩进距离，通常只能凭感觉填写，再根据实际效果进行调整，这个过程往往要重复多次，非常烦琐。

但使用标尺就相对比较方便了。只要在“视图”选项卡中勾选“标尺”复选框，我们就可以直观地调整缩进距离了——将光标定位到段落内，拖动上方的游标即可调整首行缩进距离；拖动下方的游标即可调整悬挂缩进距离；如果拖动下方游标底部的小方块，则可联动上方游标，调整整体缩进距离。

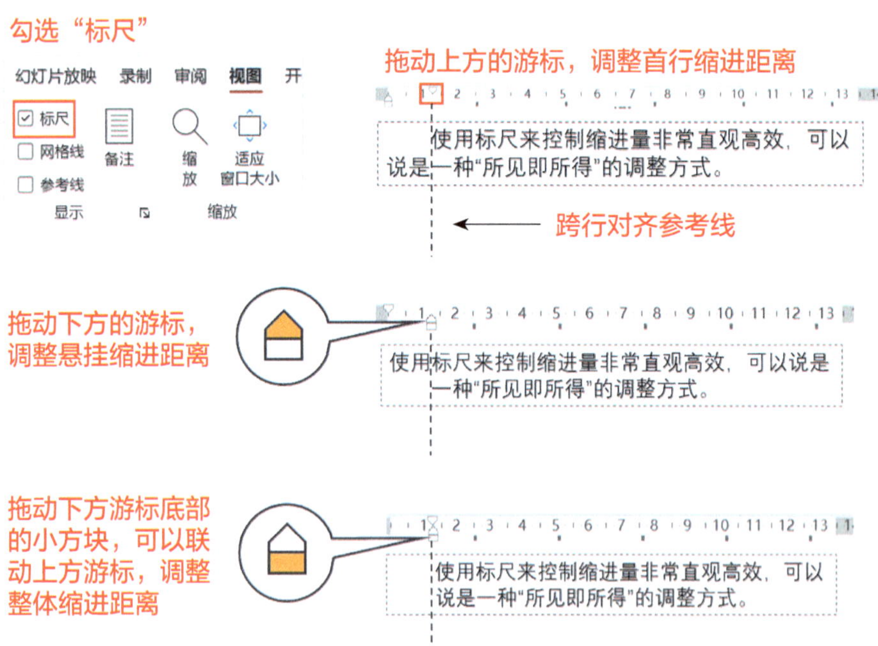

需要特别提醒的是，在拖动游标的过程中，游标会以刻度尺上的最小单位 0.25 厘米做弹跳式步进，这会导致在个别情况下无法精确地进行跨行对齐，**如果你想要进行更微小的缩进调节，记得在拖动游标时按住 Ctrl 键。**

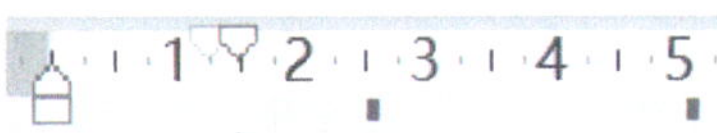

正常情况下拖动游标

按住 Ctrl 键拖动游标

间距

在“段落” 对话框中，我们还可以设置间距。间距分为两类。一类是段落间距，指的是一段文字与上一段（段前）或下一段（段后）之间的距离——将文字选中后能看得更清晰。另一类是行距。

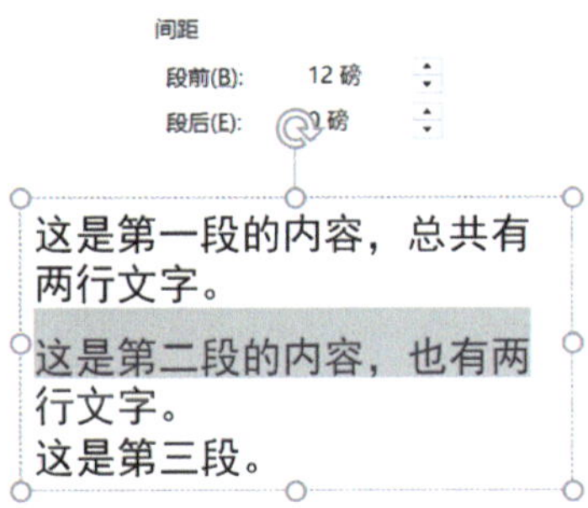

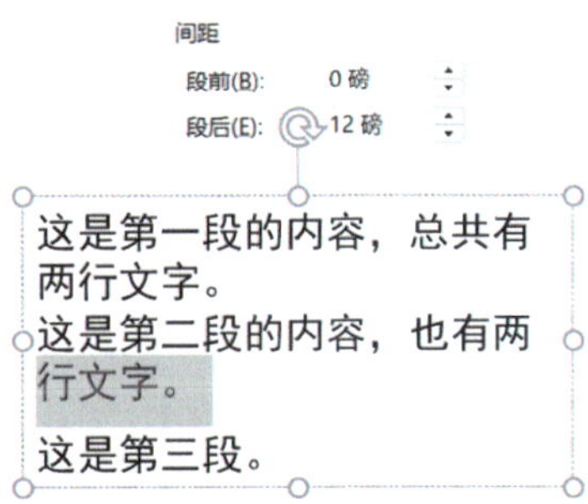

设置段落间距只能调整段落与段落之间的空隙，如果想让一段文字内部行与行之间都保持一定距离，那就要调整行距了。行距可以按固定值设置，也可以按倍数设置，其中单倍、1.5 倍、2 倍行距都可以直接选择。

为段落设置一定的行距可以让阅读体验更轻松，推荐大家选择“多倍行距”，然后将倍数设置为 1.3~1.5 中的一个值。

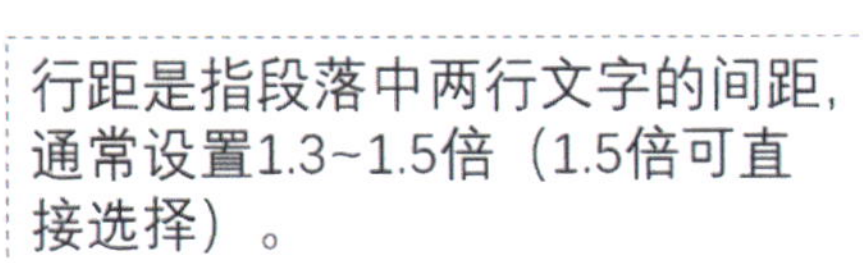

单倍行距下文字会显得比较拥挤

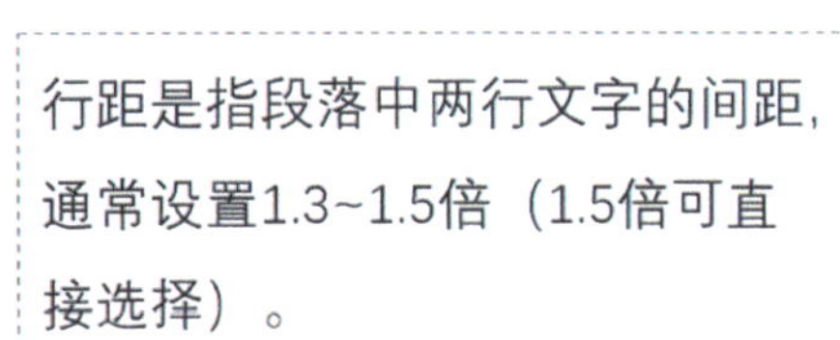

多倍行距下文字的“透气性”会比较好

2.20 默认样式的指定与取消

在前面的内容中，我们学过的不管是主题、版式还是母版的相关知识，其实**都在传递一个相同的信息，那就是“一次设置，全局受用”。**

在 PowerPoint 中，类似这样可以一次性统一设置的还有线条、形状、文本框的默认样式，下面我们就来依次了解一下默认样式的指定与取消方法。

默认线条

在页面中绘制一根线条，调整它的外观属性——例如增加磅值、设置颜色、设置虚线类型等，然后在其上右击，在右键菜单中选择“设置为默认线条”。

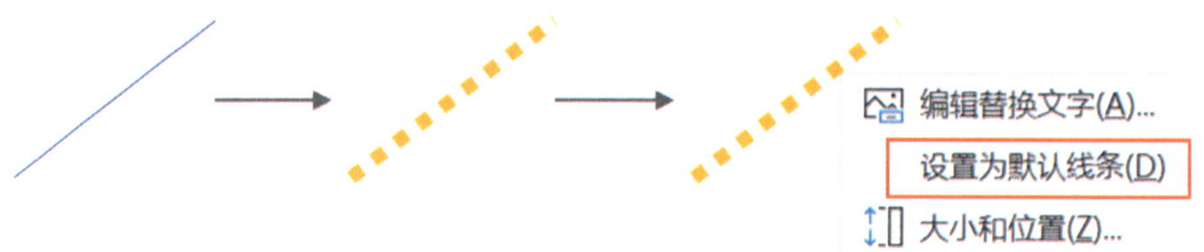

▲ 绘制线条、改变样式并设置为默认线条

经过这样的操作，我们接下来绘制的任意线条的线型都会是黄色的虚线造型。

▲ 新绘制的线条会自动套用默认线条的外观属性

不过需要注意的是，“线条”分类中的后 3 种线条，因为闭合后可以形成形状，比较特殊，故不受默认线条样式的影响。另外，在设置默认线条之前就已经绘制好的线条也不会发生变化。

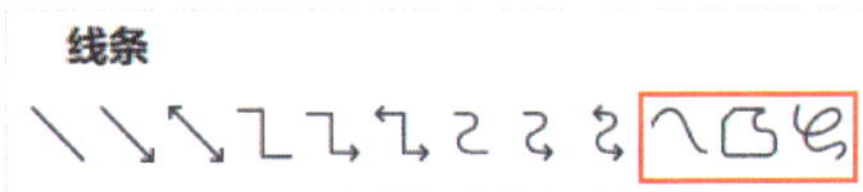

不会受影响的 3 种“线条”

默认形状

默认形状的设置方法与默认线条类似，唯一值得注意的是，如果指定为默认形状的对象内部有文字，那么文字的格式也会同时被指定为默认属性的一部分。

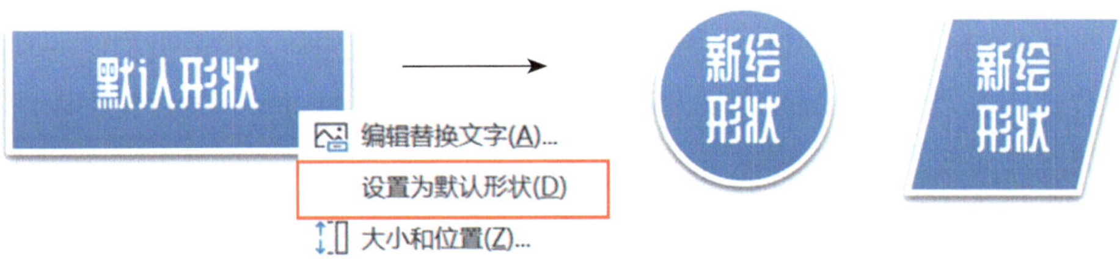

无法被默认线条样式影响的曲线、任意多边形、自由曲线都会被默认形状影响——因为它们闭合之后都可以形成形状。

▲“线条”分类中的后 3 种线条的终点与起点重合时会形成形状

默认文本框

默认文本框的设置方法也和前两者相同，受到默认属性影响的包括字体、字号、颜色、文本框背景色、三维格式、三维旋转选项等。

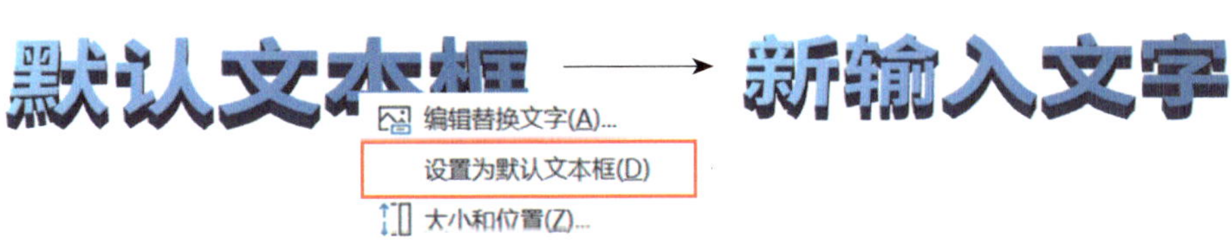

▲设置为默认文本框后，可以直接输入自带三维效果的文字

指定线条、形状、文本框的默认样式，能够在需要连续插入同类元素时帮助我们节约更多时间。

与使用格式刷相比，使用默认样式无须在不同的元素之间单击复制、粘贴格式，这是它的优点；但同类元素只能指定一种默认样式，且默认样式无法对之前已经完成绘制或输入的元素生效，不如使用格式刷灵活多变，这是它难以回避的缺点。

取消默认样式

当我们在 PowerPoint 中使用默认样式功能之后，如何才能取消指定的默认样式，恢复到原始默认样式呢？很遗憾的是，PowerPoint 并没有提供能直接满足此需求的“开关按钮”，我们只能采取以下两种方式。

（1）在设置默认样式之前，预先用原始默认样式绘制线条、形状或文本框备用，需要恢复时再将其样式设置为默认样式。

（2）新建 PPT，绘制线条、形状或文本框，将其复制粘贴至当前文档中，并设置为默认样式。

2.21 从零开始打造一份企业PPT模板

在很多大型企业中，员工制作 PPT 时都会被要求使用企业制定的规范化 PPT 模板。规范化 PPT 模板的使用能体现出企业的专业和严谨，同时在一定程度上照顾了对 PPT 制作不够熟悉的员工，使他们把精力都放到准备 PPT 的内容上，而在视觉效果方面无须考虑太多。

那么，一份企业 PPT 模板是如何从零开始打造出来的呢？下面我们一起来尝试操作一下吧！

实例 22　企业规范化 PPT 模板的制作

视频案例

设置版面

新建 PPT，根据需要设置幻灯片大小。会议室设备相对先进，使用液晶屏进行演示的企业可以选择 16∶9 的版面比例；如果企业主要使用传统的“投

影仪 + 幕布”，则可以选择 4 ：3 的版面比例。

选择符合播放环境的规格来制作 PPT，可以最大效率地利用屏幕或幕布面积。本实例中我们以 4 ：3 为例进行版面设置。

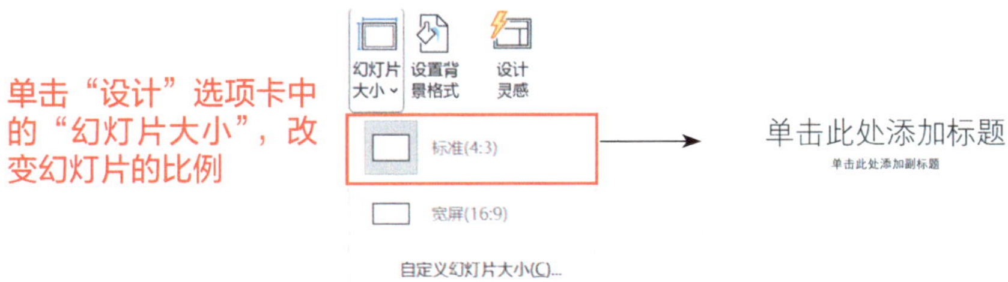

设置主题颜色

假设我们要制作秋叶 PPT 团队的 PPT 培训模板，从秋叶 PPT 官网上取色是一个很不错的选择。登录秋叶 PPT 官网，可以看到，网站框架部分主要由红、深灰两种颜色构成。使用截图工具分别截取两种颜色的部分区域粘贴至 PPT 中，绘制矩形，使用“取色器”工具为矩形填充颜色，并记录下它们的 RGB 色值。

在“设计”选项卡中打开主题颜色列表，选择一套与主色调红色相匹配的主题颜色方案（如“红橙色”），然后单击“自定义颜色”，在弹出的对话框中单击“文字 / 背景 - 深色 2”和“着色 1”两种颜色右侧的倒三角展开下拉菜单，然后单击“其他颜色”，弹出自定义颜色对话框，分别填写前面记录的两种颜色的 RGB 色值以替换原主题颜色。

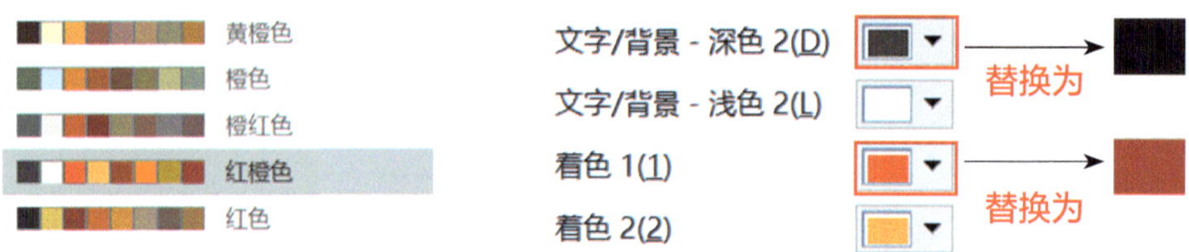

完成替换之后可以命名保存当前主题颜色方案。

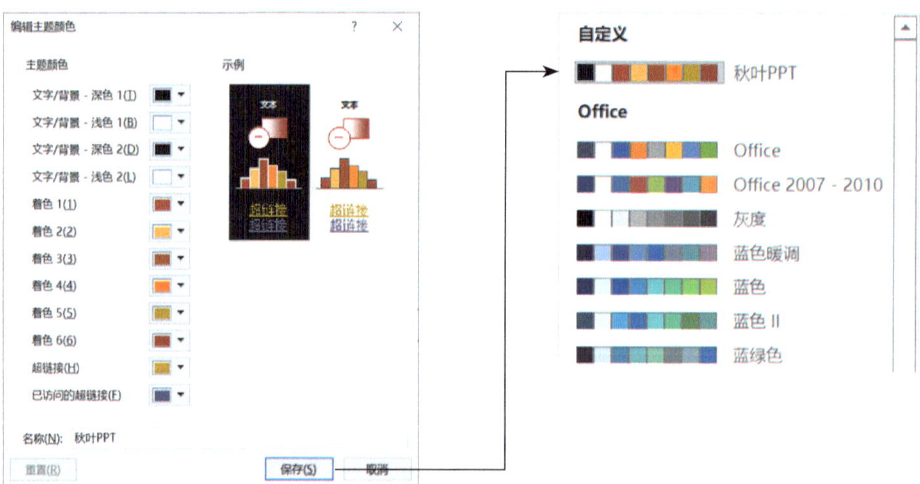

设置主题字体

既然是用于培训的 PPT，文字应该精练简洁、能高效传达想传达的内容。因此我们可以选择使用“思源黑体”系列字体，中文标题字体可设置为“思源黑体 CN Bold”，正文字体可设置为“思源黑体 CN Normal”，西文标题字体则可设置为“思源黑体 CN Heavy”。

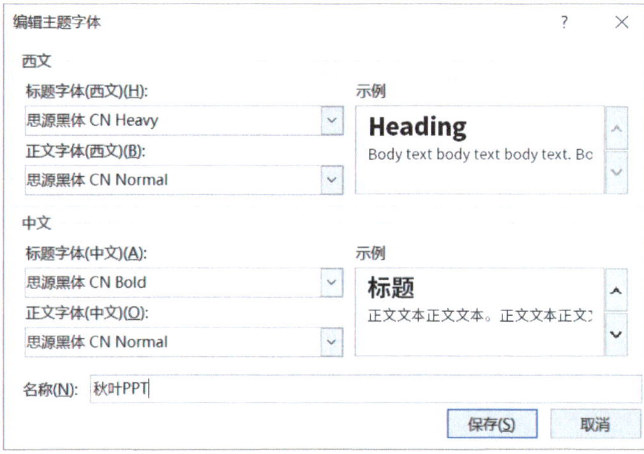

其他素材

作为秋叶 PPT 团队的 PPT 培训模板，一些与秋叶 PPT 团队相关的图片素材，如秋叶老师的卡通形象和头像、秋叶团队的 Logo 等，也应该收集起来备用。

封面版式设计

封面一般有两种形式，一种是以图片为主的图文式，另一种是以文字为主、形状为辅的简约式。考虑到打造品牌风格的需要，我们选择以简单形状结合秋叶老师的卡通形象的形式来设计封面，在默认版式的基础上进行调整，并在封面右上角添加经过反白处理的 Logo。

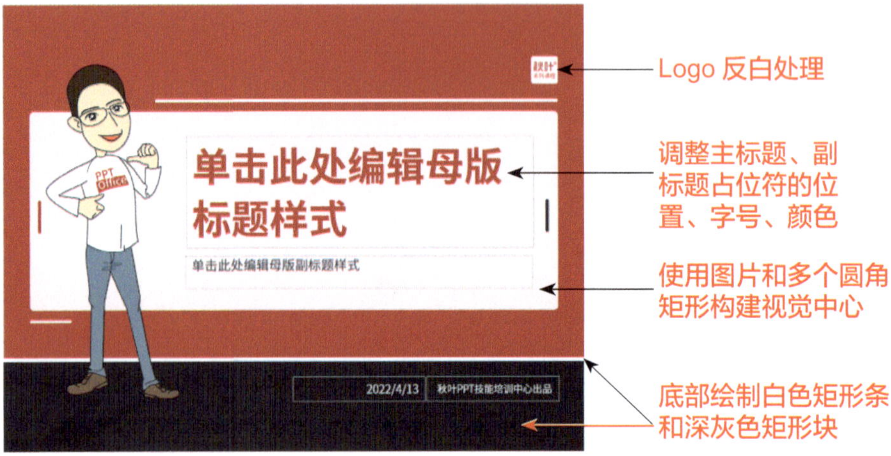

目录版式设计

PPT 中的目录主要用于简要概括本次演示汇报包含哪些方面的内容。对于观众而言，一个清晰的目录有助于他们从整体上把握演讲者的逻辑思路，从而更透彻地理解演讲者的观点。另外，目录页稍做调整就可以转变为转场页，其通过颜色强调、字号变化等形式告诉观众目前讲到第几部分了，还有多少内容未讲，间接地扮演了计时器的角色。

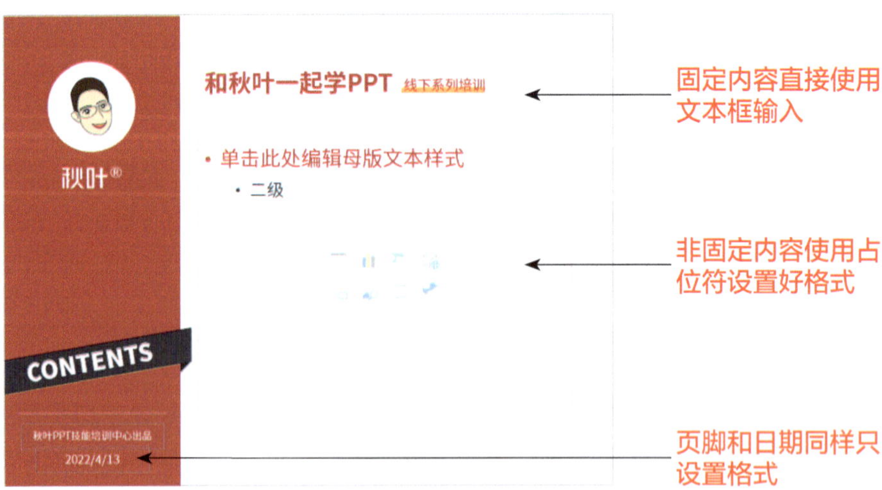

由于此 PPT 模板用于系列培训课程，每堂课的内容不一样，知识点的数量也不尽相同，因此不必像一些模板那样，直接分出“一、二、三、四”几

个部分，使用多个文本占位符，这里只需整体使用一个内容占位符，并设置好段落格式即可。

内页版式设计

一份 PPT 模板需要哪些内页版式，和具体的汇报内容分不开。很多 PPT 模板制作者大费周章地做了几十页图文表格、图示图表，看起来非常丰富，但真正能用到的屈指可数。事实上，对于 PPT 模板而言，我们只需要制作一个简单的正文页框架。

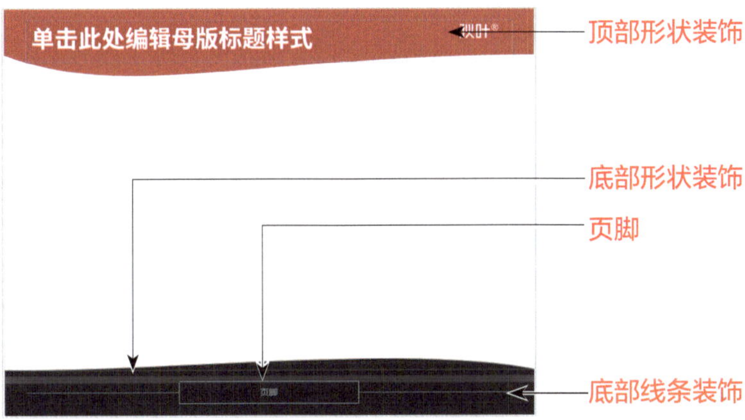

封底版式设计

封底可以通过调整封面元素的大小、位置来制作，以形成首尾呼应的效果。

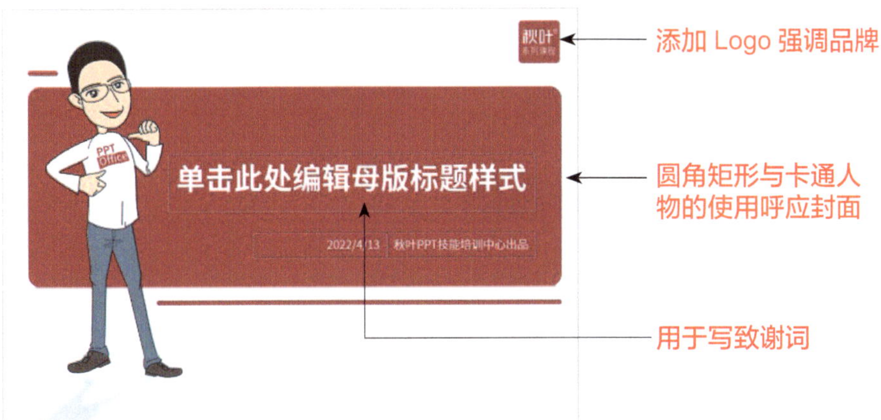

模板应用效果

上述模板即以 PPT 培训为目的而设计的一份 PPT 模板，如果是汇报类 PPT，为了让内容结构更加清晰，通常还需要制作章节页。只要把封面页、目录页、章节页、正文页、结束页 5 类页面在母版视图中设计好，一份基础的 PPT 模板就算制作完成了。

制作完一份 PPT 模板之后，我们可以将其保存为 PPT 模板的专有格式——POTX 格式文件。以这种格式保存后，如果再次打开文件进行修改，则无法直接覆盖原文件，只能另存为新的文件，这就保证了 PPT 模板本身的“纯洁性”，避免了无意间对模板文件的修改。

在本章的最后，我们一起来看看这份 PPT 模板的实际应用效果吧！

3

快速导入
多种类材料

- 如何将 Office 三件套融会贯通？
- 如何快速插入表格、音频、视频？

这一章，给你答案！

3.1 PPT的建立和打开

在学习如何在 PPT 里导入其他类型的文件之前，让我们先来看看如何新建和打开一个 PPT。

以 Microsoft 365 为例，双击打开 PowerPoint 之后，我们会进入一个引导界面，这个界面包含“开始”“新建”“打开”3 个板块，具备的主要功能如下。

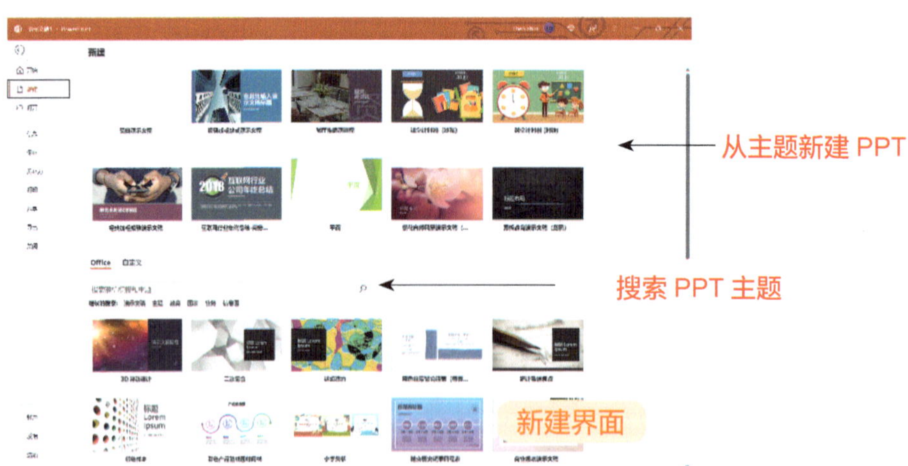

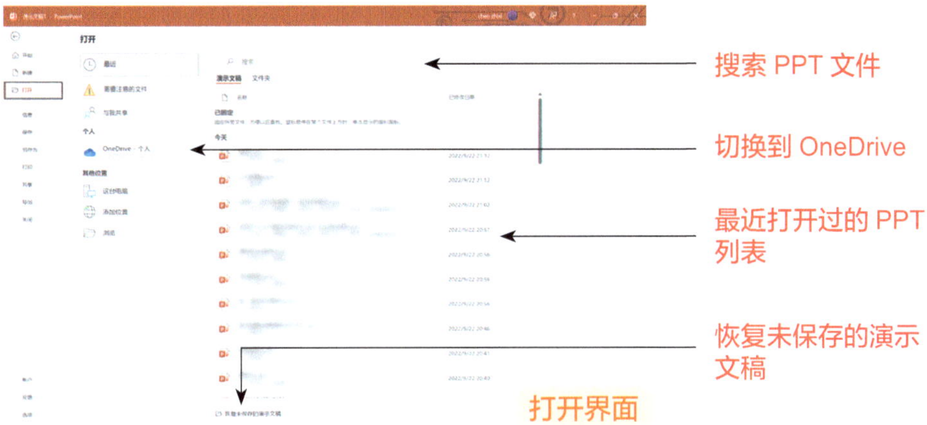

打开界面

特别值得一提的是“打开界面”中的“恢复未保存的演示文稿”功能，单击这个按钮可以看到那些因为意外关机、程序无响应而没来得及保存的文件，有时还能恢复那些你因为一时头晕，在 PowerPoint 询问“是否保存”时点了“否”的文件，给你提供再次打开文件、重新保存的机会。

当然，并不是所有情况下都能使用这个功能完美恢复未保存的文件，所以还是强烈建议大家单击“选项—保存”，设置好自动保存的时间间隔。**对 PowerPoint 来说，一般自动保存的时间间隔设置在 5 分钟左右为宜。如果使用的是 Microsoft 365，还可以在处理重要文件时打开云端实时保存功能。**

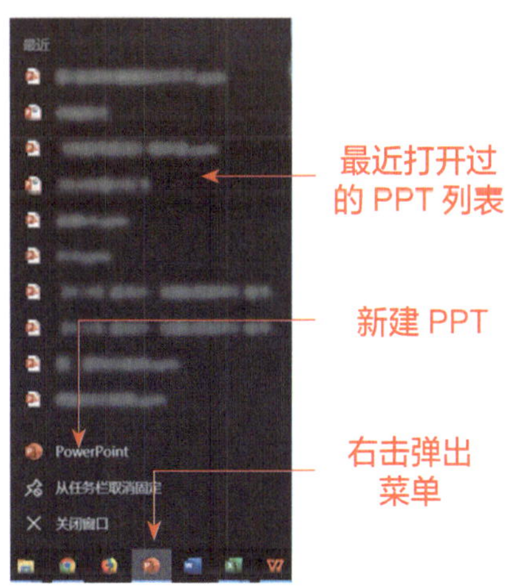

除了使用这些软件内的途径打开 PPT 以外，如果将 PowerPoint 添加到任务栏中，你还可以右击 PowerPoint 图标，查看最近打开过的 PPT 列表。如果你正处理一个耗时较长的 PPT 项目，在一段时间内需要反复打开、编辑，那你一定会爱上这个便捷功能——顺带说一句，Windows 系统任务栏里各个软件的快捷方式都有这个功能！

3.2 如何把Word材料转换为PPT

有很多新手都曾问过一个问题：“老师，我实在做不好 PPT，有没有办法可以把 Word 材料自动转换为 PPT 呢？”

当然有，Office 自带这样的功能——**从大纲创建 PPT**。

为什么要叫从大纲创建 PPT，而不叫从 Word 创建 PPT 呢？因为并非所有的 Word 材料都能转换为 PPT，只有具备大纲结构的 Word 材料才能顺利转换。因此，**设置好 Word 材料的“大纲级别”就显得尤为重要了。**

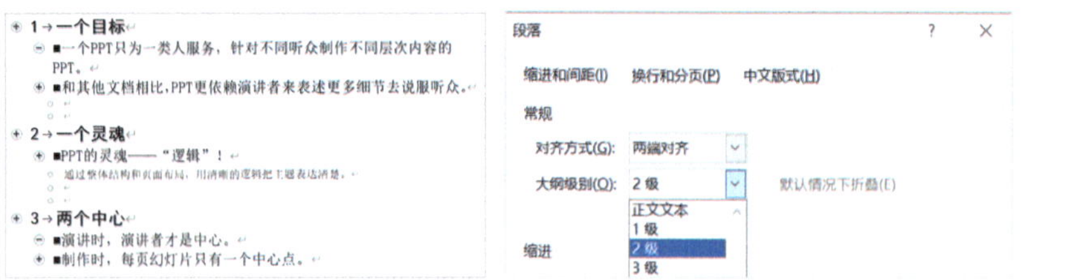

▲ Word 中的大纲视图和段落的大纲级别设置

如果你已经有了一份设置好了大纲级别的 Word 材料，就可以在 PowerPoint 中展开“开始”选项卡中 “新建幻灯片” 的下拉菜单，选择“幻灯片（从大纲）”，然后在弹出的对话框中选择该 Word 材料进行转换。

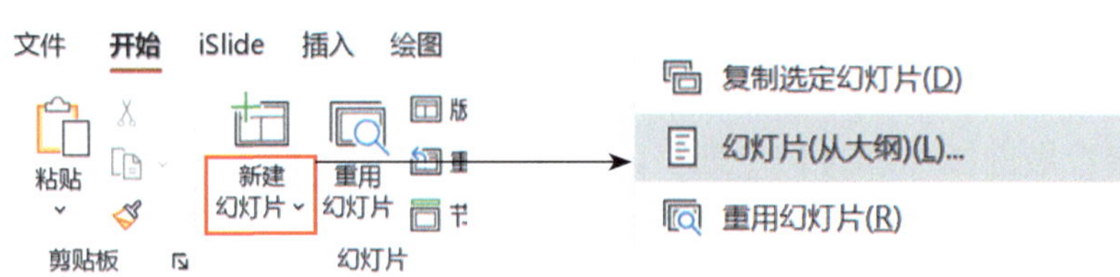

▲ 从大纲新建幻灯片就是转换 Word 材料为 PPT 的方法

使用这一功能之后，PowerPoint 会根据大纲级别将 Word 材料中的文章标题和一级大纲转换为 PPT 的页面标题，二级大纲则转换为 PPT 的一级内容，三级大纲转换为 PPT 的二级内容……以此类推。Word 材料中大纲级别为“正文”的内容则不予转换。

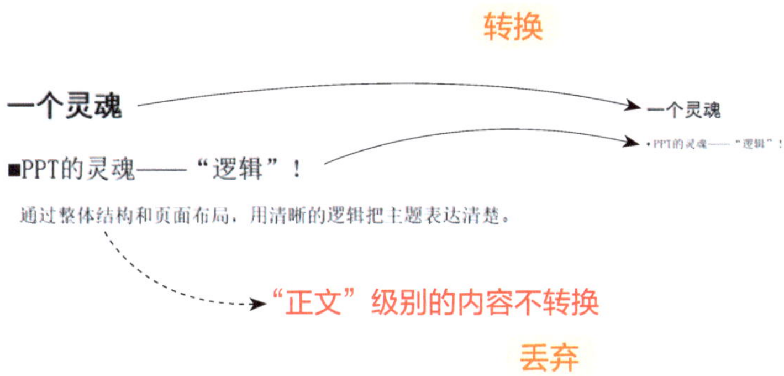

▲ Word 材料与 PPT 的大纲级别的对应关系

除了在 PowerPoint 中能实现从 Word 材料到 PPT 的转换，我们在 Word 里也能完成同样的工作，使用“发送到 Microsoft PowerPoint”功能就可以实现。不过这一功能并不存在于 Word 默认的功能区中，需要先添加至快速访问工具栏中才能使用。

具体的方式是右键单击保存按钮，选择“自定义”，在弹出的对话框最左侧一栏选择“快速访问工具栏”，接着将命令的选择范围设置为“不在功能区中的命令”，然后找到“发送到 Microsoft PowerPoint”，单击“添加”，然后单击“确定”即可完成添加。

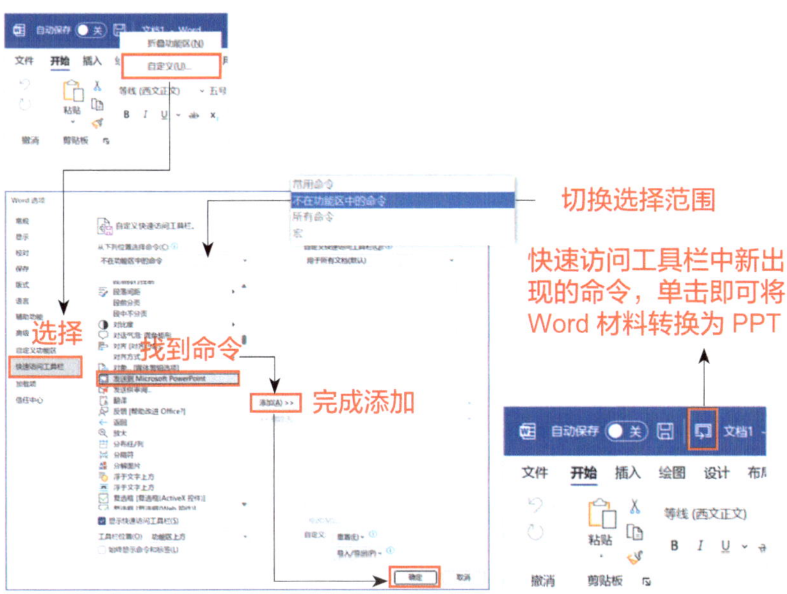

▲ 在 Word 中完成文字稿向 PPT 的转换

从大纲创建 PPT 的局限性

从大纲创建 PPT 虽说简便快捷，但并非一个十全十美的方法。首先，实现转换的前提，就是在 Word 材料里分好大纲级别——这一点我们在本节开头已经强调过了。

可实际情况却是，几乎所有寄希望于“一键转换”就可以搞定一个 PPT 的人，Word 制作水平也不怎么样，他们准备用来转换成 PPT 的 Word 材料别说设置大纲级别了，可能连基本的缩进距离和行距、段落间距都不敢保证设置得正确且统一，根本无法直接进行转换。

其次，就算是那些已经设置好了大纲级别的规范化 Word 材料，虽然已经可以进行转换了，但实际效果并不好，因为**当 Word 材料和 PPT 在陈述同样的内容时，它们的“叙事手法”存在着巨大的差异，二者并不适合直接转换。**什么意思呢？看看下面这个例子你就明白了。

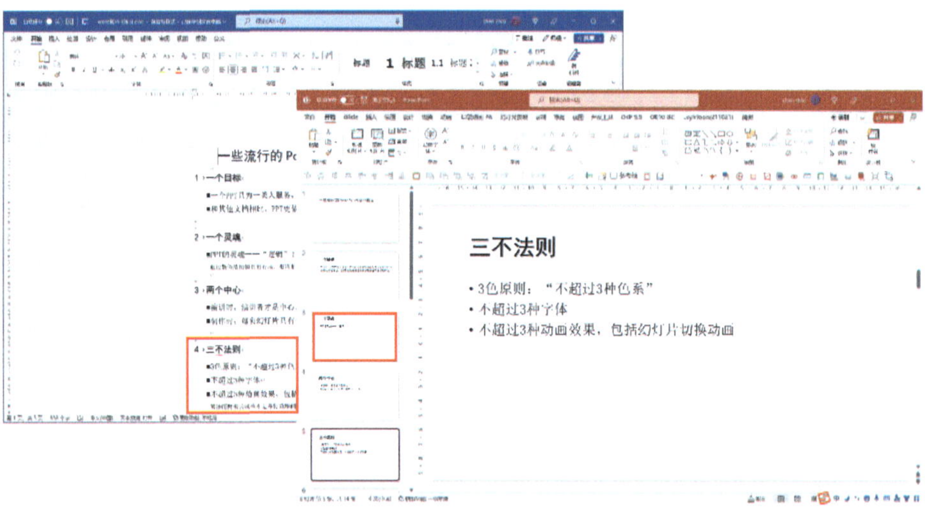

▲ 从大纲成功创建的 PPT

上图是一个从 Word 材料成功转换而来的 PPT 中的一页幻灯片，虽然在内容上完美还原了 Word 材料中的内容，但我们都知道：**PPT 是要“用图说话”的。**本页最好的表现形式就是每一条法则用 2 个案例来对比。但这么多内容根本无法放入同一页幻灯片中，最佳排版应该是拆为 3 页，每页 2 张图，通过对比体现一条法则。可对转换而来的 PPT 做这么大的改动，又和一开始就做 PPT 有多大区别呢？**难道说辛辛苦苦转换一遭，就是为了少打几个字吗？**

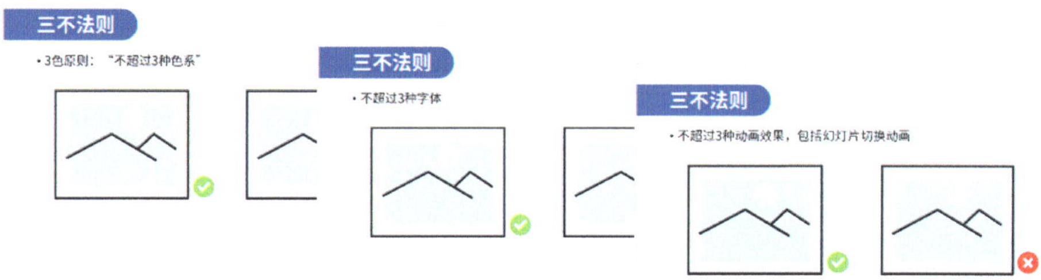

▲ 需要展示 6 张 PPT 案例截图，最好拆为 3 页，每页 2 张

3.3 基于大纲视图的批量调整

上一节讲了 Word 材料和 PPT 的转换，谈到由 Word 材料转化而成的 PPT，想要获得最终可以交付的效果，还有很多需要修改和调整的地方，并不像有的人想象的那样可以“一键搞定”。Word 里段落级别设置的规范化使得转换而来的 PPT 层级分明，这就为我们对 PPT 进行批量调整提供了可操作性。下面我们就来看一个使用大纲视图进行批量调整的实例。

实例 23 使用大纲视图对 PPT 进行批量调整

跨页批量设置字体

在普通视图下，页面与页面是相互分离的，除了一次性将整个 PPT 的字体统一成一种以外，我们很难跨页选中页面中的部分文字设置字体。而在大纲视图下，页面是连续的，我们可以轻松选中不同页面的部分文字进行字体设置。

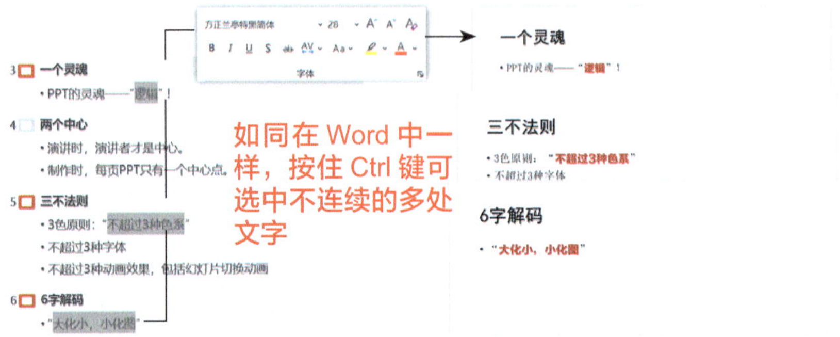

跨页调整段落或页面顺序

在大纲视图下，我们可以选中某段文字，将其拖动到其他位置甚至其他页面（拖动时留意光标位置），普通视图下的文字不但会随之移动，而且不论位置、大小，全都会自动匹配目标文本框的格式，无须再手动调整。

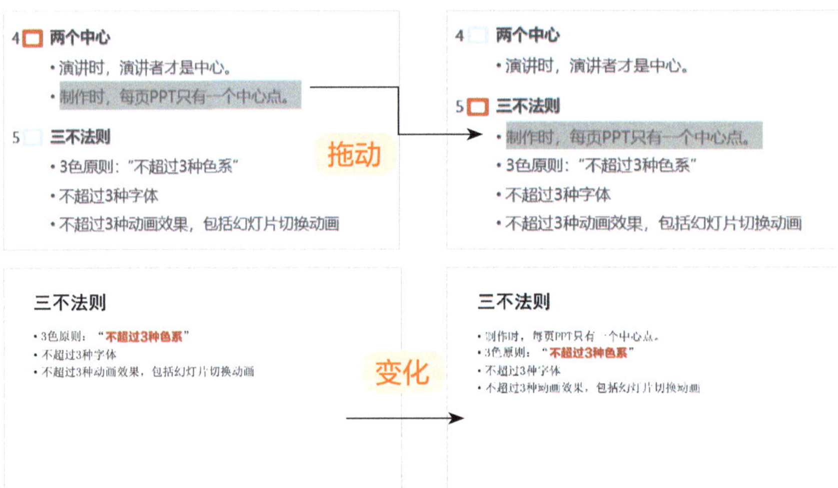

如果想要改变幻灯片页面顺序，拖动大纲标题前的小方块，改变其位置即可。

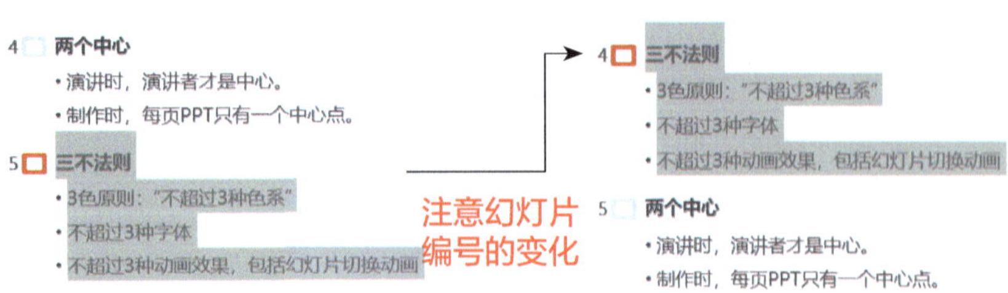

拆分幻灯片页面

还记得之前我们讲到“从大纲创建 PPT 的局限性” 时提到的例子吗？在那个例子里，我们想要把一页讲三大点的形式变成一页一点分开阐述的形式。这样的操作在大纲视图下也是可以完成的，不过要稍微花一点儿功夫。

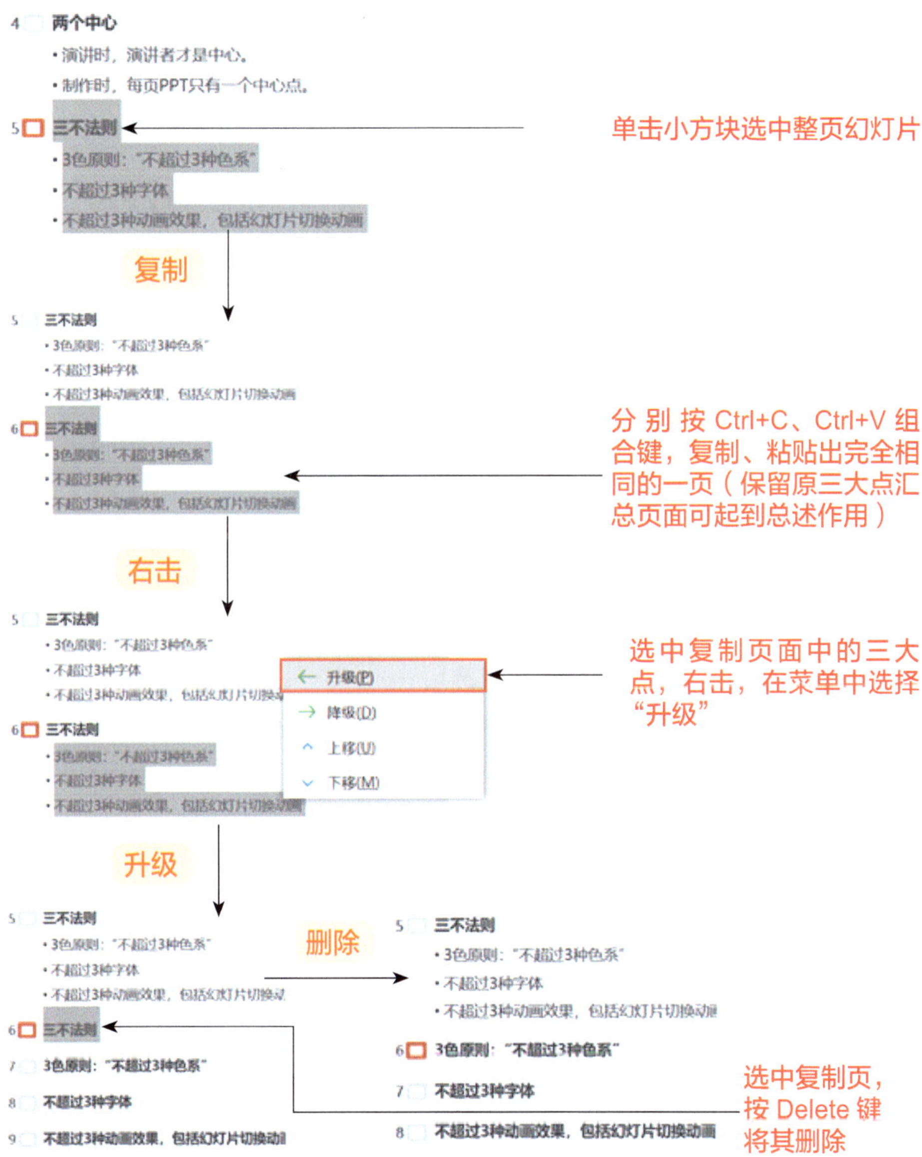

3.4 文字的复制与选择性粘贴

学完了前两节内容，相信你能体会到所谓的“一键转换”及后续的修改调整有多么不容易了。是不是觉得与其花那么多功夫去调整，还不如老老实实手动复制、粘贴 Word 材料中需要的文字内容到 PPT 里？

那你知道**从 Word 材料中复制文字内容到 PPT 里，可以选择 4 种不同的“选择性粘贴”方式来完成吗？**

“选择性粘贴” 在上一章讲“版式的跨幻灯片复制”时提到过，版式的选择性粘贴只有 2 个选项，而文字的选择性粘贴一共有 4 个选项，选择不同的选项进行粘贴，完成粘贴后文字的效果也各不相同。

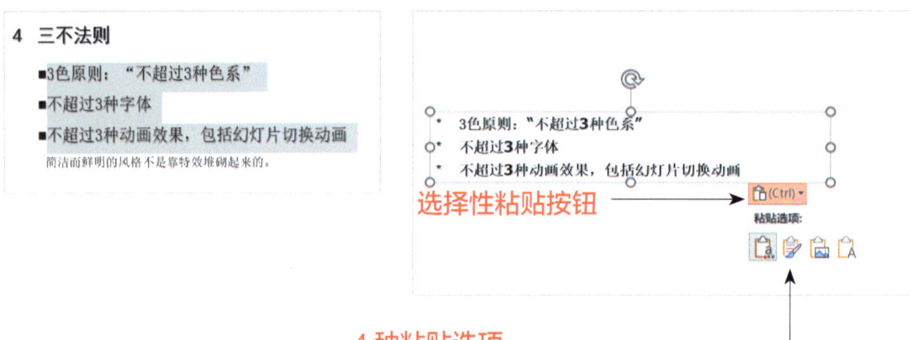

▲ 从 Word 材料中复制文字内容到 PPT 里，粘贴时会出现选择性粘贴按钮

上图展示的是在空白页面进行粘贴的效果。将光标定位到页面占位符内部进行粘贴，同样会出现选择性粘贴按钮。

你也可以在复制完 Word 材料中的文字内容后，切换到 PPT 中右击，在菜单中找到选择性粘贴按钮；又或者在“开始”选项卡中展开“粘贴”按钮的下拉菜单，进行选择性粘贴。不过一旦对粘贴元素进行了诸如位置移动、大小调整等操作，选择性粘贴按钮就会消失不见了。

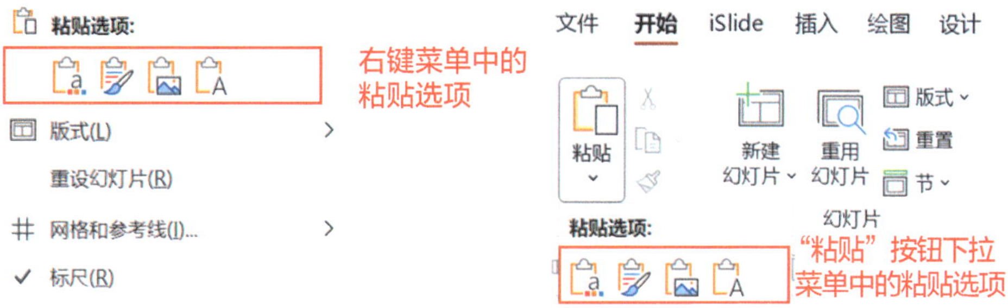

▲ 找到选择性粘贴按钮的另外两种方式

那么，这 4 种粘贴方式究竟有哪些不同呢？下面我们通过一个实例给大家展示一下。

实例 24 对文字采取不同的选择性粘贴方式

这里我们复制 Word 材料中的一段文字，然后切换到 PPT，使用不同的选择性粘贴方式进行粘贴，观察其效果的异同。但前面说过，Word 和 PPT 的“叙事手法”不同，实际工作中不推荐大范围地复制、粘贴，个别句子的复制、粘贴可使用默认的“使用目标主题”的粘贴方式，随后再调整格式，本实例仅用于功能展示。

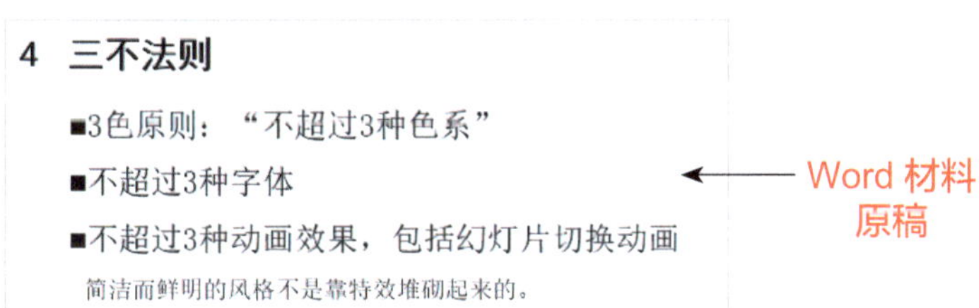

使用目标主题

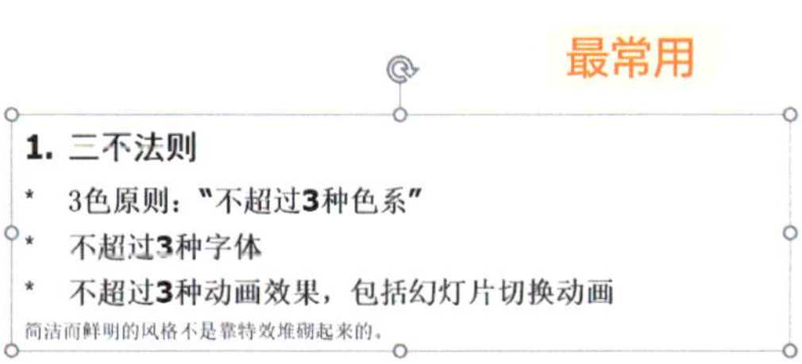

- 正文变为 PPT 默认的 18 号字
- 字体及间距设置得以保留
- 从 1 开始重新自动编号
- 缩进方式发生变化

保留源格式

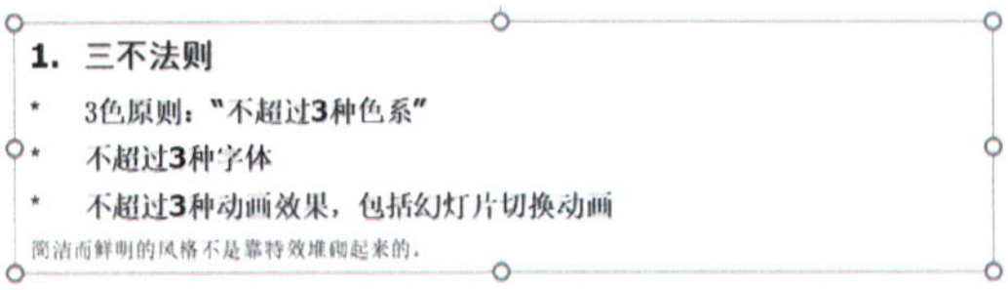

- 正文字号与 Word 中的一致
- 字体及间距设置得以保留
- 从 1 开始重新自动编号
- 缩进方式发生变化

粘贴为图片

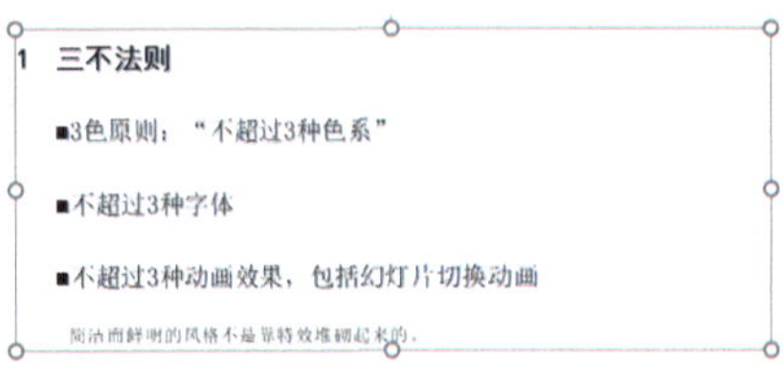

- 从 1 开始重新自动编号，编号样式与 Word 中的一致
- 保留了项目符号样式和悬挂缩进方式，行距发生变化
- 文字内容不可再编辑

只保留文本

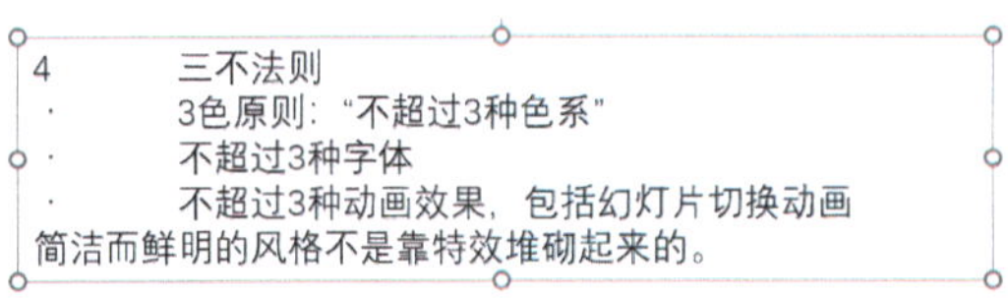

- 段落编号转换为普通文本
- 缩进方式发生变化
- 字体、字号、行距等所有文字及段落格式丢失，转而套用 PPT 中的默认文字格式

3.5 如何在PPT中导入Excel表格

在 PPT 中导入 Excel 表格最常见的一种方式是直接复制表格后在 PPT 页面中进行粘贴。和粘贴文本类似，粘贴表格时也有不同的选择性粘贴方式可选，除了前面我们讲过的 4 种方式外，还有一种新的选择性粘贴方

式——嵌入。

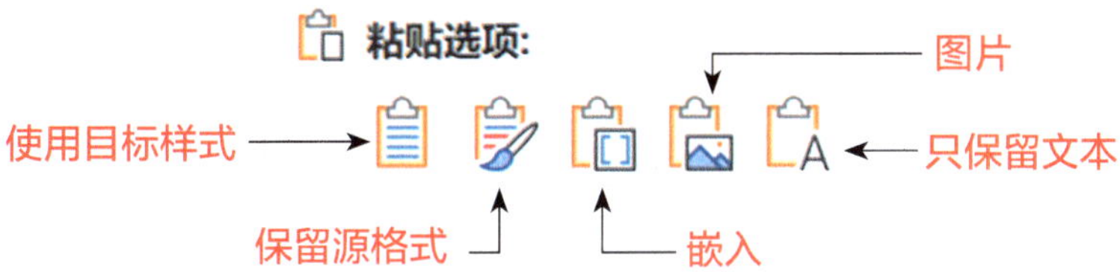

▲在 PPT 中粘贴 Excel 表格的 5 种方式

与粘贴文字相同的 4 种选择性粘贴方式这里就不再重复介绍了，简单总结一下，就是使用 PPT 表格功能的样式、保持 Excel 表格原来的样式、变成样式和内容都不可更改的图片、去除所有样式只保留文字内容 4 种。

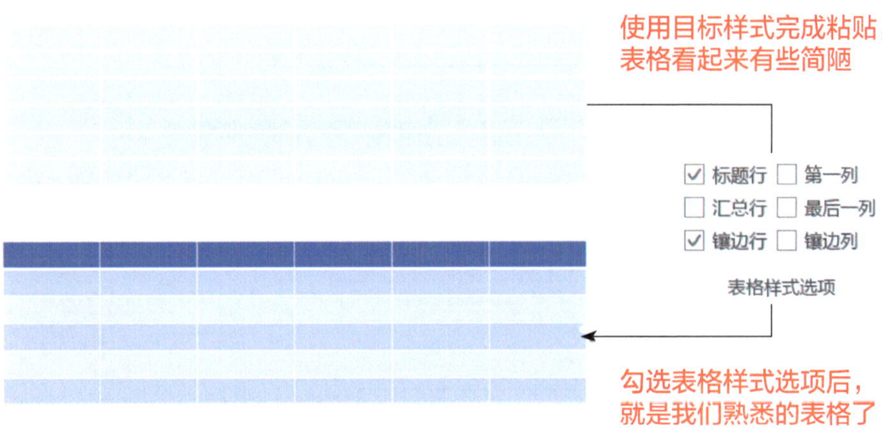

▲使用目标主题粘贴的 Excel 表格，勾选“标题行”和“镶边行”后就能变成 PPT 表格

使用“嵌入”方式粘贴到 PPT 里的 Excel 表格的样式，和它在 Excel 里本来的样式很像，不但表格的颜色、文字的字体和字号等都保持了原样，连使用“合并单元格”功能生成的“大号”单元格都能完美再现。**这一点即便是“保留源格式”都做不到。**

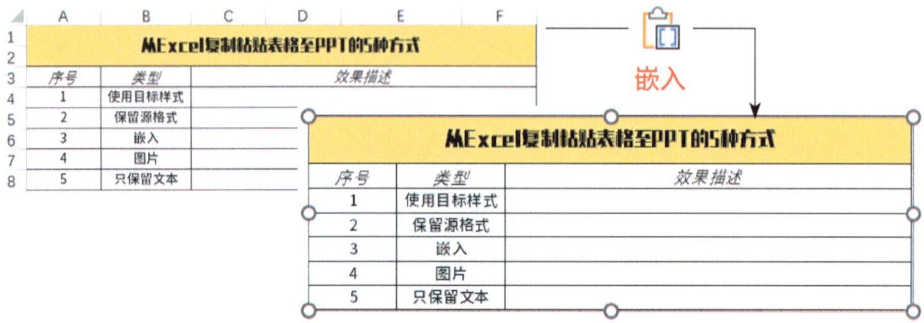

▲ 对 Excel 表格而言，“嵌入”是粘贴后“保真度”最高的一种方式

更为神奇的是，虽然嵌入的表格看起来像是一张图片，无法修改内容，但只要双击这张“图片”，就能激活一个内嵌于 PPT 中的 Excel 框架，这样我们就能轻松地在 PPT 里使用 Excel 环境来编辑表格内容。

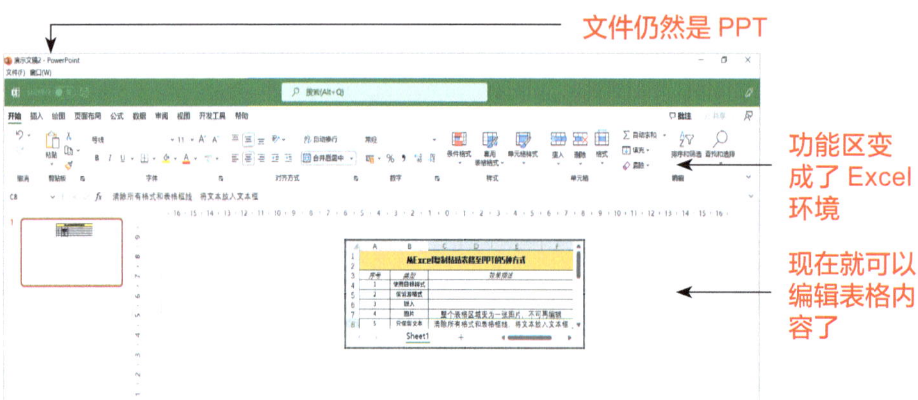

3.6 如何让导入的Excel表格与数据源同步

上一节我们说到在 PPT 中导入 Excel 表格的最常见的方式就是 5 种不同的选择性粘贴方式。其实除了这 5 种方式以外，还有一种比较特殊的选择性粘贴方式，可以让导入 PPT 的 Excel 表格与数据源即原 Excel 表格同步——**如果原 Excel 表格发生了变化，如更新了数据、填入了新内容，PPT 中的表格**

内容也会随之更新。

下面我们就来看看具体的做法。

首先在 Excel 中复制表格，然后切换到 PPT 页面。打开“粘贴”按钮下方的粘贴选项，单击“选择性粘贴”。在弹出的“选择性粘贴”对话框中选择“粘贴链接”，最后单击“确定”就能将表格粘贴到当前页面。

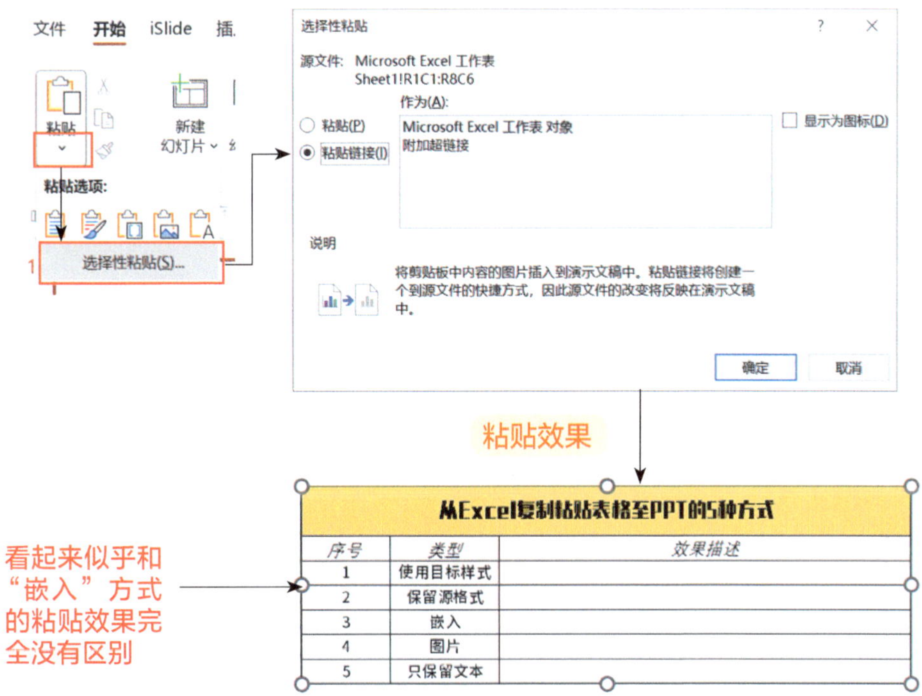

虽然从视觉效果上看，通过这种方式粘贴到 PPT 里的 Excel 表格与使用“嵌入”方式粘贴的 Excel 表格并没有什么区别，但实际使用起来，你就能感受到二者的区别。

以“嵌入”方式粘贴的 Excel 表格，双击时只会激活一个内嵌于 PPT 中的 Excel 框架，而以“粘贴链接”方式粘贴的 Excel 表格，双击时则会打开 Excel 软件。在 PPT 页面双击这个 Excel 表格的效果，等同于你在文件夹里双击打开了这个 Excel 文件。

如果我们在 Excel 中对这个打开的 Excel 表格进行了改动，这些改动也会同步反映到粘贴至 PPT 中的 Excel 表格中。

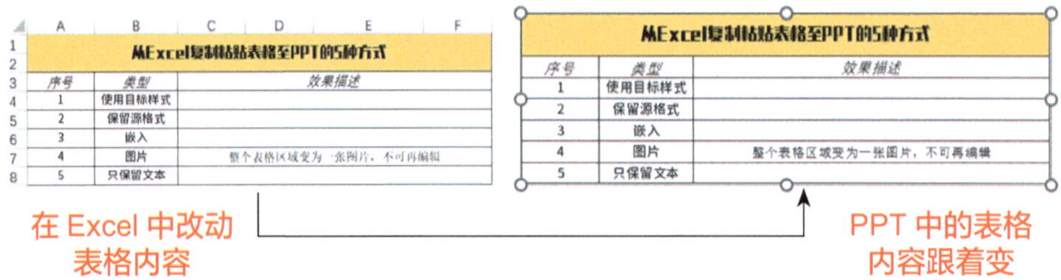

如果改动 Excel 表格时，以“粘贴链接”方式插入了此表格的 PPT 处于关闭状态，那下一次打开该 PPT 时就会弹出“Microsoft PowerPoint 安全声明”对话框，提醒你 PPT 内包含的“其他文件的链接”需要更新。单击“更新链接”，即可完成改动部分的更新；如果单击“取消”，PPT 中的 Excel 表格则会保持插入时的状态。

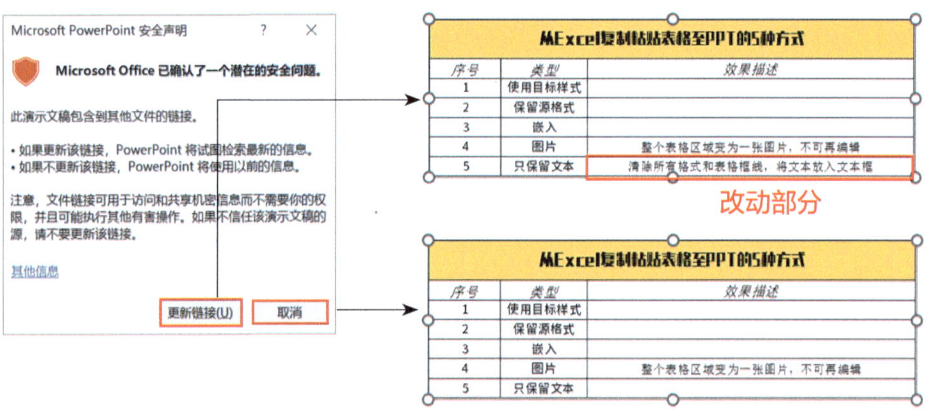

关于“更新链接”，你还需要了解两点。第一，“更新链接”是针对 PPT 里的所有 Excel 表格统一进行的。如果 PPT 里包含了多个以“粘贴链接”方式粘贴的 Excel 表格，在弹出对话框时单击“更新链接”，所有 Excel 表格的内容都会进行更新。

只想单独更新某个 Excel 表格的内容该怎么办呢？你可以在打开 PPT 弹出对话框询问是否更新链接时单击“取消”，然后在 PPT 里找到需要更新的 Excel 表格，右击，选择“更新链接”，这样就只有这一个 Excel 表格的内容会更新。

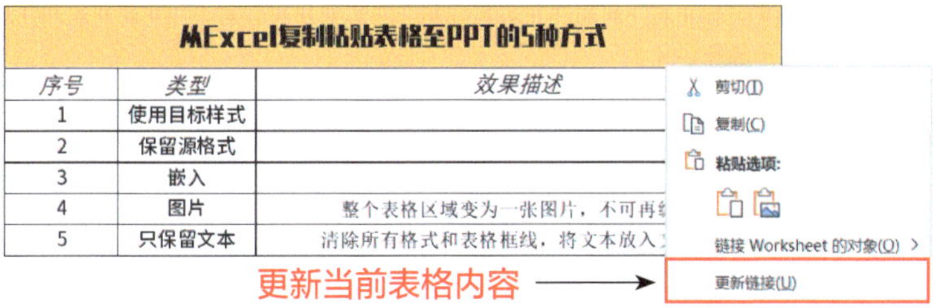

▲ 手动对单个粘贴至 PPT 中的 Excel 表格进行内容更新

第二，本节所讲述的功能名为“粘贴链接”，与在 PPT 中插入“超链接”属于同类操作，即**仅仅记录了“通往目标文件的路径”，而非嵌入了目标文件。**因此，如果这个链接的目标 Excel 文件被删除、移动，又或者改名，均会导致链接失效。更新链接时会收到如下提示。

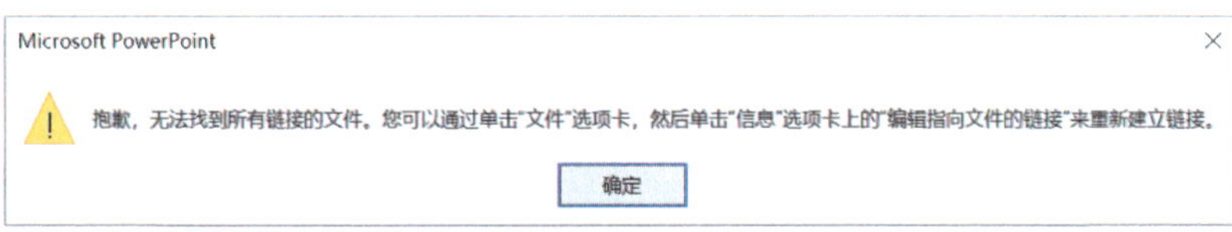

▲ 找不到 Excel 表格数据源时，PowerPoint 给出的提示

单击“确定”后进入 PPT，你会发现 PPT 内的 Excel 表格已经不再与原 Excel 表格有链接关系。即便手动选择“更新链接”，也会收到错误提示。

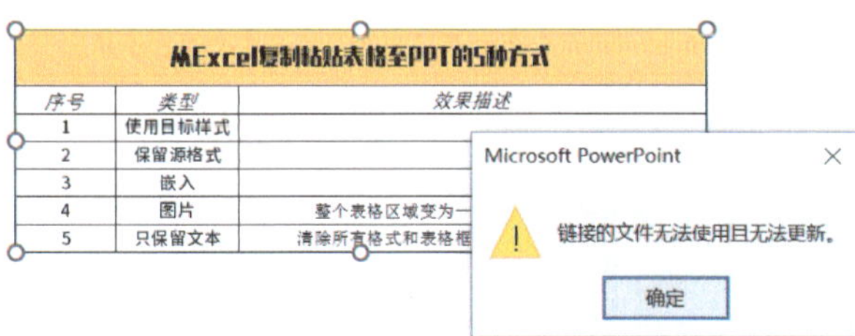

▲ 原 Excel 表格改名或移动后，PPT 中的 Excel 表格无法使用或更新链接

怎样才能修复这个问题呢？如果链接的文件未被删除，仅仅是被移动或改名，我们可以单击“文件—信息”，找到“编辑指向文件的链接”，然后单击“更改源文件”，找到改名或移动后的文件重新指定。完成指定后稍等片刻，待“打开源文件”按钮“变黑”，则代表指定成功，关闭对话框即可完成修复。

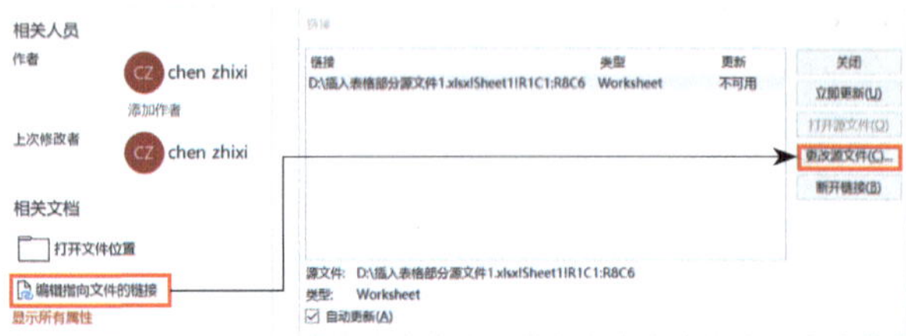

▲ 通过重新指定 Excel 源文件修复无法更新链接的问题

3.7 快速导入其他幻灯片

除了从 Word 或 Excel 中导入材料，我们有时还需要从已经做好的 PPT 里找到可以重复使用的部分导入当前 PPT 中。如何才能快速导入其他 PPT 的内容呢？这里有 3 种方式供你选择。

复制其他幻灯片的元素

这种导入方式从操作上来讲是最简单的。选中、复制、切换、粘贴，4 步就能搞定。不过，和我们在讲“版式的复制”时提到过的情况一样，假设复制的元素使用了主题颜色，粘贴到新幻灯片时其颜色就会被替换为新幻灯片的同位主题颜色，无法保持原貌，只有使用“选择性粘贴”中的“保留源格式”才能进行原样复制。

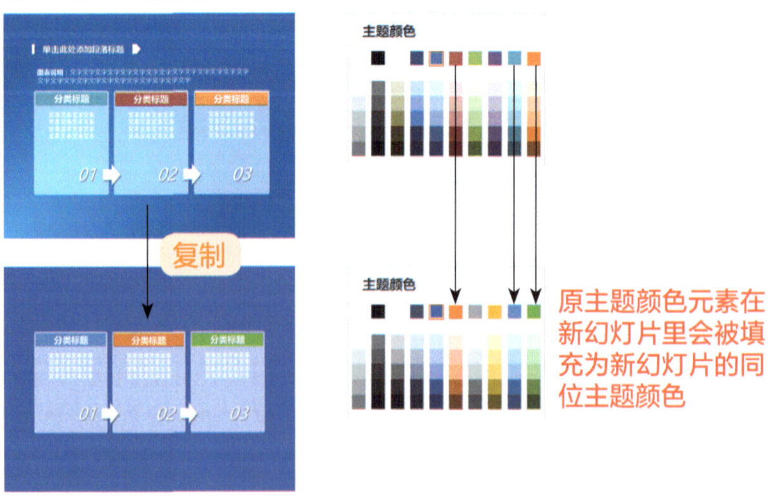

▲ 对幻灯片元素的直接复制粘贴通常会遭遇变色的尴尬

重用幻灯片

在 PowerPoint 里，“重用幻灯片”是一个少被提及的功能。此功能可以让我们在不打开目标 PPT 的情况下，直接复制其中的部分幻灯片，将其粘贴到当前的 PPT 里。具体的操作如下。

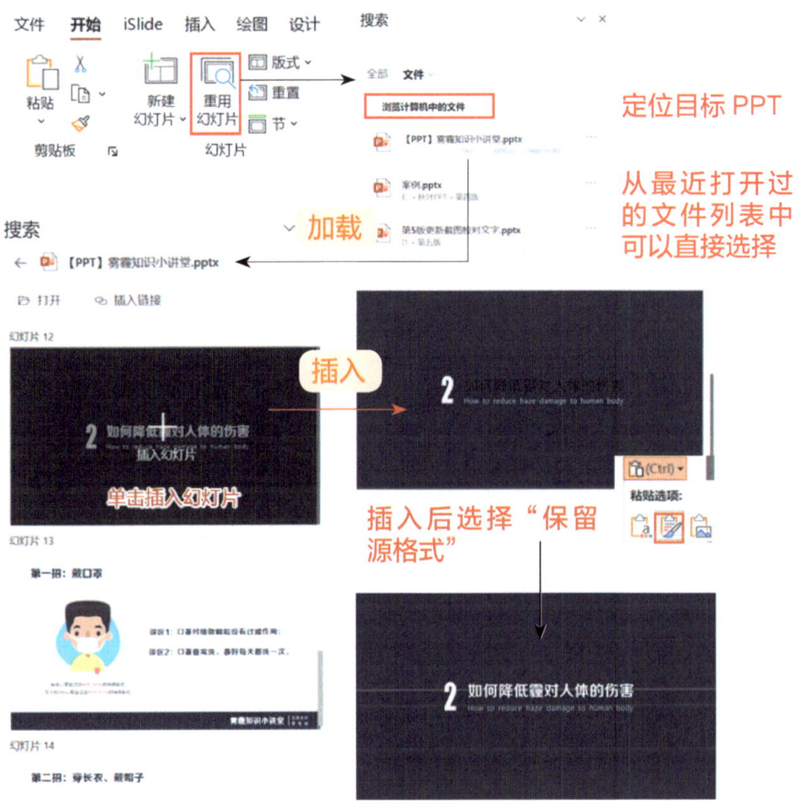

合并幻灯片

如果说“重用幻灯片”是合并两个 PPT 中的部分页面，那“合并幻灯片”则是合并两个 PPT 中的所有页面。

我们只需要在当前幻灯片中单击“审阅—比较”，选择想要合并的幻灯片，单击“合并”，此时幻灯片预览窗口中会出现下拉菜单。勾选首行“已在该位置插入所有幻灯片”或单击工具栏中的“接受”，均可确认合并操作。最后单击“结束审阅”即可退出审阅状态。被合并的幻灯片将保留源格式，并插入当前幻灯片之前。

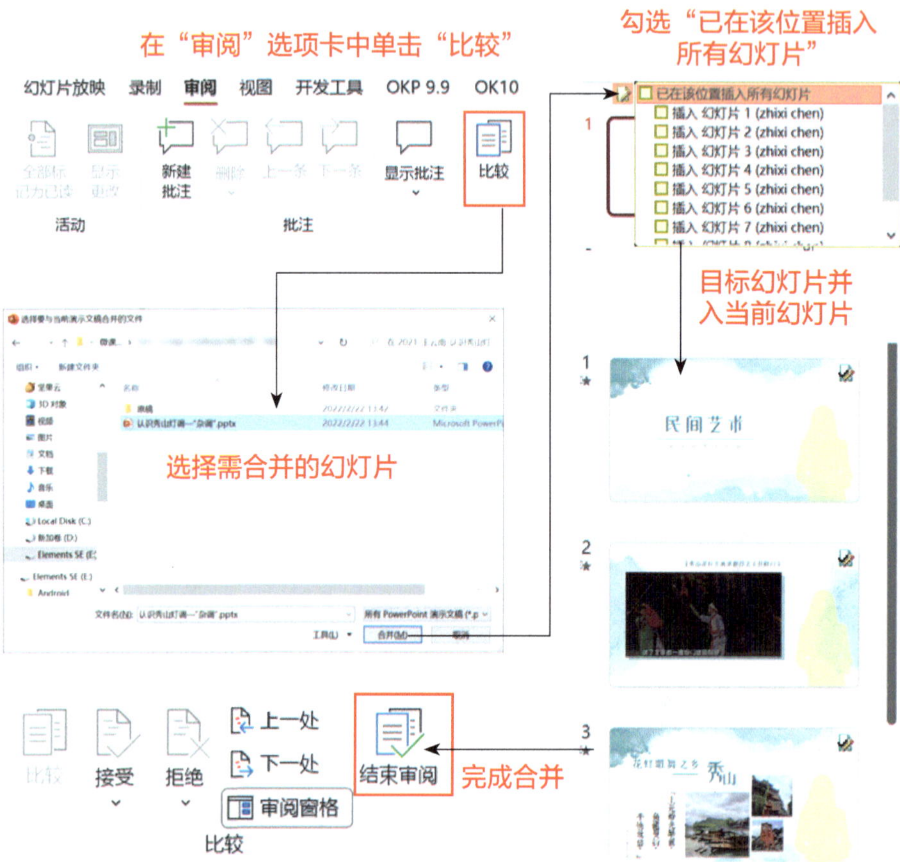

3.8 如何批量插入图片

在毕业班会、婚宴酒席等场合，我们常常能看到滚动播放的电子相册，制作这种简单的相册不需要专业的软件，使用 PPT 就能完成，下面我们来看一个实例。

实例 25　批量插入图片制作电子相册

视频案例

首先，挑选好你想要制作成电子相册的图片，将它们都放到同一个文件夹里。

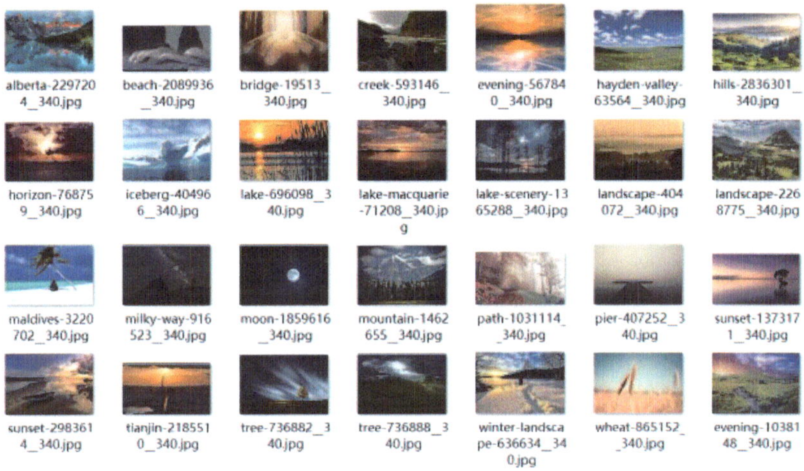

在 PowerPoint 中单击“插入—相册”，再单击弹出的对话框中的“文件/磁盘”，找到存放图片的文件夹，按 Ctrl+A 组合键选中所有图片，单击“插入”。

此时所有的图片都会出现在“相册”对话框的图片列表中，如果需要，可以勾选对应图片后通过单击下方的箭头按钮来调整图片的顺序。

打开“图片版式”的下拉菜单，在此处我们可以设置这些图片以什么形式展示。选定图片版式之后还可以选择“相框形状”，右侧有简单示意图可供参考。在本实例中我们选择“2 张图片”“ 居中矩形阴影”的形式。

单击主题栏右侧的“浏览”，为相册选择一个合适的主题。这里我们选择“Office Theme.thmx”这个底色为白色的主题。如不进行指定，则会自动生成底色为黑色的相册。设置完成后单击“创建”，即可生成电子相册。

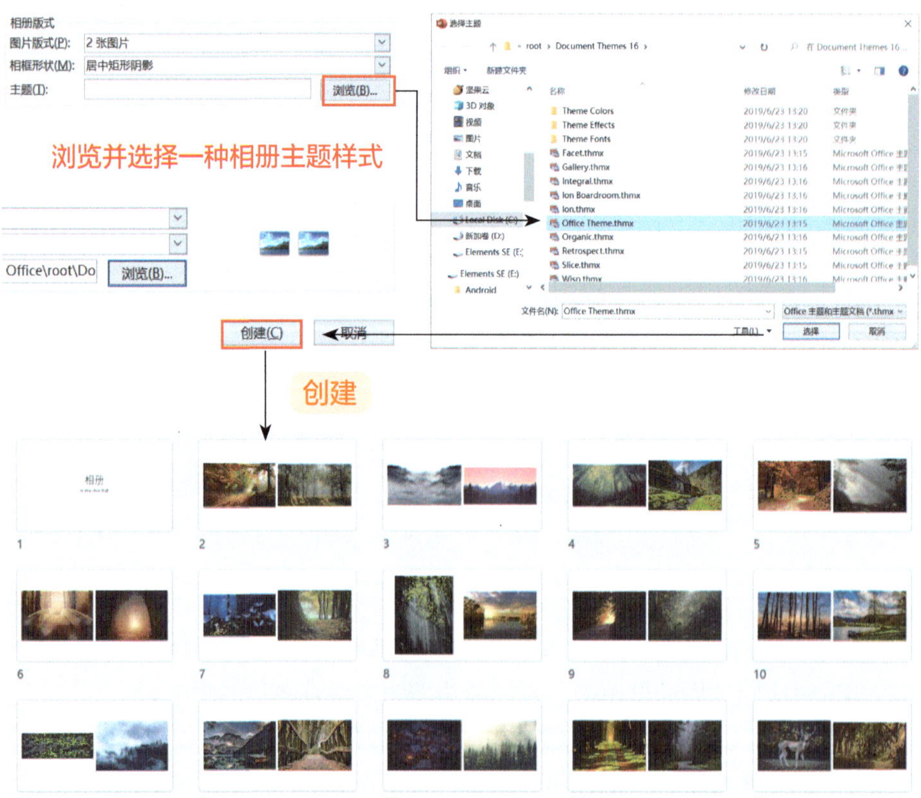

因为原始图片的比例不同，缩放至等宽效果后，这些图片在高度上可能存在一定的差异，介意的话可以手动进行裁剪修饰。完成这一系列的工作之后，删除封面页，将幻灯片切换方式设置为“随机”，按 F5 键，就能看到电子相册的播放效果了。

3.9 如何在PPT中插入视频

不管你打算制作商业 PPT 还是教育类 PPT，都有可能需要在其中插入视频。我们既可以通过视频向观众介绍自己的研究项目，也可以通过视频帮学生们拓宽眼界，甚至可以使用视频素材打造动态 PPT 背景，达到文字和图片不能企及的效果。

那么，该如何在 PPT 中正确插入视频，以及进行后续的编辑呢？本节我们就和大家一起来探讨这个问题。

视频的插入与格式的转换

按照传统的方式，我们可以打开“插入”选项卡，在右侧找到“视频”，单击之后选择需要插入的视频文件即可。

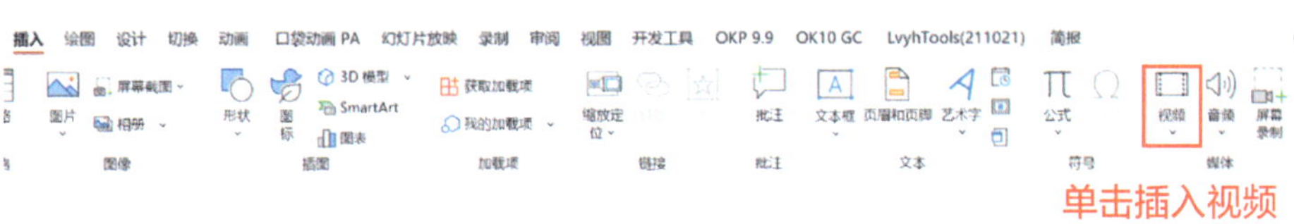

不过也有更简单的方式，那就是直接把视频文件拖进 PPT 的编辑窗口。单击 PowerPoint 右上角的还原按钮，缩小窗口，显示出桌面上的视频文件，将其拖入 PPT 页面并释放鼠标左键，稍等片刻，视频就被插入 PPT 里了。

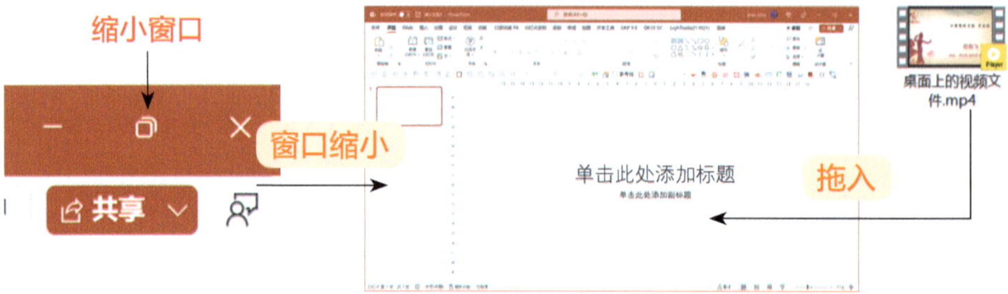

最新版的 PowerPoint 几乎支持所有主流的视频格式，一般来说无须担心格式问题。但如果你需要在教室、会议室等场合播放视频，不太清楚这些场合的电脑上安装的是哪个版本的 PowerPoint，那还是建议你**先将视频格式转换为大部分 PowerPoint 版本都支持的 WMV 格式后再将其插入 PPT。**

实例 26　使用"格式工厂"将视频格式转换为 WMV 格式

下载、安装好"格式工厂"，打开软件后单击左下方的输出目录，将其改成桌面。

接下来，单击左侧视频格式列表中第二行中间的按钮，并在弹出的对话框顶部选择 WMV，最后单击"添加文件"把需要转换格式的视频添加进来。

添加视频后单击“确定”，视频格式转换任务就会进入任务列表，单击“开始”，格式转换就开始了。

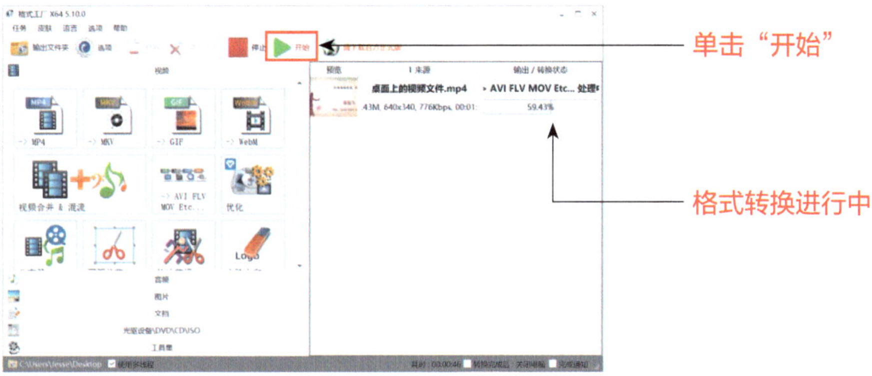

如果对进行格式转换的视频有更多细节上的要求，还可以在转换开始之前，右击任务列表中的任务，单击“输出配置” 进行相应的设置。如果只需要转换视频中某一段的格式，可以单击“选项”进行片段剪辑，然后再进行格式转换。

3.10 PPT中视频素材的修改和美化

在高版本的 PowerPoint 里，视频的外观设置与图片的外观设置类似。大部分针对图片的设置如裁剪、修改样式、变色等，视频也同样适用。

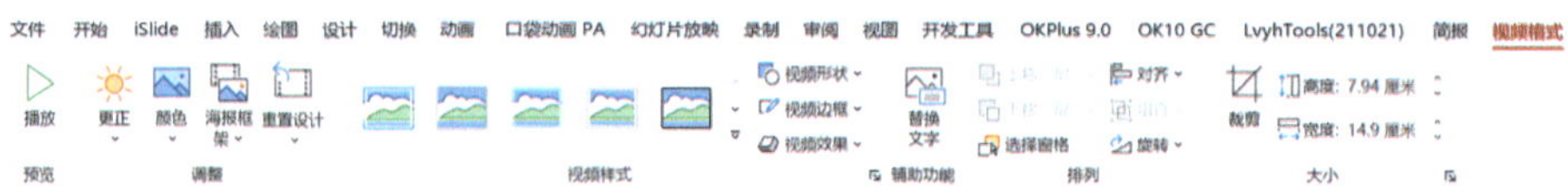

▲与“图片格式”选项卡类似的“视频格式”选项卡

裁剪视频

选中视频，打开“视频格式”选项卡，单击 “裁剪” ，即可像裁剪图片那样裁剪视频——我们可以把 PowerPoint 中的视频裁剪看作“隐去部分画面不显示”，这一操作不会改动原始视频文件，也丝毫不会影响视频的正常播放（但是只能显示部分画面）。

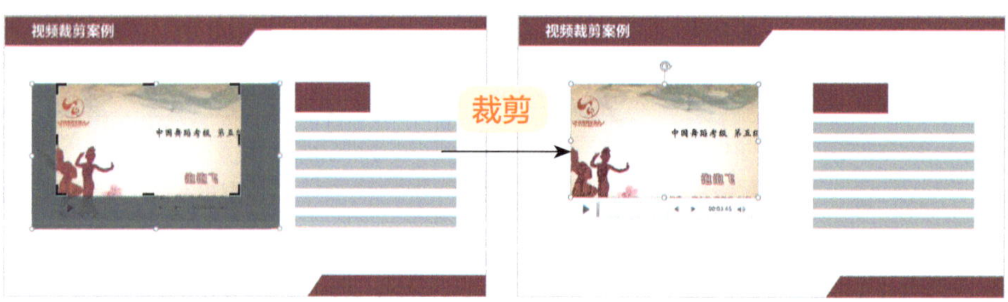

▲单击“视频格式”选项卡中的“裁剪”调整视频显示范围

视频样式

在“视频格式”选项卡中部，我们可以选择多种 PowerPoint 自带的视频样式。使用这些样式可以快速改变视频在 PPT 中的呈现效果。善用这些样式，能为你的视频展示加分不少。

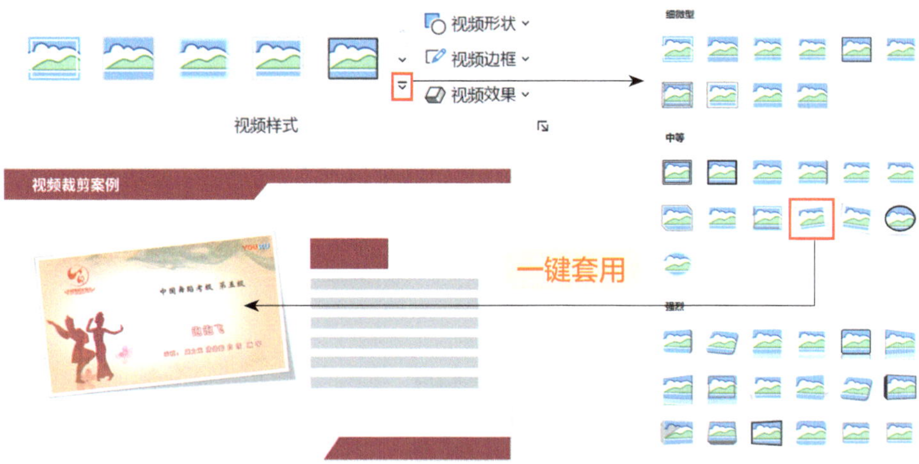

▲使用“视频样式”快速改变视频在 PPT 中的呈现效果

颜色、亮度 / 对比度效果

和处理图片一样，PowerPoint 也能对视频进行颜色、亮度 / 对比度的调整。方法也比较相似，只需要选中视频，单击“更正”和“颜色”，打开下拉菜单，就能选择各种效果。当然，也可以单击下拉菜单底部的选项进行更多设置。

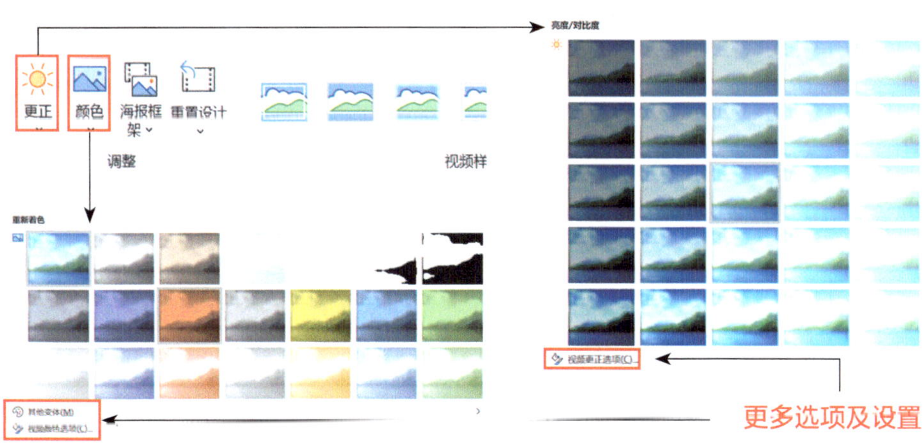

改变视频的封面效果

插入 PPT 的视频在播放前会显示为带播放控制条的静态图片，这为我们迅速区分 PPT 中的视频内容提供了便利。但由于默认显示的静态图片为视频的第一帧，一些从全黑背景中慢慢淡出的视频就会显示为一个大黑块，视觉效果很糟糕。

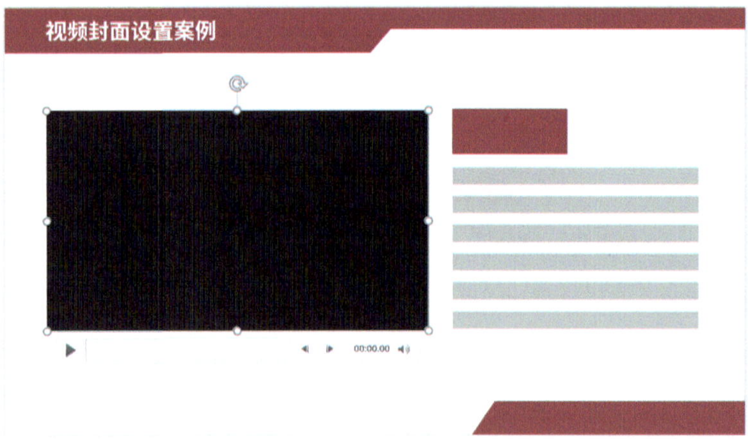

▲ 从全黑背景中淡出的视频，插入 PPT 之后就像是在页面上“开天窗”

好在我们可以对其进行调整——拖动视频的进度条，定位到一帧适合做封面的画面，然后单击“视频格式”选项卡中的“海报框架”，在下拉菜单中选择“当前帧”，即可把当前画面设置为封面。

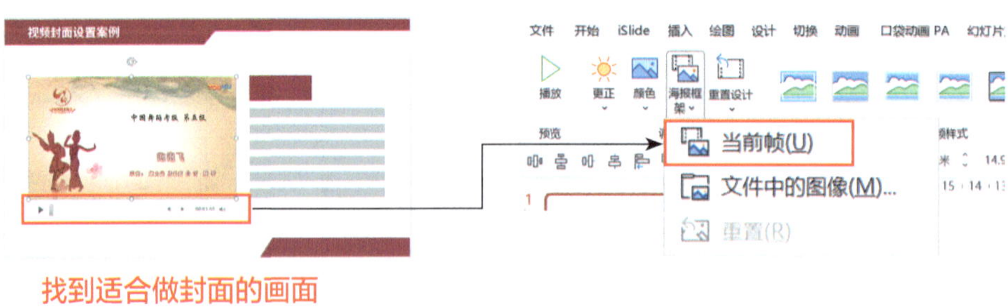

▲ 指定视频封面

3.11 掌控视频播放的节奏

关于视频的播放，最近的几个版本做过几次调整，这里以 Microsoft 365 为例进行讲解。

在 PowerPoint 中，视频的播放被认定为一种动画。当我们将视频插入 PPT 页面时，“动画窗格”里就会自动生成播放视频的动画。

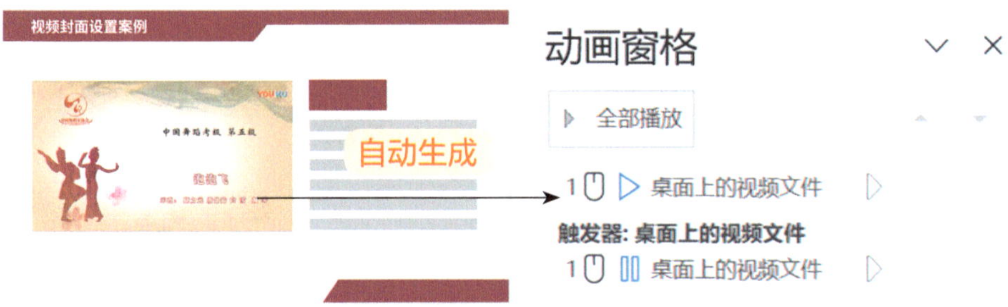

▲ 在 PPT 页面插入视频后会自动生成播放视频的动画

“动画窗格”中的两个动画，前者是普通序列动画中的“单击开始”，即在页面任意位置单击即可开始播放视频；后者则是触发器动画，且触发的动画是“暂停”，即单击视频区域即可播放或暂停视频。

如果你想创建一个自动播放的视频，可以选中视频，在“视频格式”选项卡旁边的“播放”选项卡中，把视频开始的条件设置为“自动”。

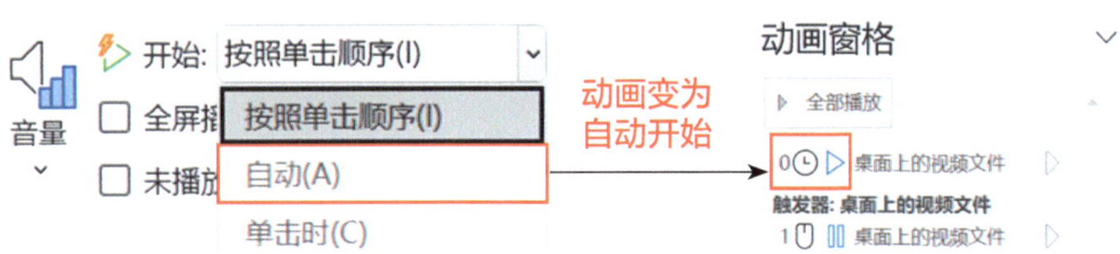

▲ 图标代表了动画开始的方式，时钟图标代表上一动画结束后开始

如果你想让视频仅在单击视频区域时播放和暂停，那就选择最后一个选

项“单击时”。此时“动画窗格”中仅会留下触发器动画，这样我们就不能通过单击页面中的其他位置来播放视频了。

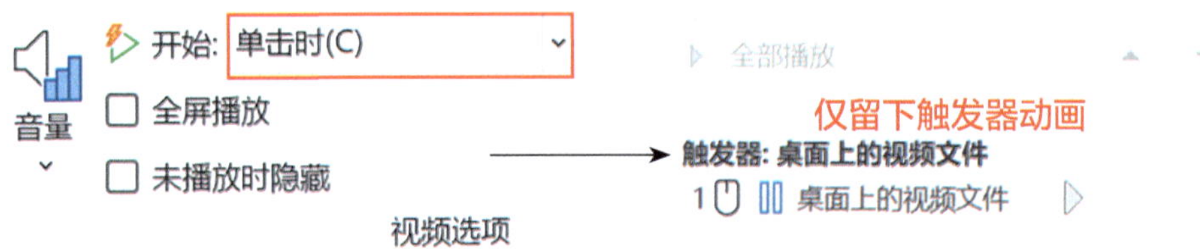

▲ “单击时”指仅在单击视频区域时才播放或暂停视频

在早前的一些版本中，插入的视频会被默认设置成“单击时”开始，即仅在单击视频区域时才开始播放。如今的默认设置改为 “按照单击顺序”，这样虽然让演示者可以更方便地控制视频的播放，但也带来了一个问题——**如果你是通过单击视频区域控制视频的播放的，那生效的就是触发器动画，而不是普通序列动画中的播放动画。**等到视频放完，你想单击幻灯片页面翻页，这次单击会将普通序列动画激活，视频就又会重新开始播放。因此，如果你习惯通过单击视频区域来控制视频的播放与暂停，一定要记得插入视频后，将开始条件设置为“单击时” 。

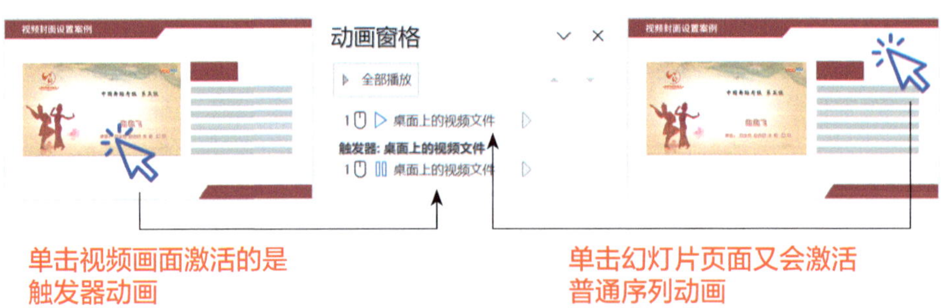

▲ 明明想翻页，却让视频再播放了一次的尴尬就是这样发生的

除了控制视频的播放和暂停，我们还可以在 PowerPoint 中直接对视频进行选段裁剪，只保留视频中特定的片段——和裁剪视频画面一样，选段裁剪也不会修改原视频。只要你愿意，随时可以将视频恢复原样。

实例 27 在 PPT 中剪去视频的片头

选中页面中插入的视频，打开“播放”选项卡，单击“剪裁视频”，弹出“剪裁视频”对话框。

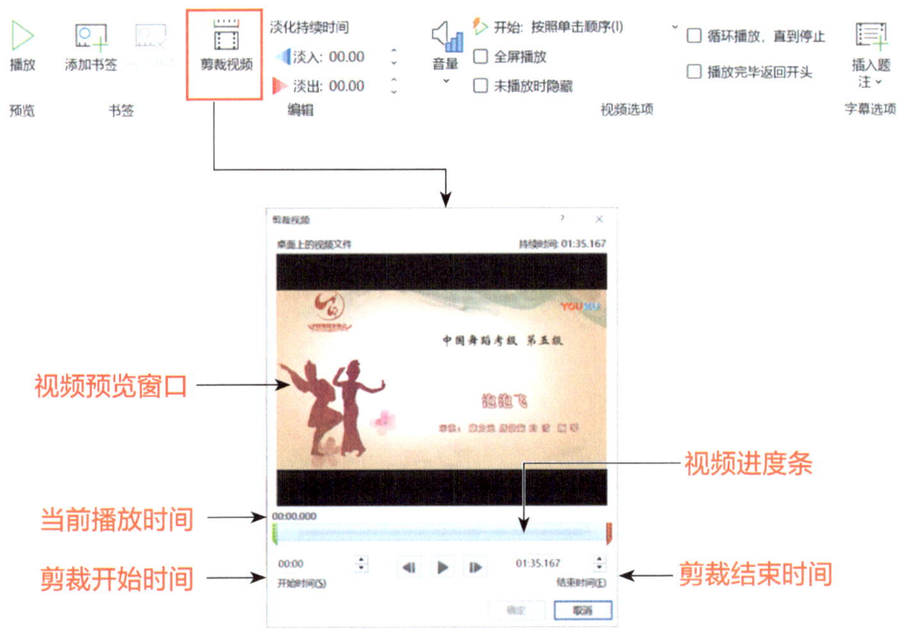

“剪裁视频”对话框中的各个功能基本上都是一看就懂，这里不做太多介绍。本实例中，剪去片头总共分为两步。

第一，根据视频进度条上的波形找到大致的剪裁位置，将绿色的开始标记拖动到相应位置。

第二，观察画面，不难发现现在标记所对应的时间还略微偏早，片头的影像还未完全消失。单击下方开始时间微调按钮向后推进剪裁位置，找到合适的时间，必要时还可手动输入时间值以确保分毫不差，最后单击“确定”完成剪裁。

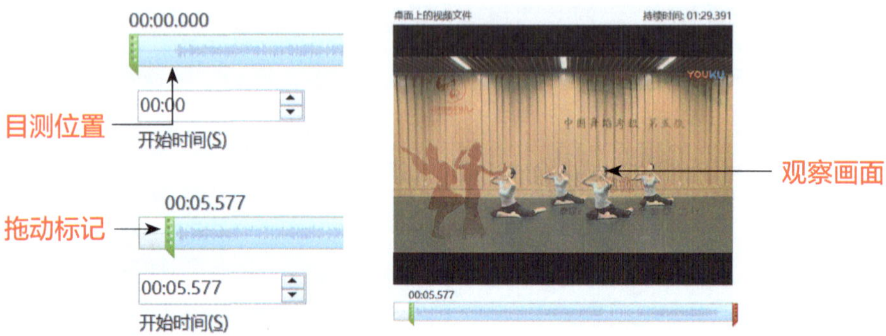

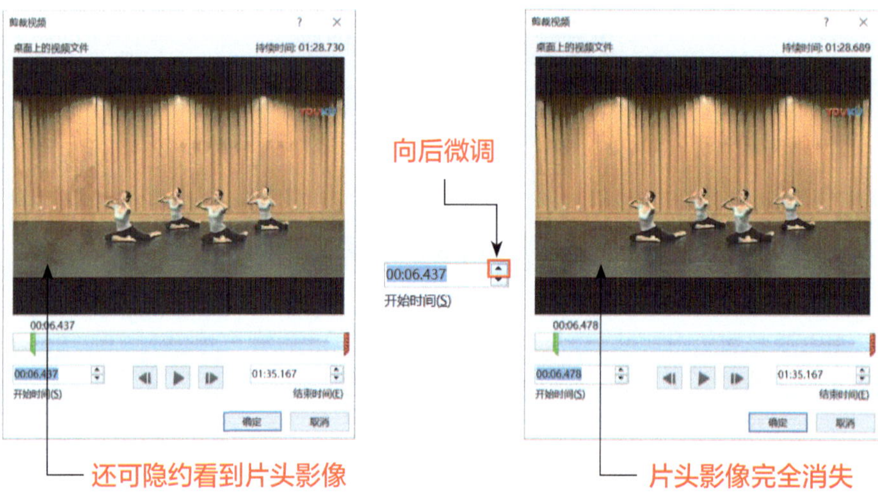

3.12 如何在PPT中插入录制的视频

除了插入现有的视频，我们还能通过 PowerPoint 自带的“屏幕录制”功能录屏并将录制的视频插入 PPT 页面，如果你要演示软件操作，这个功能会很有帮助。

“屏幕录制”按钮也在“插入”选项卡里，单击该按钮后，当前 PPT 窗口会自动最小化，屏幕变成灰色半透明状态，鼠标指针变成十字形状。如果当前窗口不是想要录屏的窗口，可以按 Alt +Tab 组合键进行切换，定位到想要录屏的窗口。

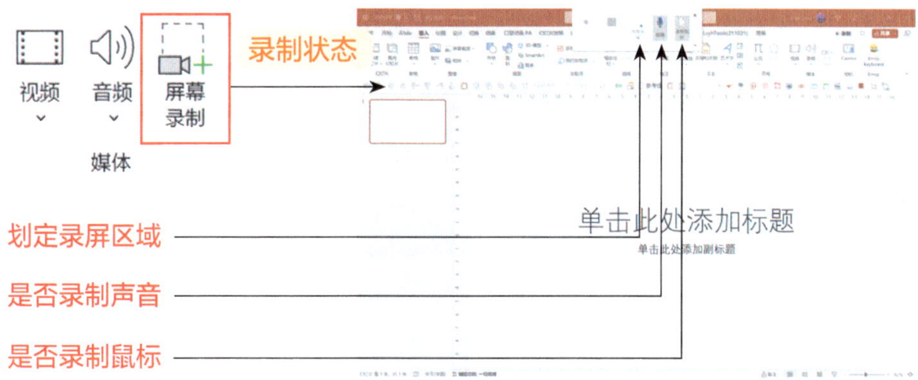

按住鼠标左键框选出矩形范围，红色虚线包围的高亮部分即录屏区域。

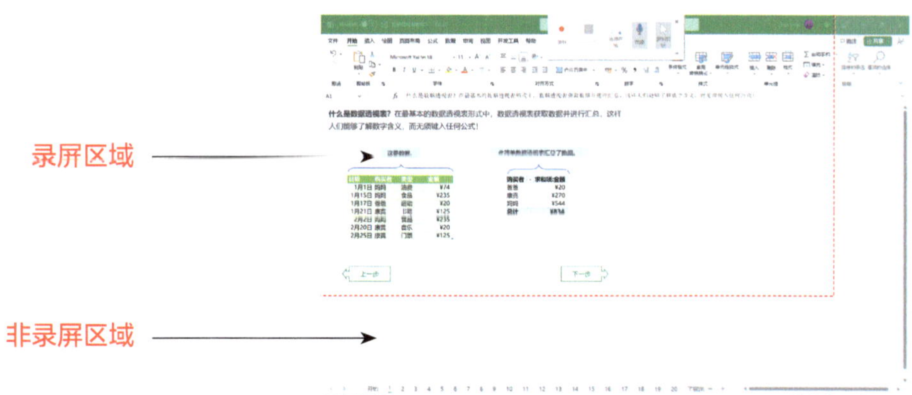

单击“录制”按钮或按 Windows 徽标键 +Shift+R 组合键，屏幕中央出现 3 秒倒计时。倒计时结束后录屏开始：

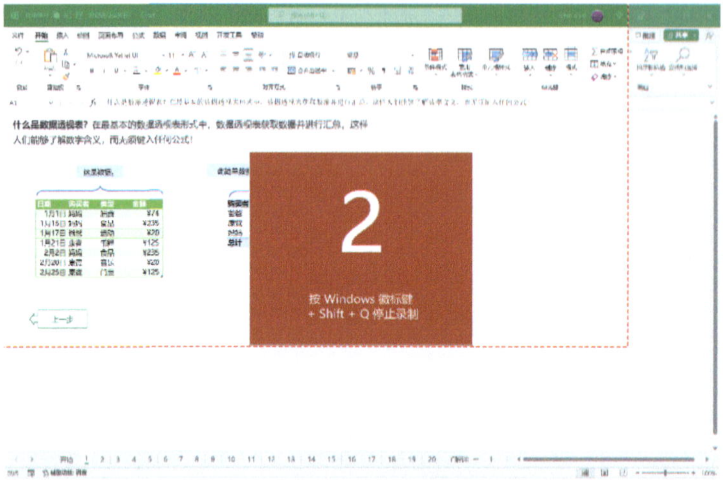

想要结束录制时，按 Windows 徽标键 +Shift+Q 组合键，录制好的视频就会自动插入 PPT 页面。

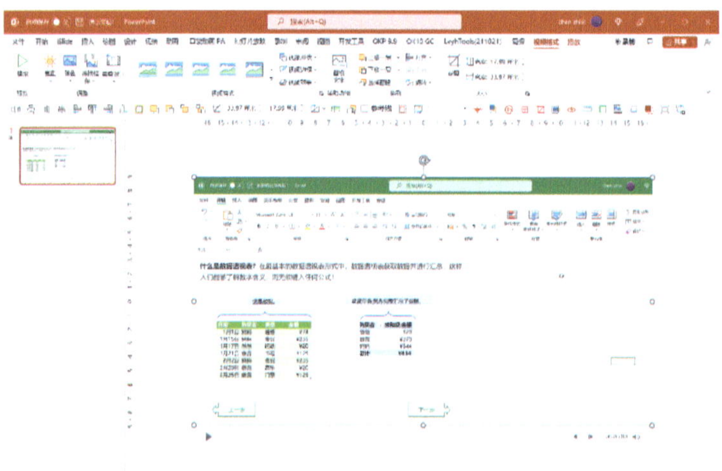

PowerPoint 自带的录屏功能虽然方便，但也极为简陋，除非你能保证“一镜到底”——既不需要重点展示某些细节操作，也不会因为操作失误或讲解卡壳而需要后期剪辑，否则我们还是推荐你使用 Camtasia 等专业软件来录屏。正所谓“术业有专攻”，**千万不要因为自己手里拿着锤子，就看什么都像钉子哦！**

3.13 如何在PPT中插入音频

前面我们学习了在 PPT 里插入和简单编辑视频的方法，本节我们再一起来了解一下如何在 PPT 中插入和使用音频。

音频的插入与格式的转换

PowerPoint 中音频的插入方法与前面我们讲过的视频的插入方法完全一致，你可以自由选择通过单击“插入”选项卡中的“音频”按钮来插入音频，或直接拖动音频文件至当前页面，具体的操作过程这里就不重复了。

同样，虽然 Microsoft 365 已经支持绝大部分常见的音频格式文件的插入，但如果受演示场地所限，需要考虑低版本的兼容性，那就需要先把音频格式通过“格式工厂”转换为 WAV 格式之后再插入——**视频用 WMV 格式，音频用 WAV 格式**，是不是很好记呢？

将音频设置为背景音乐

PPT 中插入的视频，一般都起到介绍、案例分析等作用，视频本身就是需要观众关注的要点。音频则有所不同，或许我们只是需要为 PPT 增添背景音乐，以营造特定气氛。

▲ 小学课文《草原就是我的家》PPT 课件需要在图片欣赏过程中持续播放背景音乐

如果不加以设置，插入的音频只会在当前页播放。幻灯片一旦翻页，音频就会停止播放，要想将插入的音频变为可持续播放的背景音乐，你还需要进行以下操作。

选中插入的音频小喇叭，单击“音频工具—播放”，选择“在后台播放”。如此操作后左侧“音频选项”中的“跨幻灯片播放”“循环播放，直到停止”“放映时隐藏”3 个选项会被自动勾选，且开始条件也变成了“自动”。此时再放映幻灯片，插入的音频就变成自动播放的背景音乐了，页面上的小喇叭按钮也会在播放时被隐藏起来。

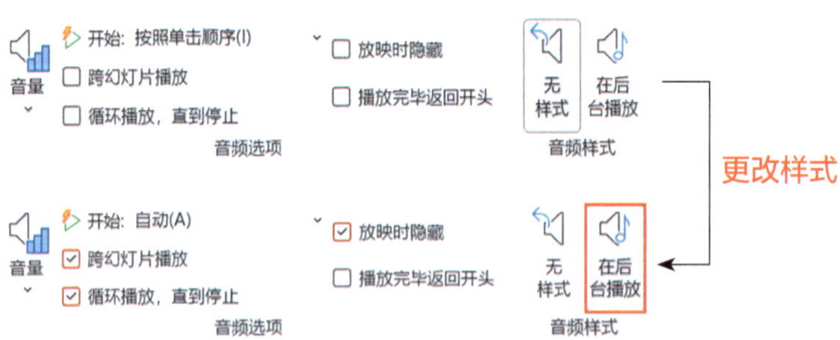

▲ 选择“在后台播放”后，左侧的一系列选项会自动改变和勾选

3.14 如何让音频只在部分页面播放

如果你足够细心，那么你一定发现了前例中的不妥之处——从选项的文字描述来看，如果我们选择了“在后台播放”，那么音频在实现跨幻灯片播放的同时，也被设置为了循环播放。如果 PPT 是电子相册，只用于图片展示，那么使用这个选项的确没什么问题。

但上一节的课件案例，实际上只需要在特定的 6 张幻灯片的范围内使用背景音乐，如果背景音乐一直在后台循环播放，势必会影响教师的正常教学。即便取消勾选“循环播放，直到停止”，一首歌曲播放一遍的时间也远远长于 6 张幻灯片展示的时间。怎样才能让音频只在特定的页面范围内持续播放，超出范围便自动停止呢?

实例 28 让背景音乐只在指定的 PPT 页面播放

在第 1 页插入音频，选中页面上的小喇叭按钮，打开“播放”选项卡，将音频设置为“在后台播放”，然后取消勾选“循环播放，直到停止” 。

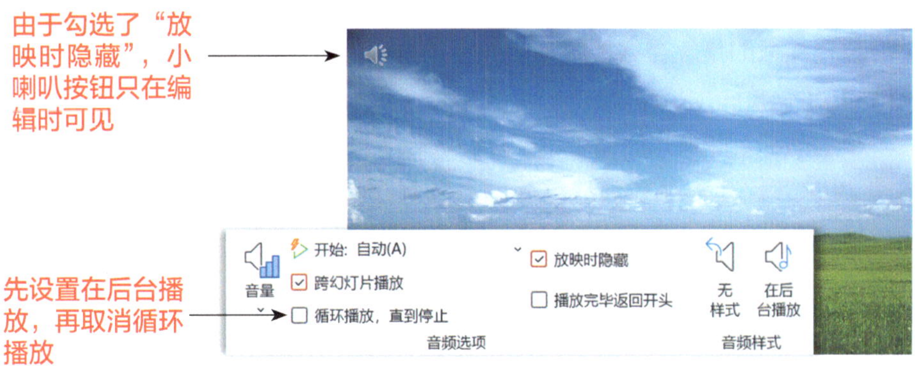

打开“动画窗格”，可以发现插入音频与播入视频的显著区别——**插入视频会生成两个动画，而插入音频只会生成一个。**设置为在后台播放后，音频的播放动画变成了自动开始。

双击“动画窗格”中的动画，弹出“播放音频”对话框，将“停止播放”下的“在 999 张幻灯片后”中的数字“999”改为“6”，单击“确定”完成设置。

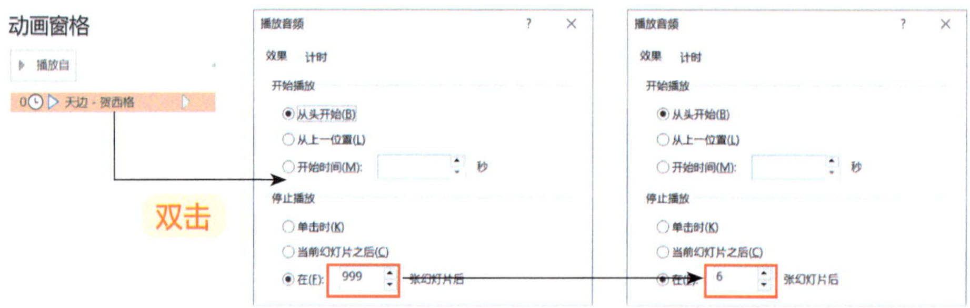

需要注意的是，**在这里填写的数字不是幻灯片的页码，而是你想要音频持续播放的幻灯片张数。**

举个例子，假设我们在第 20 页插入音频，想要它在第 20~25 页播放，进入第 26 页时停止，那么播放音频的幻灯片就是第 20、21、22、23、24、25 页，总计 6 张，故应填入的数字是“6”，而非“25”或“26”，千万不要弄错了哦！

3.15 在PPT中插入录制的音频

PowerPoint 不但具备插入录制的视频的功能，也支持插入录制的音频。这一功能在教学辅助方面帮助较大，教师可以录制当前 PPT 页面的讲解内容并将其插入当前页，把 PPT 发送给学生，学生播放 PPT 时就能在教师的讲解下进行复习或预习。

不过，录制音频时并不能进行其他操作，所以我们无法一边操作 PPT，一边录制讲解内容——如果你想要实现这一功能，可以用“幻灯片放映”选项卡中的“排练计时”命令。

实例 29　美术教师录制对名画《蒙娜丽莎》的讲解音频

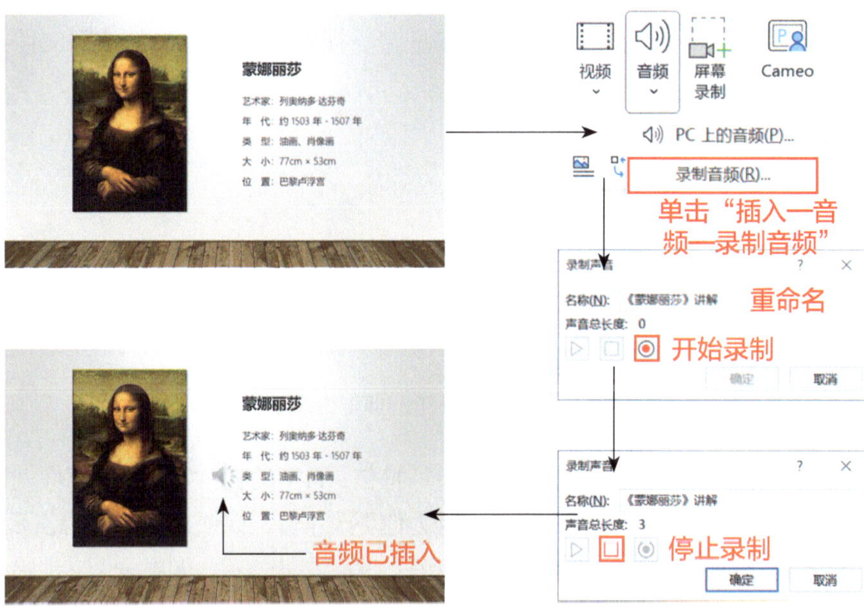

3.16 如何避免插入的音、视频无法播放

如果制作的 PPT 涉及插入音频或者视频，且需要复制到 U 盘里用另外的电脑播放，那么新手有很大概率会遇到音、视频无法正常播放的情况。

很多人都问过这样一个问题——**“为什么我明明把音、视频文件和 PPT 一起打包转移了，可是换了台电脑播放 PPT 时系统还是找不到文件呢？”**

出现这样的问题时，首先要请你检查插入的音、视频文件格式是否按照我们前面所讲转换为了 WAV 及 WMV 格式。如果格式正确还是无法播放，那多半是音、视频文件的相对路径出了问题。

别改变音、视频文件的相对路径

根据我们的经验，大部分遇到这个问题的人都是按照下面的流程来制作和“打包”PPT 的。

（1）在桌面上右击，新建 PPT，开始制作 PPT。

（2）将从网上下载的音、视频转换为合适的格式后保存到桌面上。

（3）把音、视频插入 PPT，继续制作剩下的页面。

（4）制作完毕，新建一个文件夹，把音、视频文件和 PPT 都放到文件夹里，并复制到 U 盘中。

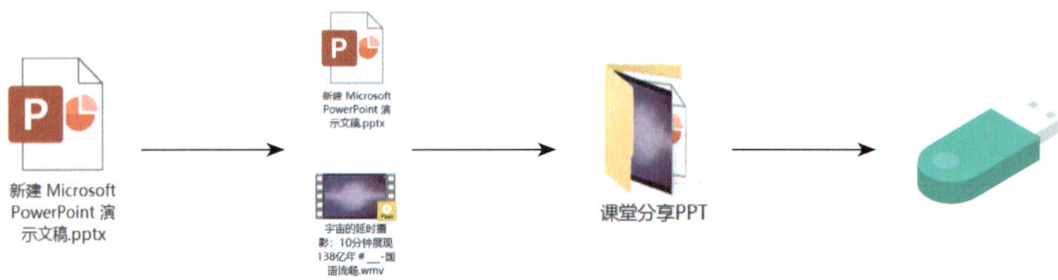

▲ 制作、“打包”PPT 的典型错误示例

你是不是也是按照上述流程来制作、“打包”PPT 的呢？如果是，那你就很可能会遇到“找不到文件”的问题——因为你更改了音、视频文件的相对路径。

所谓相对路径，就是文件相对于它所在的文件夹的位置。如果一个文件始终位于文件夹 A 中，那么无论你将文件夹 A 放在何处，文件相对于文件夹 A 的位置都没有发生变化。PowerPoint 记录的就是插入的音、视频文件的相对路径，也就是路径的最后一层。

仔细回想一下前面的操作，视频在被插入 PPT 时是位于 Desktop（桌面）文件夹下，而打包之后，它却被装进了“课堂分享 PPT”文件夹，这显然改

变了文件的相对路径，因而视频文件在 PPT 里无法播放也就不足为奇了。

正确的做法如下。

（1）新建文件夹，在文件夹里新建 PPT，开始制作。

（2）将从网上下载的音、视频直接保存到上述文件夹里。

（3）把音、视频文件从文件夹里插入 PPT，制作剩下的页面。

（4）把整个文件夹复制到 U 盘中。

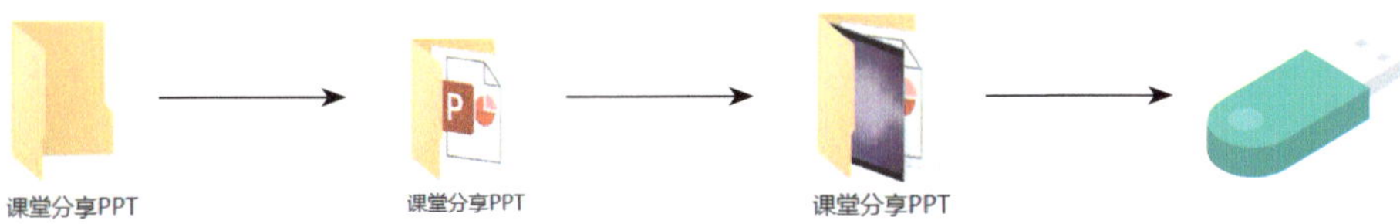

按照这样的顺序，音、视频文件始终位于“课堂分享 PPT”文件夹里，相对路径从未改变，也就不会发生“找不到文件”的情况了。

3.17 插入其他格式的文件

除了插入常见的视频、音频这类多媒体素材，我们还可以通过单击“插入—对象”插入 Word 文档、Excel 表格、PDF 文档等其他格式文件，插入后的效果与嵌入 Excel 表格的效果类似。

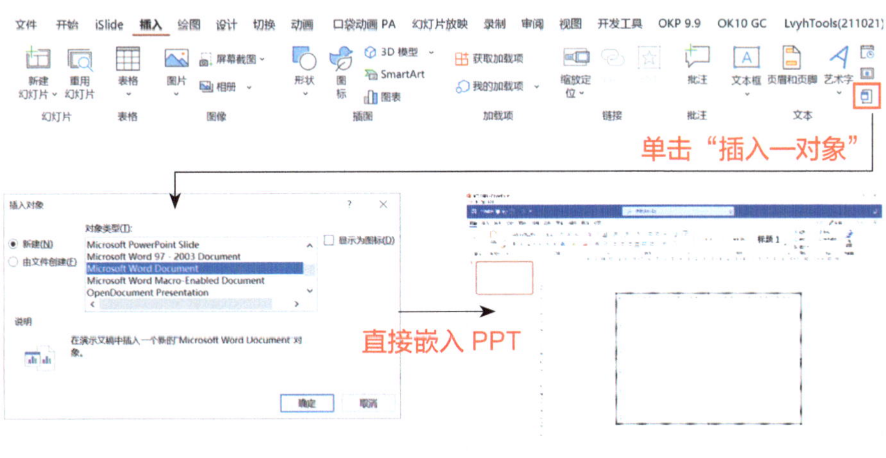

如果不清楚想要插入的对象是否被支持，也可以选择“由文件创建”，然后选择电脑上的文件。如果是不支持插入的格式，无论是否勾选“显示为图标”，文件都会在页面上以图标形式显示，双击该图标将询问是否以对应的软件打开该文件。

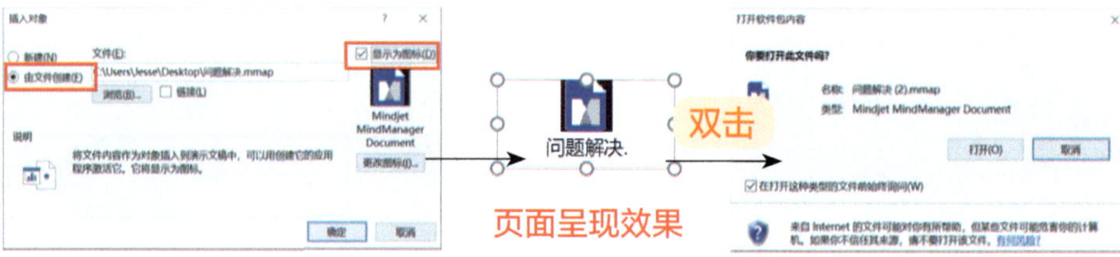

▲ 插入 PowerPoint 不支持的思维导图对象，效果等同于超链接

4

怎样排版
操作更高效

- 花了很多时间排版，头晕眼花？
- 只会用鼠标拖来拖去，太麻烦？

这一章，改改习惯！

4.1 PowerPoint中的“网格线”

在 PowerPoint 众多的排版技巧中，作用最大的恐怕要数“对齐”了。事实上，不只排版，“整齐划一”在方方面面都能带给人愉悦的感受。还记得第 2 章我们看过的那两张图吗？左边的图片是不是比右边的看起来舒服多了？

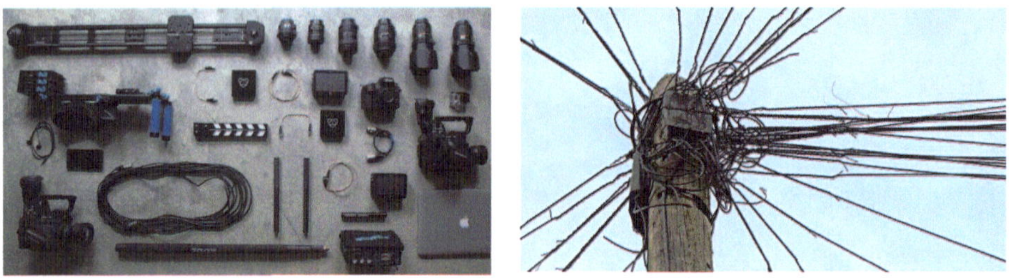

▲ 排版中的“对齐”就是把杂乱的元素按照一定的规则摆放整齐

然而，要想把众多元素一个一个地摆放整齐，没有一个参考体系显然是很难做到的，这和在白纸上写字比在作业本上写字更难写工整是一个道理。为了降低排版的难度，PowerPoint 为我们提供了一系列辅助功能，本节我们先来看第一个功能——网格线。

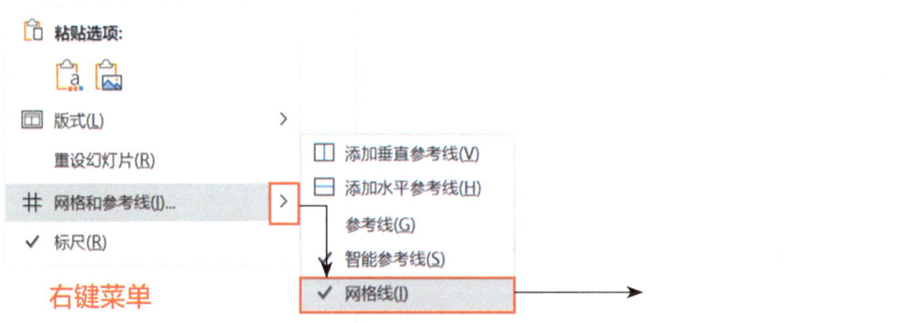

▲ 在右键菜单中可以直接勾选以打开“网格线”

在 PPT 的制作过程中，单纯显示网格线并没有太大的作用，这就像即使作业本上印好了一个个格子，可小朋友写的字还是会东倒西歪，跑出格子一样。如果最终我们仍然靠手动拖放来移动元素，靠目测来判断元素是否和网格线对齐，那网格线在辅助对齐方面起到的作用就非常有限。

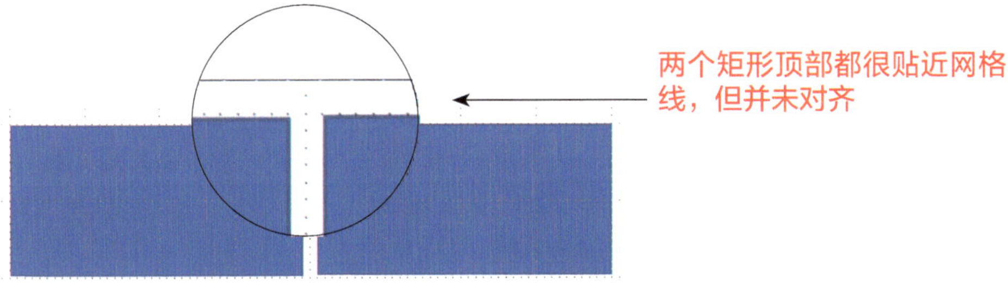

▲ 在 PPT 中对齐元素，千万不要对自己的眼力过分自信

因此，如果你要使用网格线来辅助对齐，那就必须在"网格和参考线"对话框中勾选"对象与网格对齐"。当网格线具备吸附功能之后，对象移动到网络线附近时就会被自动吸附过去，网格线这才真正起到了辅助对齐的作用。

此外，我们还可以调整网格间距，使对齐更加方便灵活。

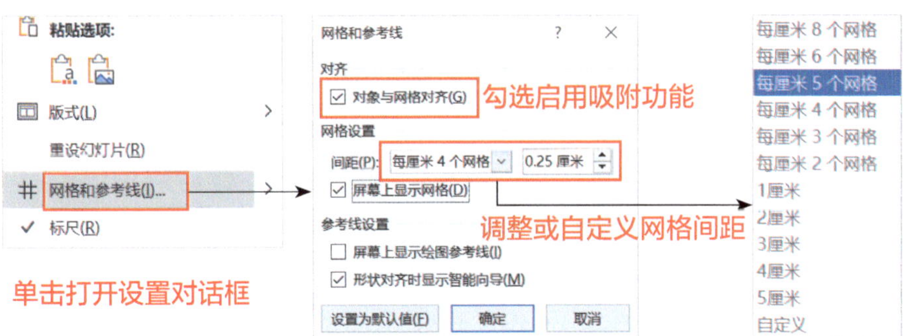

▲ 网格线的自动吸附功能开关及网格间距设置

4.2 排版好帮手：参考线

使用网格线来排版，有时也会遇到一些问题：网格太大，可参考的线条

就太少；网络太小，频繁吸附又会对正常移动对象产生干扰。因此，PPT 高手大都选择使用“参考线”来辅助排版。本节我们就一起来学习参考线的使用方法。

参考线的打开方式与网格线类似，直接在页面上右击，展开“网格与参考线”的二级菜单，勾选“参考线”即可。

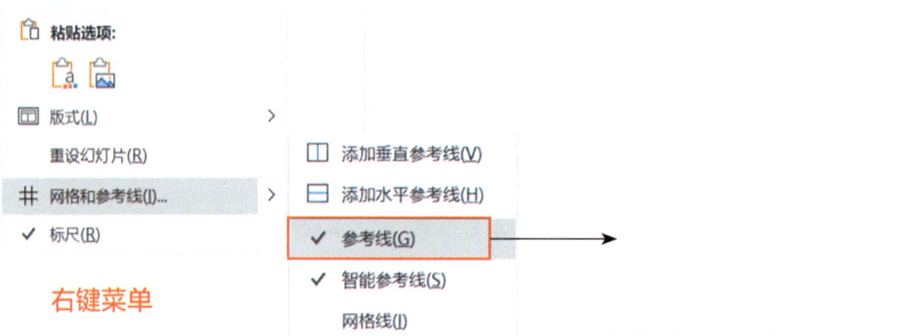

▲ 在右键菜单中也可以通过勾选打开“参考线”

也可以在“视图”选项卡中通过勾选“参考线” 来打开参考线。网格线同样可以在这里打开或关闭。

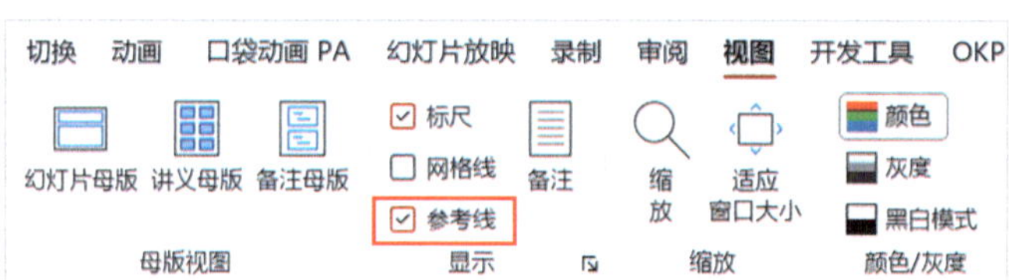

▲ 在“视图”选项卡中勾选“参考线”

默认的参考线由水平、垂直中心线交叉构成。在实际使用中，两条参考线显然是不够的，我们可以通过复制和移动参考线来自由构建需要的参考线体系——将鼠标指针放置在默认的参考线上，待其变为双向箭头时按住鼠标左键拖动，可以选中并移动当前参考线；在拖动鼠标的同时按住 Ctrl 键则可以复制出新的参考线；将参考线拖动至页面以外，可将其删除。

将参考线移动至垂直中心线左侧 3.3 厘米处

在垂直中心线左侧 3.29 厘米处复制出新的垂直参考线

此外，在移动参考线时，参考线会默认以 0.1 厘米为最小距离进行移动；按住 Alt 键，则可以以 0.01 厘米为最小距离进行移动。

利用参考线，我们可以在开始设计 PPT 之前，预先勾勒出页面大致的排版布局，标题和正文的位置、页边距等都能进行统一规划，加上参考线自带对象吸附功能，有了它的辅助，排版的效率和质量都能得到大幅度提升。

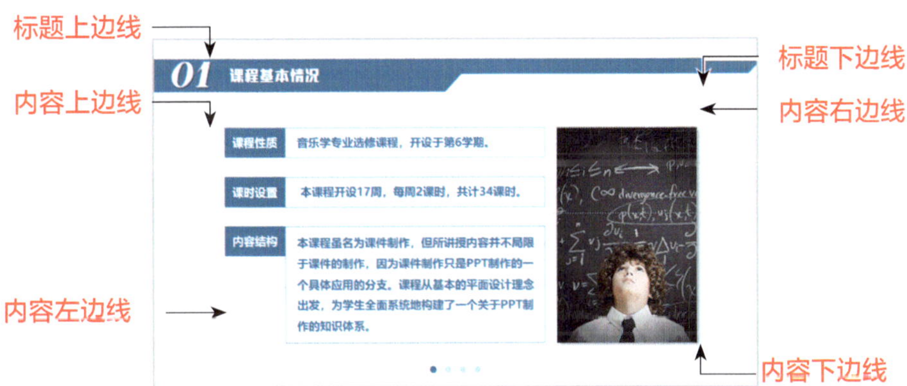

4.3 什么是智能参考线

使用参考线来排版，虽然比使用网格线效率更高，但也有不足，那就是每个 PPT 只能设置一套参考线体系，我们不可能预先设想好整个 PPT 里所有需要对齐的场景并画上相应的参考线。更何况有时我们只需要将不同的元素对齐，而不是每次都要将所有元素对齐页面的某个位置。这时智能参考线就能派上大用场了。

智能参考线在 PowerPoint 中默认处于开启状态，我们平时看不到它，但只要 PowerPoint 察觉到你想要对齐某两个对象，调整几个对象的间距，缩放当前对象的宽度，或使当前对象的宽度与页面上已存在的某个对象的宽度相等，智能参考线就会自动以橙色的虚线形式提示你，并将对象吸附到相应的位置，代你完成对齐、调整大小等操作的“最后一步”。

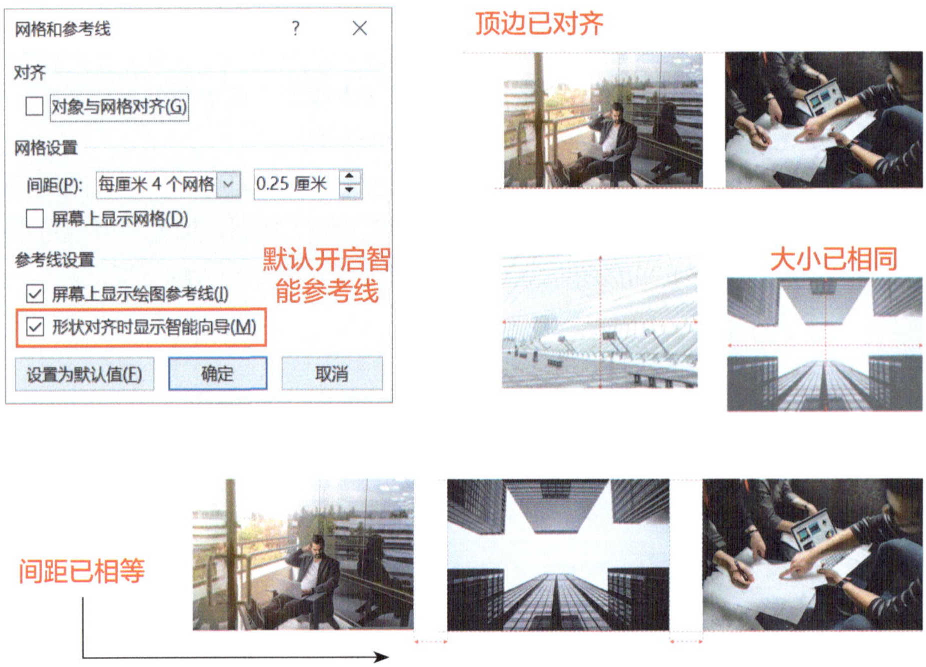

4.4 排版必修课：对齐命令

除了使用网格线和参考线来排版，PowerPoint 还提供了对齐命令以方便我们快速对齐多个对象。

你可以在“开始”选项卡、“形状格式”选项卡或“图片格式”选项卡中找到对齐工具。

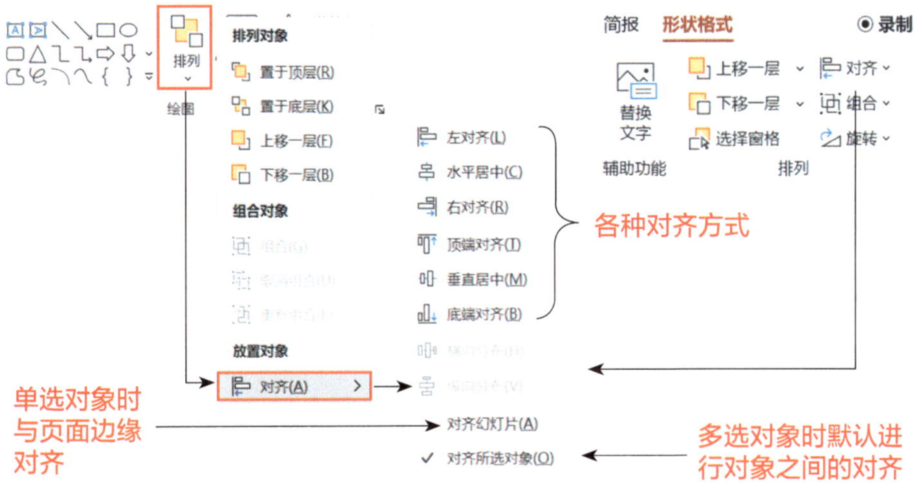

当需要对齐多个对象时，使用对齐命令是最快的方法，直接框选需要对齐的所有对象，然后根据需要使用对齐命令，就能将对象在指定方向上对齐。

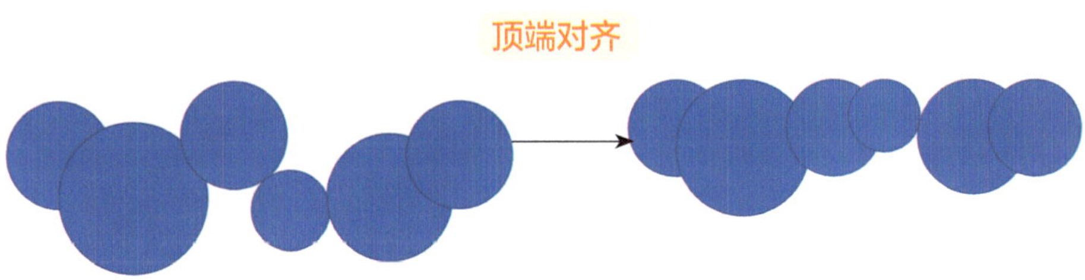

▲ 使用对齐命令一次性对齐多个对象

使用对齐命令排版

在制作 PPT 的过程中，各种元素之间的对齐关系可以说是无处不在。善用对齐命令，是又快又好完成页面排版的必修课。制作下面的目录页时都用了哪些对齐方式呢？让我们一起来分析一下。

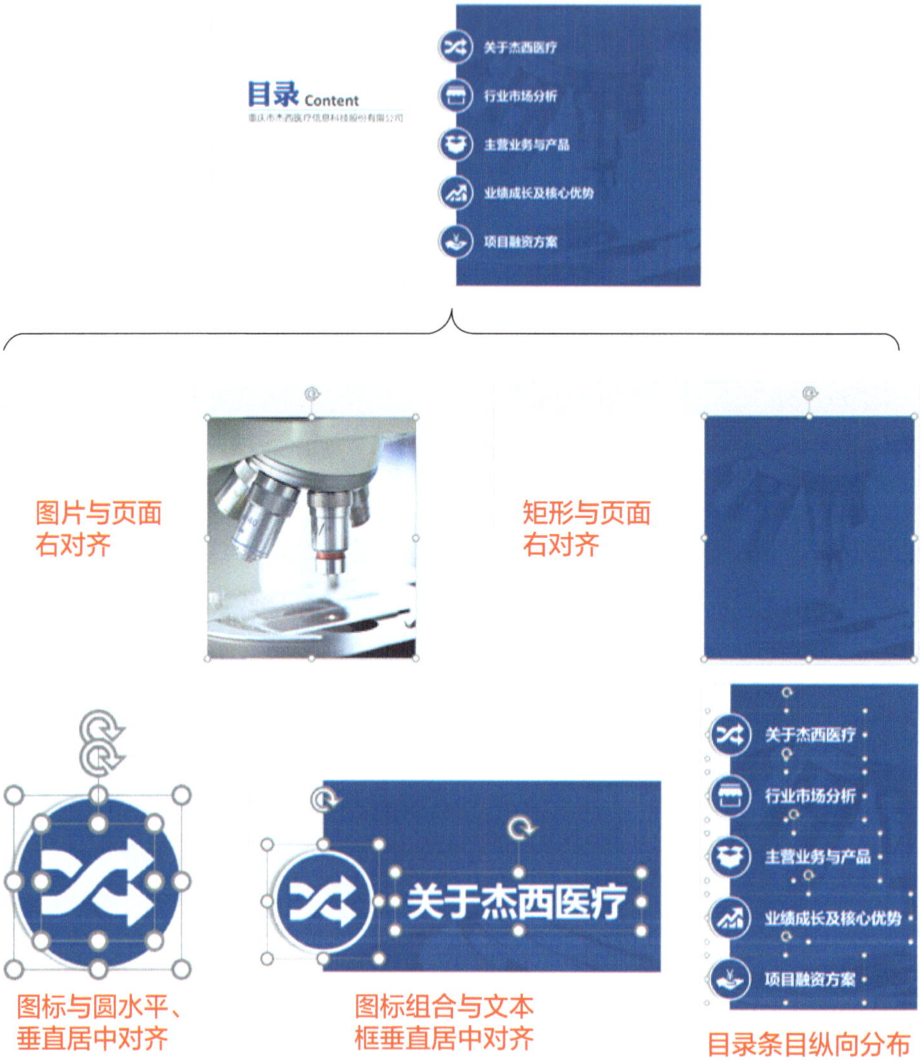

4.5 分布命令的作用与缺陷

在上一节排列多个目录条目的过程中，我们用到了“纵向分布”命令，这是一种特殊的对齐命令，只有当我们选中 3 个及以上对象时，分布命令才会被激活。

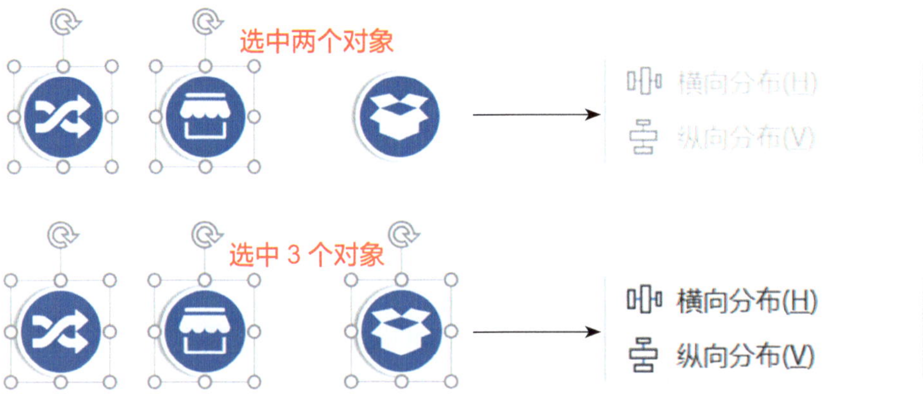

使用分布命令，可以在指定方向上均匀排列多个对象，使相邻对象拥有相同的间隔。在排列的过程中，两端的对象位置不会发生变化，因此应该**先确定两端的对象的位置，再使用分布命令均分间隔。**

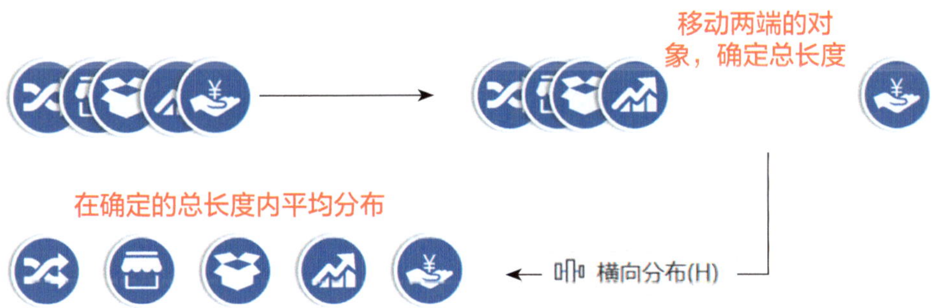

如果使用分布命令之前勾选了“对齐幻灯片”，则所有对象会以幻灯片宽度或高度进行平均分布，两端的对象与各自一侧的页面边缘的距离也会被调整。

分布命令的缺陷

在对单组对象进行排版时，使用分布命令可以迅速将它们调整到合适的位置，但如果要对多组对象分别进行排列，分布命令就会暴露出自身缺陷。

还是拿上一节的目录页举例，假设目录横向排列，就会出现图标宽度相等，而对应的文本框的宽度却各有长短的情况。此时按照我们的审美习惯，每个标题都应该位于图标的垂直中心线上。

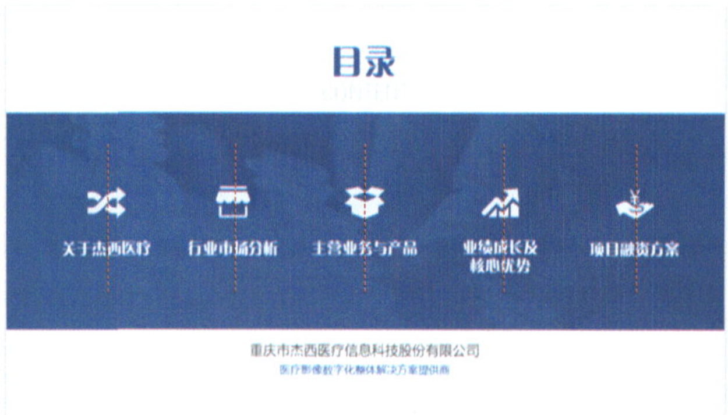

可是，因为**分布命令的执行逻辑是间距相等**，如果我们对文本框也使用“横向分布”命令，就必然会出现文本框和图标错位的情况。

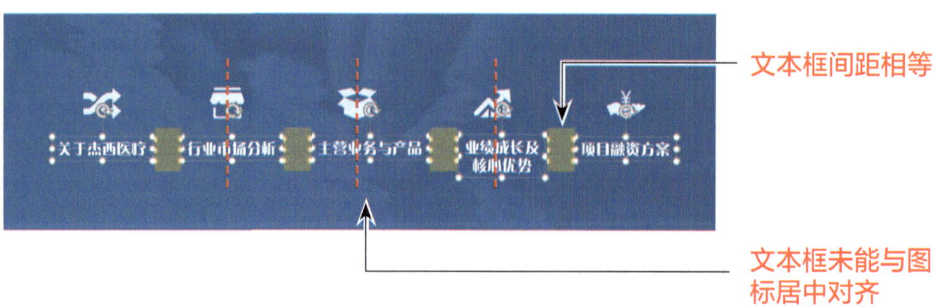

在这种情况下，我们就只能放弃使用分布命令，转而依靠智能参考线的帮助，手动调整文本框的位置，使其与图标逐一对齐。

4.6 手动旋转与特定角度旋转

在排版的过程中，除了调整对象位置，我们还时常需要旋转对象。

一般情况下，选中 PPT 中的对象后，对象顶部会出现顺时针箭头形式的旋转手柄，鼠标指针移动到手柄处会变成一个黑色的旋转指示符，此时按住鼠标左键沿顺时针或逆时针方向拖动就可以将对象旋转到你想要的角度。

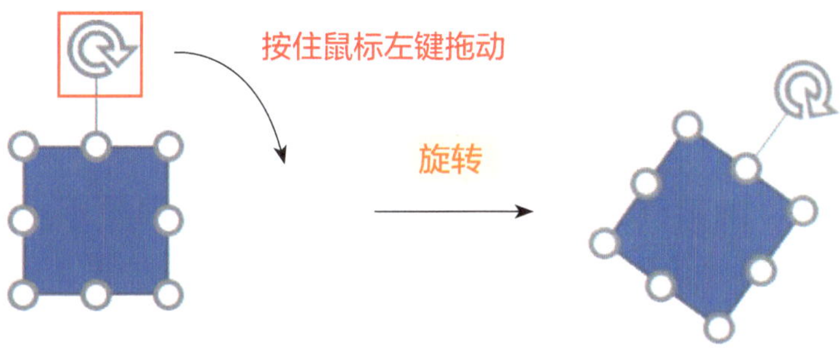

如果你想要旋转对象到指定角度，首先可以借助 Shift 键。按住 Shift 键旋转对象，可以将对象以 15° 的步进旋转到 15°、30°、45° 等特定角度。此外，我们还可以在“设置形状格式”面板中自由指定对象的旋转角度，这一点将在 4.13 节详述。

不过，并非选中所有对象都会出现旋转指示符。连接符、表格、图表、SmartArt 图形等对象均不可旋转；直线可以旋转，但选中时不会出现旋转指示符，需要旋转时直接拖动一端即可自由调整直线的角度。另外，选中直线并按住 Alt 键后再按左右方向键，也可以对直线进行步进为 15° 的旋转（此操作对其他形状也有效）。

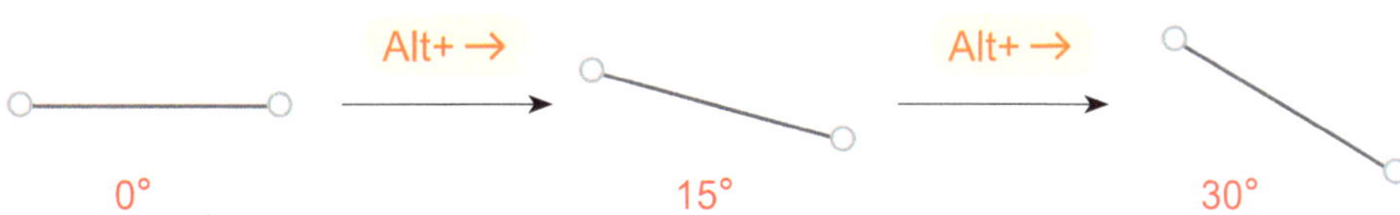

4.7 组合的作用与隐藏优势

组合是 PowerPoint 中最常用的功能之一，它的一大作用就是**把多个对象临时变为一个对象，方便我们进行整体移动、旋转、属性设置等操作。**

如果没有组合，我们就很难在分别旋转多个圆角矩形之后，还能在对角线方向上保证它们间距相等，从而做出下面这样斜向分布的圆角矩形阵列。

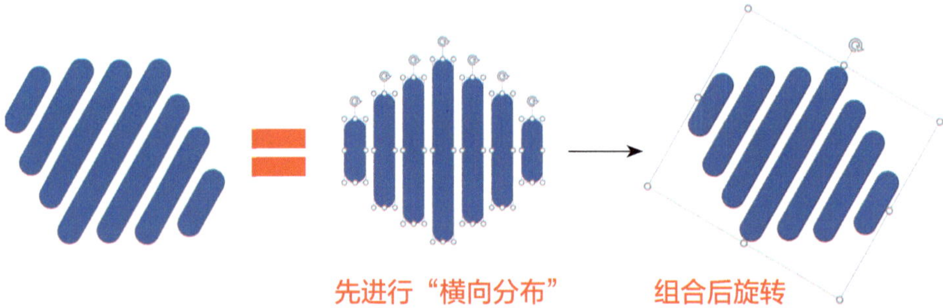

▲ 你可以试一下如果不组合，直接全选圆角矩形进行旋转会产生什么效果

如果没有组合，我们也无法给多个圆角矩形整体填充一张图片，做出下面这样的创意图片填充效果。

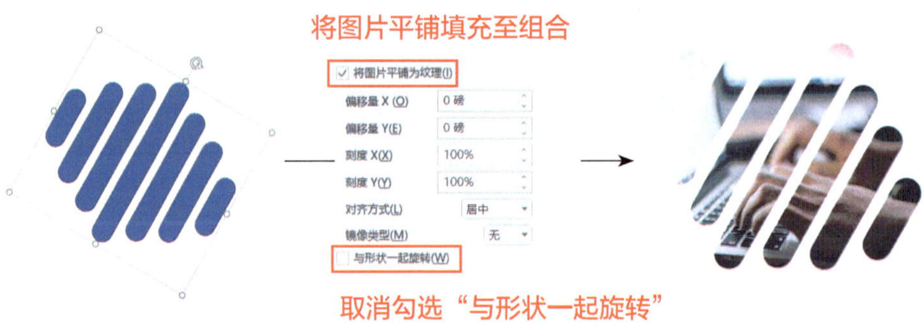

▲ 同样可以试一下如果不组合，全选圆角矩形进行图片填充会产生什么效果

4.4 节通过一个案例展示了对齐命令在目录页排版中的应用，在这个案例中，我们也频繁用到了组合命令——为了对齐图标和文本框，我们把图标和底部形状组合到了一起；为了使不同的目录条目垂直分布，我们又把“图标 + 底部形状”和文字组合成了一个整体。

▲组合命令与对齐命令时常会搭配使用

由此可见，正确使用组合命令还能帮助我们更加方便有效地排版，这可以说是组合命令非常重要的一个用途。

组合的隐藏优势

除了前面提到的这些显而易见的优势以外，组合还有一个隐藏优势，那就是可以在缩放时维持多个对象之间的相对位置关系不变，这对于形状的绘制非常有利。

例如我们综合使用多种形状绘制了一只可爱的熊本熊，绘制完毕之后觉得尺寸偏小，想要将其放大。如果不预先加以组合，直接框选所有形状进行放大，效果可以说是惨不忍睹。

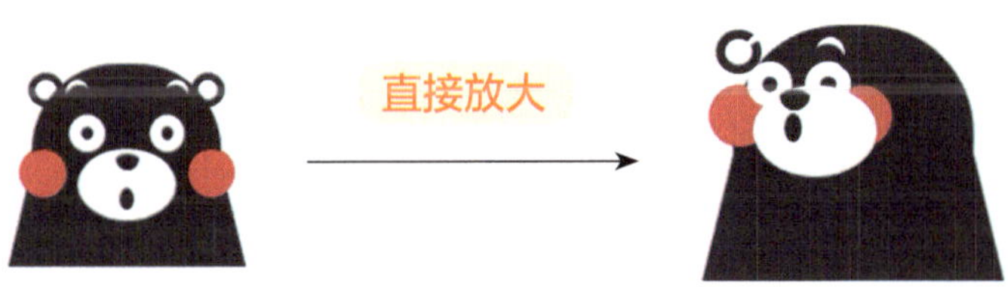

出现这样的问题是因为在未组合时如果选中多个形状进行缩放，每个形状都会参照自身的坐标系进行放人，形状之间的相对位置关系就会发生改变。

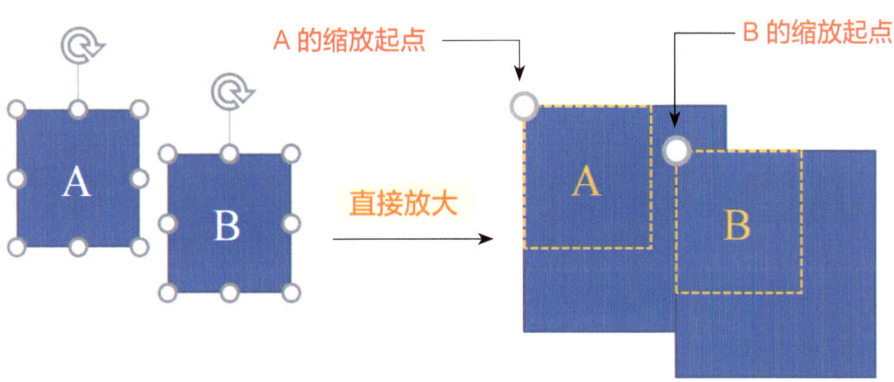

▲直接多选形状进行缩放导致整体效果改变的原因

而组合后放大，各个形状有了统一的坐标系，缩放时不同形状之间的相对位置关系得到保持，也就不会出现上面这种情况了。

不过也要提醒大家，如果组合中包含文字，这招就不太灵了。毕竟**文字的大小只由字号决定，无法通过缩放来调节。**遇到这种情况时，我们只能先调整好组合的大小，再单独调节文字的字号和位置，使之与组合匹配，最终实现统一。

4.8 对象的层次、遮挡与选择

在 PowerPoint 中，后生成的对象默认位于先生成的对象的上层，如果对象不透明，则对象之间出现重叠时后生成的对象会挡住先生成的对象。

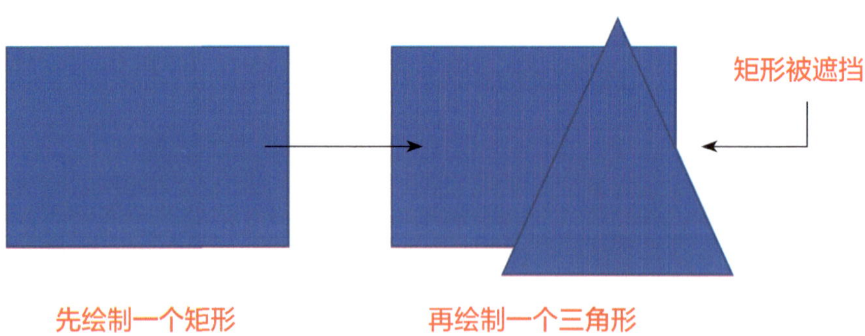

利用这个原理，我们在排版时可以做出很多特殊效果。例如下页图所示

的框线风格 PPT 封面标题，就是用白色无边线矩形遮挡蓝色边线的无填充矩形得到的。

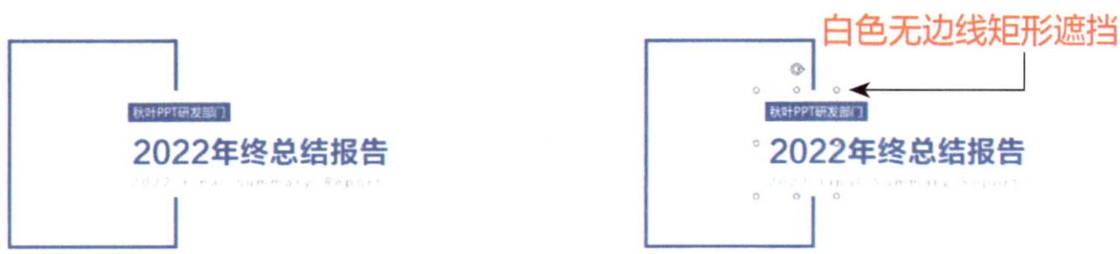

在这个封面案例中，蓝色边线的无填充矩形在底层，白色无边线矩形在中间层，文字内容组合在顶层。由于封面的背景也是白色的，白色的矩形和背景色融为一体，形成了蓝色边线的无填充矩形在文字区域“开口”，给文字“让道”的效果。

这是上层对象比下层对象小的情况。如果反过来，上层对象比下层对象大，重叠时完全遮挡住了下层对象，那要想选中下层对象就需要一些技巧了。这里给大家介绍几种不同的方法。

调整层级法

如果叠置在一起的对象数量不多，可以使用调整层级法。具体的做法是右击顶层对象，选择“置于底层”，即可显露出之前被遮挡的对象。

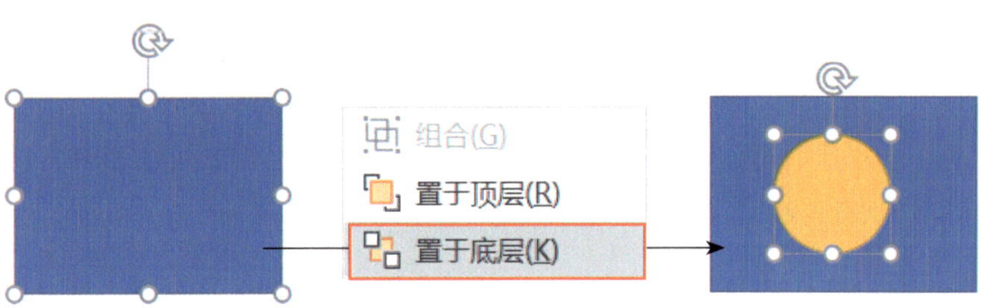

对被遮挡的对象的调整完成之后，再将其置于底层，或右击较大的对象将其重新置于顶层即可。

调整层级法的优点是方便快速，但它的缺点也很明显——当页面上的对象较多时，将对象“置于顶层”或“置于底层”的操作会影响当前对象与其他对象之间的层级关系。如果较大的对象上层还有其他对象，那将它“置于底层”后再“置于顶层”是无法还原对象之间的层级关系的。

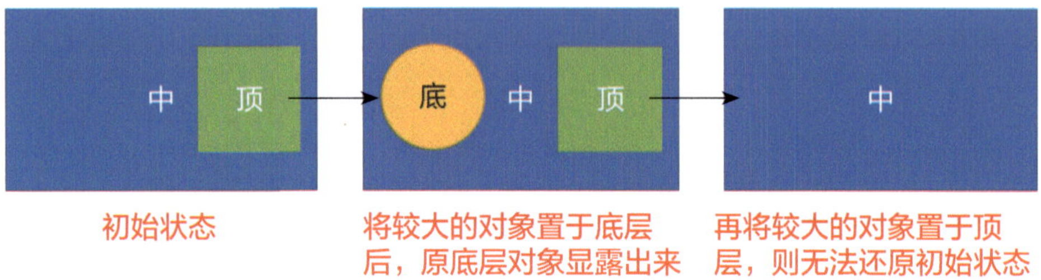

部分框选法

在 PowerPoint 中，框选对象时必须完整框选才能将其选中，部分框选是无法选中对象的。利用这个特性，我们可以在不调整上层对象的层级、位置的情况下，直接选中下层被遮挡的对象。

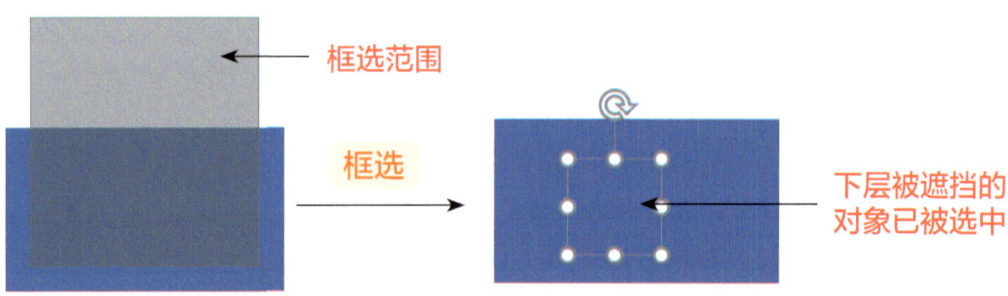

当下层对象被选中之后，你可以直接为其设置颜色、添加效果，甚至输入文字。拖动选框还可以移动下层对象，这与将其置于顶层后能进行的操作几乎没有区别。唯一的不足就是无法直观地看到添加的效果，另外如果还有比它更小的对象，框选时很有可能将其一并选中，此时需要按住 Shift 键单击较小的对象进行反选，略显烦琐。

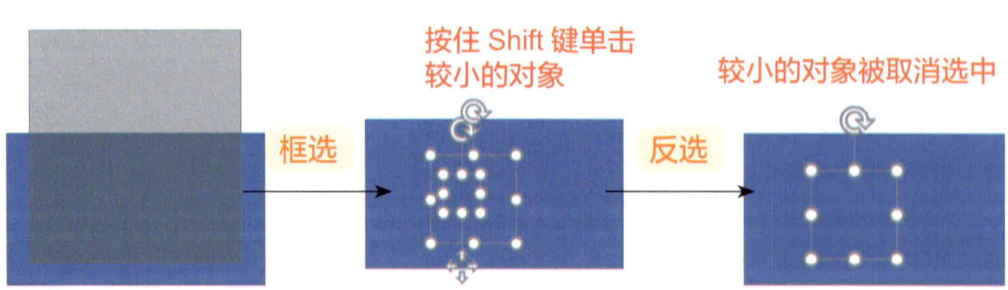

选择窗格法

最后给大家介绍在 PowerPoint 中帮助我们选择特定对象的“终极武器”——选择窗格。在“开始”选项卡中，单击展开“选择”下拉菜单，就可以看到“选择窗格”了。单击“选择窗格”后可以看到包含当前页面中所有对象名称的列表，**列表中对象的上下关系就是对象在页面上的层级关系。**例如下面右侧的 3 个形状，位于顶层的绿色正方形就是列表中的“矩形 28”，蓝色矩形就是“矩形 6”，而被蓝色矩形遮挡住只看得到选框的就是“椭圆 25”。

对象在列表中的名称与其在页面上的实体一一对应，只要在列表中选中对象的名称，就可以选中对象本身；在列表中上下拖动对象的名称，就能改变对象的的层级关系；对象较多时，为了区分“矩形 28”和“矩形 26”各指的是哪个形状，我们可以双击对象名称进行重命名；单击对象名称右侧的小眼睛图标，还可以临时隐藏该对象，再次单击则恢复显示……正是因为有诸多优势，选择窗格才被称为对象选择和管理的“终极武器”。

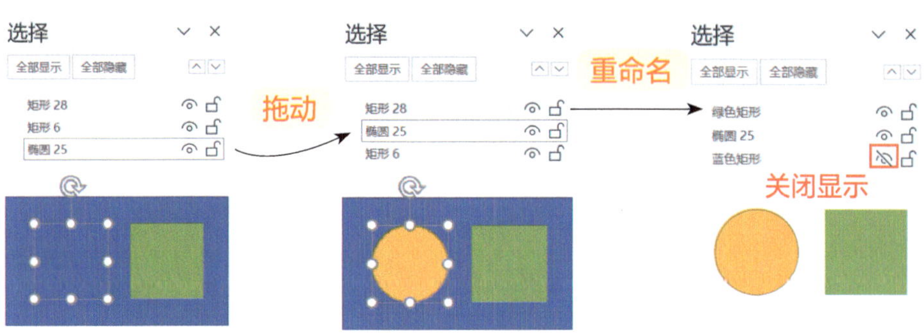

直接选中被遮挡的对象　　轻松改变对象层级　　重命名、临时隐藏对象

4.9 高手的“两把刷子”之一：格式刷

在日常生活中，我们夸赞某人的确有些本事时通常会说：“这人还真有两把刷子！”在制作 PPT 的过程中，高手们还真就常用到两把刷子——格式刷和动画刷。下面我们就一起来看看这两把刷子该怎么用。

实例 30　使用格式刷快速完成版面格式的统一

下面是一份正在制作的课件，当前页面计划展示 3 张图片，目前已设置好一张图片及对应文字的格式。很显然，我们需要把当前图片及文字的格式分别传递给剩余的两张图片及对应文字，才能实现整齐划一的效果。

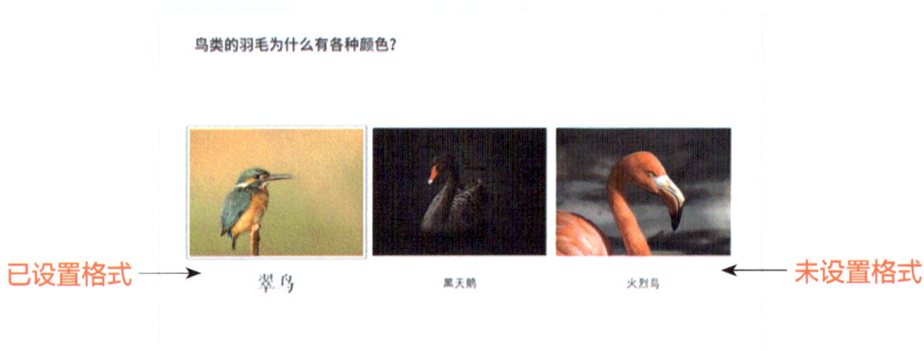

选中翠鸟的图片，然后单击“开始”选项卡中的“格式刷”，此时鼠标指针会变成带有一把小刷子的样式，将它移动到黑天鹅的图片上单击，就能将翠鸟图片的边框和阴影效果复制给黑天鹅图片。

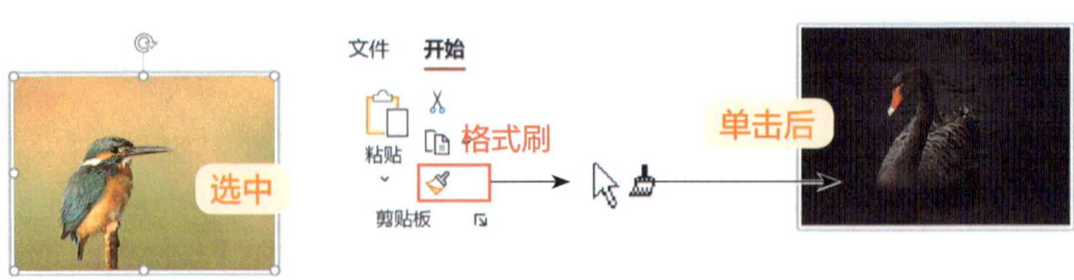

同样，选中设置好格式的文字，使用格式刷，将选中文字的字体、字号、颜色等效果传递给“黑天鹅”文本框。

这里要提醒大家注意的是，为了避免影响正常状态下鼠标指针的对象选择功能，**格式刷在单击过一次之后就会自动退出工作状态**，鼠标指针也会恢复成普通样式。如果你还想给其他对象“刷”上格式，那么你还得重新选中带格式的对象再操作一次。

在本实例中，我们就需要将多个对象都“刷”上同样的格式，自动退出工作状态的设置无疑降低了工作效率。怎么办呢？下面提供给你两个解决方法。

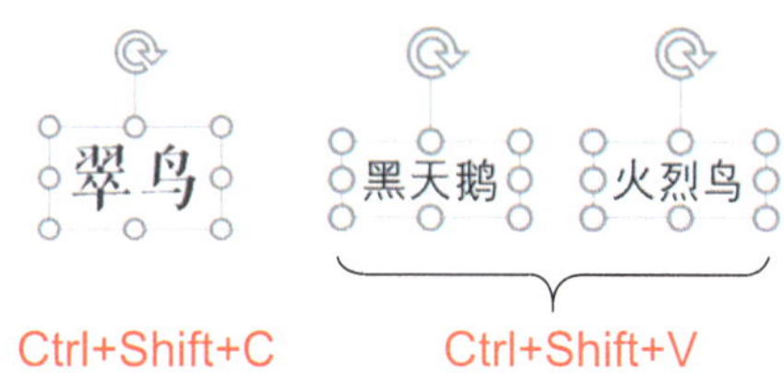

双击格式刷法

双击“格式刷”按钮可进入格式刷锁定状态，使用完后格式刷不会自动退出工作状态，这样我们就可以把同一个格式连续“刷”给不同的对象，需要退出的时候手动按 Esc 键即可。

组合键法

选中已经设置好格式的对象，按 Ctrl+Shift+C 组合键复制格式，然后选中还未设置格式的对象，按 Ctrl+Shift+V 组合键粘贴格式，这样无论有多少个对象，都能一次性完成格式的复制。

4.10 高手的“两把刷子”之二：动画刷

从 2013 版开始，PowerPoint 就在“动画”选项卡中加入了“动画刷”功能。和“格式刷”类似，当你设置好一个对象的动画后，对其使用“动画刷”，然后再单击其他对象，就可以把前一个对象的动画复制过来。

“动画刷”同样支持双击锁定，但不能像“格式刷”那样通过快捷键把动画复制给多个对象，只有安装了口袋动画插件之后才具备这一功能。

实例 31　使用动画刷快速完成动画效果的统一

使用上一节制作好的 PPT 页面作为案例。现在我们想要给这个页面上的图片及下方文字都加上动画——图片擦除出现，文字随后淡化出现。

选中翠鸟的图片，进入“动画”选项卡，单击“添加动画”，选择“擦除”，更改擦除方向为“向右”；选中“翠鸟”文本框，单击“添加动画”，选择“淡化”，然后将开始条件改为“上一动画之后”。

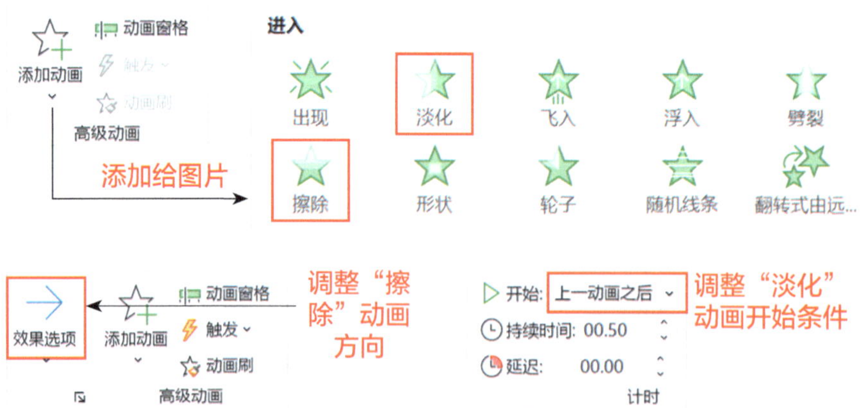

这里刻意没有使用“动画”选项卡中非常显眼的动画设置栏，是因为该设置栏只能给对象设置单个动画，即便选中同一对象为其多次设置动画，后

一次设置也会覆盖之前的设置，最终该对象还是只有一个动画。

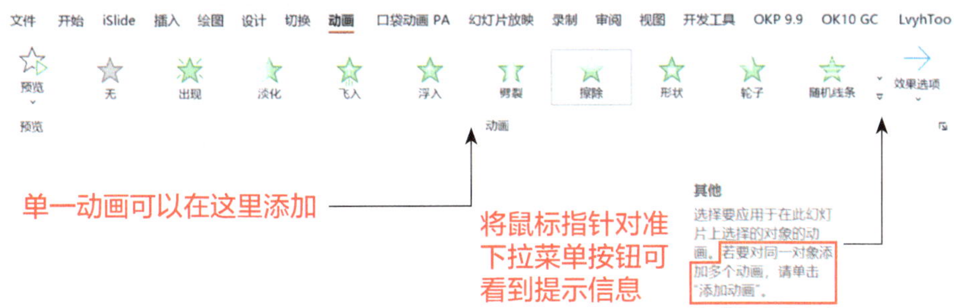

虽然本实例中我们只需要设置单一动画，但考虑到大家将来总需要制作更复杂的 PPT 动画，在一开始就了解这些细微的区别，可以从源头上避免未来错误的发生。因此，在这里我刻意使用了“添加动画”下拉菜单。

回到本案例，选中翠鸟的图片，双击“动画刷”按钮，分别单击黑天鹅和火烈鸟的图片，给它们都加上“擦除”动画。按 Esc 键退出“动画刷”模式，选中“翠鸟”文本框，双击“动画刷”按钮，分别单击“黑天鹅”和“火烈鸟”文本框，给它们加上“淡化”动画。

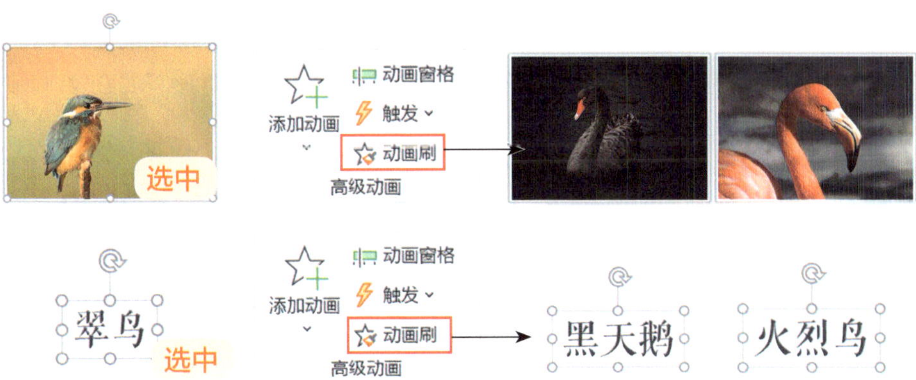

到这里，我们的工作是不是就结束了呢？还差一步！打开“动画窗格”，不难发现此时的动画顺序是错误的。因为我们连续使用了动画刷，后两张图片的“擦除”动画挨在一起、“淡化”动画连成一串，这并不是我们想要的效果。因此，还需要手动调整它们之间的排列顺序，形成 3 组“擦除—淡化”的效果。

在实际工作中，你也可以在最开始就框选 3 张图片添加“擦除”动画，框选 3 个文本框添加“淡化”动画，最后再逐一调序，效果是相同的。

4.11 高手的“偶像天团”：F4键

对不熟悉 Office 软件的人提起“F4”，他们或许只会想起当年火得一塌糊涂的偶像剧《流星花园》及里面的人物。但对于 Office 软件高手而言，F4 键则是用得最多的功能键之一，它在 Office 软件里的作用是**重复上一步操作**。

例如将一段文字中的某些关键词的字体颜色改为红色，正常的操作是选中关键词，然后在浮动工具栏中设置字体颜色。有多少个关键词需要改色，就需要重复多少遍“选中—设置字体颜色”的操作，鼠标指针需要在文本和浮动工具栏之间来回移动。

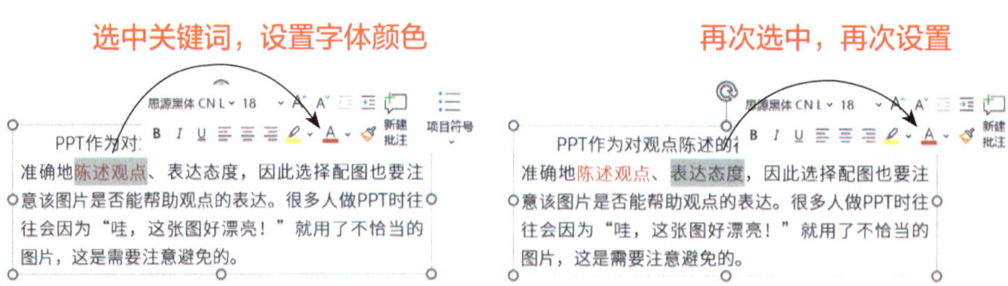

▲ 常态下的多关键词变色操作非常烦琐

而如果你会使用 F4 键，在完成第一个关键词的设置之后，只需要右手操作鼠标选中关键词，左手按 F4 键（多数笔记本电脑还需要同时按 Fn 键）——

选中一个、按一次——很快就能把整段中需要标记的关键词的字体颜色都改为红色。

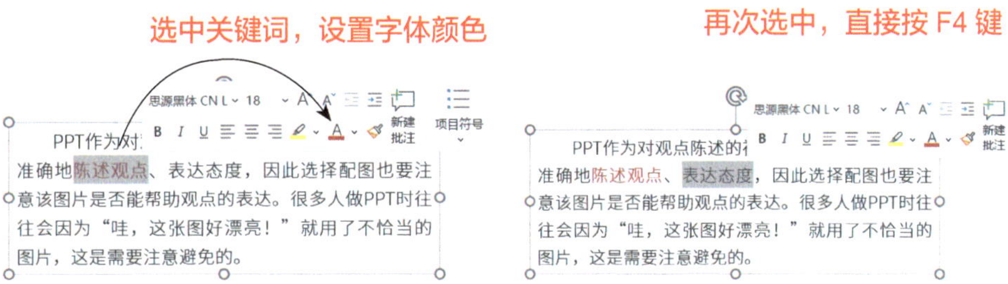

▲ 使用 F4 键省下了来回移动鼠标的操作

如果说因为有格式刷的存在，在前面这个案例中 F4 键的优势还不是特别明显，那么在下面这个案例中，真的只有 F4 键才能“担此重任”了。

在制作 PPT 时，我们有时需要复制出一系列间距相等的对象阵列。使用传统的方法，只能先进行复制、粘贴，然后逐一拖曳，辅以对齐命令去将其排列整齐。

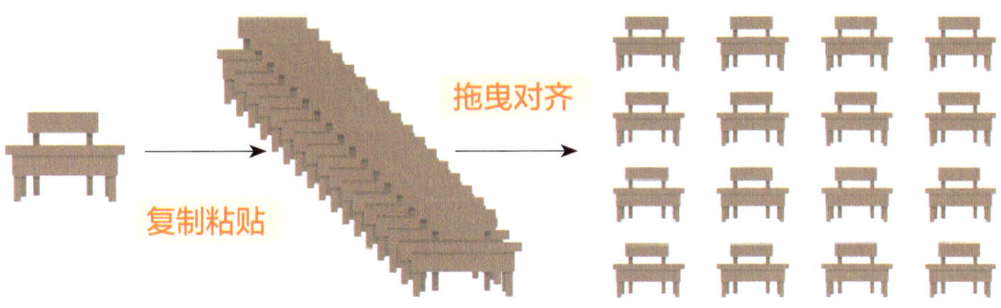

▲ 使用传统方法，复制之后的对齐是个大工程

而使用 F4 键，我们只需要按住 Ctrl+Shift 组合键，向右拖出一套课桌椅，然后连续按两次 F4 键，就能生成一排课桌椅；全选这一排课桌椅，按住 Ctrl+Shift 组合键，向下拖出一排课桌椅，然后连续按两次 F4 键，就能生成全部课桌椅，这样就实现了效率的成倍提升。

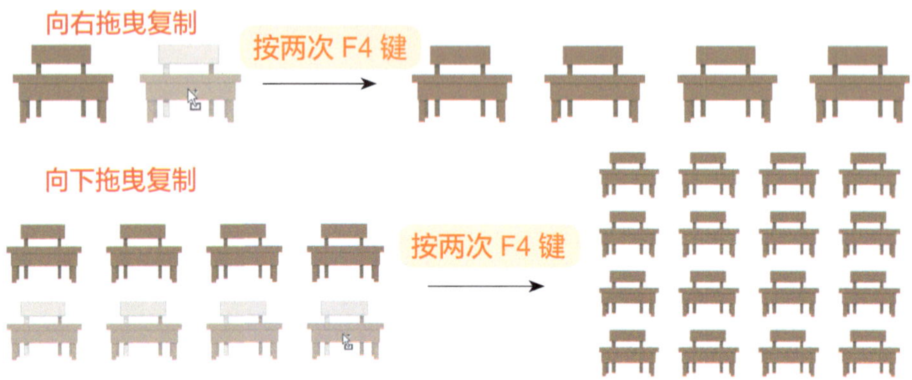

▲ 使用 F4 键，复制的同时就完成了对齐

4.12 排版中的标准形状绘制

在 PPT 的版面设计过程中，我们经常需要绘制直线或者调整直线的长度，如果单纯拖曳鼠标进行绘制与调整，很可能会出现绘制的直线不平直的情况。如果在绘制直线时按住 Shift 键，就不存在这个问题了。绘制直线时按住 Shift 键，左右拖曳鼠标就能得到水平线，上下拖曳鼠标就能得到垂线，斜向拖曳鼠标就能得到 45° 斜线。

Shift 键不但可以用于辅助直线绘制，也可以用于辅助形状绘制。例如绘制矩形时按住 Shift 键，就可以绘制出正方形；绘制椭圆形时按住 Shift 键就可以绘制出圆形等。

▲ 按住 Shift 键绘制出的标准图形

此外，Shift 键还能用于锁定对象的移动方向。按住 Shift 键拖动对象，可以使对象沿水平、垂直或斜 45° 方向移动。同时按住 Ctrl 键，则可完成水平、垂直等方向上的复制。

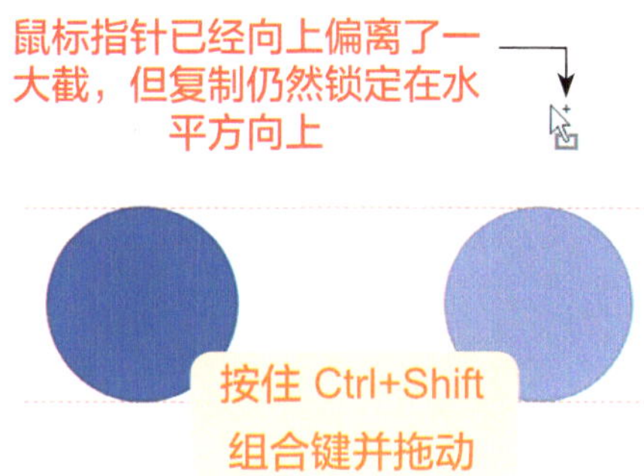

4.13 微调形状的秘密

如果你对所绘制形状的大小或者角度不满意，想微调长度、宽度或者角度，但用鼠标操作往往很难实现精准控制，这时就可以在“设置形状格式”面板的“大小”和“位置”功能组中进行设置和微调。

友情提醒：如果你要调整形状的大小，记得勾选“锁定纵横比”哦！

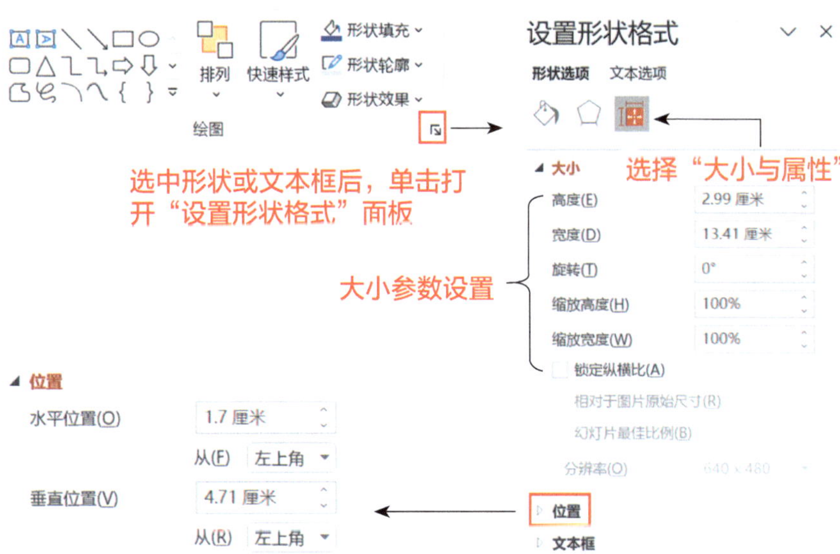

▲ 使用直接输入参数的方式来微调形状

在“设置形状格式”面板中，对象的大小和位置的精度均可以达到 0.01 厘米，旋转角度最小可设置为 1°。对于大多数情况而言，对象大小和位置的精度已经足够了，但旋转角度的设置还略显粗糙。如果你想进行更高精度的旋转角度设置，如 36.5°，则需要借助 OneKey Tools 插件的“旋转增强”功能。

4.14 成就感满满的幻灯片浏览模式

在制作 PPT 的过程中，我们使用得最多的视图模式是普通视图，如果你想对 PPT 的整体效果进行浏览，可以通过单击编辑窗口右下角的按钮切换到幻灯片浏览模式。在这个模式下，PPT 的所有页面都会平铺显示，从而给人满满的成就感。

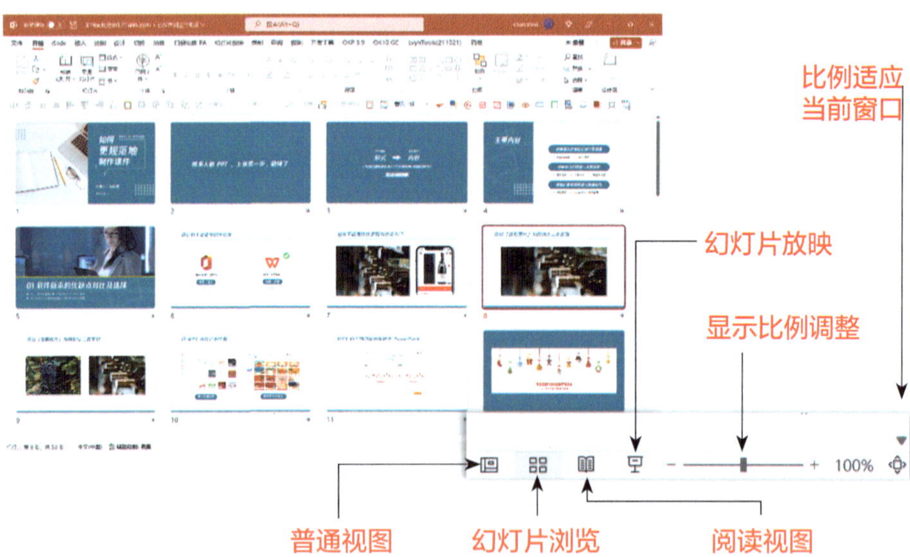

▲ 编辑窗口右下角的诸多按钮

另外，PowerPoint 还有幻灯片分节功能，在制作包含上百页幻灯片的大型 PPT 时，已分节的 PPT 在幻灯片浏览模式下结构会更加清晰。

4.15 隐藏命令与快速访问工具栏

随着 Office 软件的更新换代，PowerPoint 有了更多的功能，其中有一些功能使用频率不高，PowerPoint 就没有把它们放入默认功能区，这些命令也就成了“隐藏命令”。如果你需要使用这些命令，就得将它们手动调出来。

右击功能区空白处，选择“自定义功能区”，切换至“不在功能区中的命令”列表，即可看到这些隐藏命令。选择命令后，在右侧选择容纳该命令的选项卡，单击“新建组”，然后单击“添加”就能把该命令添加到功能区了。

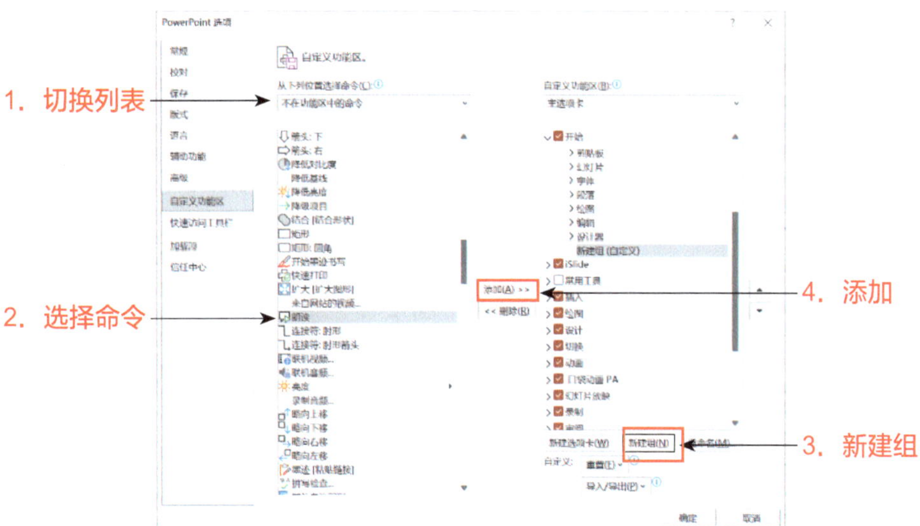

在 PowerPoint 2010 版里，“合并形状”就是一组隐藏的冷门命令，被用户们发现后深受好评，大量用户都使用“自定义功能区”功能把它添加

到功能区使用。从 PowerPoint 2013 版开始，微软也响应用户的要求，把它放入了默认功能区。

反过来，如果你不需要某些命令，也可以在右边的列表中选中它们，单击中间的“删除”把它们从功能区删掉。

在 Microsoft 365 中默认状态下的“开始”选项卡最左侧其实有一个专门的“撤销”（软件中为“撤消”）功能组。但熟练使用 PowerPoint 的用户一般都按 Ctrl+Z 组合键和 Ctrl+Y 组合键来进行“撤销”和“重做”操作，因而这个功能组不但没用，还挤占了空间，导致右侧的“形状”区域无法直接展示常用形状，从而降低了工作效率。在这种情况下，就可以通过“自定义功能区” 把这个功能组删掉。

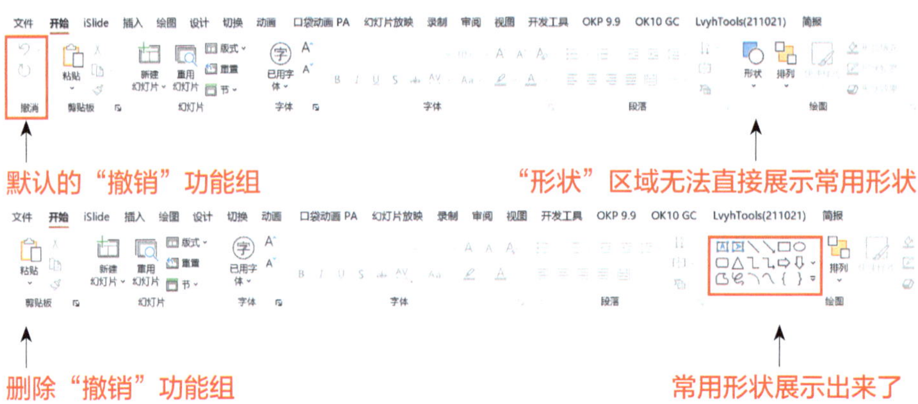

▲通过“自定义功能区”调整功能区的命令

当然，如果你使用的是台式电脑，因为显示器足够宽，你通常不会遇到上述问题，也就无须对功能区的命令进行调整了。更多的时候，我们需要的是另一种自定义功能。

自定义快速访问工具栏

在 PowerPoint 中，有一些命令使用频率高，但分散在不同的选项卡里。有的还深藏在下拉菜单的二级菜单里，使用时需来回跳转、打开下拉菜单、等待弹出二级菜单，非常不便，极大地影响了我们制作 PPT 的效率。

我们完全可以把这些常用命令都放入“快速访问工具栏”，需要使用时直接单击就可以了。

具体的做法是在“PowerPoint 选项”对话框中切换到“快速访问工具栏”，然后在窗口底部指定工具栏位置为“功能区下方”。

除此以外，我们还需要确保上图中“始终显示命令和标签”未被勾选，这样快速访问工具栏中的命令就会仅以图标进行显示，我们也就能在这里放入更多的常用命令。

接下来根据自己的需要，在各个选项卡中你常用的命令上右击，将它们逐一“添加到快速访问工具栏”即可。有了这个随用随点的工具栏，制作 PPT 的效率一下子就能提升一大截。

▲ 将命令添加到快速访问工具栏，打造出自己的个性化方案

4.16 3分钟搞定PPT目录页设计

在前面的案例中，我们大致介绍过右侧这个目录页的做法。为了让大家对 PPT 制作过程中常见的对齐、分布等命令了解得更加透彻，本节我们再一起来完整演练一遍。

实例 32 PPT 目录页设计实战演练

目录页在整个 PPT 中只会出现一次，且设计方案相对独立，所以我们可以先将页面指定为“仅标题”版式，再进行后续的设计。

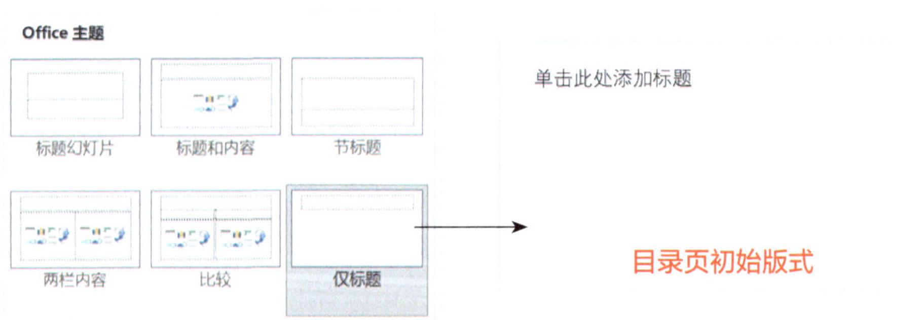

经过第 2 章对“主题”的学习，我们都知道，制作 PPT 应该养成先指定主题字体、主题颜色，再进行具体页面设计的好习惯。因为制作的是目录页，所以这里假定我们在制作封面页时已经完成了上述工作，例如指定主题字体为“华康俪金黑”与“微软雅黑”的组合，那么我们将标题占位符移动到页面左侧，输入“目录”二字，调整好字号、颜色及大小即可。

接下来插入我们准备好的图片素材，裁剪掉不需要的部分，将剩余的部分放大到与页面等高，放置在页面右侧。

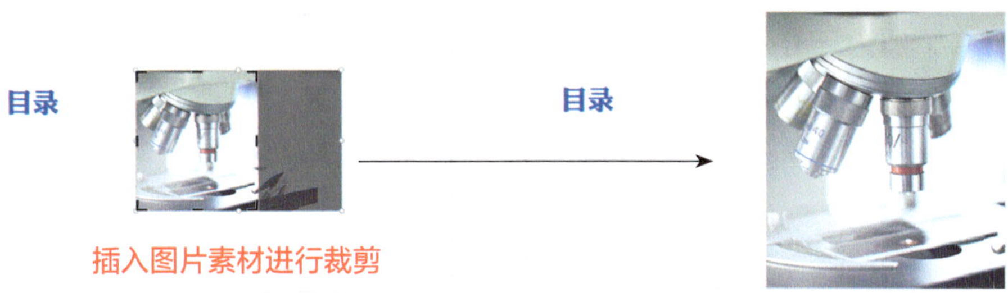

绘制矩形，调整其大小至与图片等大，将其覆盖在图片上，并填色为与“目录”文字同样的蓝色，去掉边线，设置透明度为 10%。

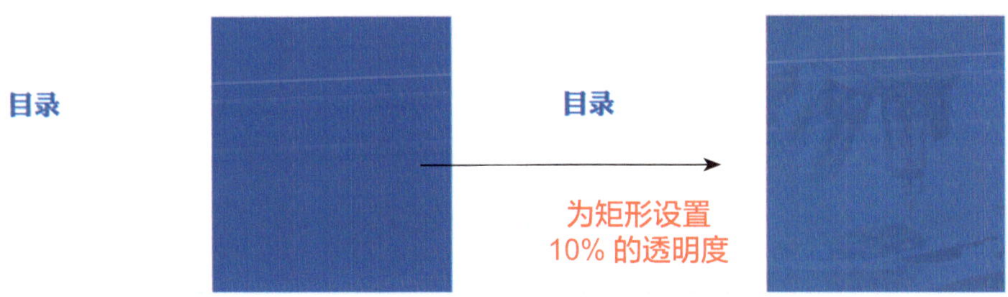

按住 Shift 键绘制圆形，将其设置为蓝底白边，边线宽度为 3 磅，为其添加向左偏移的外部阴影，然后将圆形放置在矩形边缘；插入文本框输入文字，设置好字体、字号、颜色。

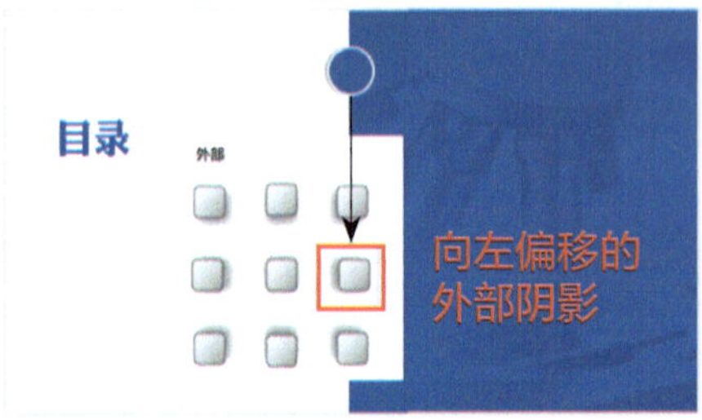

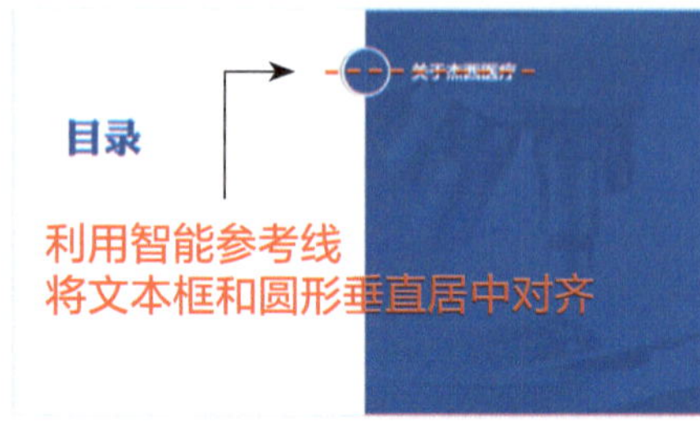

将圆和文本框组合，选中组合按 4 次 Ctrl+D 组合键，复制出 4 组。调整最末一组的位置，利用智能参考线使其与第一组左对齐，且上下页边距相等。

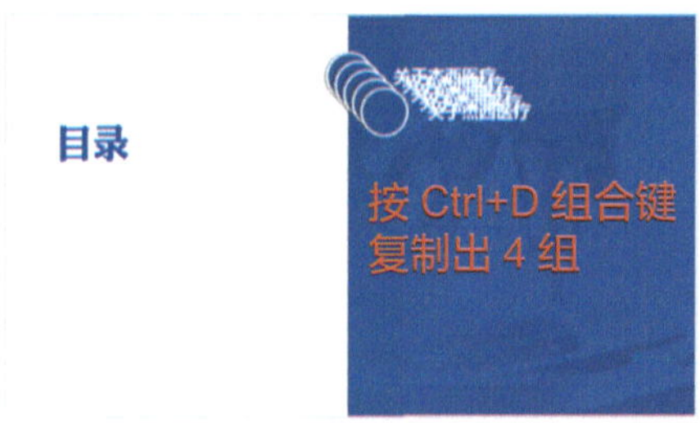

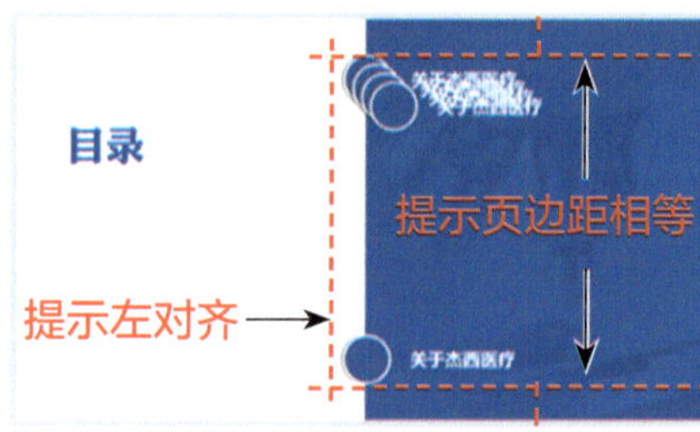

框选所有组合，使用“左对齐”“纵向分布”命令，完成目录条目的排版；全选所有条目，解除组合，然后逐一修改文本框内的文字内容。

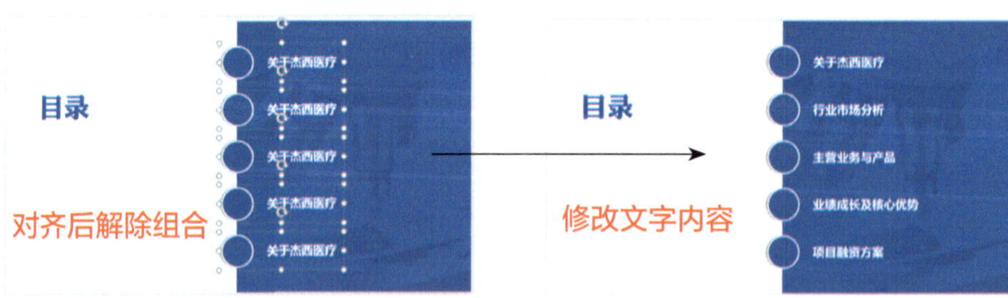

结合目录条目的文字内容，插入恰当的图标素材（可借助 iSlide 插件），将图标素材调整到合适的大小，放置到圆中间，与圆居中对齐，个别图标可微调。

新建文本框输入目录的英文单词、公司名称及辅助文案，分别设置合适的字体、字号、颜色，前者与“目录”二字底端对齐，后两者与“目录”二字左对齐，同样略做调整。

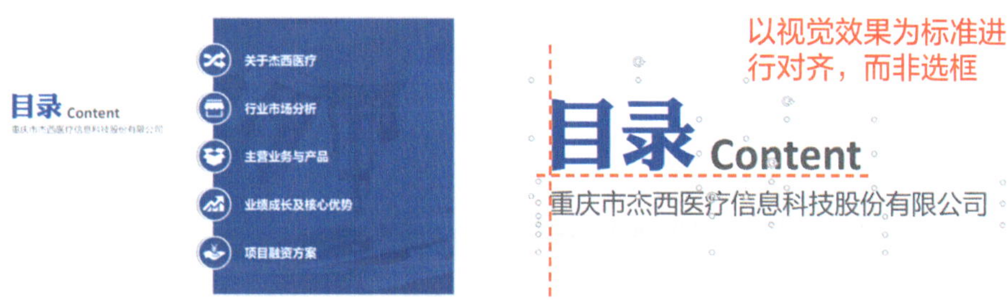

在“目录”和公司名称、辅助文案之间按住 Shift 键绘制水平直线，将直线设置为蓝色，长度参考下方文本的长度；调整直线磅值为 1 磅，完成目录页的设计。

4.17 5分钟搞定组织结构图

组织结构图是 PPT 中时常需要绘制的一种图表，虽然我们可以借助 SmartArt 功能快速制作，但在样式上非常受限。例如右侧这种带照片的组织结构图，就只能手动绘制。

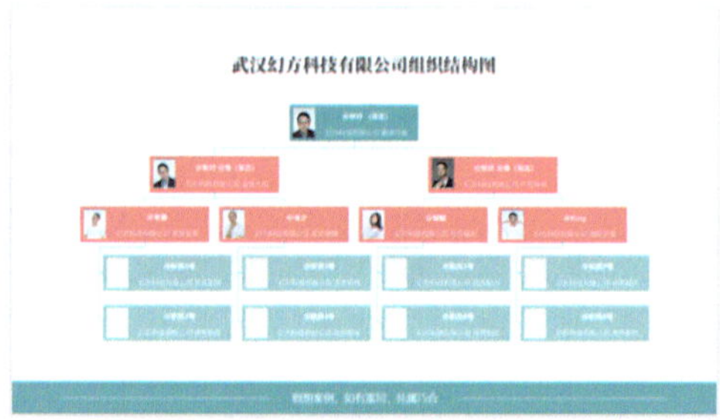

实例 33 公司组织结构图绘制实战演练

不难发现，在组织结构图中存在着大量大小相同、间距相等的对象，特别适合使用 F4 键来进行复制，这是我们提升排版效率的关键。认识到这一点之后，就可以开始动手了。

首先利用矩形、图片和文本框等素材制作好一个对象，然后全选编组。

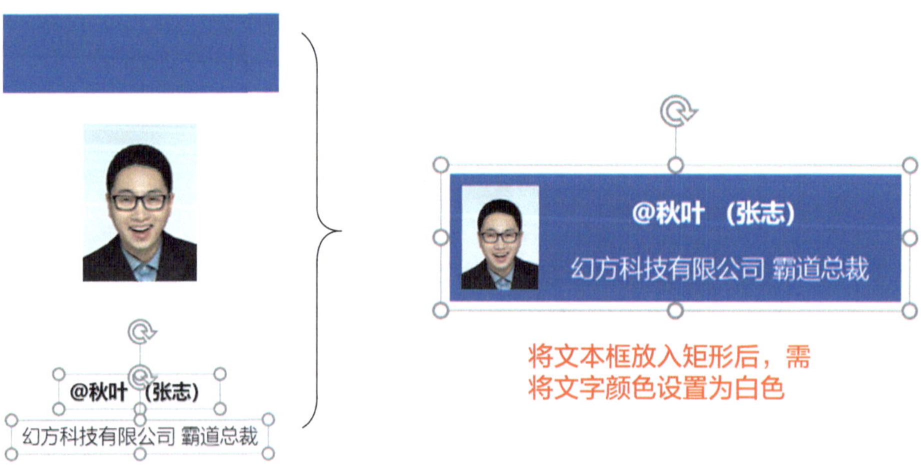

使用 4.11 节制作课桌椅的方法，运用 F4 键快速复制出整齐的 4 行 4 列对象单位。

框选第二行对象单位，按住 Shift 键将其向左水平移动一段距离，制作出第 3、4 行缩进的效果。

删除首行最右侧的对象单位，然后将第 2 行的 4 个对象单位两两框选后编组。

选中首行左侧的对象单位，将其与第 2 行左侧的组合水平居中对齐；选

中首行右侧的对象单位，将其与第 2 行右侧的组合水平居中对齐。

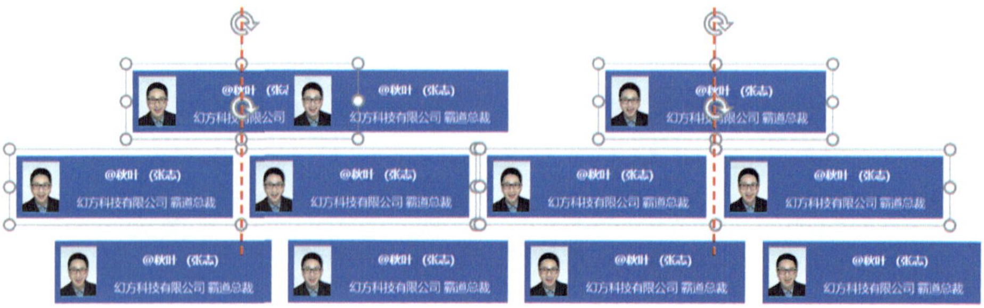

按住 Shift 键将首行中间的对象单位向上移动，借助智能参考线确保移动距离与各行的初始间距相等。

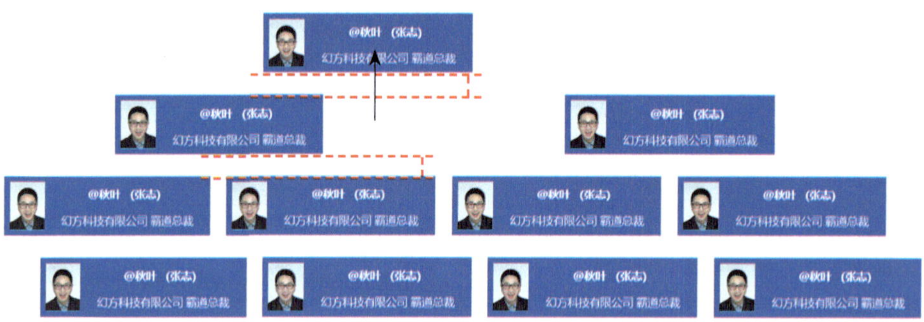

解除现第 3 行（原第 2 行）的组合，将中间的两个对象单位重新组合在一起，与现首行做水平居中对齐。

解除上一步的组合，接下来就可以使用连接符形状来连接不同的对象

单位了。选择连接符形状，将鼠标指针移动到对象单位边缘中点时会出现连接点，在连接点上按住鼠标左键开始绘制，移动到另一对象单位的边缘中点释放鼠标左键即可完成绘制。

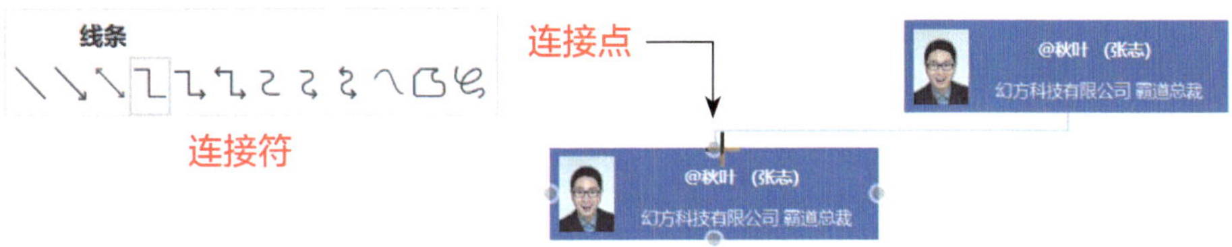

在形状列表中右击连接符形状，**选择“锁定绘图模式”，即可连续绘制**。结构相同的连接符形状也可以通过复制得到以提高效率——复制之前最好先设置好线条的颜色和宽度。

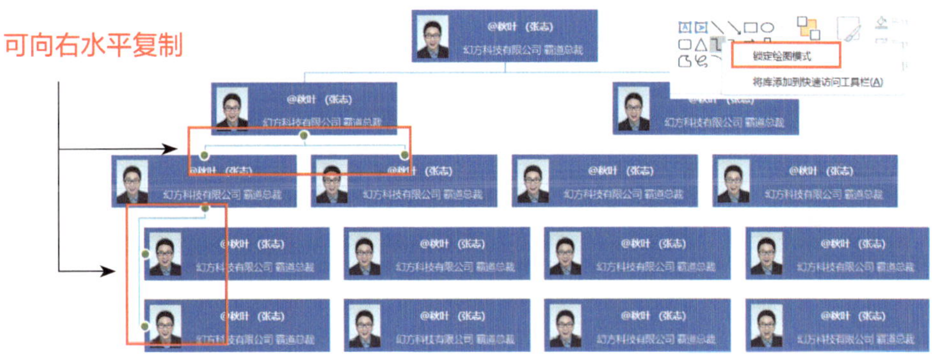

最后修改矩形颜色，改写文字内容，点击图片使用“更改图片”功能替换照片，加上标题，适当添加一些页面设计装饰元素，一个带人物照片的组织结构图就做好了。

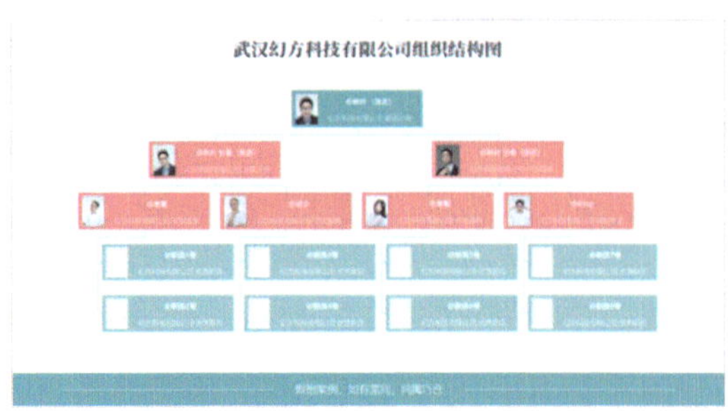

5

怎样设计 页面更美观

- 下载了很多模板，PPT 还是很难看？
- 添加了很多动画，PPT 还是很业余？

这一章，提升美感！

5.1 依赖模板是提升PPT制作水平的大敌

在职场里谈到 PPT 制作，大部分人都不觉得有多难，哪怕他们从来没有认认真真学过 PPT 制作。在他们看来，这事儿就像能无师自通一样，顶多只是做出来的效果不够美观，或者制作速度慢了点儿。

之所以会产生这样的误解，是因为大多数人对 PPT 制作流程有错误的认识。很多人在请教 PPT 高手时最喜欢提以下两个问题。

可不可以帮我做一下？很简单的！

有没有好的 PPT 模板？给我发点儿！

在他们看来，制作一份好的 PPT 似乎只需要熟悉软件操作就行了："你操作那么熟练，内容部分顶多就花 10 分钟。我虽然操作不熟练，但只要有个好看的 PPT 模板帮我省去操作环节，我再把文字材料复制、粘贴进去，谁还不会？"

他们可能很难想象，用这种思维方式制作 PPT，连基本步骤都是错的。

步骤	普通人做 PPT	高手做 PPT
第 1 步	**选择题** 哪个模板更好看？	**思考题** 什么形式的表达最符合主题？
第 2 步	**填空题** 能不能刚好把材料"塞"进去？	**思考题** 现有的材料是否符合形式？
第 3 步	**（对观众）思考题** 刚刚讲的大家都听懂了吗？	**（对观众）选择题或判断题** 大家认为哪个方案更合理？

正是因为大家都习惯使用整合好的模板，所以也就失去了亲自动手打造

设计元素、组合设计素材的过程，忽略了对文字、线条、形状、表格、图片等基础设计元素的学习和理解。

▲ PPT 页面设计中的 5 类基础设计元素

借助 PPT 模板，对于完成某一次设计任务而言，的确效率更高，但是从长远来看，你很难做出有创造性的工作成果，**因为你无法自由地用最合适的形式表达你的想法，甚至会为了迎合模板而限制自己的思维。**而如果急于求成、强行突破模板的框架，往往又会把 PPT 做得不伦不类。

寒号鸟的故事大家都听过，可偏偏就有很多人如同寒号鸟一样，把做 PPT 当成任务，工作上没需求就绝不会打开 PowerPoint 练习，而每次任务来了，又自知水平不过关，只能依赖模板。看着那些拙劣的效果，他们也会在心中默念："从明天开始我一定要好好学习 PPT 制作。"可一交差，他们立马忘记了自己立下的誓言。

本章会逐一讲解 PPT 页面设计中常用设计元素的变化和用法，只要掌握了这些基础的设计元素，短时间内做出高质量的 PPT 就不是问题！

5.2 字多还是字少？答案是得看人

俗话说"字不如表，表不如图"，在 PPT 里"少用字、多用图"一直以来都是一条雷打不动的真理。可事情真有那么简单吗？想想看，如果是你自己要做汇报，下面两张幻灯片，你会选哪张？

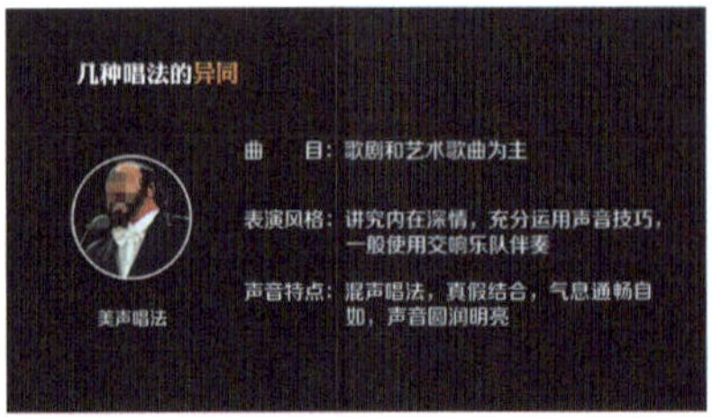

一般的回答是：喜欢右边那张，但如果自己上台讲，还是会选用左边那张。

这个矛盾恰恰说明了一个事实：我们之所以那么喜欢 PPT，就是因为**PPT 能够做我们的提词稿，帮我们掩饰对业务材料不够熟悉的尴尬。**

当你羡慕那些演示达人能够手握翻页器背对着漂亮的 PPT 侃侃而谈，引得台下掌声雷动的时候，请一定记得：他们不需要 PPT 也能做到这一点。

因此，PPT 的质量不应该脱离演示者的业务能力来评价。假如你是一位职场新手，虽然使用文字密密麻麻的 PPT 来做汇报会丢分，但你至少可以保证自己的演讲不会出错。当然，如果你在这个职位上工作了 3~5 年，对业务材料已经足够熟悉，在一些不需要展示详细数据的 PPT 页面，你的确可以削减文字数量以提升 PPT 的美感。

怎样判断演示者的业务能力呢？一个简单的办法是：关闭电脑。在演示过程中突然关闭电脑，如果演示者依然能够完成演示，说明他的业务能力很强。但是，大部分人只要电脑一黑屏，大脑就“蓝屏”。

那么，有没有办法能让 PPT 既美观又承担提词稿的功能呢？

别让文字失去焦点

如果你是观众，会有兴趣看下图中的文字吗？

▲ 你是不是也经常看到这样“文字 / 图片 + 模板”的 PPT 页面？

我想，对于这类 PPT 页面大部分人扫一眼就会失去阅读的欲望。也就是说，这个页面除了帮助演讲者提词外，对观众的吸引力并不强。

想想你看过的电影吧！优秀的影片，难道是要让观众记住每一个场景和每一句台词吗？不，它只需要让观众在了解整个故事情节之外，还能记住个别出彩的场景和称得上是金句的台词，这就足够了。

所以，为什么不为你的 PPT 打造出几个能给人留下深刻印象的焦点呢？

▲ 文字数量不减反增，但内容的传递效果比上面的版本好很多

别让装饰喧宾夺主

对于那些文字内容本来就偏少的 PPT 页面而言，很多新手出于对白色背景的本能排斥，总想着给页面加上各种装饰，为背景填充图片或纹理，最终的结果就是页面看似内容充实却反而影响了观点的传递。

▲ 来源：百度文库《小青蛙找家》课件 PPT

上面这个页面中充斥着各种各样的装饰：背景底色、背景图案、前景图案。背景图案分为荷花和山峰两类，前景图案又分为花与蝴蝶、读书用具两类，整个页面比较混乱。相比之下，下面这样的设计虽然简单，却能让人把注意力放在文字上，荷叶、水泡等装饰元素营造出来的场景也更适合主题。

文字才能明确观点

大数据时代流行图解数据，但在工作中，表达观点的最佳载体往往还是文字。这不仅是因为成本低，更重要的是文字不容易引起误解。

同样一个图标，只要给它搭配上不同的文字，就能表达完全不同的含义。

▲ 抽象图标的含义很大程度上取决于使用者如何解释它

图片亦是如此，对于一些全图型 PPT，一旦图片使观众产生的联想和演示者的预期不同，演示者就不得不花费更多的时间来吸引观众的注意力，这样的配图未必能够帮助观众更好地理解演讲内容。

右图是 Unsplash 上一位名为 André Roma 的用户发布的图片，

仔细看不难发现这张图片拍摄的是一个螺旋形的楼梯。从这个角度拍下的楼梯照片，像是一只海螺，颇具艺术美感。

但如果你是在为 PPT 里讲述进步、提升等方面的内容寻找配图，那这张图片就很不合适了——观众很难一眼认出这是楼梯，自然也就难以把它和你讲述的内容联系起来，甚至会感觉有些莫名其妙。

5.3 文字美化：字体与字号

上一节我们谈到了文字的重要性。虽然文字如此重要，但我们仍然提倡制作 PPT 时要“用图说话”，其中很重要的一个原因就是人类是视觉型动物，**直观的图像对大脑产生的刺激要比抽象的文字更加强烈。**

但即便如此，也并不意味着我们可以完全对文字不管不问。合理地对文字进行美化，同样可以使其给人带来强烈的视觉刺激，有时仅仅是更换字体、调整字号就能让 PPT 呈现出不一样的效果。

例如下面这个案例中，左侧的页面完全称不上是 PPT，而右侧的页面让人感觉像是极简风海报。

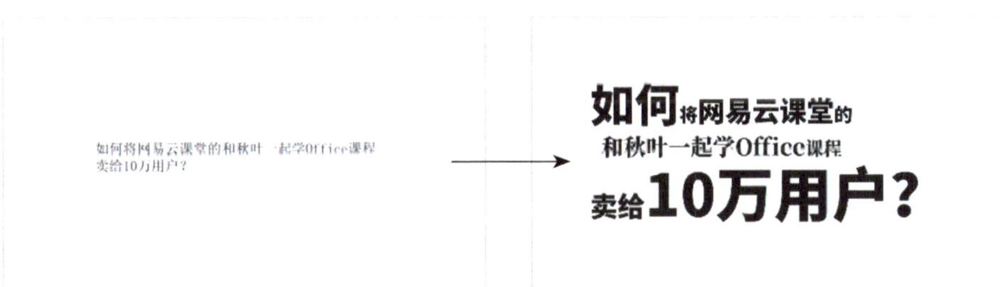

使用宋体、28 号字

使用思源黑体、思源宋体
字号大小随文字权重变化

▲ 仅仅调整字体、字号就可以产生视觉效果上的巨大差别

如果你正在使用 2013 及以上版本的 PowerPoint，默认的等线字体就不错，如果是低版本的 PowerPoint，微软雅黑字体也是一个百搭的选择。

如果担心版权方面的问题，谷歌的思源黑体、思源宋体，阿里巴巴的阿里巴巴普惠体，小米的 MiSans 等字体都很不错。

不同场合适用的字体也各不相同，用对字体可以大大增强 PPT 的表现力。这一点我们在前面的章节已经强调过，这里就不再赘述。

5.4 文字美化：颜色与方向

除了字体与字号，文字的颜色也可以起到美化的作用。例如上一节我们制作的那张极简风海报，如果给“10 万用户”加上显眼的颜色，就更能先声夺人，牢牢抓住观众的视线。

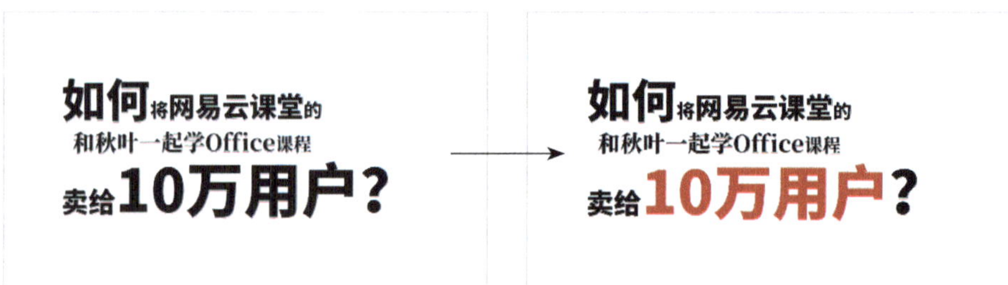

▲ 使用显眼的红色强调重点内容

反过来，如果我们有需要弱化处理的内容，就可以将其设置为容易被忽视的灰色，反衬出其他文字的重要性。这种手法在章节页的设计中经常用到。

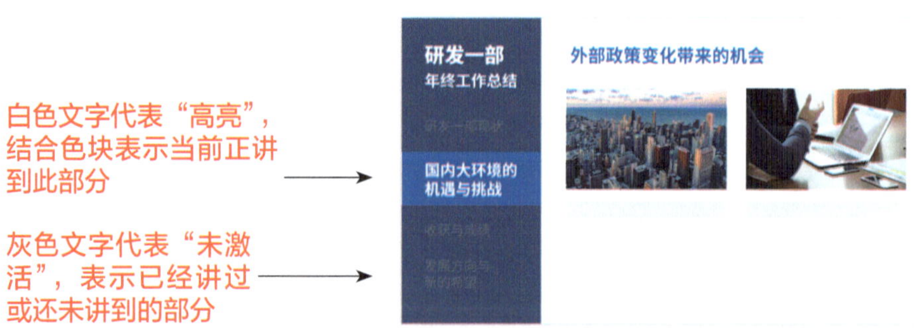

▲ 使用易被忽视的灰色弱化部分文字

除了使用颜色来强调或弱化文字，我们有时还会为文字设置渐变色来增强文字的立体感或质感。

用渐变色文字营造空间立体感

用渐变色文字营造鎏金质感

除了改变颜色，我们还可以尝试改变文字的方向。例如斜向放置文字，以增强文字的冲击力和动感。

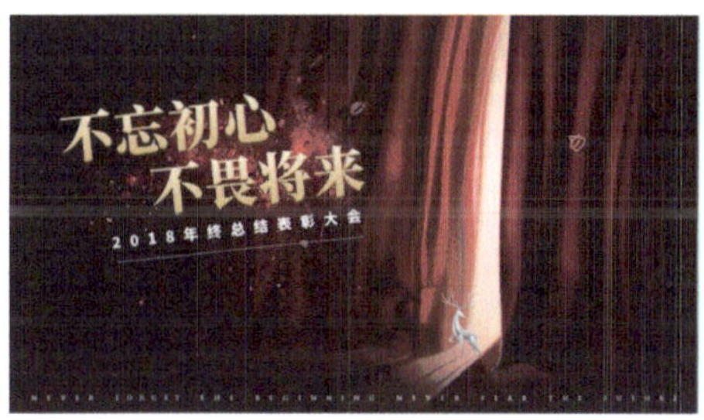

也可以结合古风素材，将文字纵向排列，营造出古色古香的韵味。

5.5 文字美化：三维格式与三维旋转

前面展示了文字的几种基本美化方法，接下来我们再来学习一种相对特殊的美化方法——三维格式与三维旋转。

三维格式与三维旋转可以塑造出文字的体积感——“厚重”的三维格式时常用于政务风 PPT 的封面标题，让标题掷地有声；而“轻薄”一些的三维格式常见于当下火热的 2.5D（伪三维）风格设计，并结合插画素材营造出时尚感。

▲ 两种最常见的三维格式的用法

下面我们还是通过实例来学习具体的操作方法。

实例 34　用三维格式与三维旋转打造 2.5D 立体文字

在 PowerPoint 中，三维格式与三维旋转通常会结合起来使用。三维格式决定了对象的三维样式、材质、光影效果，而三维旋转决定了对象在 x、y、z 3 个坐标轴上旋转的角度，以及对象的三维透视效果。

首先，使用文本框工具输入文字“斜向 2.5D 立体效果”，为其设置一个笔画较粗的字体，这里我们使用的是免费可商用的“思源黑体 CN Heavy”。

选中文字并右击，选择“设置文字效果格式”，打开“设置形状格式”面板，可以看到“三维格式”设置组和“三维旋转”设置组。

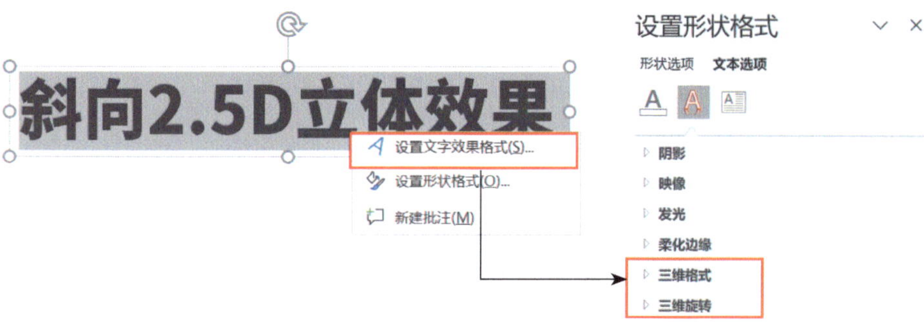

展开“三维旋转”设置组，在“预设”栏选择“平行”分类中的“离轴 1：右”效果，使文字旋转。

展开“三维格式”设置组，为文字设置 12 磅的“深度”值，此时我们就能明显地看到文字产生了体积感。

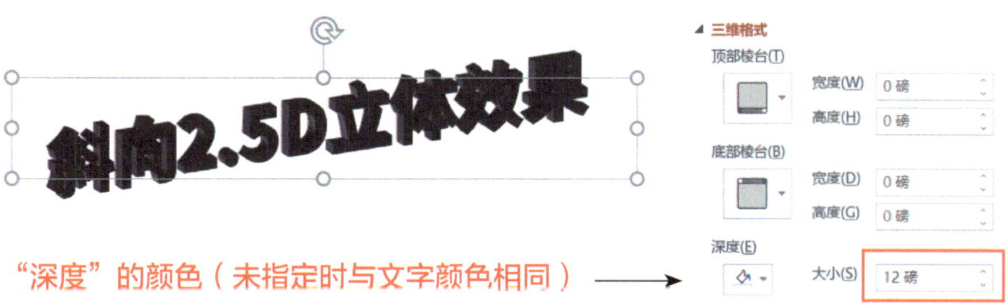

由于我们并未单独设置“深度”的颜色，因此当前“深度”的颜色与文字颜色相同，都是黑色，这导致我们很难看清文字立体效果的细节。参照 5.5 节的案例效果，将“深度”的颜色设置为紫色，文字颜色更改为白色，再用蓝色的背景色进行衬托，我们就能大致做出 2.5D 立体文字效果了。

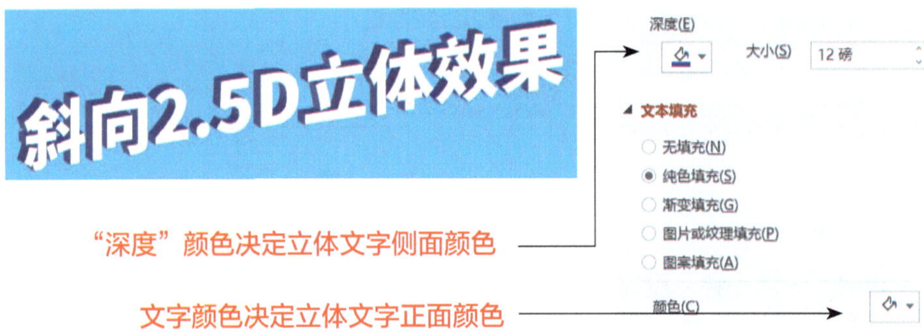

在“三维旋转”和“三维格式”设置组中，还有很多其他设置选项。例如“三维旋转”设置组中的“透视”设置选项（需先在预设中选择一种透视效果才能激活该选项），“三维格式”设置组中的决定文字边缘效果的“棱台”设置选项，决定文字反光效果的“材料”和“光源”设置选项……

以上这些设置选项因为在日常 PPT 的制作过程中用得不多，这里就不做详细介绍了，有兴趣的朋友可以自行调整参数，观察每个设置选项能对文字的立体化产生什么影响，思考应该怎样搭配使用。

5.6 高手都爱用的文字云怎么做

下面这样的文字云是不是很有趣呢？你是否经常在一些与大数据相关的海报、长微博、文章配图中看到它们？你知道吗，利用 PowerPoint 也可以制作这类文字云。

视频案例

▲ @Simon_ 阿文 和 @Jesse 老师文字云制作教程中的案例

实例 35 使用 PowerPoint 制作简单的文字云

为了让大家快速学会制作文字云，我们先教大家一种相对简单的文字云制作方法，虽然效果比不上上面两个案例，但胜在方便好学。

不过，这种方法要求你的 PowerPoint 版本为 2013 版及以上，而且仅支持将英文段落转换为文字云。

在“插入”选项卡中单击“获取加载项”，弹出“Office 加载项”对话框。此时我们可以看到各种各样可以加载到 Office 软件里的应用程序。

在搜索框内输入“word cloud”，按回车键搜索，单击“添加”下载应用程序。下载完成后页面右侧会弹出设置面板，其中有各种设置选项。

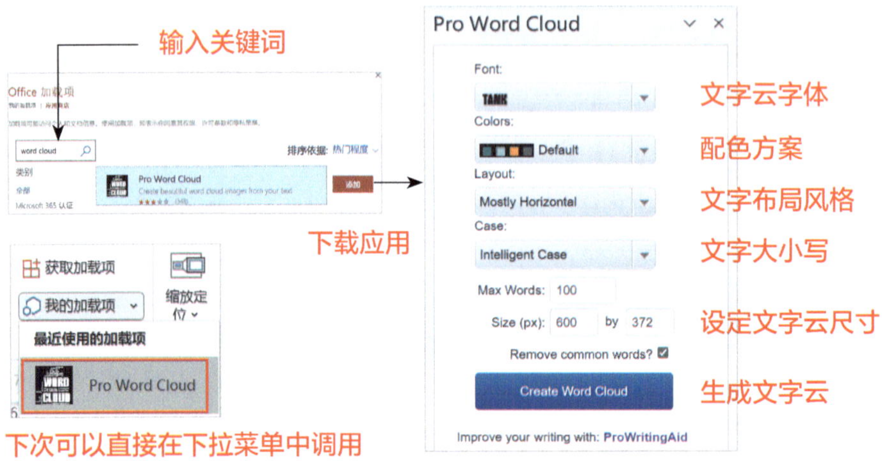

在 PowerPoint 中选中一个全是英文段落的文本框，单击生成按钮，稍等片刻就会生成文字云图片，单击图片即可将其复制到剪切板。如果不满意还可单击下方蓝色按钮重新生成。

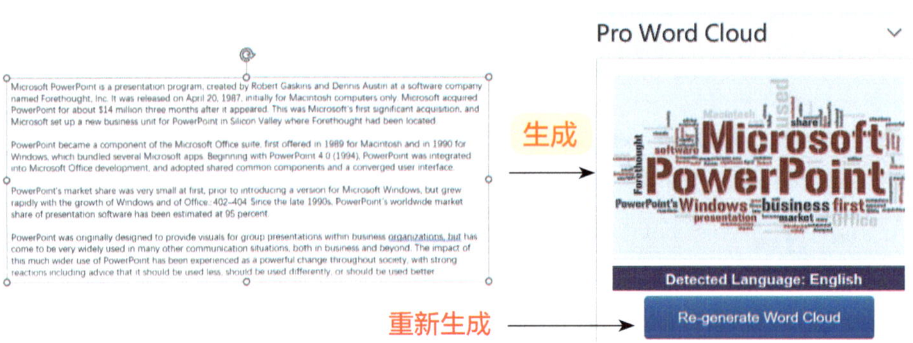

以上便是使用 PowerPoint 内置应用程序制作文字云的方法。如果你对文字云的制作特别感兴趣，想要制作本节开头阿文和 Jesse 老师制作的那种支持中文文字，可定制文字字体和云图案外形的文字云，可以到他们的微博搜索“文字云”并查看相关教程，这些文字云都是使用文字云制作工具 WordArt 制作而成的。

5.7 标点符号还能这样用

标点符号从属于段落，但是有时候，它也可以成为强调内容的“武器”。例如在文本框中单独输入前引号后设置字体和字号、填充颜色，前引号就成了极好的装饰元素，同时还能起到引导视线、强调内容的作用。

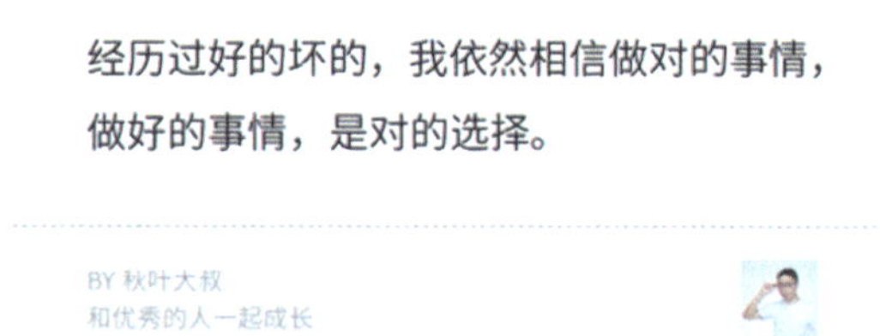

▲秋叶老师公众号“秋叶大叔”中常见的金句卡片

除了引号，逗号也是一个不错的选择。不过使用文本框输入的逗号个头太小了，通常需要设置较大的字号，用起来不是很方便。我们可以使用流程图分类下和逗号相似的形状来代替逗号，这样“逗号”就成为一个效果相当不错的图标或文字的容器了。

5.8 文字的“艺术特效”

一提到 PowerPoint 中的“艺术字”，很多人都会想起 2003 版里那些形态扭曲、效果夸张的艺术字效果。**“千万别用艺术字”**也成了许多 PPT 高手对新手的忠告——不得不承认，很多使用了旧版艺术字效果的 PPT 的确不美观。

▲ 小学教学课件：滥用艺术字效果的“重灾区”

在现在的主流版本中，PowerPoint 虽然保留了“艺术字”的名称，但在功能上对其进行了很大的调整。文字的颜色设置和形态扭曲被分解为两个独立的功能——艺术字样式和文本效果中的转换样式。

艺术字样式

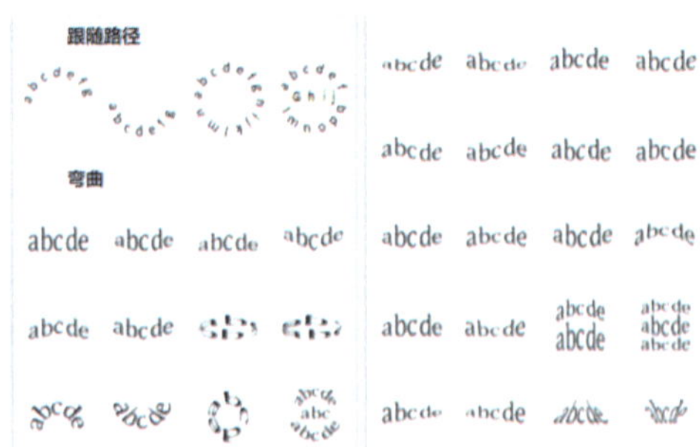

文本效果中的转换样式

艺术字样式的使用很简单，选中文本框，然后挑选一种艺术字样式，就能将文字变为指定的样式。值得注意的是，如果文字笔画太细，艺术字效果就不会那么明显。**如果要设置艺术字样式，一定要记得使用笔画较粗的字体。**

文本效果中转换样式的使用方法与艺术字样式类似，也是选中文本框之后再挑选合适的转换样式使文字变形。不过在指定转换样式之后，我们还能进一步设置文字的变形效果。

以转换样式中的“波形：下”为例，为文本框设置该转换样式后，文字便产生了波浪形状的起伏。

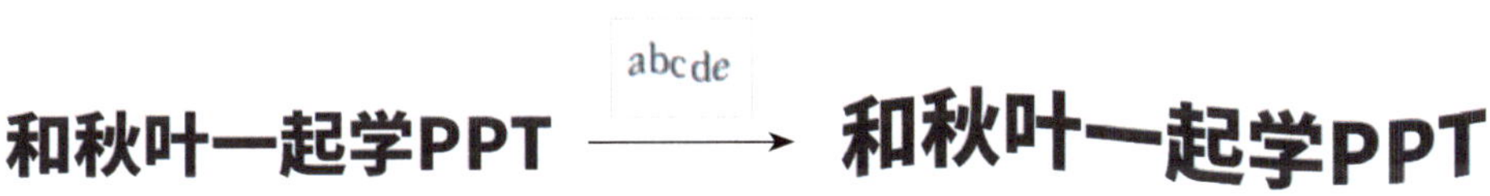

选中转换后的文字，拖动黄色控点，可以控制波浪起伏的幅度和文字的倾斜度；拖动白色控点缩放文字边框，则可以改变文字的尺寸——**转换后的文字更像是形状，大小宽窄均由选框决定，而非字号。**

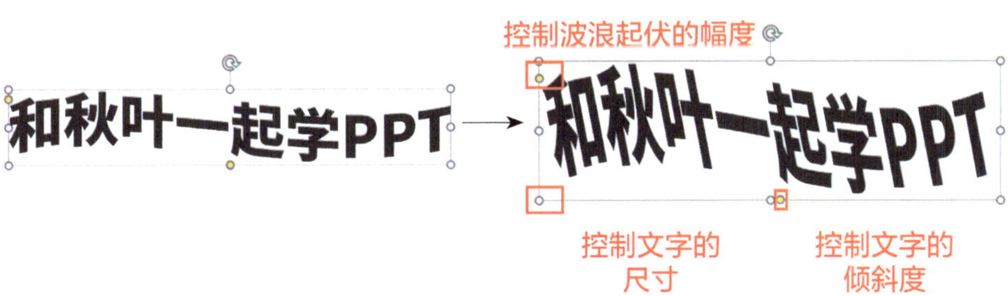

5.9 文字的图片填充与镂空处理

前面我们提到，当文字的笔画足够粗时，我们就可以看清楚文字内部的填充效果。如果文字的字号还足够大，那我们完全可以将其打造成图片的容器，制作出生动的图片文字效果。

文字的图片填充方法与页面背景的图片填充方法类似，我们在第 2 章已经详细讲解过，这里就不再重复。不过，你可曾想过，上图中的效果除了可以由图片填充生成，还可以由镂空文字和背景图片打造出来呢?

▲ 镂空文字可透出背景图片，实现填充效果

或许有人会心存疑惑——“就算可以用镂空文字、背景图片实现填充效果，但显然是直接对文字进行图片填充更加简单方便啊，为什么我们还要学习镂空文字的制作方法呢？”

这是因为使用镂空法，背景**不但可以是图片，还可以是动态的视频**，这样就能制作出十分有感染力的动态文字特效了。下面我们就来试试看！

实例 36 使用镂空法制作动态文字效果

插入视频，将其缩放到合适的大小，必要时可进行裁剪，然后将视频设置为自动开始并循环播放。

新建文本框输入文字，设置好字体、字号后将其放在视频上层，注意文字不能超出视频区域。完成后绘制一个矩形，使其将文本框和视频完全遮住（为了方便观看，这里我调整了矩形的透明度）。

准备好文字

准备好矩形

将矩形设置为无边线，右击，将其下移一层，让文字位于顶层。

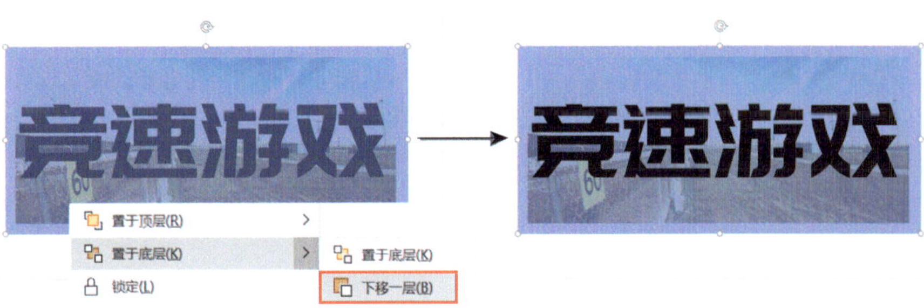

在选中矩形的情况下，按住 Shift 键，再选中文本框，打开“形状格式”选项卡，单击“合并形状—剪除”制作出镂空文字。

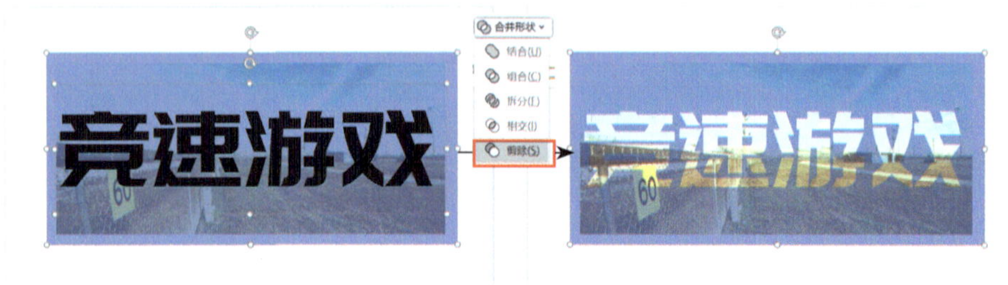

先选中矩形，后选中文本框

将矩形填充为白色（不透明），播放视频，就能看到动态文字效果了。

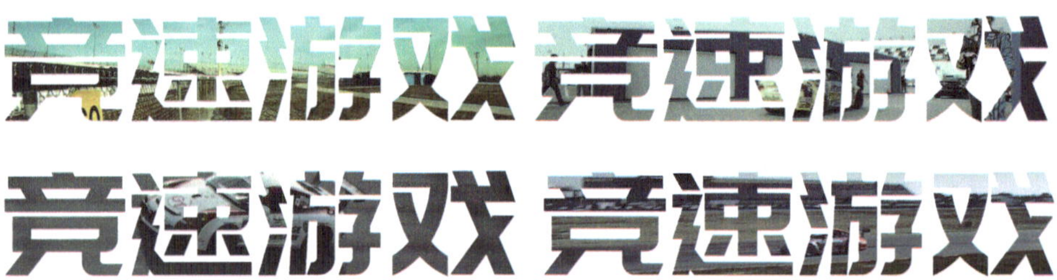

5.10 化字为图：打开通往新世界的大门

在 PowerPoint 中，图片对象的一系列专属功能是无法运用于文字的，例如裁剪、艺术效果、颜色亮度调节等。但我们可以在剪切文字后利用“选择性粘贴”功能将文字粘贴为图片，这样就可以将这些功能运用于文字了。利用这种“化字为图”的方式，我们在文字的美化处理上就又打开了一扇通往新世界的大门。

例如我们可以复制并裁剪文字图片，将文字分为上下两部分，在空出的中间部分放置文本框，做出网上流行的“文字嵌套”效果。

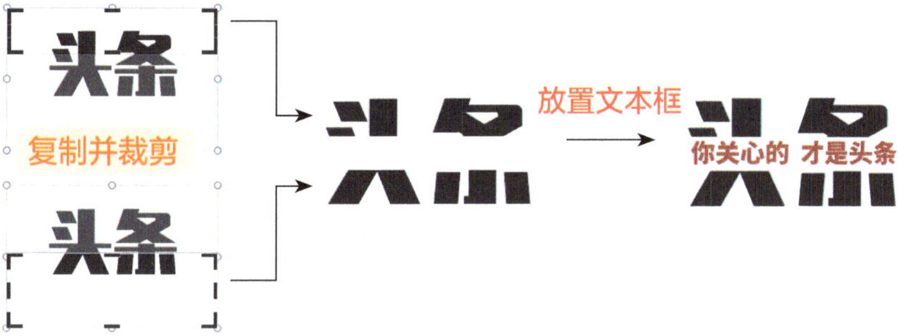

▲ 网上流行的“文字嵌套”效果

另外，也可以为图片化后的文字添加艺术效果以实现创意文字效果。例如下面这个“睡眠变失眠”的创意效果，就是将 sh、u、imian 3 部分（其中 u 为灰色）分别剪切、粘贴为图片，然后为图片 u 添加“虚化”效果实现的。

艺术效果中的“虚化”效果

没有你在我怎么能够睡得着

5.11 字图结合：要生动也要创意

上一节的“化字为图”是把所有文字都变成图片后加以处理，如果我们只是把一部分文字变为图片或者图标呢?

把“2022”中的“0”变为小老虎图标

把“时”字中的“丶”变为钟表指针

把文字和与之相关的图片或图标相结合，不但可以美化页面，还可以提升文字的表现力，深化主题。

在上面的两个案例中，左侧案例用小老虎图标替换数字“0”几乎没有难度，我们甚至可以干脆不输入数字“0”，留出空位就行；但右侧案例是如何用钟表指针替代“时”字中的“丶”的呢？

实例 37　利用“合并形状”制作创意文字效果

视频案例

在上一个实例中，我们使用了“合并形状”中的“剪除”模式来制作镂空文字。在这个实例里，我们要用到的是“拆分”模式。

先插入文本框、输入文字，然后设置好字体、字号、颜色等外观属性。

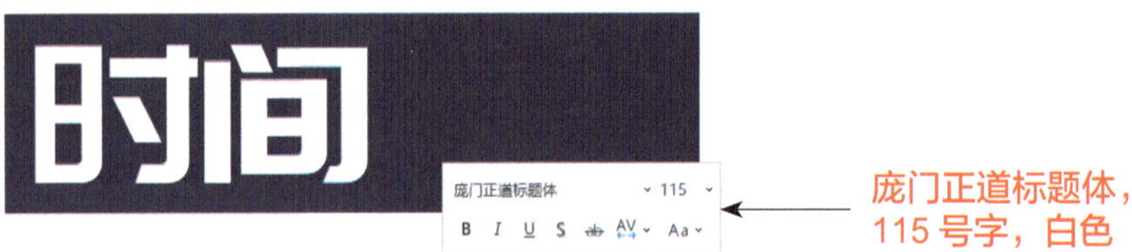

在文字一旁任意绘制一个形状，然后按住 Shift 键，先后选中文本框和形状，打开“形状格式”选项卡，单击“合并形状—拆分”。

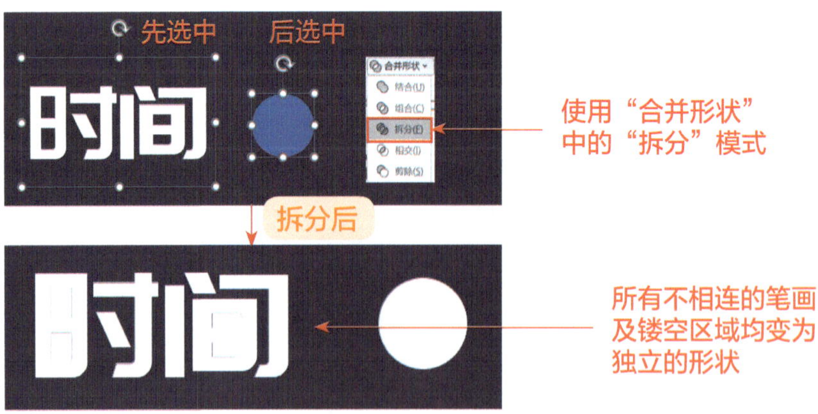

移除不需要的形状，使用圆角矩形绘制两个钟表指针，将二者组合后放置到文字上即可。

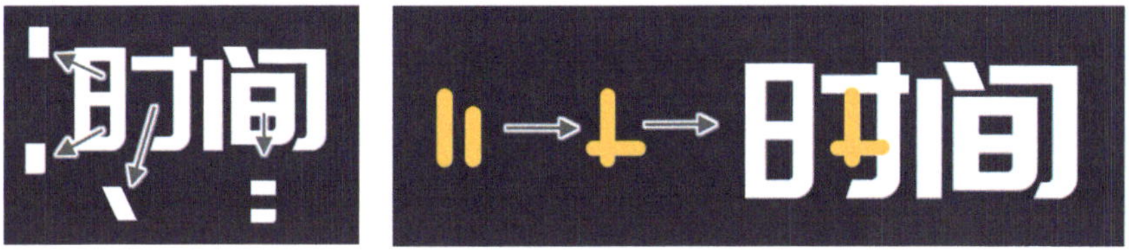

5.12 文字描边：手动打造，效果更佳

在 PowerPoint 中，我们可以在选中文本框之后打开“形状格式”选项卡，为文字添加描边效果。

看起来效果还不错吧？可是如果我们为了使描边效果更显眼，而增加文本轮廓的磅值，就会出问题了——**增加磅值后文字的轮廓会向文字内外扩展**，一些比较纤细的笔画就会直接被轮廓“吞掉”。

这时该怎么办呢？我们可以选择手动描边。

实例 38 手动描边，打造“云朵字”特效

“云朵字”是对文字多层描边效果的一种称呼，最开始是部分英语老师为了制作教具而构思出来的，后来也有老师直接将其用在课件里。

首先新建文本框，输入单词并设置好字体、字号。

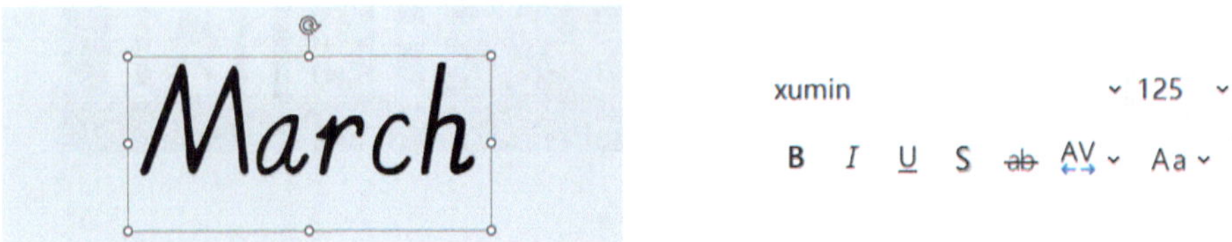

按住 Ctrl+Shift 组合键的同时将文本框向右拖动，水平复制出两个。

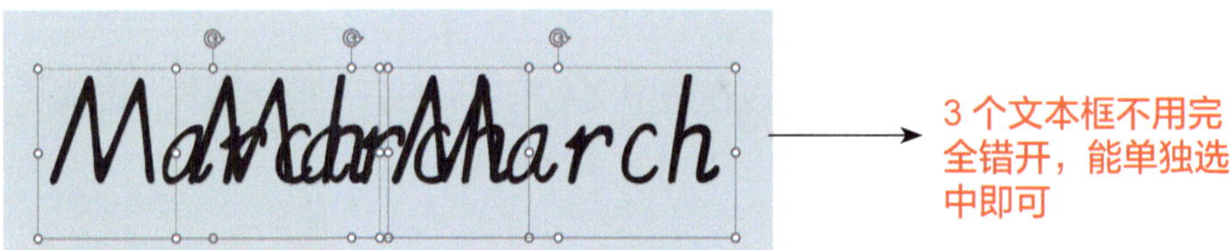

单独选中最左侧即最底层的文本框，设置文本轮廓为蓝色，粗细为 50 磅；然后单独选中中间的文本框，设置文本轮廓为白色，粗细为 25 磅。

最后将 3 个文本框水平居中对齐，编为一组即可。因为文字字号越大，相同磅值的文本轮廓就显得越细，故上述参数仅供参考。

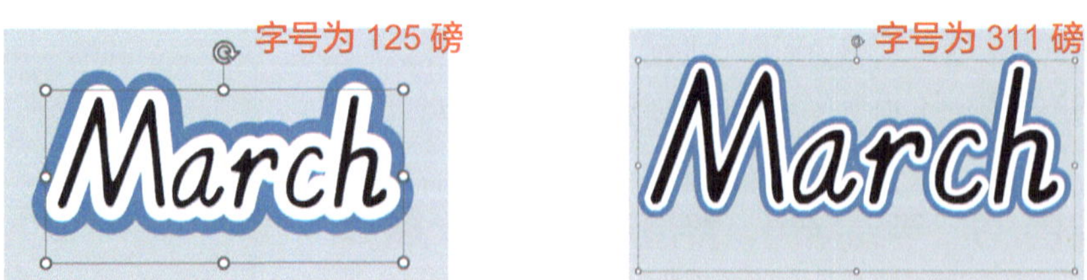

5.13 线条与形状：文字美化好帮手

除了前面讲过的对文字本身造型进行改变的美化方法，我们在排版中还经常会使用线条与形状来辅助美化文字。有时仅仅是简单加上一根修饰线条或放置一个或数个用于陪衬的矩形，文字的呈现效果就会立马不同。

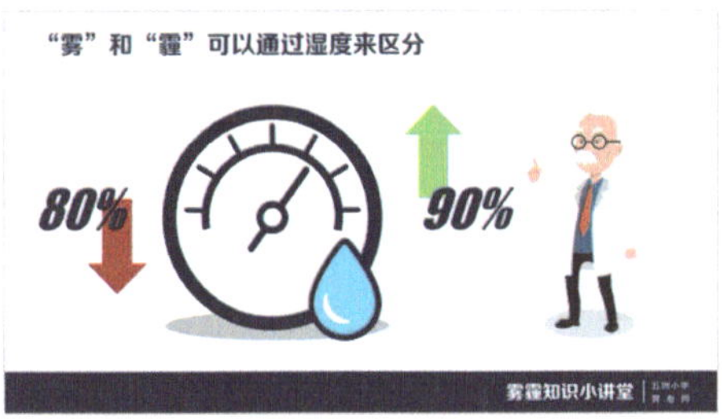

竖线隔开标题与作者署名

矩形引出章节标题

矩形重叠以衬托标题

横线隔开标题和内容

看完上面这几个案例，请你思考以下问题：假如去掉这些线条或矩形元素，页面会变成什么样子？去掉后的效果与之前的效果有什么不同？哪一种效果更好？

再仔细看一遍这 4 个案例中直线和矩形的用法，请思考：**这些线条和矩形的绘制方法从技术角度来讲困难吗？**你制作 PPT 时有没有这样使用它们的习惯？如果没有，又是为什么呢？

5.14 PPT中的线条

在上一节我们聊到了线条和形状在排版中对文字美化的辅助作用。接下来我们就详细聊一聊 PPT 中的线条。

线条在排版中的作用

线条是很多新手在制作 PPT 时容易忽视的元素，比起线条，他们更喜欢使用形状，为形状设置各种渐变效果和立体效果。一个可能的原因是他们认为那些渐变效果、立体效果经过多个步骤才制作出来，能让 PPT 显得比较有技术含量。而线条仿佛太小儿科了。

真的是这样吗？你是否知道线条还有下面这些作用？

引导视线	传递情感
划分区域	串联对象
制造空间	强调重点
改变方向	修饰美化
表达力量	创建场景

▲线条的常见作用

注意到了吗？上面这张图也运用了线条——绘制两根与背景色同色系的线条，但设置不同的明度。当这样两根线条摆放到一起时，就营造出了刻痕凹陷的视觉效果。

线条的可调节选项

PowerPoint 为线条样式提供了大量可调节选项，随意绘制一根线条，右击，选择“设置形状格式”，即可打开“设置形状格式”面板。在这里，可以看到线条的各种可调节选项。

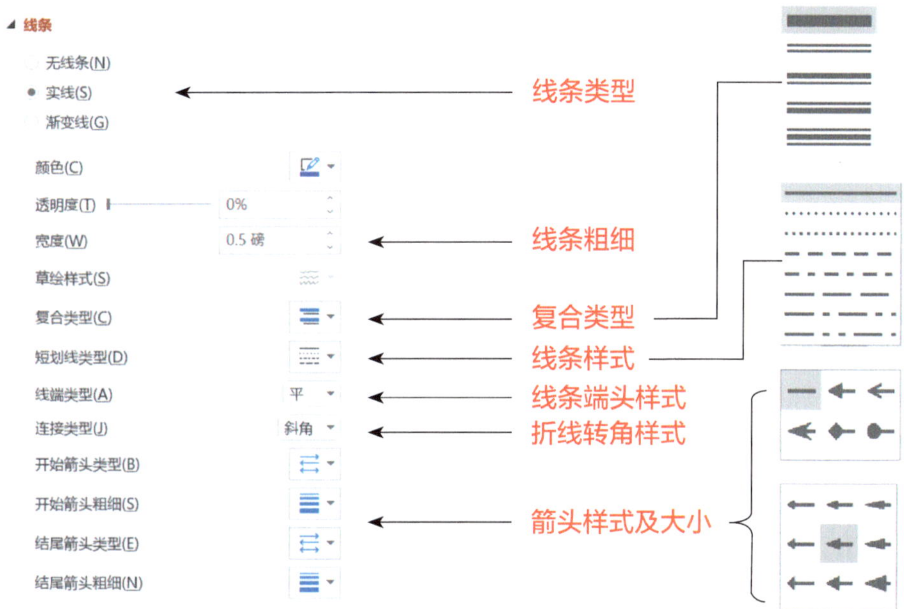

▲线条的可调节选项非常多，灵活性较强

在所有的可调节选项中，最让人摸不着头脑的可能就是“线端类型”和“连接类型”了。“线端类型”包括“平”“圆”“方”3 种，“连接类型”包括“斜角”“圆角”“棱台”3 种，前者对线条的端头生效，后者对折线转折处生效，加粗才能看清。

线条的绘制工具

打开“开始”选项卡“绘图”功能组的形状下拉菜单，我们可以看到一系列线条绘制工具，用这些工具绘制出来的图形都属于线条，受线条可调节选项的控制。

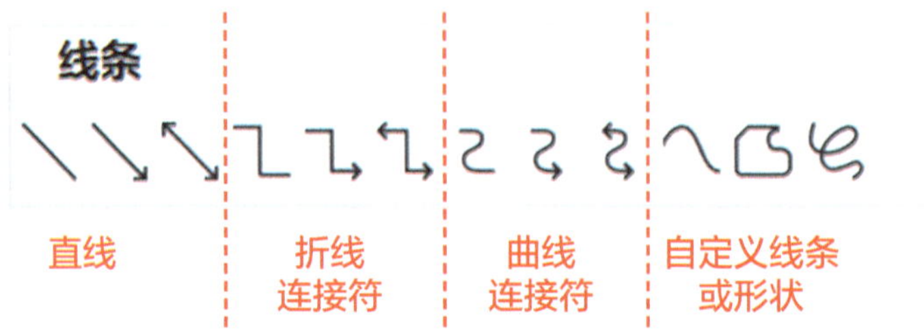

直线是大多数人都会用的工具，我们重点介绍一下后面几类工具。

首先是连接符类型的工具。当你选择这类工具时，将鼠标指针靠近对象，对象边缘会出现自动吸附的连接点，按住鼠标左键并拖动鼠标，线条就会从连接点处延伸出来，移动鼠标指针靠近另一个对象的连接点，松开鼠标左键，就可以轻松地在两个对象之间建立连接符，绘制完之后还可以通过黄色控点调整连接符形态。

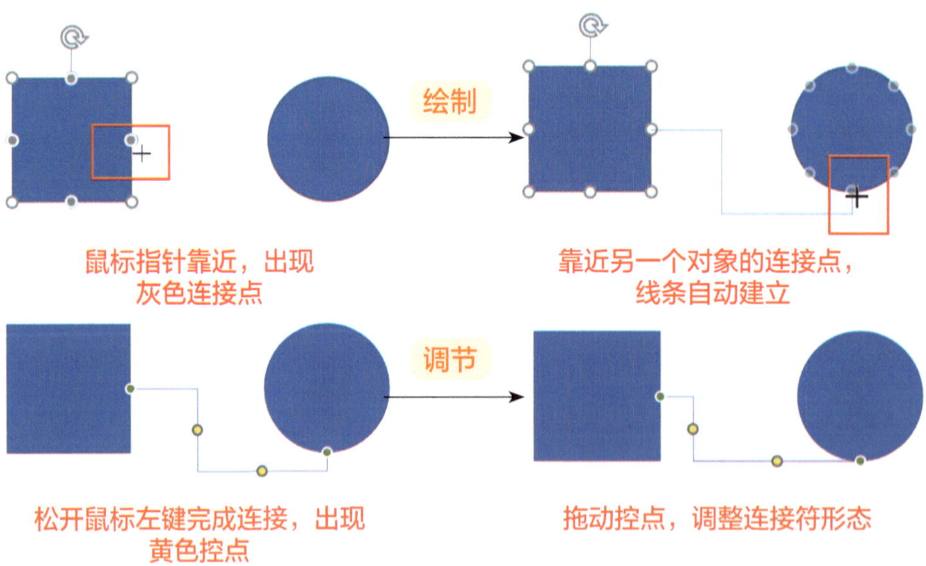

其次是自定义线条或形状类型的工具，包括曲线、任意多边形、自由曲线 3 种。

曲线的使用方法是单击后将鼠标指针移动到下一个位置再单击，再移动、再单击……PowerPoint 会根据落点和鼠标指针的移动路径自动计算生成一条流畅的曲线。想要结束绘制时按 Esc 键即可。

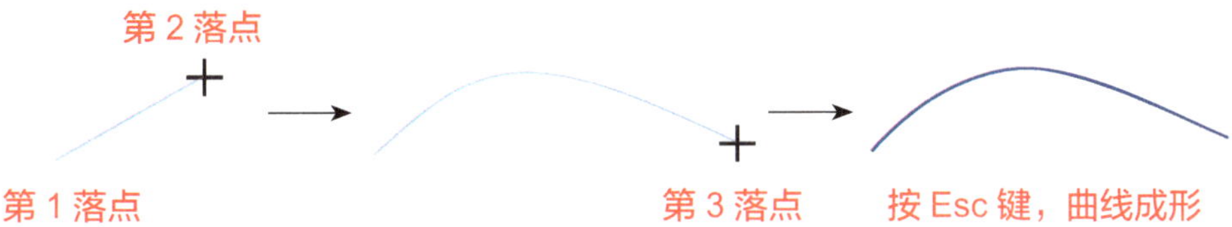

任意多边形则结合了曲线和自由曲线两种工具的绘制方法，若按住鼠标左键不放，绘制出来的是自由曲线，但绘制完毕后不会自动结束绘制，需要按 Esc 键手动结束；若单击、移动、再单击、再移动、再单击……绘制出来的是折线，同样按 Esc 键后绘制才会结束。

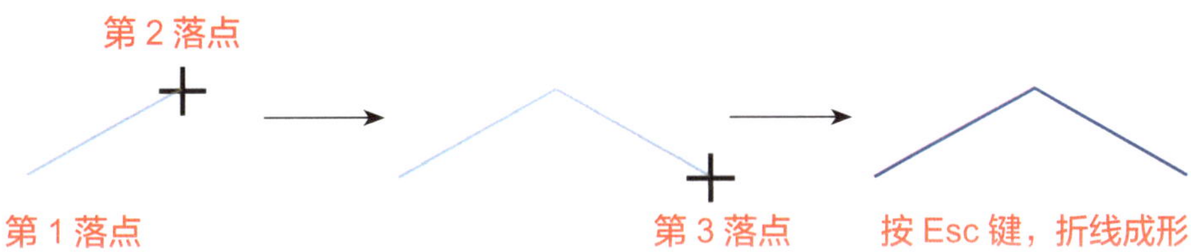

自由曲线的使用方法则是按住鼠标左键，像使用画笔那样绘制出随意的线条，释放鼠标左键即可自动结束绘制，生成曲线。**由于鼠绘难以操控，自由曲线很难绘制得平滑顺畅**，故这种工具使用得相对较少。

无论哪种自定义线条，**当绘制终点与起点重合时均会生成形状。**

5.15 “触屏党”的福音：墨迹绘图

过去，我们可能很难单凭鼠标在 PowerPoint 里画出像样的手绘图。但在高版本的 PowerPoint 里，墨迹绘图功能得到了强化，如果你的电脑是微软 Surface 这样的触屏设备，使用触控笔就能在 PowerPoint 里进行手绘了。

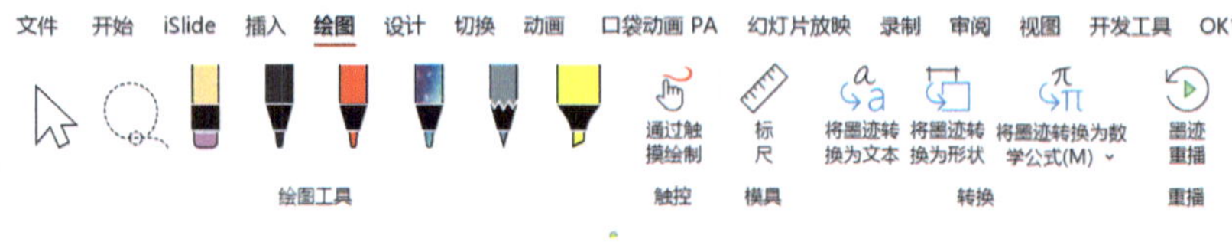

▲ 功能丰富而强大的“绘图”选项卡

使用自由曲线工具连简笔画都很难画好

使用微软 Surface 触控笔却可以画漫画

如果你想要绘制一些基本的形状，只需要打开“将墨迹转换为形状”开关，在 PPT 页面上随手一画，抬笔的瞬间，这些墨迹就会自动变为标准的几何形状；而“将墨迹转换为数学公式”则更是理科老师们的福音。

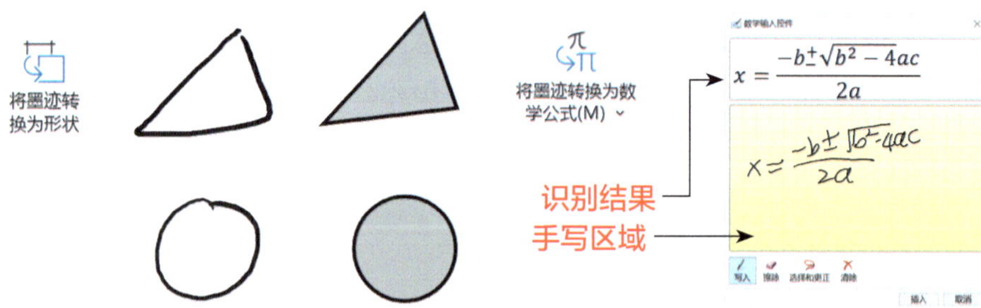

使用不同的笔绘图，我们可以得到不同样式的线条。在下拉菜单中还能对画笔的颜色、笔尖粗细等参数进行设置。

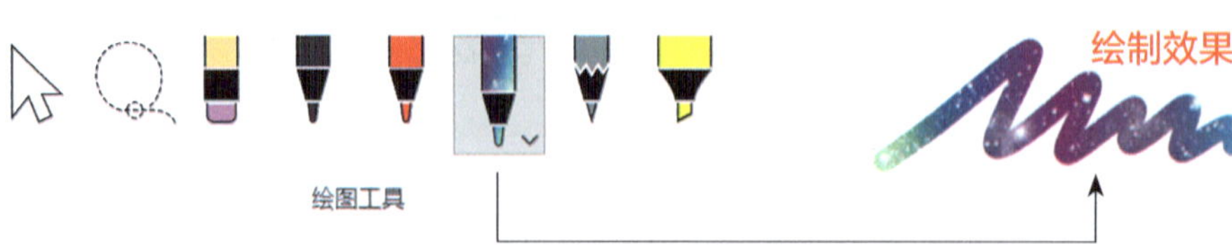

画笔分 3 类，圆头的是普通笔，尖头的是铅笔，斜头的是荧光笔。右击笔杆，还可以添加同类型的画笔（每一类最多添加 3 支）。

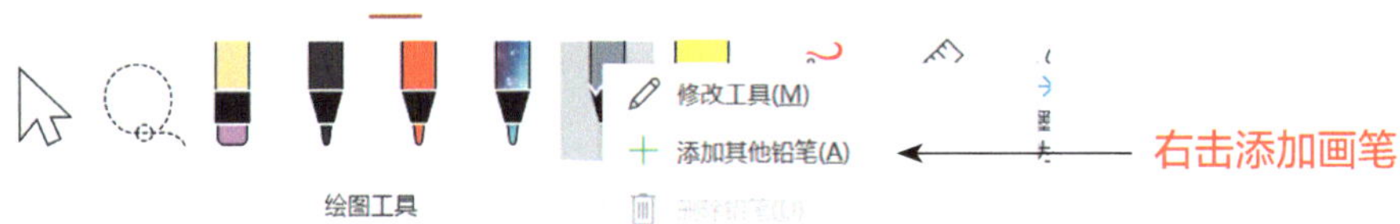

如果想要手绘直线，还可以打开“标尺”功能，一只手双指分开旋转调整虚拟直尺的角度，另一只手则靠着这把直尺绘制出直线。

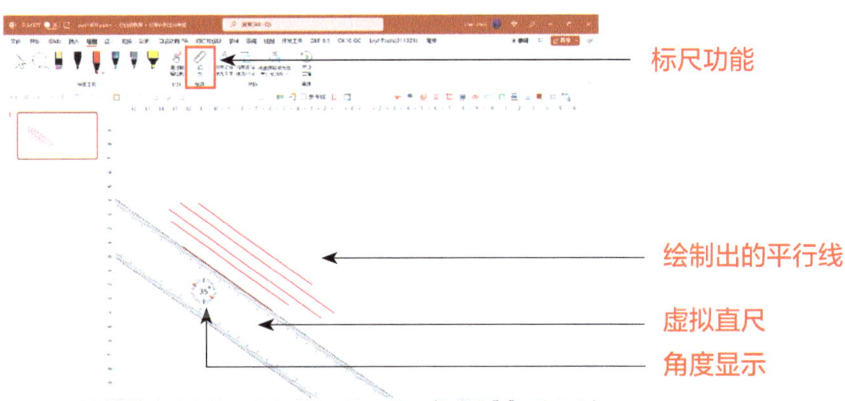

如果你使用的是触屏笔记本电脑，一定不要错过这些强大的功能！

5.16 线条的10种常见作用

在 5.14 节，我们提到了引导视线、划分区域等 10 种线条的常见作用，现在我们已经学完了线条的绘制方法，接下来就一起来欣赏一些使用线条的 PPT 案例，想想看该如何完成案例中线条的绘制吧！

引导视线

在阅读时，人的眼睛天然容易被线条的方向所引导，因此，我们在制作

PPT 时可充分利用这一点，让观众跟随线条的方向移动视线，时间轴和箭头就是很好的案例。

▲ 来源：iSlide 图示库免费图示模板

在一些国风 PPT 里，当我们需要放置多列竖排文字时，也可以使用竖线分隔不同列文字，从而引导观众的视线，避免观众习惯性地从左向右横读。

划分区域

划分区域可以说是 PPT 里线条最常见的作用之一了。前面我们在讲到使用线条和形状辅助文字美化时就已经举过相关例子，本页上方两个“引导视线”的案例中，标题和内容区域也是靠线条划分的。除了使用开放的直线，封闭的线条形状也能起到相同的作用。

▲ 来源：iSlide 图示库免费图示模板

制造空间

在左下这张图片里，画面中的汽车和背景在同一个层面，可只要合理地加上一些线条，就能让它变得像是要冲出纸面一样栩栩如生。

▲ 合理地为 2D 图片加上线条就能打造出 3D 效果

在上一章“对象的层次、遮挡与选择”一节中我们举过类似的例子，只不过当时“截断”线框的是标题文字，而不是图片中的一部分画面。

改变方向

在“引导视线”部分，我们给出的案例中的线条都是沿一个方向延伸的。如果线条在延伸过程中转弯，观众自然会跟随线条走向改变视线。我们只需要再配上恰当的切换动画，就能做出连贯流畅的视觉效果来 。

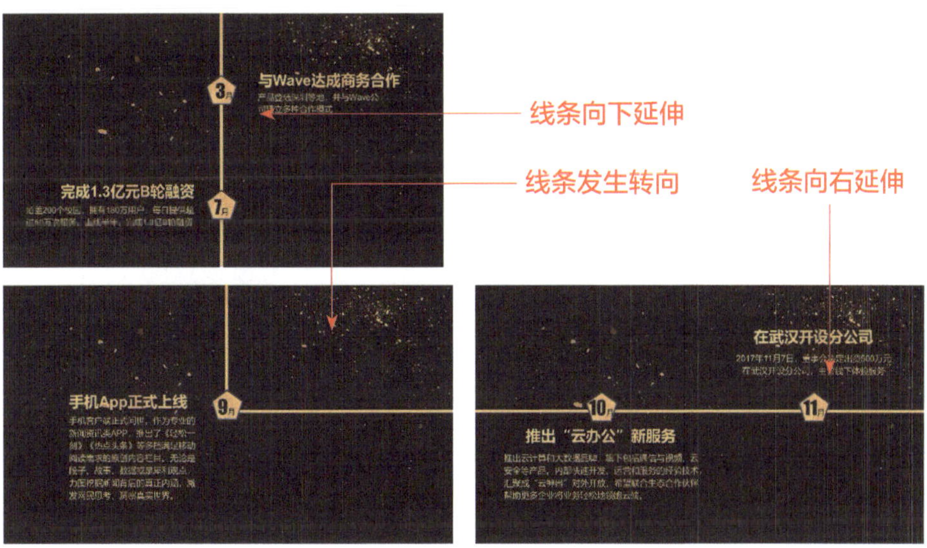

▲ 来源：网易云课堂的和秋叶一起学 Office 课程案例

表现力量、传递情感

因为可以被设置为不同的样式，线条也就拥有了表现力量的作用。想要表现力量弱小，可以使用较小的磅值、较浅的颜色，选用虚线等线型；而想要表现力量强大，就可以反其道而行之。

此外，线条还能传递情感。回想我们小时候画的那些简笔画，是不是想表现一个人站不稳的样子时，都会在他的腿部加上一些折线或曲线？如果你有绘画基础，一定会对这部分内容的理解更深。

▲ 线条具有表现力量、传递情感的作用

串联对象

线条串联对象的作用在图示中最为明显，单击“插入—SmartArt”，弹出“选择 SmartArt 图形”对话框，切换到“层次结构”类目，就能看到各种线框组合的 SmartArt 图形。在线条的串联下，同样是矩形框却能表现出不同的层次和从属关系——还记得吗？上一章最后一个实例就是这样用线条来串联对象的。

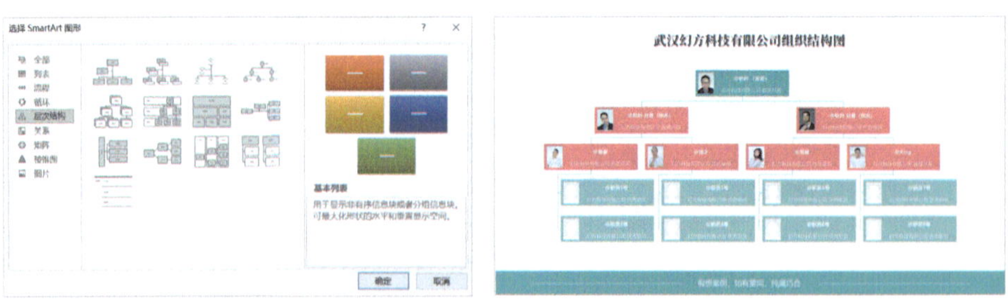

▲ 线条能结合对象的位置表现出对象之间的从属关系

强调重点

线条用于强调重点的例子，任何人应该都能举出来。对，就是在课本上勾画重点，PPT 里我们也常用这一招。

▲ 线条起到了强调正在讲解的部分（Stage 3）的作用

修饰美化、创建场景

线条还可以起修饰美化和创建场景的作用。如和秋叶一起学 Office 从入门到精通、和秋叶一起学 Word 小白到高手等一系列网课的封面，就使用了十字交叉或斜向平行的线条来构建底部纹理，这样不但丰富了画面内容、增加了层次，还使画面有了科技感。

▲ 使用交叉或平行线条做出若隐若现的底部纹理来美化画面

5.17 你还在滥用形状吗

形状也许是 PPT 中滥用情况最严重的设计元素之一。Jesse 老师在学校教授中小学音乐课件制作课程时，为了摸清学生们的课件制作水平，曾经提供给学生一段文字材料，要求他们按材料内容制作出一张幻灯片，且不能套用模板。结果收到的作业大都是下面这个样子的。

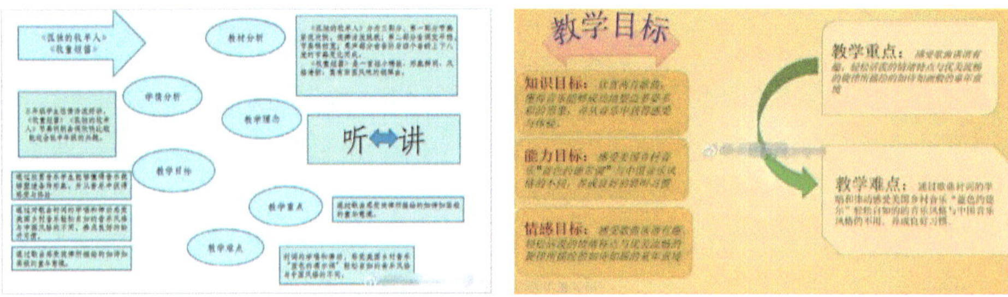

▲ 滥用形状的学生作业

在禁止使用模板的规定下，学生们面对文字材料**往往想不到分析内容逻辑、按照文字的内在联系进行排版**，但又觉得应该加点儿文字材料里没有的、视觉化的元素，才像是在制作 PPT，而不是“Word 材料搬家”。于是他们就开始一个接一个地画框、画圈，加入各种形状来“充实版面”。

但是，为什么要使用这个形状，而不是那个形状？为什么要把形状的大小和位置设计成当前这个样子？这些问题他们可能都没想过。

如果自己都说不出个所以然来，只是凭感觉随意为之，这种做法必然就是滥用形状。

只有在使用形状之前就从逻辑上考虑清楚自己当下的目的和表达需求，再根据这种需求来选择形状，才能让形状成为文字表达的好帮手。

与上一页两份排版杂乱的作业不同，下面这份作业就能让我们感受到什么叫“**根据表达需求来挑选形状**”——哪怕它仍然使用了过多的形状，但至少看得出来其中蕴含的逻辑。

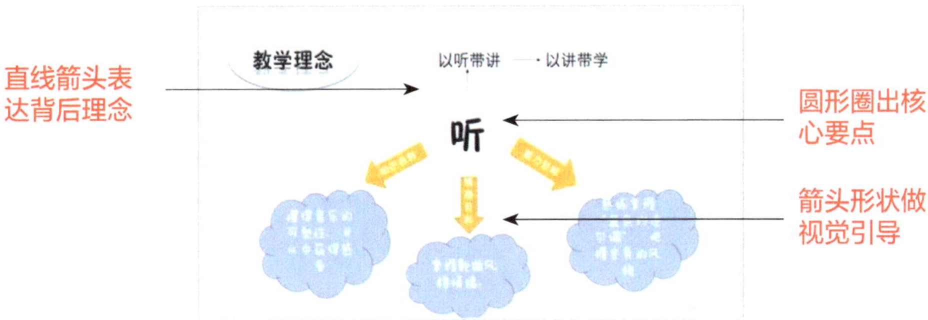

▲ 基本做到了按需使用形状的作业

在这份作业里，学生不但使用箭头形状引出了知识目标、情感目标、能力目标 3 项内容，还用相对纤细的直线箭头表达出了教学目标背后蕴藏的教学理念，体现出了与三大目标不同的层级关系。

根据原作意图，我们只需要选用合适的形状、稍做修改美化，就能得到一张逻辑清晰、版面整洁的幻灯片了。

5.18 PPT形状美化都有哪些方法

前面我们学习了一系列文字和线条的美化方法，那么对于形状而言，美化应该从哪些方面入手呢？我们给大家总结了以下几种方法。

多做尝试

打开 PowerPoint 中的形状列表，你会发现这里有数十种不同的形状可供我们选择。只要把握好尺度，注意当前页面或整个 PPT 的协调统一，我们可以多尝试不同的形状，以及利用它们进行更多的变化，而不是仅仅只会使用矩形、圆形、三角形、箭头等几个基本形状。

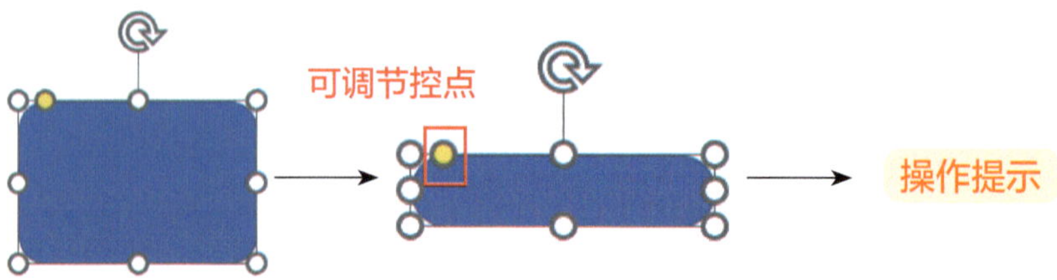

▲ 利用圆角矩形制作出操作提示标签

利用好部分形状可调节控点的特性，我们可以最大限度地发挥形状的潜力。

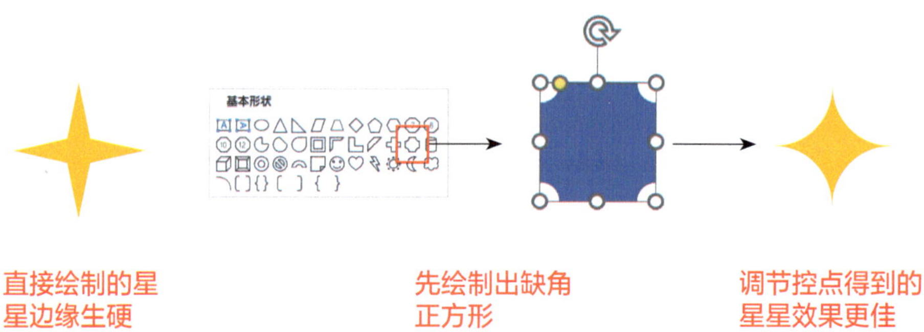

调整轮廓

默认绘制的形状都带有轮廓，大多数人的操作是**将其设置为“无轮廓”，这也是业界公认的基本操作。**但如果你选中绘制出的形状，打开“设置形状格式”面板，就会发现轮廓色其实是与填充色同色系但更深的颜色。

因此，当我们改变填充色时，只要同步修改轮廓色为与填充色同色系但更深的颜色，同样可以让轮廓色和填充色“和平共处”，并不是一定要设置为“无轮廓”。

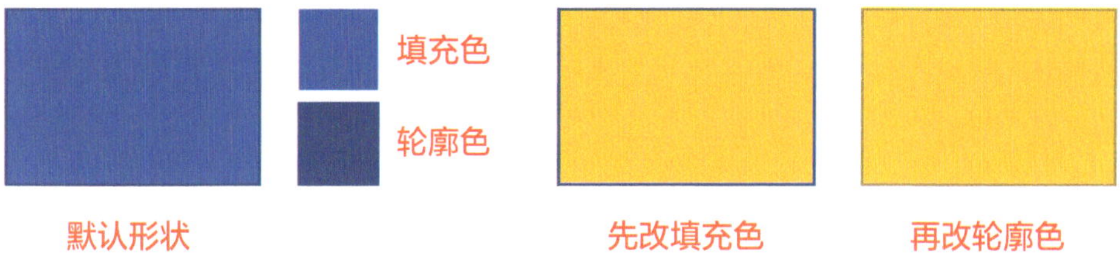

▲ 同步修改形状的填充色和轮廓色使二者相匹配

除了调整轮廓的颜色，我们还可以调整轮廓线条的粗细，将线条的类型设置为虚线等。

调整填充方式和透明度

在 PowerPoint 中绘制的形状默认采用纯色填充，如果你还想使用其他的填充方式，可以右击形状，在弹出的菜单中选择“设置形状格式”，打开“设置形状格式”面板，在这里我们可以看到“渐变填充”“图片或纹理填充”“图案填充”“幻灯片背景填充”等多种填充方式。

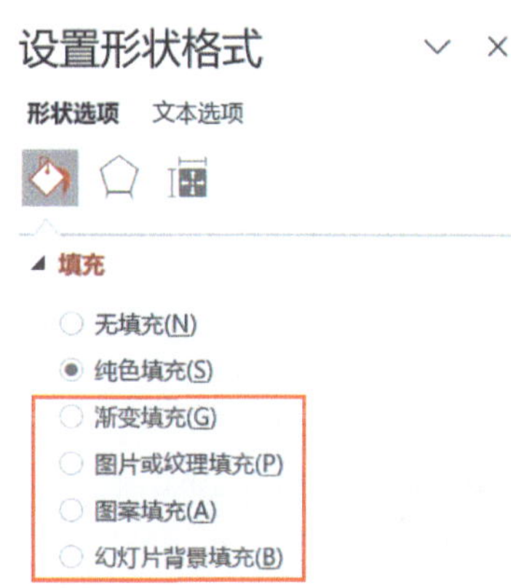

不同的填充方式有不同的效果，也会对应不同的细节设置选项，推荐大家结合实际案例对这些功能逐一进行尝试和了解，这里只介绍一下**“幻灯片背景填充”**这种比较特别的填充方式。

所谓“幻灯片背景填充”，就是使用幻灯片背景对形状进行填充，填充的内容取决于形状所在位置的幻灯片背景。

无论我们将形状移动到哪个位置，形状内的图像均与当前位置的幻灯片背景相同，但这又不是简单的“无填充”—— 哪怕形状下层还有其他对象，也无法“遮挡”背景的显示。

移动圆形，形状内的图像会同步变化

下层矩形无法“遮挡”背景图像的显示

利用“幻灯片背景填充”方式的这个特点，我们可以在幻灯片背景为图片时也轻松做出矩形缺口效果。

遮挡法不适用于非纯色背景

为矩形设置“幻灯片背景填充”就能轻松搞定

除了上面提到的“幻灯片背景填充”和“图案填充”，其余 3 种填充方式均可以设置形状的透明度。

为形状设置透明度是 PPT 制作过程中使用频率比较高的功能，例如在一些全图型 PPT 中，如果把文字直接压在图片上，文字是很难看清的。这时只需要在文字下层放置一个半透明的矩形，同时把文字改为白色，文字就能看得清了。

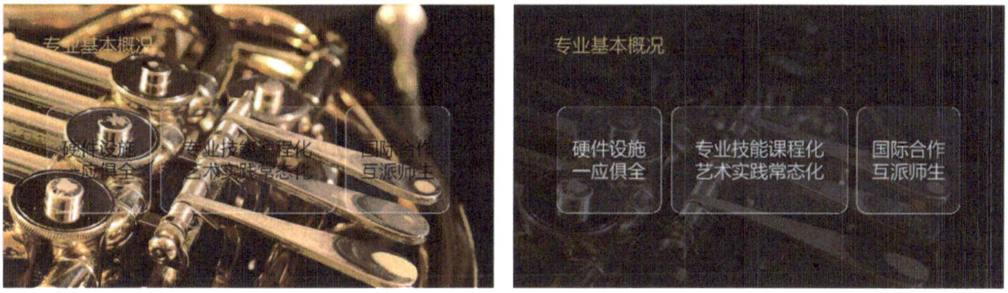

▲半透明矩形对背景图片“降噪”以凸显文字

对形状进行渐变填充也时常会用到设置透明度功能，例如给相同颜色的渐变光圈设置上不同的透明度，用来制作渐隐的自然过渡效果。当我们找到的图片宽度不足以填充页面，缩放裁剪又会导致画面内容缺失时，用设置了渐隐效果的矩形对画面边缘加以覆盖就可以很好地解决这个问题，这样既确保了画面内容的完整，又让画面与背景巧妙地融为一体。

实例 39　调节矩形渐变与透明度，融合图片与背景

下图是我们将找到的图片素材放置在页面上的效果。不难发现，如果直接放置，图片无法覆盖整个页面；而将图片放大后覆盖，图片又无法完整显示，要么天空会被裁剪掉，要么码头会被裁剪掉，效果都不理想。

我们可以在页面中插入一个与页面等大的矩形，将它设置为“渐变填充”，只保留两个渐变光圈，且均设置为黑色，渐变角度改为 0°。

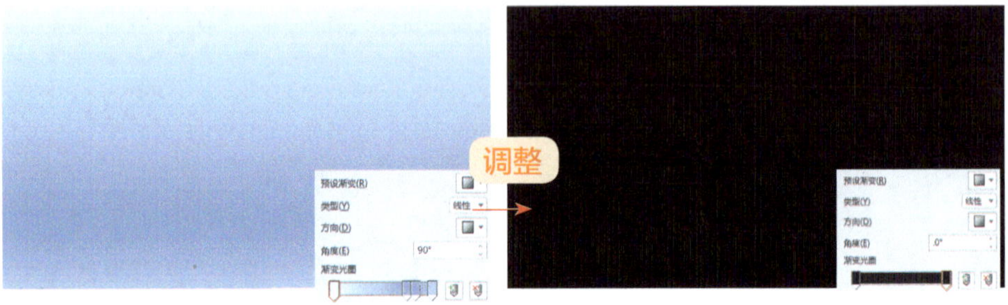

选中左侧渐变光圈，将它的透明度设置为 30%，这样我们就制作出了一个从左向右由略微透明过渡到不透明的黑色渐变矩形。向右移动左侧渐变光圈至 35% 的位置，然后向左移动右侧渐变光圈直至看不到明显的图片边缘。

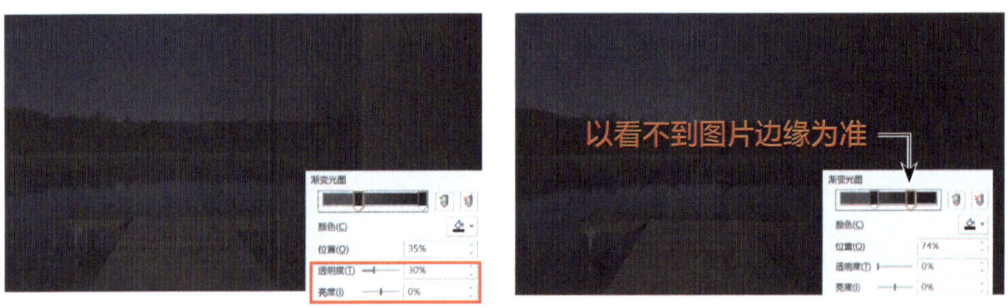

全选图片和矩形，将它们剪切后填充为页面背景（“图片或纹理填充—剪贴板”），接下来就可以制作页面的前景内容了。

这个实例中渐变色的设置，其实有很多种方法可选择，黑色的透明度渐变只是其中的一种。如果不打算在页面上放置太多的文字，还可以从图片中取色设置渐变效果，将文字放在渐变矩形的不透明一端。

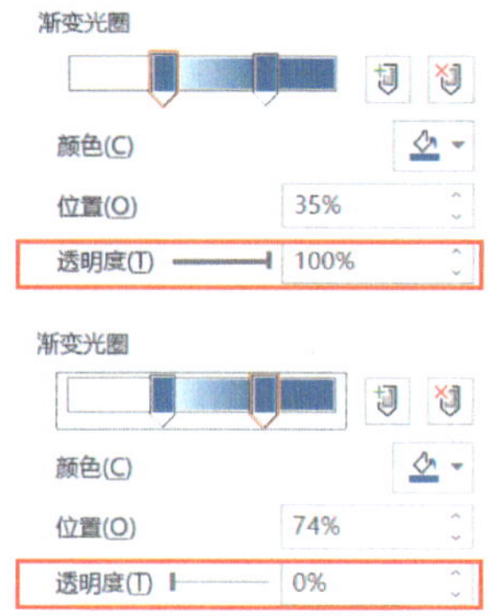

调整形状效果

PowerPoint 中的形状可以设置各种不同的效果，包括阴影、映像、发光、柔化边缘、三维格式、三维旋转等。推荐大家结合 PPT 的实际需要去尝试，但请一定记得克制，不要设置太多效果，以免喧宾夺主。

阴影：

映像：

发光：

柔化边缘：

三维格式：

三维旋转：

形状的效果如果使用得当，还能营造出一些特殊场景，下面来看一个实例。

实例 40　巧用柔化边缘打造切口效果

视频案例

看看下面这样的切口效果，像不像把 PPT 背景切开了一个小口子，让信用卡从切口里“钻出来”呢？这其实是使用形状的“柔化边缘”效果做出来的。

信用卡从切口里“钻出来”

首先，在页面上斜向放置好信用卡图片素材，然后绘制出一个长长的椭圆形，将其填充为深灰色，设置为无轮廓；选中椭圆形，设置透明度为 30%，添加 25 磅的柔化边缘，然后将其剪切、选择性粘贴为图片。

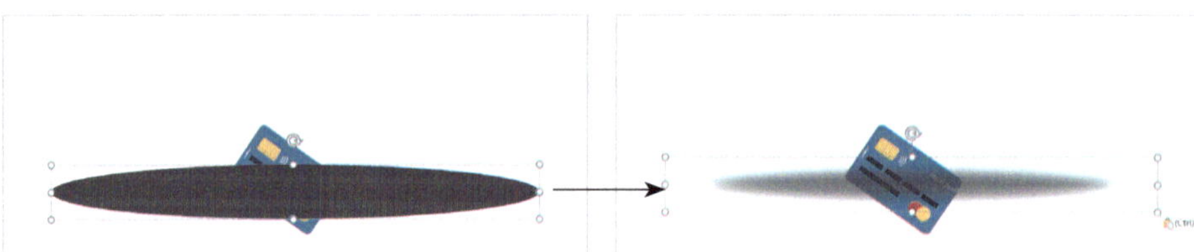

柔化后剪切、粘贴为图片

这里要提醒大家注意的是，柔化边缘使用的是绝对磅值，而反映出来的却是相对效果——如果对象很大，25 磅的柔化边缘对它而言可能只有一点柔化效果；而如果对象很小，25 磅的柔化边缘有可能把它自身一半的面积都柔化消失掉。因此**具体的柔化边缘的磅值，要通过对实际效果的观察来确定，**切不可生搬硬套。

给 28cm 长的椭圆设置 25 磅的柔化边缘

给 18cm 长的椭圆设置 25 磅的柔化边缘

使用裁剪功能，裁剪掉已经变为图片的椭圆形的下半部分，保留上半部分并垂直压缩图片的高度，切口效果已经呼之欲出了。

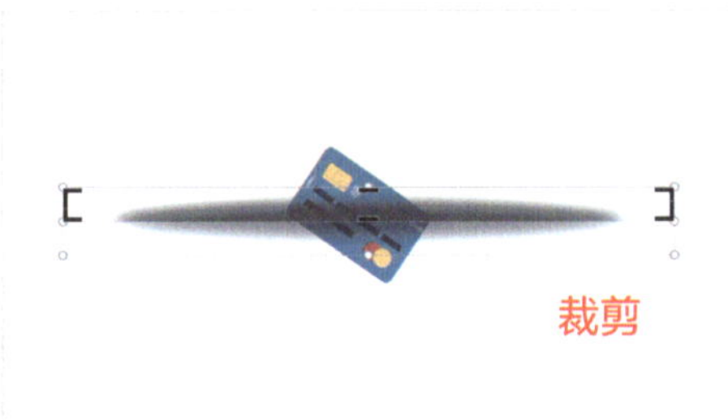

裁剪

垂直压扁

绘制白色矩形遮住信用卡下半部分，再完成页面上标题、Logo 等其他元素的制作，就大功告成了。

矩形遮挡
（半透明是为了展示遮挡关系）

完成制作

5.19 绘制圆滑曲线形状的奥秘

在学习线条部分的内容时，我们讲到过曲线、任意多边形、自由曲线 3

种自定义线条路径封闭后可以生成形状。那么，如果我希望你临摹出下面这个曲线形状，你会选择哪款工具呢？

▲ 你会选择哪款工具来临摹上面的形状？

我相信有很多朋友都会毫不犹豫地选择曲线工具——顾名思义，曲线工具不就应该拿来绘制曲线形状吗？

但只要你真正尝试一下就会发现，使用曲线工具并不能完美复刻上面的形状。这是因为使用曲线工具时，曲线的弯曲形态与落点位置有很大关系——**在落点 A、B 已确定的情况下，当前落点 C 与前一落点 B 之间的距离，还会影响落点 A、B 之间的曲线形态。**这就导致我们为了贴合原形状边缘不得不频繁地布下落点，最终结果就是曲线不够圆滑。

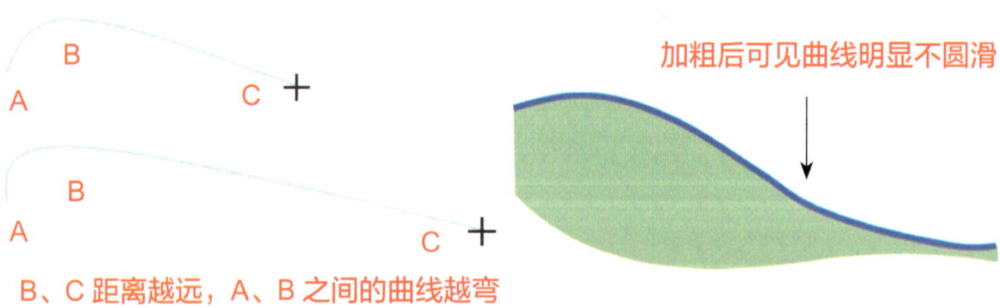

▲ 用曲线工具绘制的曲线是程序自动计算生成的，很难精确掌控

正确的做法是使用任意多边形工具，先绘制出曲线形状的骨架，再利用编辑顶点工具将直线调整为曲线。

实例 41 用任意多边形工具和编辑顶点工具临摹曲线形状

使用任意多边形工具顺时针沿被临摹形状边缘布下落点并回到起点，勾勒出基础的任意多边形，调整任意多边形的透明度。注意最小化落点数量——**每一段 S 形弧线由 3 个落点构成，每一段 C 形弧线只需 2 个落点。**

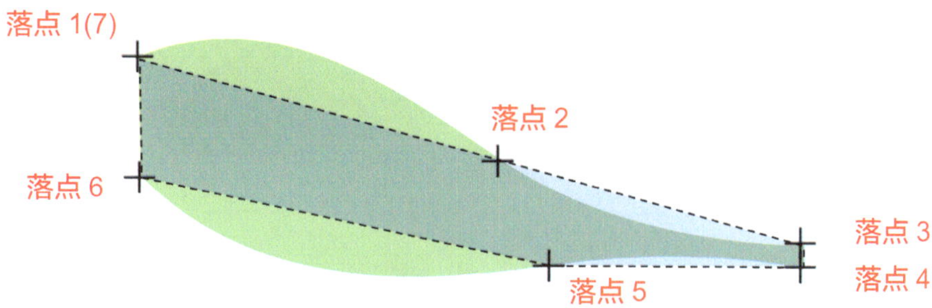

右击绘制出的任意多边形，进入“编辑顶点”模式，然后右击上下两段 S 形弧线中间的顶点，将它们设置为“直线点”。

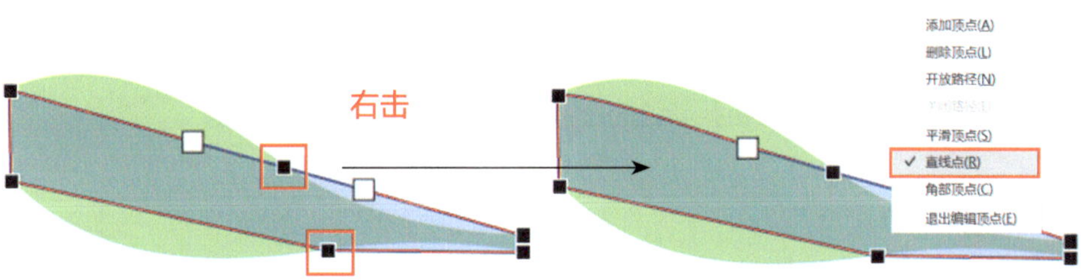

拖动中间顶点两侧的手柄，改变手柄的长度和角度以调整曲线的走向，使曲线尽可能地与需要临摹的形状吻合（调整时会出现供参考的虚线）。

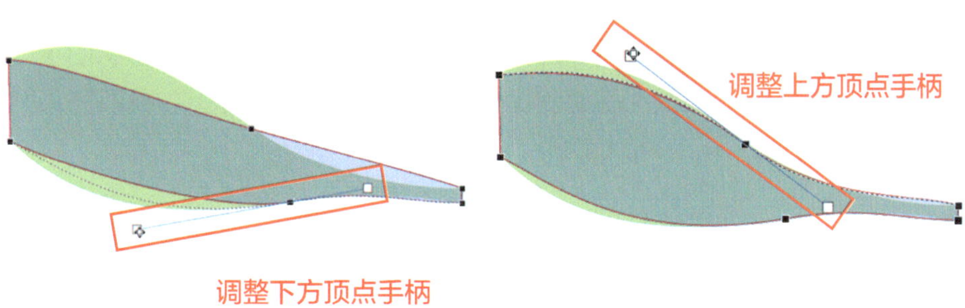

逐一调整任意多边形左右两端 4 个顶点的手柄，使当前形状的边缘与需要临摹的形状边缘完全重合，必要的时候可以调节中间顶点的手柄，以

使中间顶点配合其他顶点的变化。

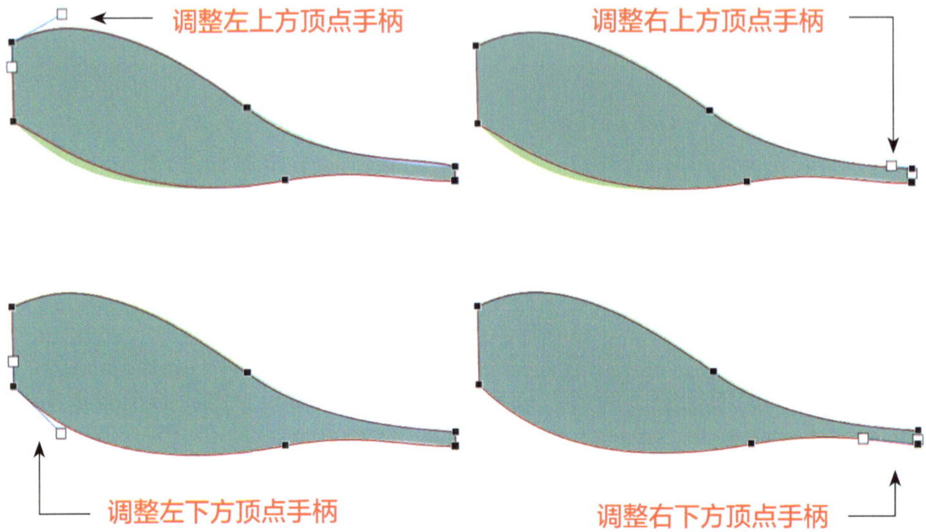

完成形状临摹后，将所得到的形状恢复至不透明状态即可。

5.20 神奇的“合并形状”功能

从 PowerPoint 2013 版开始，微软新增了一组 “合并形状”功能，这组功能在“形状格式”组中，只有当我们选中多个形状、文本框或者图片时，才会被激活。利用“合并形状”功能，我们可以方便地完成各种几何形状的子、交、并、补运算，从而快速地绘制出任何想要的形状。实际上，我们在实例 36、37 中已经用到了合并形状功能。

“合并形状”功能的 5 种模式

“合并形状”功能包含了5种不同的模式，对应5种不同的布尔运算方式，因此也有很多人把这个功能叫作“布尔运算”。进行合并形状操作时，**选择对象的先后顺序对最终结果有较大的影响。**例如在“剪除”模式下，合并形状后剩下的是先选对象未与后选对象重叠的部分。另外，无论哪种模式，合并形状后生成的形状都会延续先选对象的颜色属性等。以下例子均先选蓝色圆形。

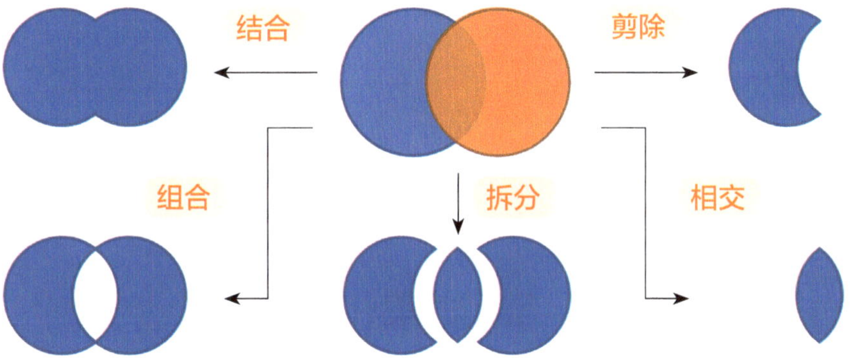

在最新版本的PowerPoint中，合并形状的操作不仅能在形状之间进行，还能在形状与文字、形状与图片、文字与文字、文字与图片之间进行，功能的适用范围得到了极大的拓展。

例如用图片和圆形相交，可以快速制作出适合人物介绍页面使用的人物圆形头像。

对图片和形状使用“剪除”模式，可以留下图片的一部分，这样制作“切口效果”等特效时，就不必用白色矩形来遮盖，也就不会留下可能露馅的隐患了。

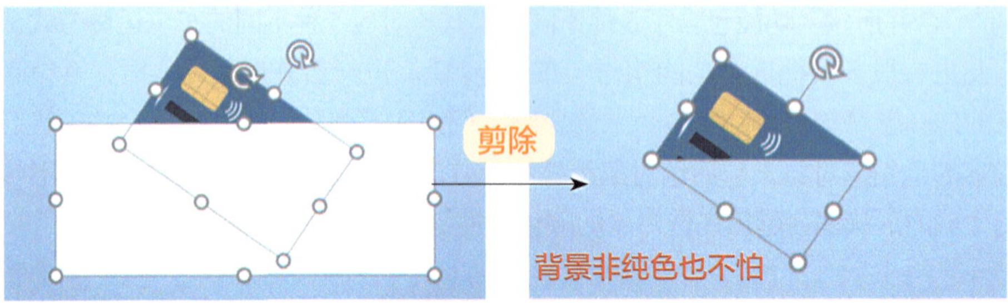

看到一个特殊的形状，能快速想出该形状可以用哪些基本形状通过“合并形状”与“编辑顶点”功能搭建出来，才算是彻底掌握了PPT中的形状使用技巧。

5.21 形状美化：常见的美化手法

学习了形状的各种属性设置方法和变化方法后，这一节我们来看一看都有哪些常见的利用形状对幻灯片进行美化的手法。

形状与线条结合

形状与线条结合是最常见的手法之一，我们在前面的章节已经提到过，这里不再重复，只要注意观察，你就一定能发现数不尽的案例。

不同形状结合

在PPT的页面设计中，我们可能会根据需要使用不同的形状来表示不同的含义，例如下图就使用了不同的形状来充当不同类别的内容的“容器”。

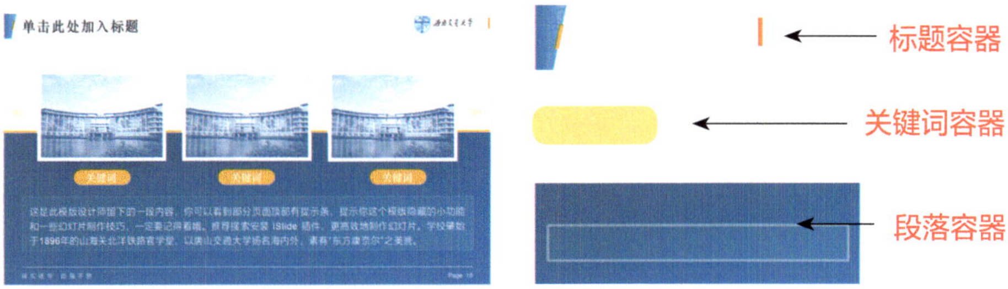

▲ 来源：iSlide 插件案例库免费案例模板

相同形状阵列

有时我们甚至无须改变形状类型或大小，直接罗列单一形状得到形状阵列就能做出不错的效果。不少 SmartArt 图形就是通过这种方式构建起来的。

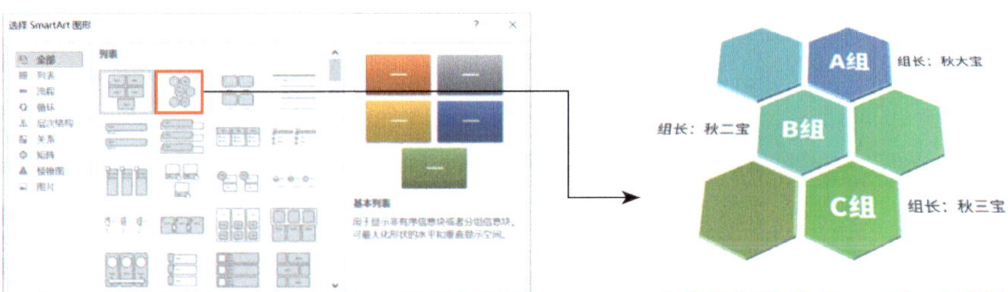

六边形阵列 SmartArt 图形

利用形状划分版面

在一些扁平风格的 PPT 里，形状还常常被用来划分和切割版面。

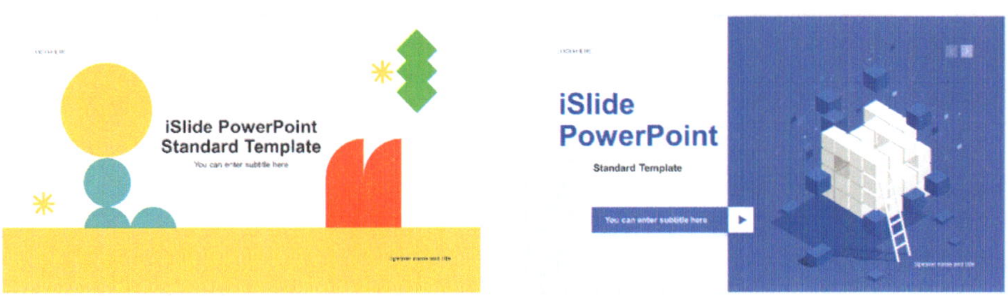

▲ 来源：iSlide 插件主题库会员主题模板

除了上面提到的这些手法，我们还可以为形状添加半透明效果或者填充不那么显眼的颜色，然后将其放置在页面底部充当页面的装饰。

大多数时候，形状的使用都非常简单，基本上可以说是看了就会，但很多人的问题在于“没想到可以这么做”，所以一定要多看多练、积累经验。

5.22 PPT中的表格你真的会用吗

大部分人制作 PPT 时很少会注意到表格，即使用到表格，大概率也会像下面的示例一样，使用一个默认的表格样式了事。

团队成员	职务	专业	学位	负责事务
秋叶	书记、院长	工程学	博士后	该培训项目的总体协调
秋大宝	副书记	经济学	博士	该培训项目的具体组织实施
秋二宝	副院长	管理学	博士	后勤保障、师资联系、接待
秋三宝	院长助理	工商学	博士	培训教学组织
秋四宝	辅导员	计算机	硕士	班主任工作

▲ 大多数人在 PPT 里制作表格时并没有美化表格的意识

虽然表格的作用主要是记录和展示数据信息，可 PowerPoint 毕竟是 Office 中最讲究作品视觉表现力的一员，用在 PPT 里的表格如此“原生态”可交不了差。

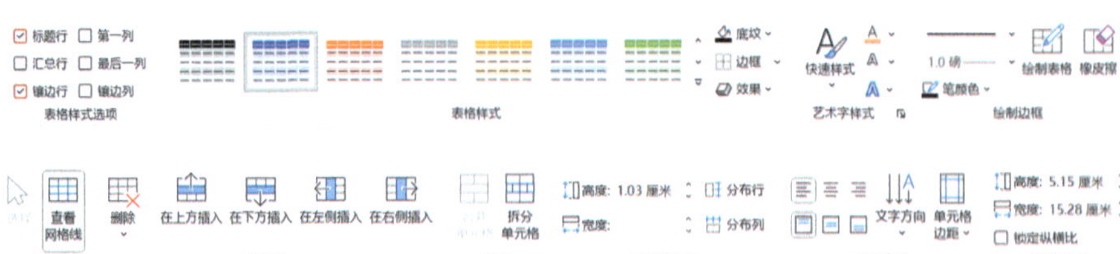

▲ PowerPoint 里针对表格的功能多到装满两个功能区

想要美化表格，应该从哪些方面入手？在美化的过程中，可供我们使用的功能都有哪些？除了用来记录数据，表格还有什么用处？这些问题你都回答得上来吗？这下是不是觉得自己其实还不怎么会用表格了？

5.23 表格的插入和结构的调整

在学习怎么美化表格之前，还是让我们先来看看在 PowerPoint 里创建表格和调整表格结构的方法。

创建表格

单击“插入”选项卡，找到“表格”按钮，单击这个按钮时会弹出一个下拉菜单，里面布满了小格子——这就是在 PowerPoint 里快速创建表格的功能。

在这个格子区域内移动鼠标指针，可以迅速调整表格的基础结构，即设置多少行、多少列。确定之后单击，表格就创建完毕了。

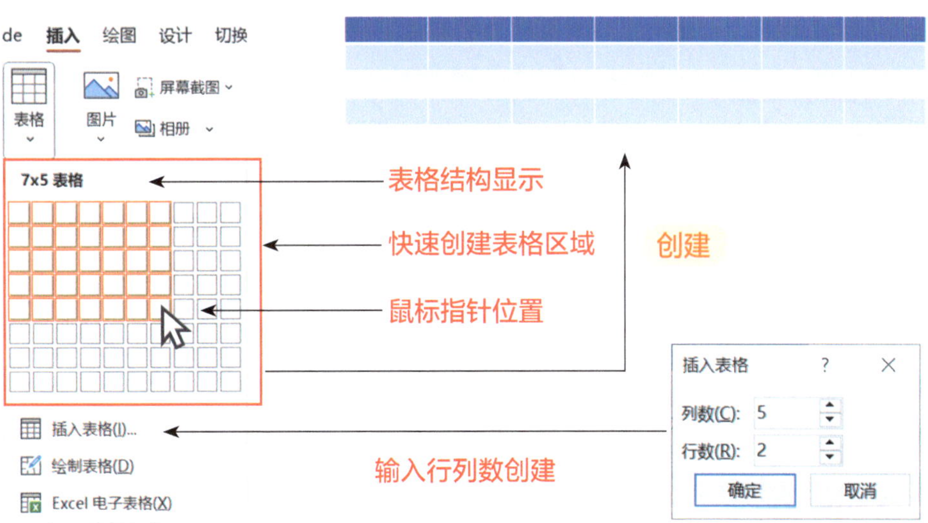

快速创建表格区域最大可以创建 10×8 的表格，如果要创建的表格要求

更多的行列数，就需要单击下方的“插入表格”，在弹出的“插入表格”对话框中手动输入表格的行列数进行创建。

“插入表格”下方的“绘制表格”功能主要用于在已有单元格内添加对角线，直接用它来绘制表格只能画出单个单元格，因此使用频率较低。

菜单底部的“Excel 电子表格”功能则用于以嵌入形式插入一个 Excel 表格。关于嵌入式 Excel 表格及其特性，我们在 3.5 节已经详细讲解过了，这里就不再重复。

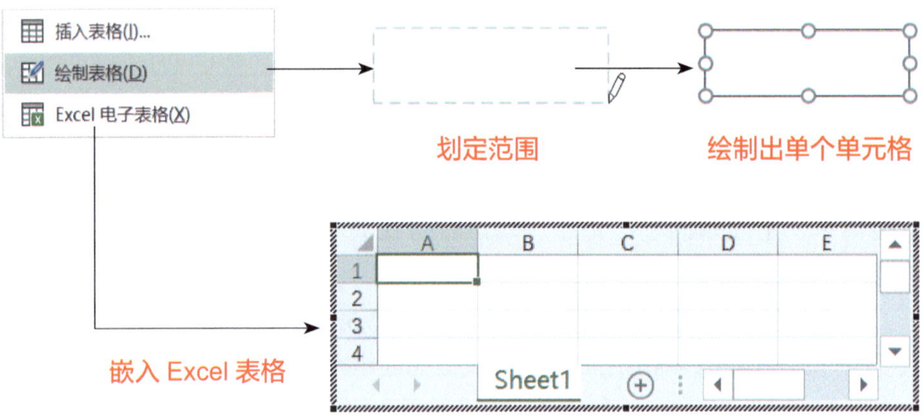

调整表格结构

如果对绘制好的表格结构不满意，想要进行调整，我们就要用到表格的“布局”功能区。

“布局”功能区中的大部分命令相信大家一看就能懂，例如增加行数和列数，以及合并、拆分单元格等，都是比较基础的操作，这里只单独讲一下对单元格的调整操作。

大多数人在调节列宽和行高时，都喜欢直接通过拖曳鼠标的方式来调整，这种方式在调整行高时是没有问题的，但在调整列宽时，假设你拉动的是表格内框线，加宽左列时就会压缩右列。这样等到你需要在右列中填写内容时就又需要调整列宽。

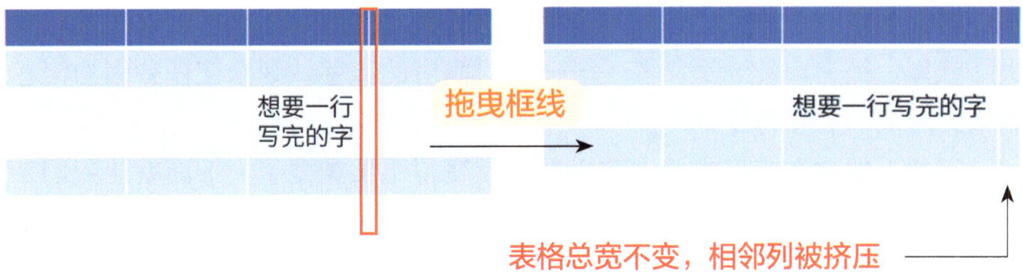

▲ 拖动调整列宽往往会改变相邻列的宽度

而此时如果拖动表格末列右侧的框线，又会平均地增加每一列的宽度。

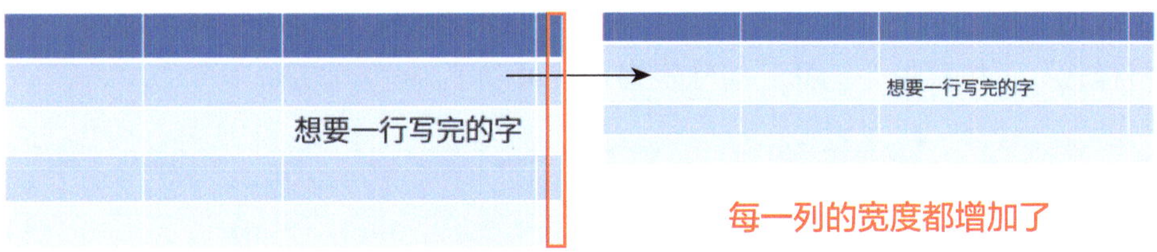

▲ 拖动表格末列右侧框线会平均地调节每一列的宽度

如何才能只调整某一列的宽度而不影响相邻列的宽度呢？我们可以将光标定位到需要调整列的单元格内，然后在功能区输入合适的数值。

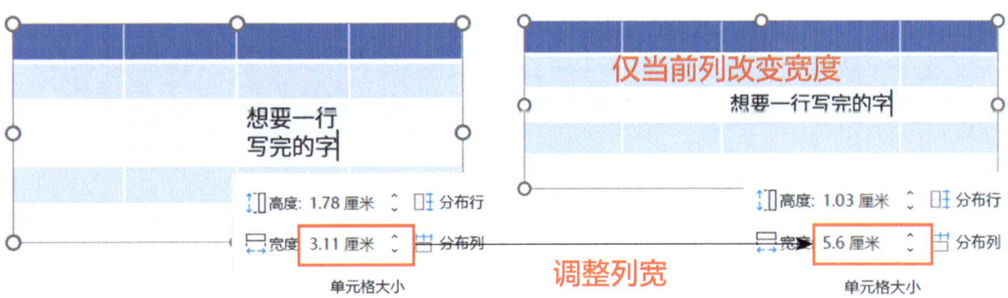

5.24 如何在表格中强调关键数据

在 PPT 中使用表格的优势在于“用数字说话”，为论点提供强有力的支撑，增强观点的说服力。但**如果表格包含的数据太多而你又不会对关键数据进行强调，很有可能会适得其反**——面对满屏的数字，观众往往会因为信息量太大而跟不上你的节奏。

因此，学会在表格中强调关键数据就变得至关重要了。下面就让我们来了解一下相关的方法。

视频案例

强调数据的简单方法

和在大段文本中强调关键词相同，要想在表格中强调某一部分数据，最简单的方法就是改变这部分数据的字体、字号、颜色等属性。

但由于默认的表格本身就自带底色、标题行文字加粗等设置，因此在强调数据之前还得先弱化这些设置对表格外观的影响。操作很简单，打开“表格样式”下拉菜单，选择“清除表格”就可以了。

团队成员	职务	专业	学位	负责事务
秋叶	书记、院长	工程学	博士后	该培训项目的总体协调
秋大宝	副书记	经济学	博士	该培训项目的具体组织实施
秋二宝	副院长	管理学	博士	后勤保障、师资联系、接待
秋三宝	院长助理	工商学	博士	培训教学组织
秋四宝	辅导员	计算机	硕士	班主任工作

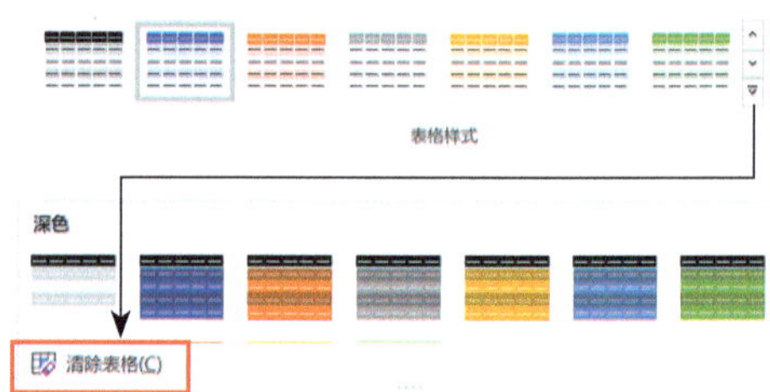

团队成员	职务	专业	学位	负责事务
秋叶	书记、院长	工程学	博士后	该培训项目的总体协调
秋大宝	副书记	经济学	博士	该培训项目的具体组织实施
秋二宝	副院长	管理学	博士	后勤保障、师资联系、接待
秋三宝	院长助理	工商学	博士	培训教学组织
秋四宝	辅导员	计算机	硕士	班主任工作

干净的表格便于我们理清头绪，想明白哪部分数据需要强调

如果表格中没有需要特别强调的数据，我们可以对标题行进行强调，而无须为每个单元格都填充颜色，甚至标题行也可以仅用线条隔开、加粗文字以达到强调效果。

团队成员	职务	专业	学位	负责事务
秋叶	书记、院长	工程学	博士后	该培训项目的总体协调
秋大宝	副书记	经济学	博士	该培训项目的具体组织实施
秋二宝	副院长	管理学	博士	后勤保障、师资联系、接待
秋三宝	院长助理	工商学	博士	培训教学组织
秋四宝	辅导员	计算机	硕士	班主任工作

团队成员	职务	专业	学位	负责事务
秋叶	书记、院长	工程学	博士后	该培训项目的总体协调
秋大宝	副书记	经济学	博士	该培训项目的具体组织实施
秋二宝	副院长	管理学	博士	后勤保障、师资联系、接待
秋三宝	院长助理	工商学	博士	培训教学组织
秋四宝	辅导员	计算机	硕士	班主任工作

乍一看要做成这个样子好像还是需要花一些功夫，设置单元格填充色、设置框线的有无等，但其实根本没那么复杂。我们套用现成的表格样式，必要时进行一些修改即可。上面两个表格，左边是直接套用了 PowerPoint 内置样式，而右边则是对内置样式做了一些修改得到的。

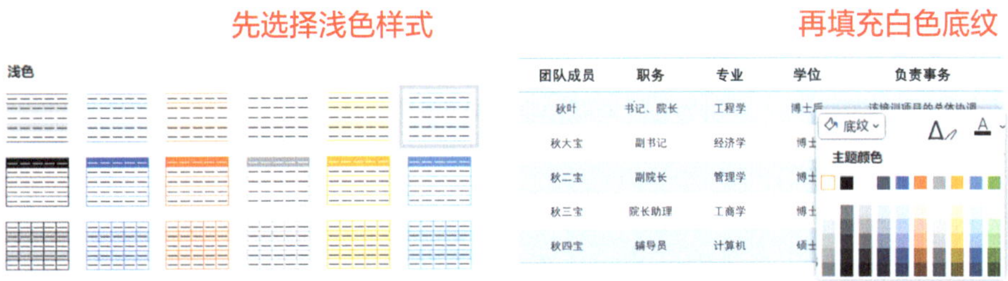

▲ 两步就能完成的简单表格样式设置

假设在这个表格中，我们需要强调团队成员的高学历，那就可以再对表格样式进行调整。我们可以单独给学位这一列添加浅蓝色的底色，这样观众一眼就能看到我们想要强调的部分。

或者选中学位这一列，对文字的字体和颜色做一些调整，也能起到凸显的作用。当然，这些调整也要符合表格的整体风格，对比不能过于强烈，否则会给观众带来不舒服的视觉感受。

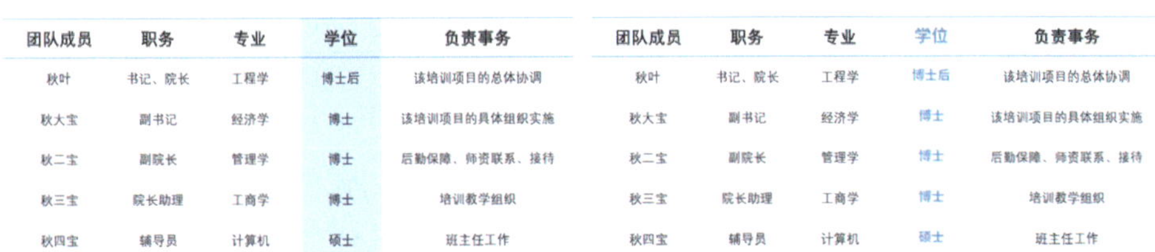

▲ 两种不同的强调关键数据的方法

另外，**关于强调关键数据，很多人都容易忽视的一点是对齐方式。**如果你的表格中存在数字，请一定将数字右对齐，这样数字位数的差异在视觉上就会更加明显，即便是同一列的内容，也能让人一眼看出哪个数字更大。

▲ 对齐方式不同也会带来不同的视觉体验

更有设计感的数据强调方法

如果你觉得前面我们讲的方法还不够用，那接下来就再教你一种更有设计感、更具辨识度的数据强调方法。

首先，还是做好基础的表格设计工作，例如选择一款表格样式。接下来，选中需要强调的一列，按 Ctrl+C 组合键进行复制，然后按 Ctrl+V 组合键粘贴，此时页面上会出现一个新的只有一列的表格。按住 Shift 键的同时拖动表格一角将其略微放大。

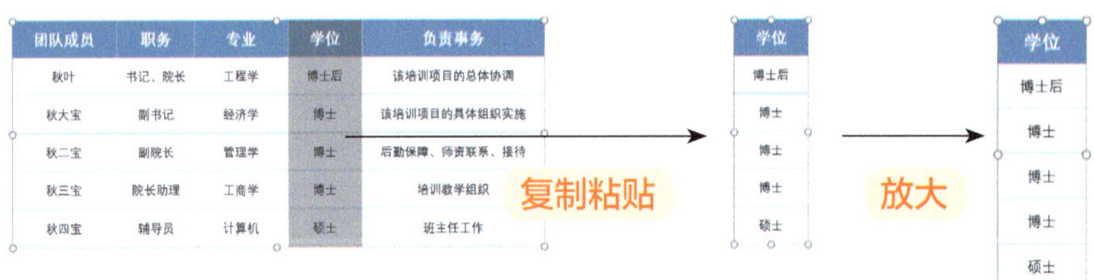

将新表格叠放在原表格对应列的上层。原表格标题下方的单元格默认无填充色，选中下方的单元格后将其填充为白色，然后为新表格添加居中的阴影效果，这样该列就非常突出了。

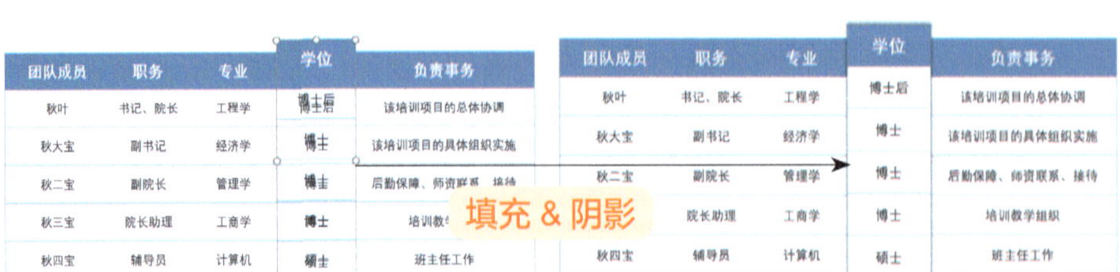

依照这种拆分关键数据行或列的思路，我们甚至还可以在最开始制作表格时就制作 3 个表格，先将它们放在一起，在演示过程中再通过动画的形式将需要强调的行或列独立出来或者放大显示等。

当然，做法并不唯一，你可以把上述做法看作抛砖引玉，更多更好的表格关键数据强调方法，还有待你自己去开发。

团队成员	职务	专业	学位	负责事务
秋叶	书记、院长	工程学	博士后	该培训项目的总体协调
秋大宝	副书记	经济学	博士	该培训项目的具体组织实施
秋二宝	副院长	管理学	博士	后勤保障、师资联系、接待
秋三宝	院长助理	工商学	博士	培训教学组织
秋四宝	辅导员	计算机	硕士	班主任工作

独立的 3 个表格

团队成员	职务	专业	学位	负责事务
秋叶	书记、院长	工程学	博士后	该培训项目的总体协调
秋大宝	副书记	经济学	博士	该培训项目的具体组织实施
秋二宝	副院长	管理学	博士	后勤保障、师资联系、接待
秋三宝	院长助理	工商学	博士	培训教学组织
秋四宝	辅导员	计算机	硕士	班主任工作

通过“平滑”切换动画放大显示

5.25 在表格之外进行美化

一说到美化表格，大多数人可能想到的都是调整表格的各种视觉效果，很少会有人想到，表格并不是独立出现的，在表格之外我们仍然有美化的空间。有时候抛开固定的模板，把表格页做成独立的全图插页形式也是一个不错的选择。

例如我们要制作一个豆瓣十佳影片的表格，拿到手的数据如下。

排名	影片名	上映年份	国家	豆瓣评分
1	肖申克的救赎	1994	美国	9.7
2	霸王别姬	1993	中国	9.6
3	这个杀手不太冷	1994	法国	9.4
4	阿甘正传	1994	美国	9.5
5	美丽人生	1997	意大利	9.5
6	泰坦尼克号	1997	美国	9.4
7	千与千寻	2001	日本	9.3
8	辛德勒的名单	1993	美国	9.5
9	盗梦空间	2010	美国/英国	9.3
10	忠犬八公的故事	2009	美国/英国	9.3

按照上一节讲述的内容，我们可以把表格优化成下面这个样子。

拉宽标题行让文字上下有“透气”的空间

排名	影片名	上映年份	国家	豆瓣评分
1	肖申克的救赎	1994	美国	9.7
2	霸王别姬	1993	中国	9.6
3	这个杀手不太冷	1994	法国	9.4
4	阿甘正传	1994	美国	9.5
5	美丽人生	1997	意大利	9.5
6	泰坦尼克号	1997	美国	9.4
7	千与千寻	2001	日本	9.3
8	辛德勒的名单	1993	美国	9.5
9	盗梦空间	2010	美国/英国	9.3
10	忠犬八公的故事	2009	美国/英国	9.3

取消两侧框线，使表格与背景更好地融合

加粗底部框线，与标题行首尾呼应

当表格出现在 PPT 页面中时，必然有一个标题表明这个表格记录的内容。添加文本框输入标题，将标题和表格左对齐，而不是居中对齐。

豆瓣电影十佳排名

（数据来源：豆瓣电影Top250排行榜）

排名	影片名	上映年份	国家	豆瓣评分
1	肖申克的救赎	1994	美国	9.7
2	霸王别姬	1993	中国	9.6
3	这个杀手不太冷	1994	法国	9.4
4	阿甘正传	1994	美国	9.5
5	美丽人生	1997	意大利	9.5
6	泰坦尼克号	1997	美国	9.4
7	千与千寻	2001	日本	9.3
8	辛德勒的名单	1993	美国	9.5
9	盗梦空间	2010	美国/英国	9.3
10	忠犬八公的故事	2009	美国/英国	9.3

根据表格内容，很显然这里我们可以为页面背景填充电影院的图片。不过，直接填充图片显然会影响数据的呈现，因此在完成填充之后，我们可以再绘制一个全屏大小的白色矩形，设置透明度为 10%，将其置于底层。这

样，一个不错的表格数据页面就制作完成了。

填充 PPT 页面背景

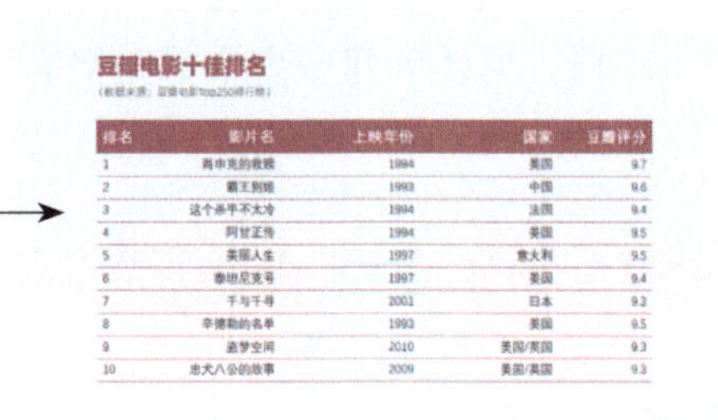

使用白色矩形衬底

5.26 除了记录数据，表格还能干什么

相信大多数人都看到过用 9 张小图拼成 1 张大图的玩法，甚至还有人把 9 张图中的每张图又变成九宫格图，最终用照片矩阵拼出特定的形状。

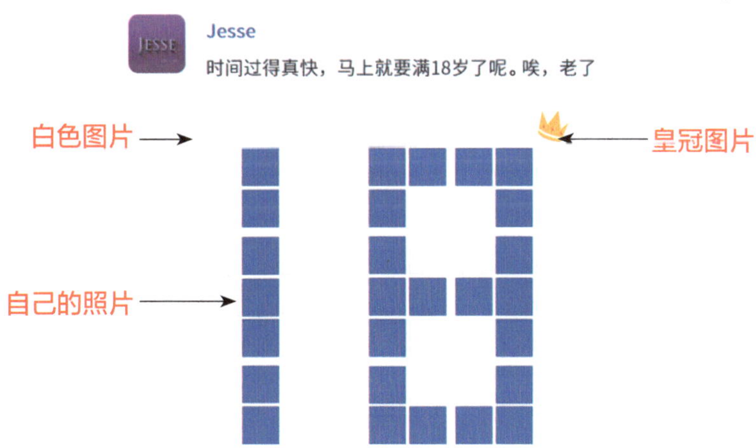

▲ 创意九宫格图片制作原理示意

其实在 PPT 里，表格也能帮助我们做出颇具创意的拼图效果。下面我们就来看看怎么做吧！

实例 42　用表格制作多格创意拼图效果

首先插入需要展示的图片，然后使用快速绘制表格功能创建一个表格。具体创建多少个单元格需要自行判定——如果想要每张图片大一些，单元格的数量就可以少一些，反之则设置更多单元格。

选中表格，设置单元格的高度和宽度均为 3 厘米，将表格置于底层。将图片左上角与表格左上角对齐，拖动图片右下角控点调整图片大小，使其底边与表格中的某条水平框线重合，在“布局”选项卡中删掉多余的行；如果此时图片在水平方向上有多余的部分，还需要选中图片，剪去此部分，从而让表格与图片大小完全一致。

将裁剪后的图片另存到文件夹中，删除 PPT 中的图片，然后选中表格，在“表设计”选项卡中取消勾选“标题行”，然后展开“底纹”下拉菜单，选择“无填充”。此时，因为表格的框线和幻灯片背景均为白色，所以表格会

“消失不见”。

再次展开“底纹”下拉菜单，单击“表格背景”，单击“图片—来自文件”，然后插入刚才我们保存的图片。

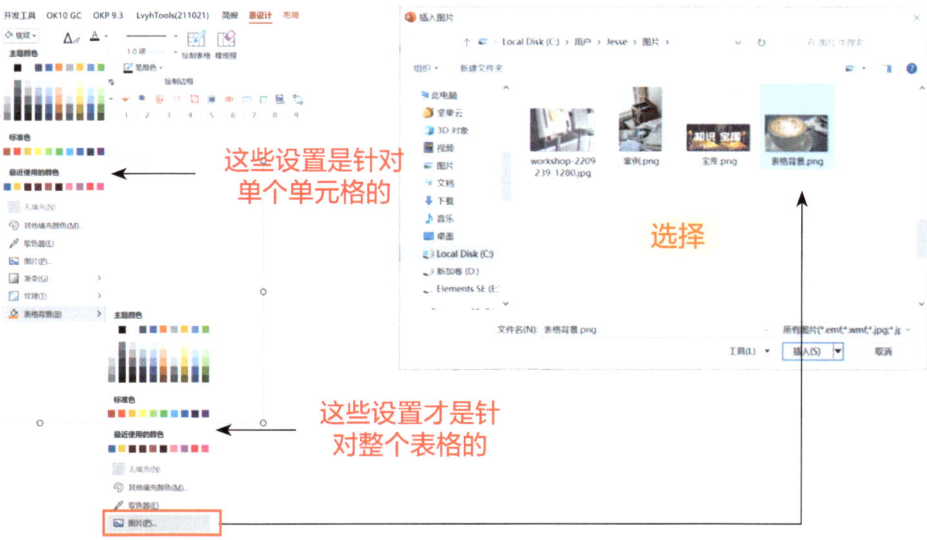

填充完毕，可以看到图片已经呈现出基本的多格拼图效果了。选中表格，在“表设计”选项卡中将边框宽度设置为 3 磅、“笔颜色”设置为白色，然后展开“边框”下拉菜单，设置边框为“所有框线”（注意顺序不能错），让图片中的方格更加明显。

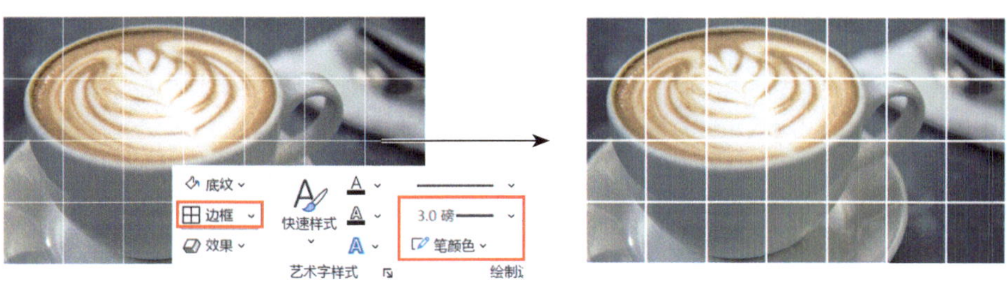

最后选择个别单元格，将其填充为白色，营造出神秘感（还记得在哪里设置填充色是针对单元格的吗？）。将此效果搭配其他元素进行排版，可塑造出特定的风格。

5.27 PPT图文并茂就一定好吗

很多人使用 PPT 的一个重要理由就是 PPT 里能配图。可是**图文并茂的 PPT 就一定好吗？**下面这两页幻灯片都称得上图文并茂，但它们算做得好吗？

▲ 网络上一套介绍世界名车的 PPT

如果用图时在画质上没有要求，在排版上不讲规范，仅仅是为了丰富画面、减少页面空白，那“图文并茂”往往会变成“滥用图片”，这个问题在一些中小学课件里尤为突出。

▲ 网络上一套下载量过百的小学英语课件

明确使用图片的目的

为了避免“滥用图片”，我们必须明确使用图片的目的，即为什么我们要使用图片。很多人或许会回答因为觉得加上图片之后页面更好看，或者更有视觉冲击力，但这些都不是真正的理由。在 PPT 中之所以使用图片，是因为好的图片会讲故事，能塑造场景，可以**增强文字的表现力和感染力**，从而提高将观点传递给他人的效率。

就拿前面提到的小学英语课件来说，为了配合“生日快乐”的主题，作者在封面使用了一系列图片和文字元素：生日蛋糕、葡萄酒、鲜花、中英文祝福语。如此繁杂的元素让标题无处安放，最后将其挤到了页面边缘，观点传递的效率反而被大幅度拉低；而结束页中使用小猫敲键盘的图片更是毫无意义。

对比一下修改后的页面，你或许就能明白图片在讲故事和塑造场景方面的作用。

▲ 修改后的小学英语课件

修改后的封面同样使用了蛋糕、礼物、生日帽、彩带等多种图片元素，但这些元素不是简单的堆砌，而是与标题进行了有机组合；结束页则使用挥手的小朋友图片、礼物图片以及对话框元素，塑造出生日宴会结束，两位小主人站在一堆礼物中向大家挥手道别的场景。想想看，这些图片是不是都能很好地对 PPT 里的文字内容进行直观的补充和强调呢？

明白了这个道理，再来看我们前面讲过的那些使用了图片的案例，你会发现不管是哪个案例，其中的图片都起到了补充和强调文字内容的作用。

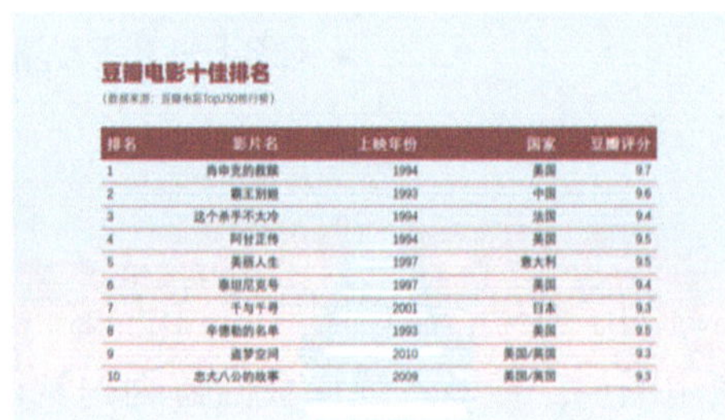

确保正确使用图片

除明确用图目的之外，我们还得确保正确地使用图片。比如本节的第一个案例，由于作者在选择图片素材时对质量的要求不高，使用图片时又胡乱更改图片比例、未考虑文字与图片结合后的视觉效果，因此最终效果非常糟糕。

还是同样的主题、同样的版式结构，只要换用质量高的图片素材、杜绝胡乱更改图片比例、合理精简文字内容、处理好文字和图片的过渡与搭配问题，以及用普通字体而非艺术字去强调关键词，PPT 的视觉效果立马就会得到优化。

▲ 左右版式和上下版式的图文结合案例

5.28 图片样式的设置与调整

在 PPT 里插入图片后，如果不做任何处理，图片有时会显得很突兀。如果你暂时还没掌握更高级的图片处理方法，不妨试试 PowerPoint 为你提供的 28 种图片样式。

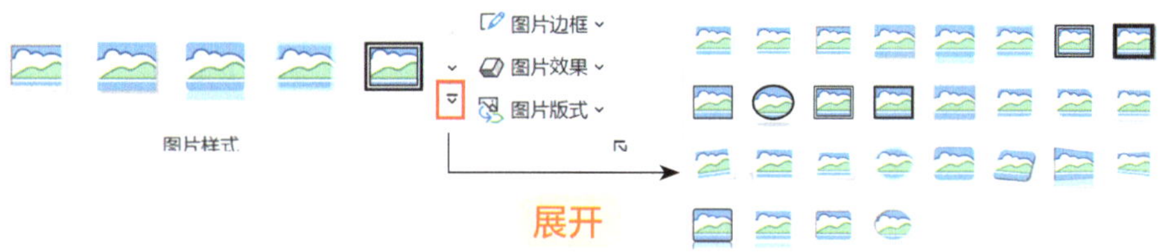

▲ 选中图片后单击即可套用的图片样式

在这 28 种图片样式中，大部分样式都是通过改变图片的边框、外形、阴影、三维角度等属性得到的，但也有个别样式的效果比较特殊，很难通过改变属性生成，例如“旋转，白色”和“松散透视，白色”两种样式的对角阴影效果。

▲ 两种较难通过改变属性得到的图片样式

另外，个别样式如“棱台亚光，白色”会对图片的画质造成轻微损伤，也就是说，套用该样式后图片的清晰度会略微下降，如果介意，可以选用其他样式。

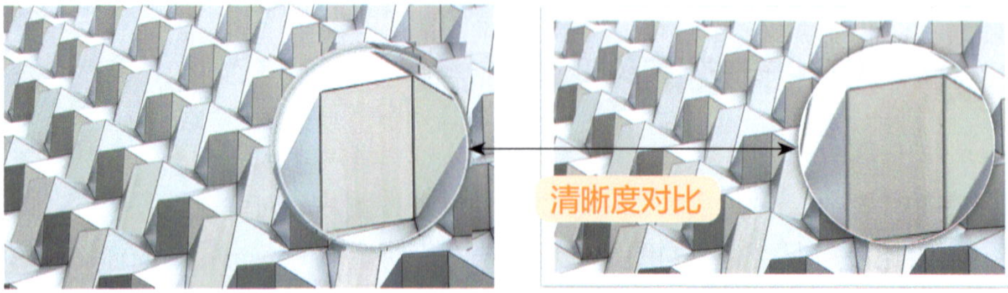

▲ 设置个别样式后，图片清晰度会下降

如果想要自定义图片样式，那就必须要用到“图片效果”功能了。在“图片效果”下拉菜单中，我们可以自由设置图片的“阴影”“映像”“发光”“柔化边缘”“棱台”“三维旋转”等多种属性，有了这一功能，再结合前面我们学过的线条属性设置方法，只需要几步就能复刻 PowerPoint 自带的图片样式。

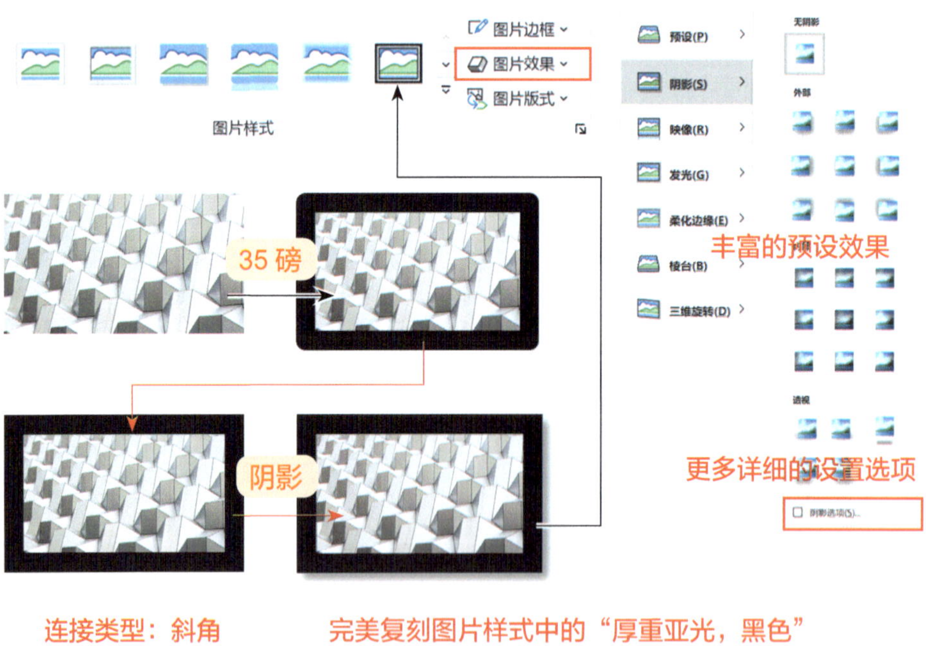

你可以在“阴影”“映像”等任意一个二级菜单底部单击自定义选项，打开“设置图片格式”面板，通过调整参数对图片效果进行更加精细的设置。

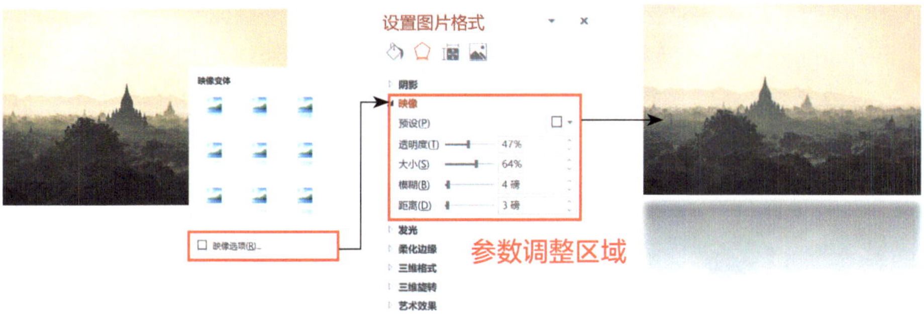

▲ 通过调整参数设置图片效果

也可以先选择一种与自己想要的效果接近的图片样式，然后通过调整参数进行修改。如前面我们提到过的“棱台，亚光”样式，导致图片画质下降的原因主要是设置了三维格式。如果仅仅想要白边缘和阴影的效果，就可以在“三维格式”中单击“重置”按钮，再调整线条的连接类型和阴影。

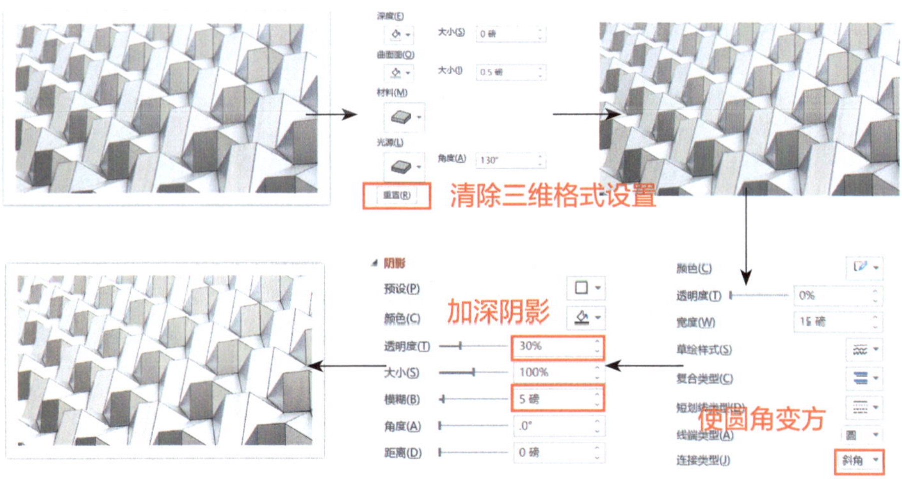

5.29 强大的图片裁剪功能

设计界流行一句话“好图片都是裁出来的！”为什么这样说呢？这是因为**对于图片创作者而言，图片是主体；而对于 PPT 设计者而言，图片是辅助物。**

单看不错的图片如果直接拿来使用，很有可能会和文字“抢风头”。

例如前面我们修改过的介绍世界名车的 PPT，作为海报，汽车占据图片中心位置非常合理，可如果要搭配上接近半屏的文字，汽车处于这个位置就有些不妥了。

▲ 图片不裁剪，做出来的 PPT 可能会效果不佳

使用裁剪功能，将右侧部分画面剪掉，原本位于中心位置的汽车就可以向右移动到画面边缘。再为页面整体覆盖上黑色的渐变矩形填补左侧空位，这样塑造出来的背景就适合加入文字内容进行排版了。

▲ 利用裁剪功能调整画面结构是 PPT 制作中的常见操作

基础的图片裁剪功能相信大家都会用，在本书的实例 15 中，我们也曾用到裁剪功能来调整图片的构图和画面，这里就不再赘述了。利用下面这个实例，我们再教大家一种特殊的裁剪方法。

实例 43　利用反向裁剪功能调整图片并进行背景填充

一般来说，图片的裁剪操作都是向内进行的，即通过裁剪获取图片的某一部分画面。或许你还从来没有想到过，裁剪还能反向向外进行吧？

有时我们会在 PPT 制作中使用右侧这样的长条形图片，简单搭配上合适的文字，就是一个不错的封面——是不是很像新款汽车宣传册封面？

从下页图可以看到，我们需要在图片上层放置文本框。如果直接将图片放置在页面上，当我们想要选择、调整文本框时，就很容易误选中下层的图片，影响制作效率。其实只需要两步就能解决这个问题。

进入裁剪模式，向图片外（上下两侧）拖动裁剪框至与页面等大。退出裁剪模式，图片的高度已经发生了显著的变化，但画面仍然保持原样。

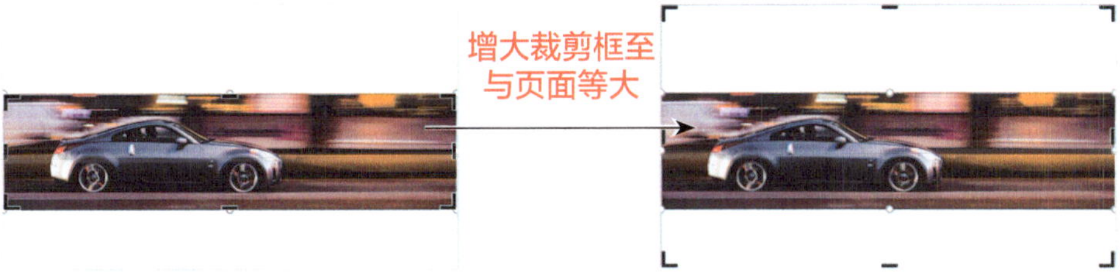

选中图片，设置填充色为白色，按 Ctrl+X 组合键将图片剪切后填充为页面背景，图片就在保持原位置、原尺寸的前提下变成了页面背景，我们再也不用担心会误选了。

裁剪为形状

除了调整图片的大小外，我们还可以通过裁剪来调整图片的外形。选中图片后切换至“图片格式”选项卡，展开“裁剪”下拉菜单，就可以找到“裁剪为形状”命令。

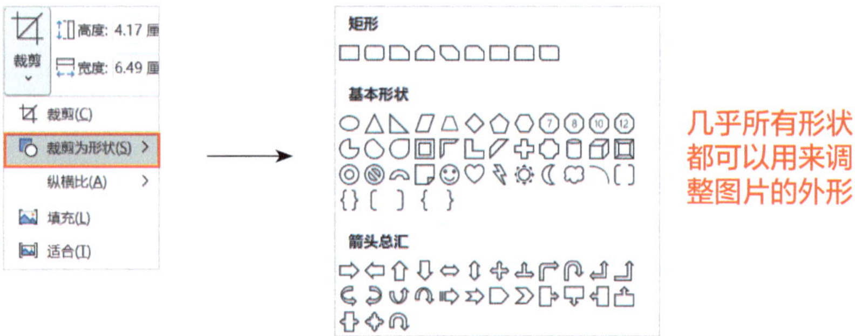

下面列举了一些将图片裁剪为形状的案例，如果想要查看更多效果，大家不妨自己裁剪图片试试看。注意看最后一个例子——我们并没有对这张图片设置三维格式，只是将其裁剪为“矩形：棱台”形状，图片就有了立体感，有没有感到很惊喜呢?

原始图片

梯形

矩形：圆角

椭圆

心形

矩形：棱台

按纵横比裁剪

“裁剪”下拉菜单中的“纵横比”指的是按照特定的比例关系对图片进行裁剪，这些比例均为软件默认的，无法手动调整。同时，纵横按比裁剪的图片会从四周向中心裁剪，如果对裁剪的区域不满意，可以在裁剪状态下将鼠标指针放在裁剪框内拖动图片调整保留区域。

5.30 图片外形裁剪的妙招

用“裁剪为形状”命令可以改变图片的形状，但遗憾的是，该形状会以图片的尺寸为准做最大限度的伸展。

例如，我们想将下面这张图片裁剪为圆形。或许你设想的是裁剪为圆形，但由于图片尺寸能容纳的最大圆形是一个椭圆形，因此最终这张图片也就被裁成了椭圆形。

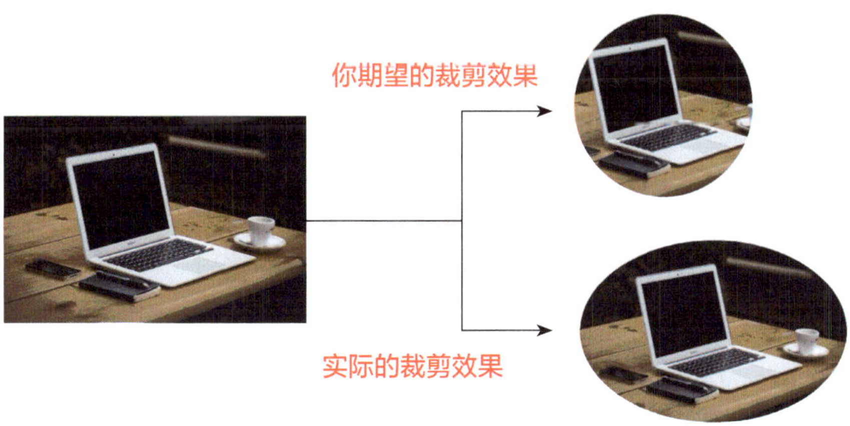

▲ 使用“裁剪为圆形”命令并不一定能把图片裁剪为圆形

怎样才能裁出圆形的图片呢？下面我们介绍 3 种方法！

实例 44　将长方形图片变为圆形的 3 种方法

利用 PowerPoint 将长方形图片变为圆形，常见方法有 3 种，分别是二次裁剪法、合并形状法、形状填充法。

二次裁剪法

首先将图片按“1∶1”的纵横比进行裁剪，调整保留区域，得到正方形图片。

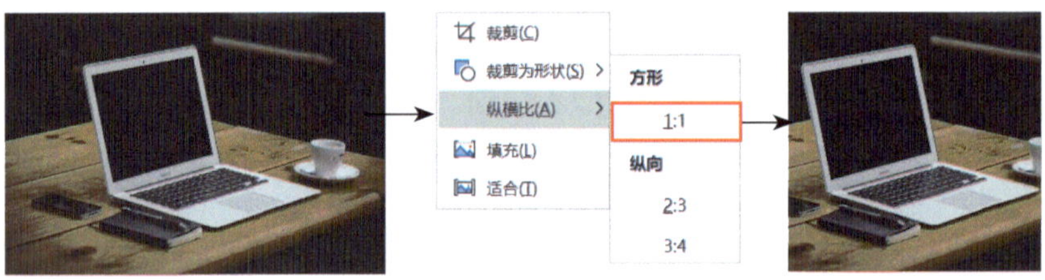

然后选中正方形图片，使用“裁剪为形状”命令将其裁剪为圆形。

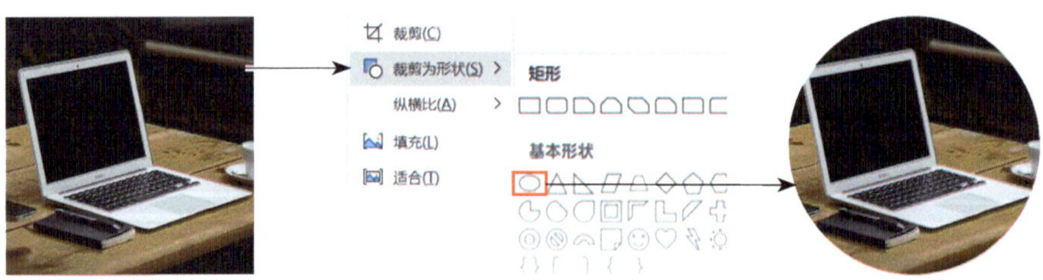

合并形状法

合并形状法我们在本章已经讲过了，对圆形和图片采用“合并形状—相交”命令即可获得圆形图片，大家可以回顾一下 5.20 节。

形状填充法

与前面两种方法基于图片进行操作相反，形状填充法是先制作出圆形，再赋予圆形图片内容。从严格意义上说，这种方法并不算是对图片进行了裁剪，但最终效果与裁剪效果基本一致，具体做法如下。

首先在按住 Shift 键的同时使用椭圆工具绘制出一个圆形，然后为圆形选择“图片或纹理填充”的填充方式，并填充图片。

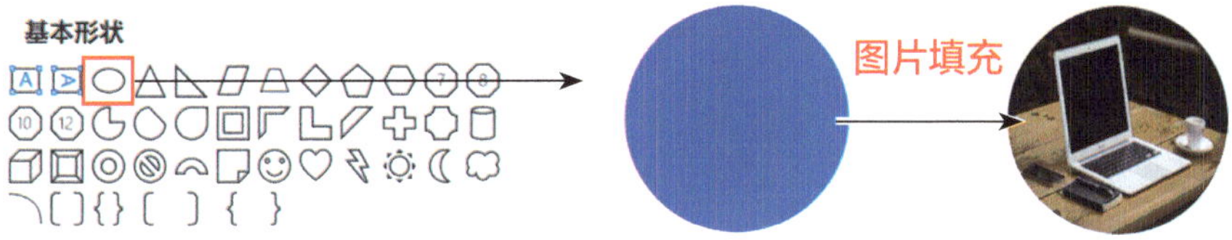

勾选“将图片平铺为纹理”，此时图片的比例会恢复正常，但所显示的画面内容就不一定完整了。根据需要调整“偏移量 X”的值，使需要的画面内容完整显示出来。这部分操作我们在实例 13 中也练习过，你还有印象吗？

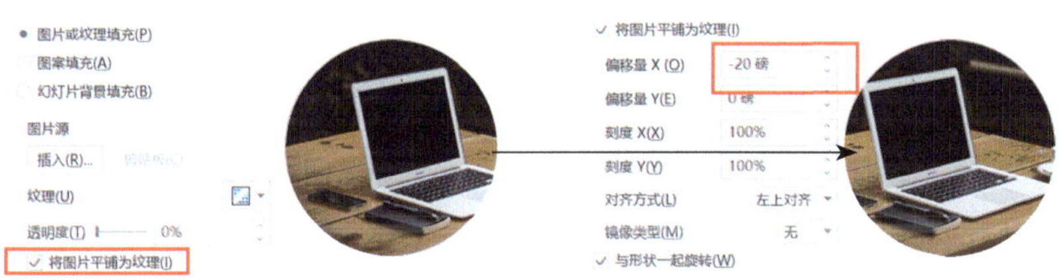

总结一下 3 种方法的优劣。第一种方法看似要裁剪两次比较麻烦，但如果对效果不满意，可以进入裁剪模式继续调整保留区域；第二种方法可以一次成形，且合并形状之后的圆形图片同样可以通过单击“裁剪”按钮进入裁剪模式进行二次调整；第三种方法可控性最强，可以根据设置的不同呈现出不同的效果，但步骤略复杂，调节偏移量的操作也相对比较烦琐。

综合考量，还是推荐大家优先使用合并形状法来获得圆形图片。

5.31 图片的属性调整

在高版本的 PowerPoint 里，我们可以通过多项设置来调节图片的属性，如图片的颜色饱和度、锐度、亮度等，还可以为图片添加多种多样的艺术效果。

选中一张图片，单击“图片格式—颜色”就能在下拉菜单中看到图片在各种颜色饱和度、色调下的表现。

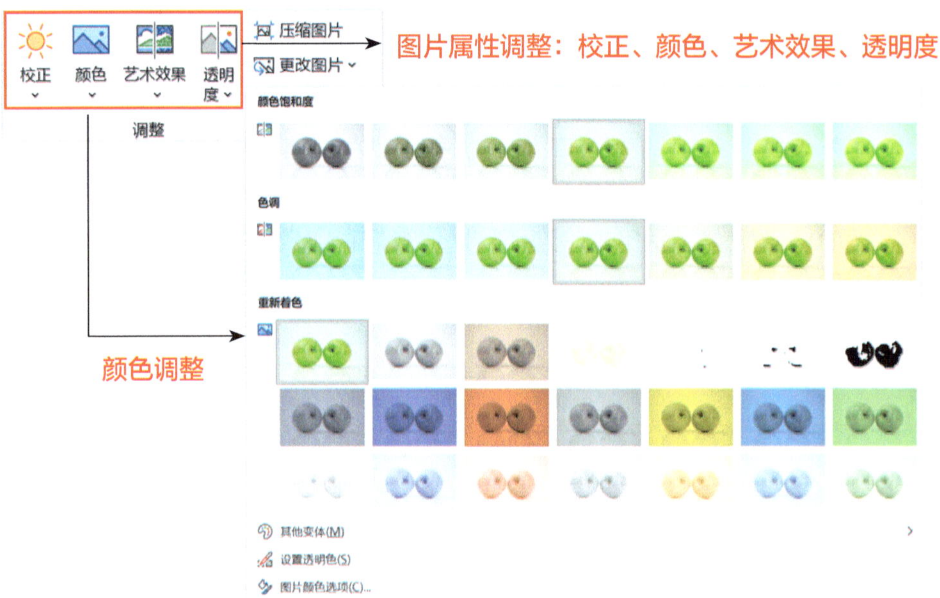

简单看一下几种内置的图片属性效果。

原图　　饱和度：0%　　色温：11200K　　重新着色：橙色

选中图片，单击“图片格式—校正”，可以对图片的锐度和亮度 / 对比度进行调整。

或许有的朋友会觉得这些功能没有太大的作用。的确，在大多数情况下我们都不需要对图片的这些属性进行调整，但它们也并非完全派不上用场。

例如，Jesse 老师多年前制作过一份小学音乐课件。在这份课件里，为了让课堂导入环节更加生动，Jesse 老师在第一页就用动画模拟了教师使用 iPod 为同学们播放声音的场景。但问题在于，手持 iPod 的图片和伸出手指的图片出处不同，两只手有较大色差，这就削弱了场景的真实感。Jesse 老师通过调节色温，将默认的 6500K 降至 5000K，同时提高亮度至 8%，两只手的匹配度明显得到了提高，画面的统一性和真实感就有了保障。

两只手色差较大，不像同一个人的左右手

▲ 调节色温和亮度，统一不同出处的素材的色调

还有一次，Jesse 老师需要修改一份“小青蛙找家”的音乐课课件，原课件里用小青蛙的两种姿态（跳和蹲），分别代表短音和长音。为了统一风格，我们必须找到同一只青蛙两种姿态的图片。

在搜索并浏览了大量图片素材之后，Jesse 老师发现一款叫《Tap the Frog》的游戏主角造型不错，可惜找来找去都只能找到青蛙蹲姿的图片。最后 Jesse 老师灵机一动，找来游戏视频并截图。尽管选用了 1080P 的画质，跳姿的青蛙图片还是比蹲姿的青蛙图片模糊不少。

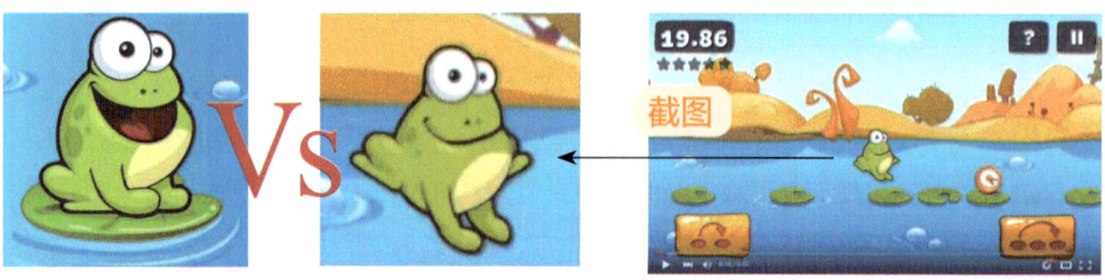

▲ 寻找卡通风格图片素材，游戏视频截图也是一个重要的来源

这个时候，对图片的精晰度进行调整就帮上了大忙：选中截图后单击“图片格式—校正—图片校正选项”，在面板中将清晰度滑块拉到最右侧，这样效果就好多了。

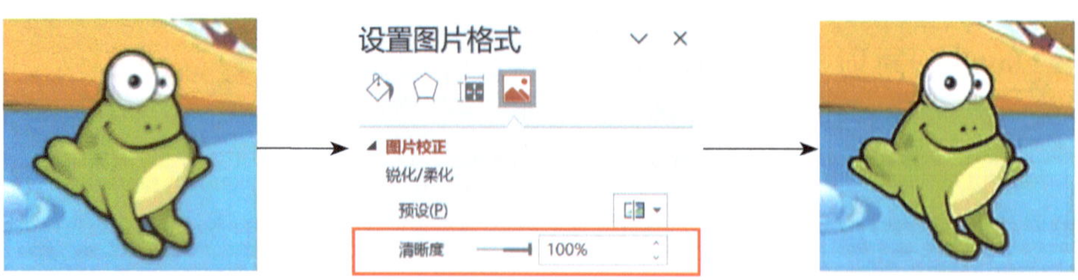

▲ 调整图片的清晰度

所以你能说图片的属性调整功能没有用处吗？显然事实并非如此。

再来看“艺术效果”功能，这个功能可以帮助我们为图片叠加艺术美化效果，类似修图软件中的各种滤镜。合理使用这些充满艺术感的艺术效果，可以将图片打造成各种不同的风格。

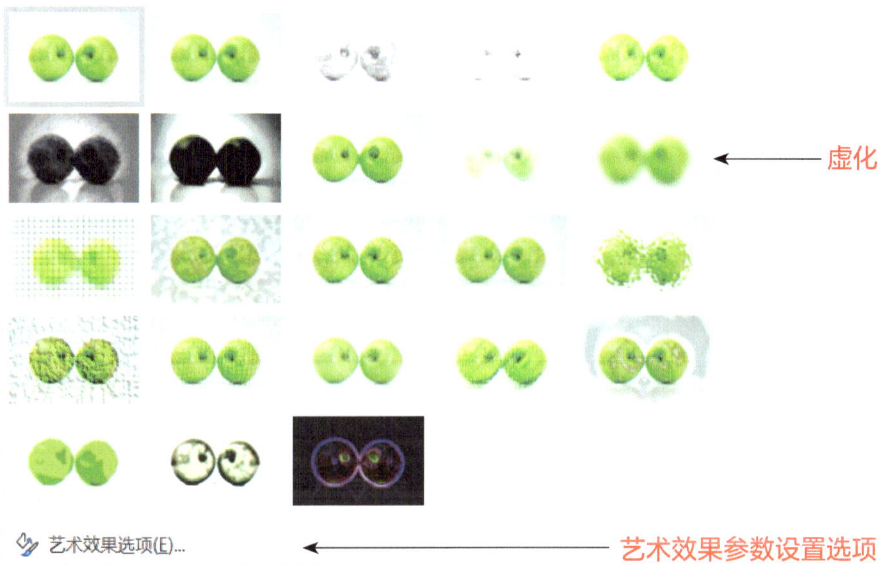

在所有艺术效果中，“虚化”效果是我们平常使用得最多的一种。我们在5.18节讲形状美化的方法时举过一个例子：文字直接叠放在图片上，很难看清时，我们可以在文字下层放置半透明矩形。而现在我们还可以对图片进行适当虚化，这样效果就更好了。

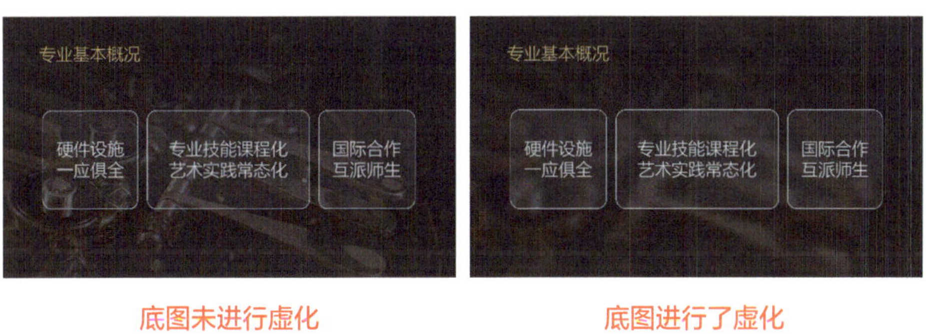

▲使用“虚化”效果可以降低底图对前景的干扰

此外，我们还可以利用“虚化”效果来解决 PPT 全屏展示正方形图片时背景会大面积留白的问题——直接用放大、虚化后的原图复件衬底，色调各方面都与原图非常匹配。

直接展示图片　　配合虚化底图展示图片

▲ 使用“虚化”效果可以让不符合页面比例的图片得到更好的展示

“虚化”效果还有一个**少有人知的应用场景**，那就是用来制作幻彩渐变风格的幻灯片背景。下面这种梦幻的渐变背景是怎么制作出来的呢？通常情况下，就算使用取色器也无法做出这种流动感较强的渐变背景。

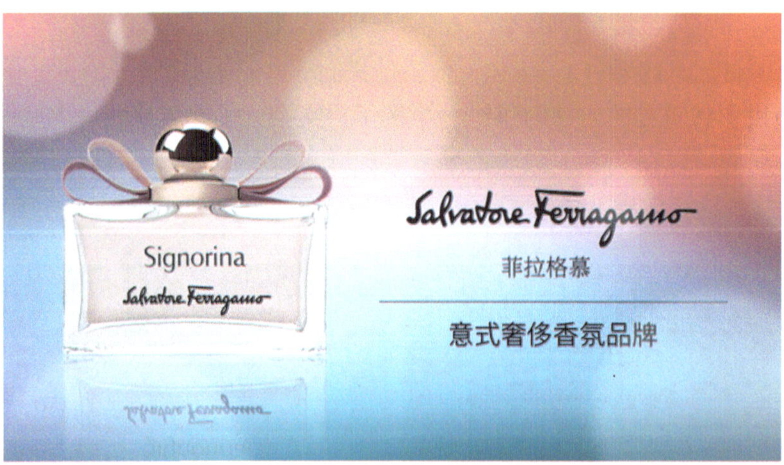

▲ 渐变填充无法实现颜色之间如此自然的过渡

你可能已经猜到答案了——没错，这就是对图片进行虚化得到的。找一张合适的图片，为其添加“虚化”效果后，单击“图片格式—艺术效果—艺术效果选项”，将“半径”设置为最大值 100，最后将图片调整到与页面大小相同即可。

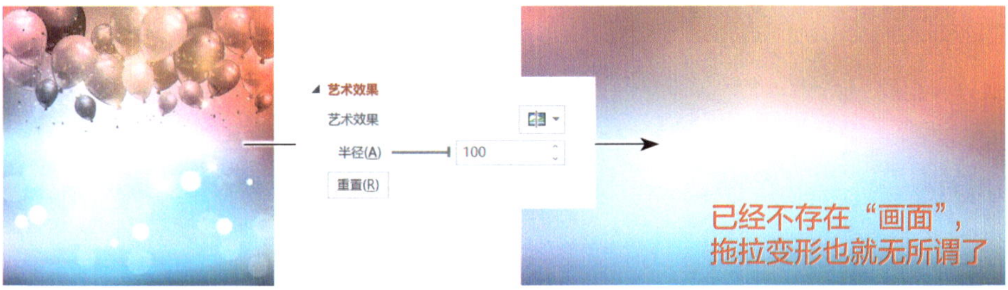

▲ 最大值虚化图片后将其填充为幻灯片背景

上述内容还只是“虚化”效果的应用，想想看，其他艺术效果还能产生多少精妙的变化呢?

在新版 PowerPoint 里，图片属性调整功能中还新增了图片的透明度调整，我们可以直接选中图片，在下拉菜单中为图片设置不同的透明度，也可以单击“图片透明度选项”，在面板中自定义透明度。

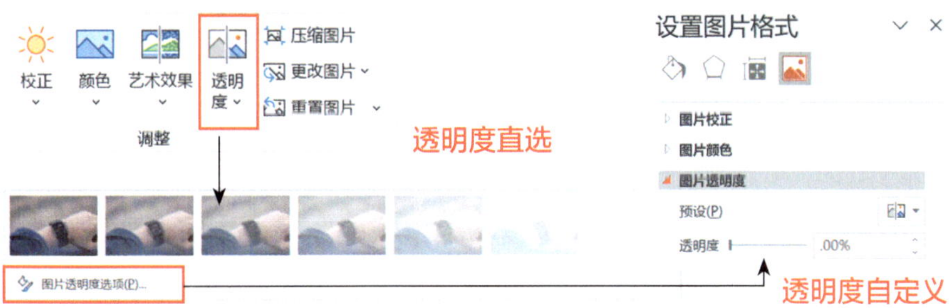

▲ 新版 PowerPoint 中加入的图片透明度调整功能

如果你使用的是旧版 PowerPoint，也可以绘制与图片等大的矩形，将图片填充到矩形里，然后通过调整矩形的透明度间接地对图片透明度进行调整。

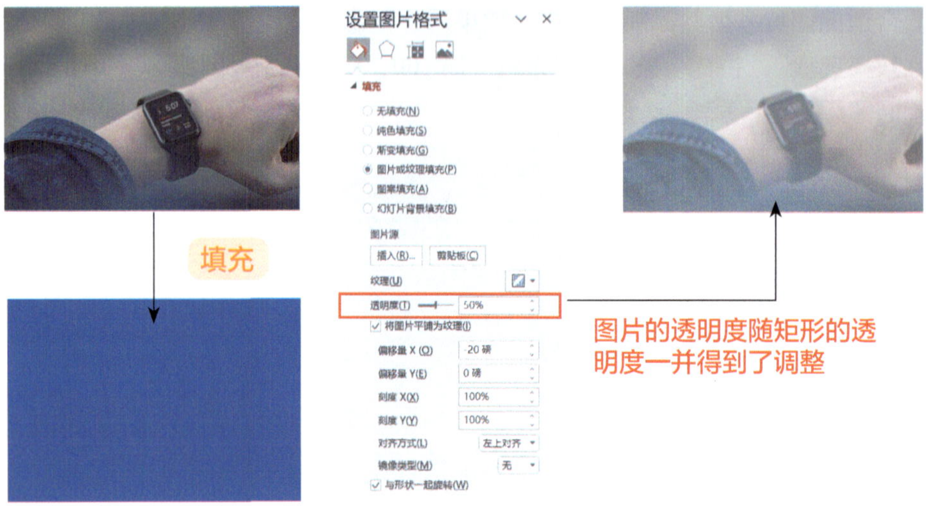

5.32 营造“高级感”：PPT中的抠图

在使用图片的时候，如果把找到的图片素材直接放到页面里，很多时候会瞬间拉低 PPT 的档次。

▲ 看完这两张图你应该就明白我的意思了

那么怎样去除图片的背景呢？如果背景色是纯色，我们可以直接单击“图片格式—颜色—设置透明色”然后单击背景区域进行删除。不过这个功能**对颜色的包容度较低**，如果背景中的颜色不统一，设置透明色之后背景中就会留下明显的杂色；另外，前景色中与背景色相同的颜色也会一并被删除。

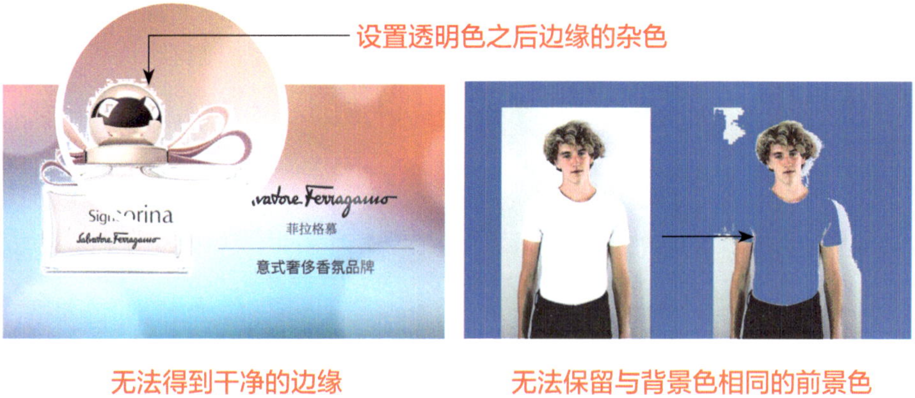

这个时候，就该 PowerPoint 中专门的抠图工具“删除背景”上场了。选中图片，单击“图片格式”选项卡中最左侧的“删除背景”按钮，就能打开“背景消除”选项卡，然后就可以进行删除背景的操作了。

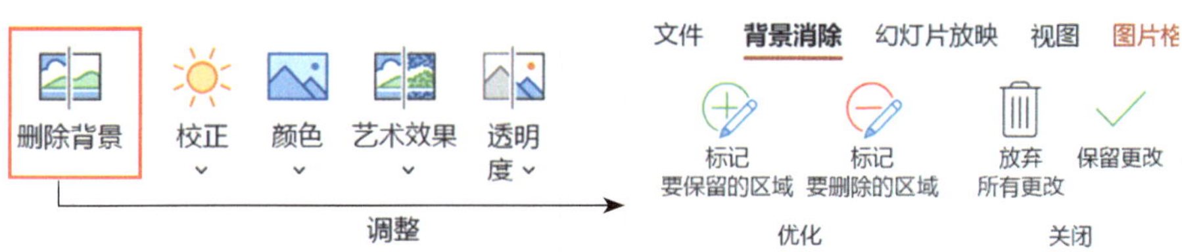

▲打开“背景消除”选项卡后大多数选项卡都会被隐藏起来

那么，“背景消除”中的各按钮都是怎么使用的呢？“删除背景”功能的抠图效果如何呢？我们还是一起来看一个实例吧！

实例 45　利用“删除背景”功能抠图

首先，利用裁剪功能把图片中多余的内容剪去，只留下需要抠图的主体。

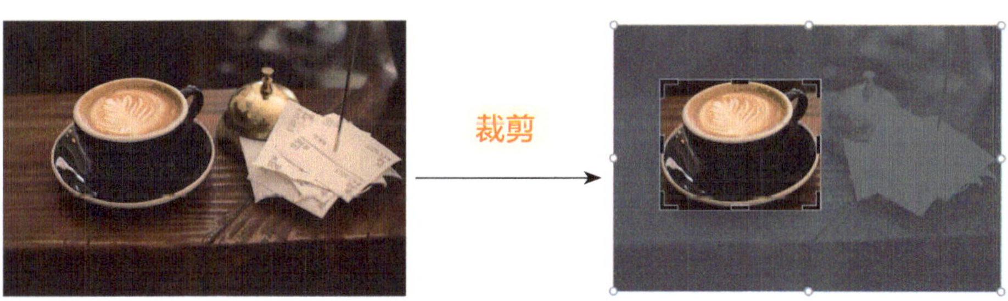

单击“删除背景”进入“背景消除”选项卡。此时画面上裁剪框以外的画面均会变为紫色半透明状态，裁剪框以内的画面则通常既有紫色状态又有原色高亮状态。

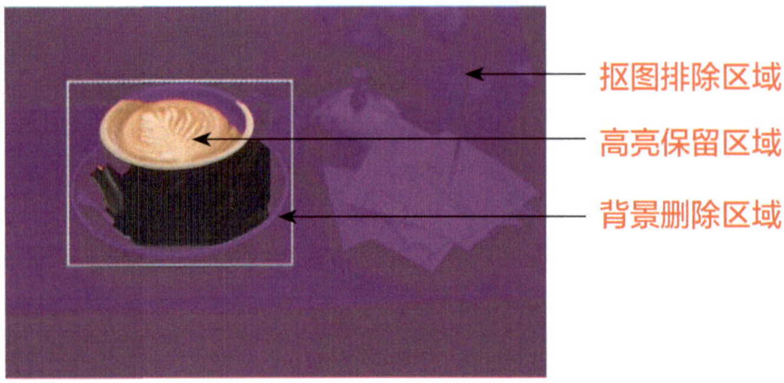

选择功能区中的“标记要保留的区域”画笔，在需要保留的画面上涂抹（推荐先放大显示比例），此时 PowerPoint 会根据你的涂抹范围来修改保留区域即高亮部分；如果画面上出现了无须保留的地方，可以在功能区中切换为“标记要删除的区域”画笔对这些地方进行涂抹，最终得到准确的高亮保留区域。

单击“保留更改”，即可退出“背景消除”选项卡，这样我们就得到了一张没有背景画面的咖啡杯图片了。

5.33 图片版式：多图排版小能手

前面我们讲了很多针对单一图片的处理方法，如果需要将多张图片放置在同一页又该如何排版呢?

使用 Microsoft 365 的朋友们可以在插入图片素材之后，直接单击“设计”选项卡右侧的“设计灵感”，软件会自动生成多种图片版式，选择合适的图片版式进行套用即可。

▲ Microsoft 365 版 PowerPoint 中的“设计灵感”功能

如果你使用的是其他版本，则可以借助 SmartArt 的“图片版式”功能来调整图片的排版。在“插入”选项卡中单击“SmartArt”，在弹出的对话框中切换至“图片”分类。

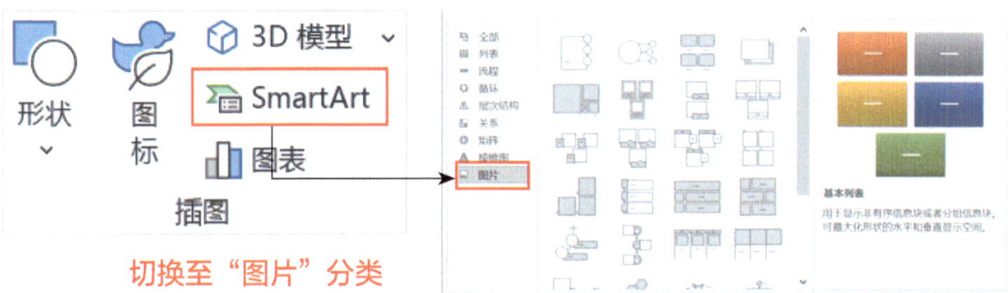

选择一种 SmartArt 图形插入，根据图片数量调整好形状数量，然后单击图示中的照片图标即可插入图片。

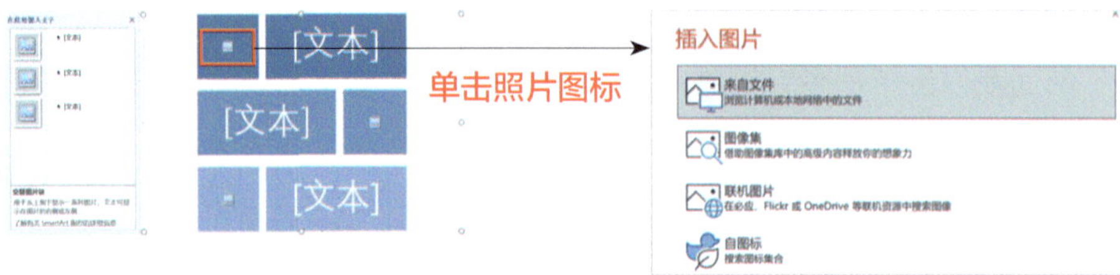

插入图片之后，你可以选择在标注了“文本”的矩形区域输入与图片搭配的文案，最后完成排版。如果对图片填充效果不满意，还可以选中图片，使用“裁剪”功能调整画面内容。

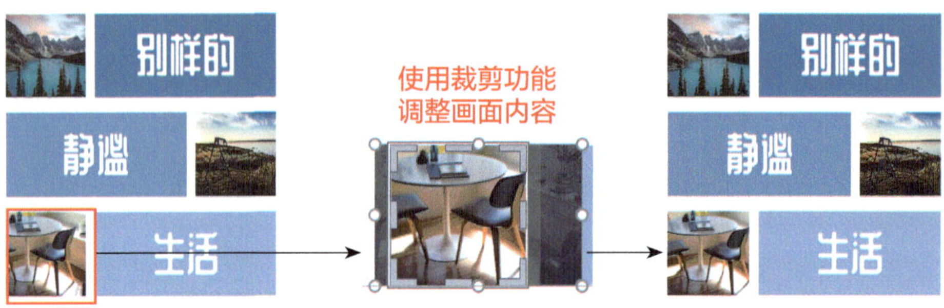

你也可以直接选中多张图片，在“图片格式”选项卡中单击“图片版式”，为选中的图片套用各种 SmartArt 图形。这两种方式在本质上没有任何区别。

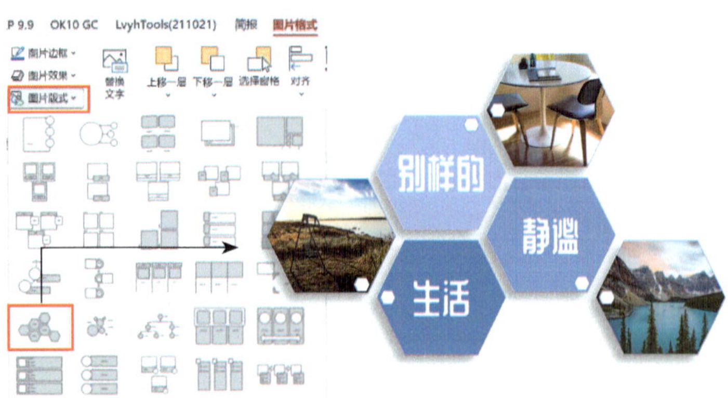

实例 46 利用“图片版式”功能统一图片尺寸

手中有几张图片，大小和比例各不一致，想要把它们裁剪成一样的大小，用什么方法最快？你是不是会把两张图片叠在一起，对齐左上角，拖动小图的右下角，直到它们高度相等，然后裁掉大图多余的部分？看完这个实例，你就知道自己白白浪费了多少时间！

全选图片，为它们设置“图片版式” 中的“蛇形图片题注”，所有图片就被装入了 SmartArt 图形中，它们的大小也都瞬间得到了统一。

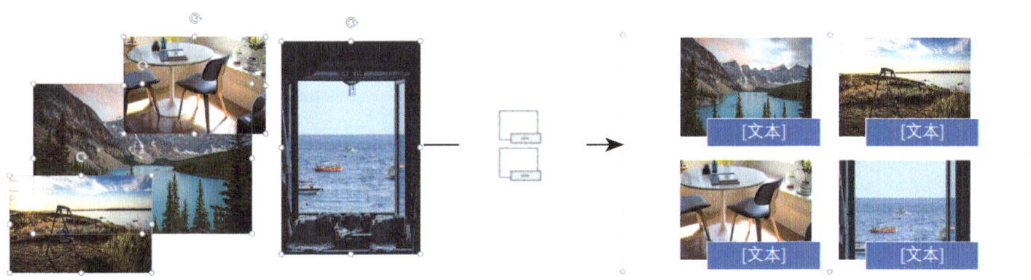

选中 SmartArt 图形，按 Ctrl+Shift+G 组合键取消组合，连续操作两次，就能把 SmartArt 图形中的图片和矩形分开。删除所有矩形，即可获得尺寸统一的图片。

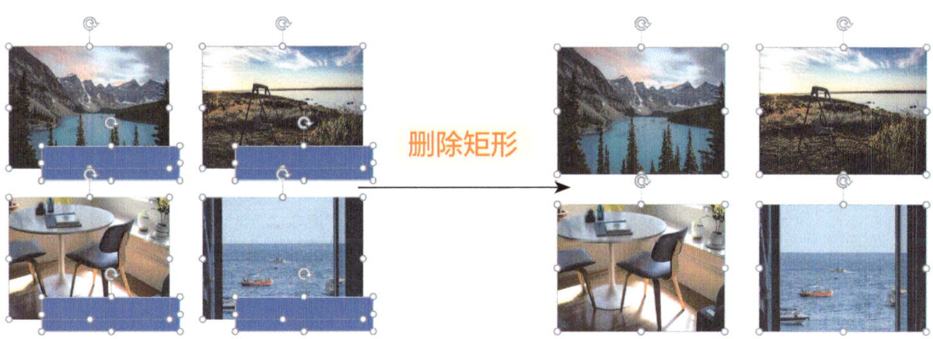

5.34 PPT动画：用与不用，谁对谁错

对于 PPT 动画，大家一直有两种不同的态度。一种态度是制作 PPT 不应该使用过多的动画，否则会转移观众的注意力，专业的 PPT 演示应该以演讲者为中心，PPT 仅仅起辅助作用。

而另一种态度则是 PPT 动画可以辅助演讲者做出更精彩生动的讲述，第一时间勾起观众的兴趣。此外，本着“能用 PPT 解决的问题就用 PPT 解决”的理念，最大限度地挖掘 PPT 动画的潜力也在一定程度上节省了对 PPT 动画有需求的制作者额外学习 AE 等专业动画制作软件的成本。

究竟谁对谁错呢？**我们认为，PPT 只是一个工具，当它被运用于不同场合时，就有着不同的作用。**当你要做职场汇报时，PPT 中的动画就宜少不宜多；而如果你本来的目的就是创作一则动画影片，那通篇动画都不嫌多。

下面这则动画短片《AI 觉醒》就是完全靠 PowerPoint 制作完成的，作者是来自重庆的 PPT 动画达人张耕源。正是凭借这份作品，他获得了第七届锐普 PPT 大赛的冠军。

视频案例

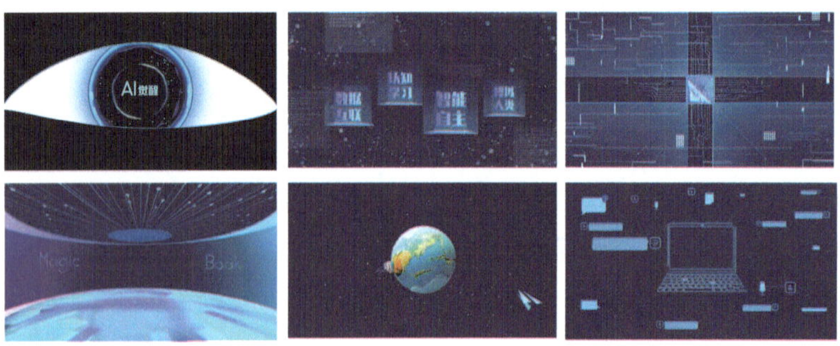

▲ 请务必观看配套资源中的动画效果，感受媲美大片的 PPT 动画

5.35 切换：最简单的PPT动画之一

切换可以说是最简单的 PPT 动画之一了，只需要选中幻灯片，然后进入“切换”选项卡，选择一种切换动画就可以完成设置。

展开“切换”下拉菜单，我们可以看到其中有“细微”“华丽”“动态内容”三大类切换动画。细微类切换动画与早期版本中的切换动画比较类

似；华丽类切换动画则大多比较富有视觉冲击力，受到了大多数人的喜爱；动态内容类切换动画会赋予幻灯片中的内容元素动画效果，而放置在母版中的元素则不会随切换动画变换。

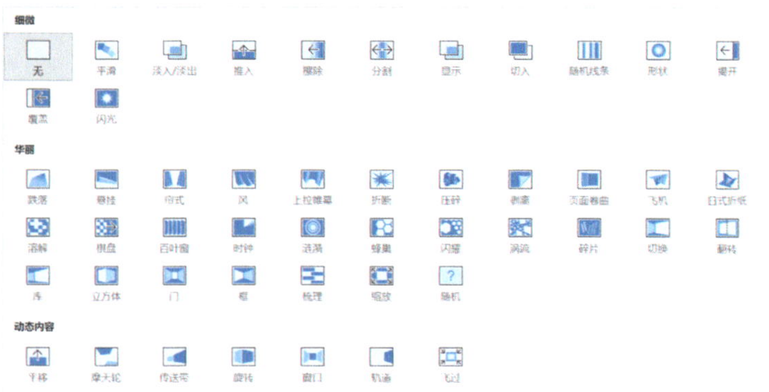

当你选定一种切换动画之后，还可以通过“效果选项”为切换动画设置不同的变化方式，如切换方向、形式；或者使用“切换”选项卡右侧“计时”功能组中的众多设置选项调节切换动画的持续时间和触发方式等。

▲ 切换动画的效果选项和计时相关功能

下面我们用截图简单展示一下几种不同的切换动画的效果，建议大家打开 PowerPoint 自行感受一下。

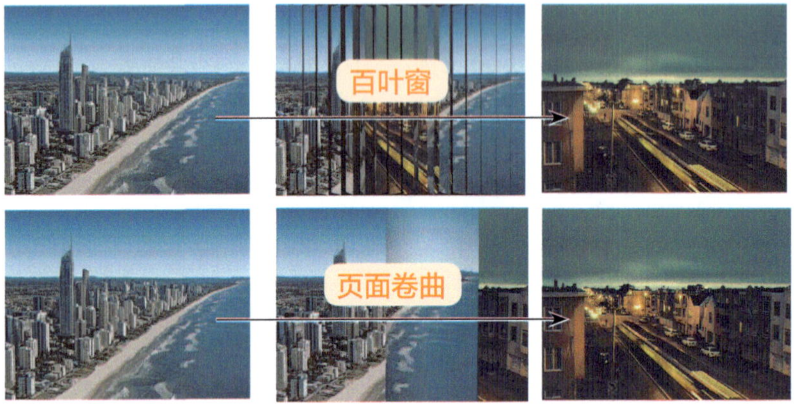

切换动画的选用原则

新手使用切换动画时常犯的错误就是随意地为页面添加各种切换动画，把 PPT 做成了一个切换动画展示合集。正确的做法是**结合情绪需求或 PPT 主题来选择切换动画。**

例如在个人介绍类PPT中，我们可能会讲到自己告别学生阶段，进入职场。此时就可以使用“压碎”切换动画，将前一页（代表过去）揉成一个纸团。

▲用“压碎”切换动画可传递告别、否定等情绪

又如在时尚相关的 PPT 中，我们可以在设计版面时就把页面分为左右两部分来设计，甚至在中线处添加一些阴影渐变效果，结合切换动画“页面卷曲”，模拟真实的时尚杂志翻页效果。

▲用“页面卷曲”切换动画结合阴影渐变效果模拟真实翻页效果

如果没有特别想要打造的效果，那就尽可能做到“同级同画”，例如普通页都使用“揭开”切换，而章节页都使用“立方体”切换等，从动画形式上辅助加强对演讲节奏的控制。

“神奇移动”功能——“平滑”切换动画

如果你使用的是 Microsoft 365，那在切换动画菜单中排在第一位的就是“平滑”。这个切换动画可以在 PPT 相邻两页的相同元素之间建立一种特殊的联系，翻页时产生一种平滑过渡的效果，而这一切不需要你去挨个对元素进行动画设置。这个功能在苹果电脑的演示文稿制作软件 Keynote 中被称为“神奇移动”。

Jesse 老师曾经在某次校内培训中利用“平滑”切换动画制作了一个自我介绍类 PPT，反响很不错，要做的工作其实只有安排好相邻两页相同元素的位置和尺寸变化。

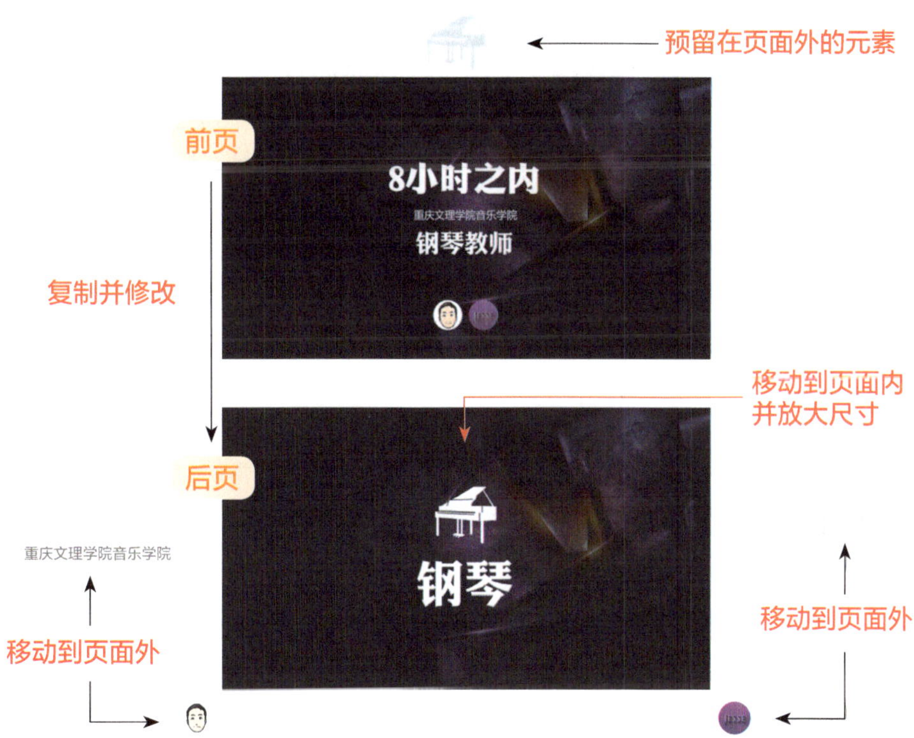

完成上面的操作并添加“平滑”切换画面之后，这些元素就会在切换时

从前一页移动到后一页相应位置，并发生尺寸上的变化。

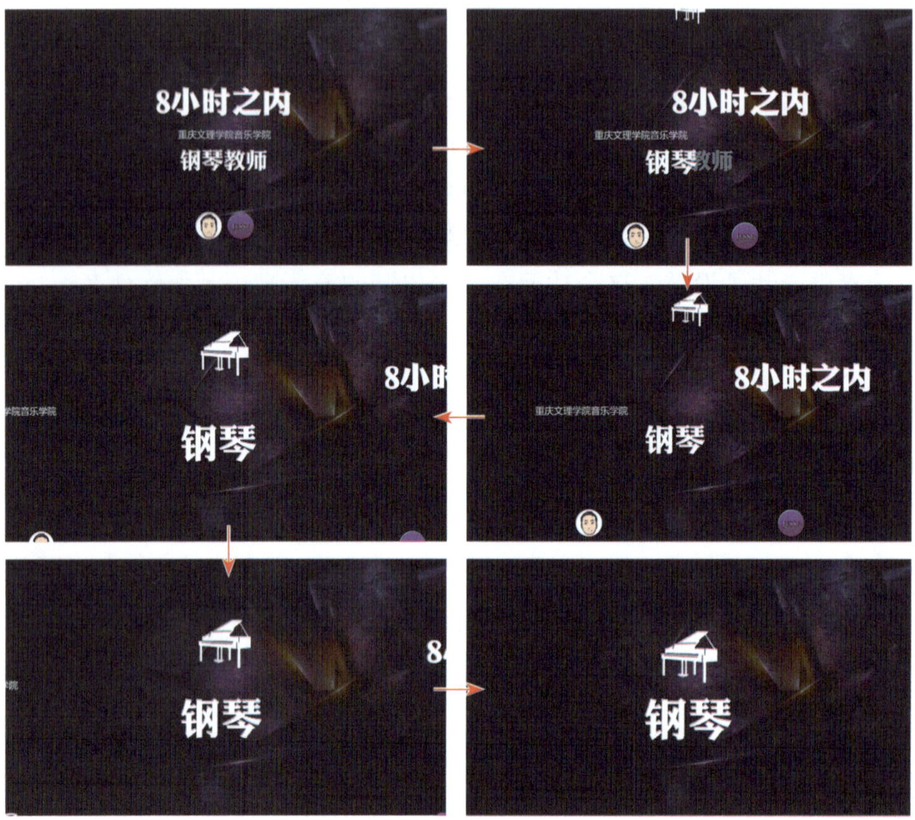

▲ 平滑切换中元素的位置变化过程示意

除了平滑切换，Microsoft 365 版本的 PowerPoint 还新增了 3D 功能和“缩放定位”功能，综合利用这 3 个功能，我们可以做出非常吸睛的切换效果。由于篇幅有限，这里不做过多的介绍，感兴趣的话，你可以自行在网上找到相关的学习资料。

动态内容

在“切换”下拉菜单的底部，我们可以看到一系列类别为“动态内容”的切换动画，例如“平移”“摩天轮”“轨道”等。这些切换动画又有何特殊之处呢？

原来，这些切换动画仅会对页面上可被选中的元素生效，而不对页面背景及放置在母版中的固定元素生效，因此才称为“动态内容”。

例如，下图中的 PPT 页面上的标题、图片、形状都是可被选中的，而背景图片、红线、说明文字文本框都是不可被选中的。我们分别为幻灯片设置非动态内容的切换动画“推入”和动态内容切换动画“平移”，效果对比如下。知道了两种切换动画的不同之处，我们才能按需选择最合适的一种。

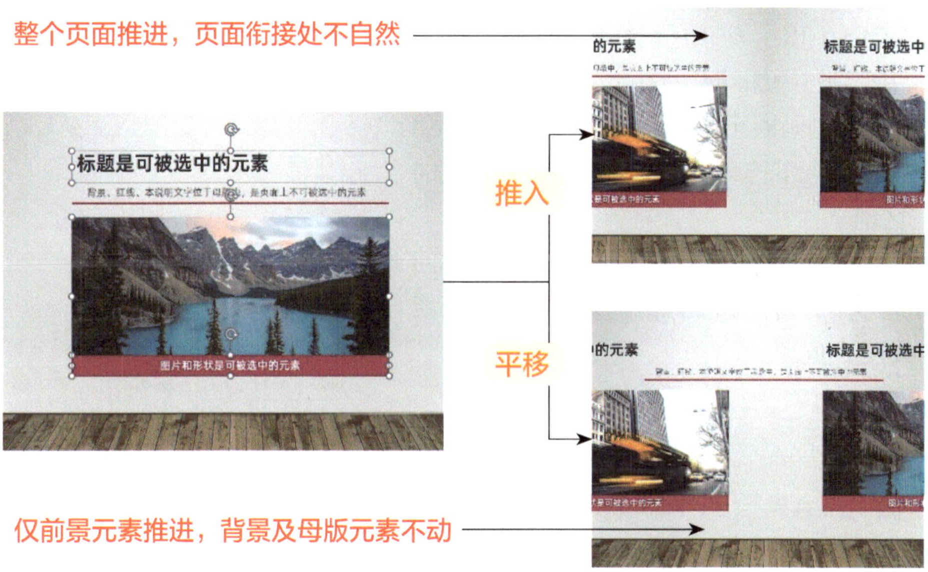

5.36 添加动画：让对象动起来

如果你不满足于翻页时才有动画，想要在页面内部也用上动画，让文字、图片等对象一个一个地出现、消失，又或是发生变化，那你可以为它们添加动画。

从操作层面上讲，添加动画并没有什么难度，只需要选中想要添加动画的对象，进入“动画”选项卡，单击“添加动画”，然后选择一种合适的动画。下面我们先来看看“动画”选项卡的布局。

如果你对 4.10 节关于“动画刷”的内容还有印象，应该还记得我们曾在实例 31 中提到过添加动画的基本步骤，以及通过“当前动画展示区”添加动画与通过“添加动画”下拉菜单添加动画这两种方式的区别。

如果印象已经有些模糊了，建议你回顾一下，否则你在添加动画时就很有可能会遇到问题。

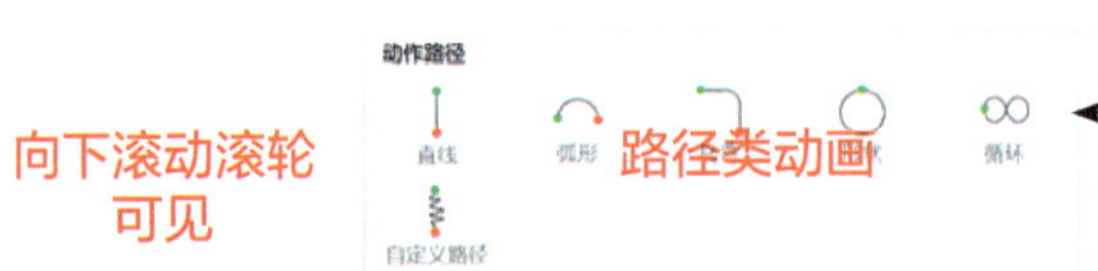

除了添加动画、设置效果选项、查看动画窗格、使用动画刷这一系列在第 4 章已经讲过的操作，“触发”功能也在 3.11 节讲到视频插入时有所提及，不过当时案例中的触发器仅针对视频的播放。对于普通的动画，触发器又该如何使用呢？

实例 47　使用触发器制作星级评比动画

无论是淘宝购物还是美团买单，在日常生活中我们经常会遇到需要为商品或消费体验打分的情形，很多 App 会采用满分为 5 颗星的计分方式让用户评分。这种星级评比形式就可以通过触发器被引用到 PPT 里来，特别适合教师在教学中使用。

首先使用文本框输入星级评比的条目，然后在一旁绘制 5 颗五角星，设置五角星的轮廓色为灰色，填充色为白色——注意不能设置为无填充。无填充等同于镂空、无实体，是不能单击的。

选中所有五角星，打开“动画”选项卡，添加强调类动画“对象颜色”，在“效果选项”下拉菜单中设置“主题颜色”为金色。

此时“动画窗格”里会出现我们设置的动画。按住 Shift 键，依次单击开头和末尾两个动画，把所有动画都选中，然后单击“触发—通过单击”，最后选择“星形：五角 6”，即最右侧的五角星。

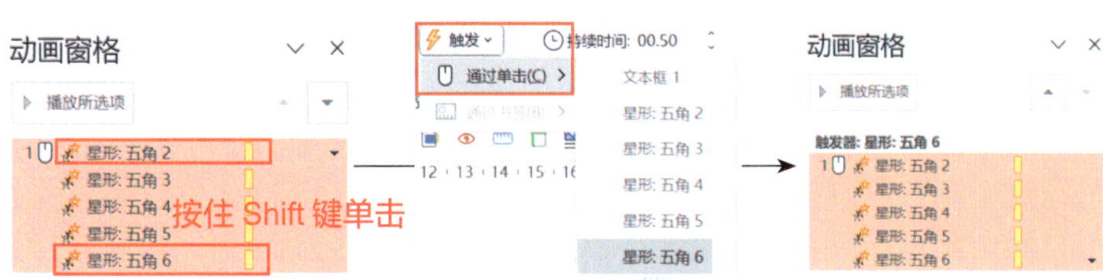

通过上述操作，我们就建立起了“当单击最右侧五角星时，所有五角星都变为金色”的触发条件。

选中前 4 颗五角星，添加变色动画，指定触发条件为“通过单击—星形：五角 5”，这样当我们单击第 4 颗五角星时，前 4 颗五角星就会变成金色。

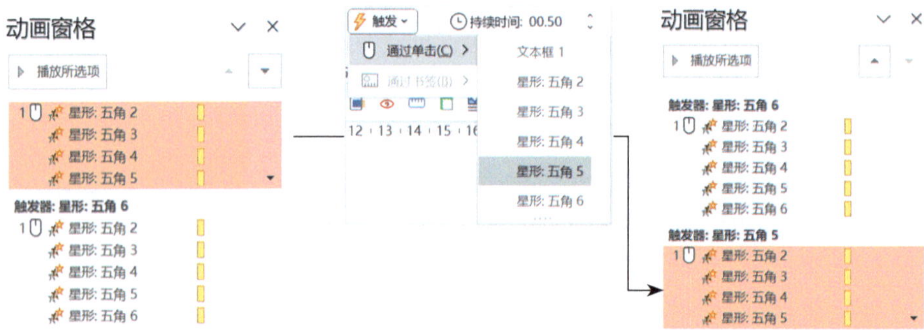

重复这套操作流程，分别指定“单击第 3 颗五角星时前 3 颗五角星变色”“单击第 2 颗五角星时前 2 颗五角星变色”“单击第 1 颗五角星时第 1 颗五角星变色”3 套触发器动画，我们的星级评比动画就制作完成了。

不过，这样制作出的动画不支持多星改评少星，你能想到改进方法吗？

5.37 动画窗格：导演手中的时间表

对于单一动画而言，无论是添加动画还是设置效果选项的操作都比较容易。那么这么简单的动画是如何组成各种炫目的复杂动画效果甚至动画影片的呢？奥秘就藏在动画窗格里。

动画窗格的实质就是一张时间表，哪个对象什么时候“登台亮相”、多久“谢幕下场”，全靠制作者安排调度。控制对象登台时间的工具是动画计时功能和动画延迟功能，控制对象表演时长的工具是动画持续时间功能。

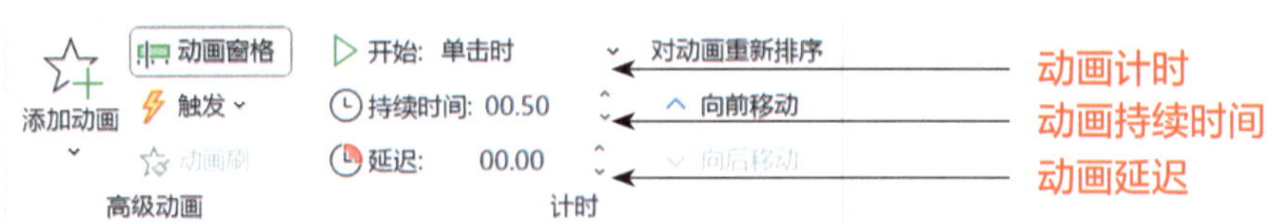

先来看动画计时功能，它包含了开始播放动画的 3 种不同条件，分别是“单击时”“与上一动画同时”“上一动画之后”。这 3 种条件在“动画窗格”里对应不同的图像显示和图标提示形式。当动画窗格较窄时会隐去图标，仅显示番号。

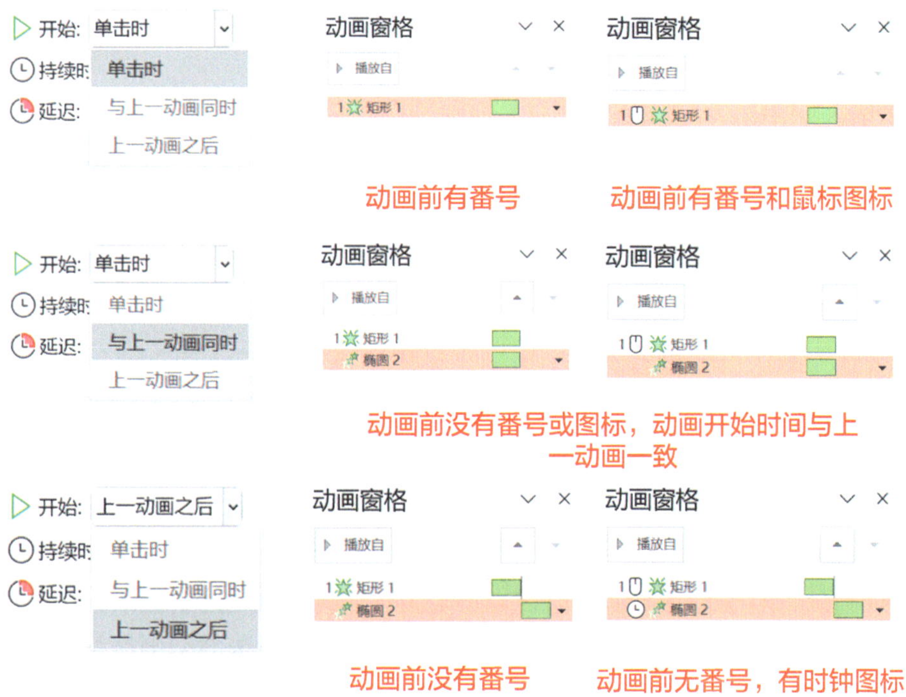

如果想让某一动画在某一时间点之后稍微等一会儿再发生，就需要用到动画延迟功能。设置延迟效果之后，我们可以在“动画窗格”中明显看到动画方案的变化。

另外，当“动画窗格”中存在一系列持续时间长短不一的动画时，设置**“上一动画之后”的条件有时并不能真的将动画设置为在上一动画之后播放**，这种情况下需要先将动画开始播放的条件设置为“与上一动画同时”，然后再使用动画延迟功能实现预想的效果。因此，动画延迟功能在 PPT 里的使用还是比较普遍的。

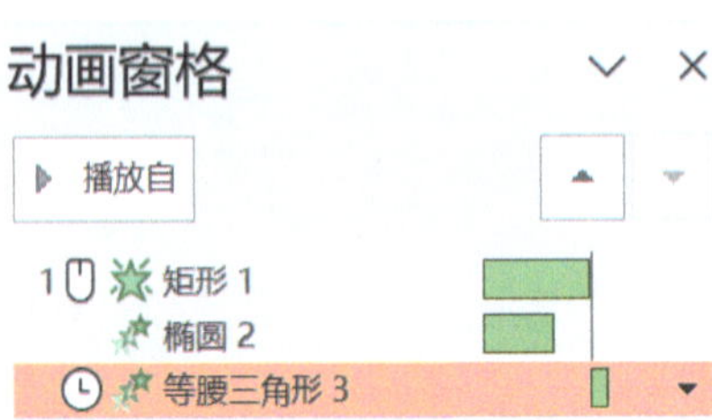

直接设置“上一动画之后”，只能在矩形动画结束之后开始三角形动画

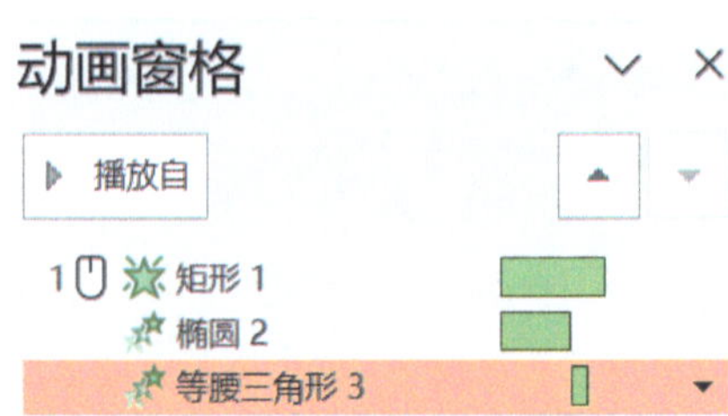

先设置“与上一动画同时”，再延迟 2 秒（椭圆动画时长）方可实现在椭圆动画结束之后开始三角形动画

最后，动画持续时间功能就很好理解了，指的就是一个动画从开始到结束需要的总时间。对于单一动画而言，动画持续时间越长，动画的播放速度越慢，反之则越快。

另外，对于位移类动画而言，在动画持续时间相等的情况下，位移越大，则速度越快。下面 3 张图片均从页面右侧飞入，虽然动画持续时间相等，但因为左侧图片需要飞行的距离最远，故飞行的速度最快。

▲ 相同的动画设置可能产生不同的动画效果

从最简单的动画计时、持续时间、延迟设置入手，多练习，培养自己

作为“动画舞台剧总导演”的执导能力，当你能够**有目的地安排众多动画协同实现某一视觉效果**，而不是漫无目的地胡乱添加动画时，你才算是真正入门了。

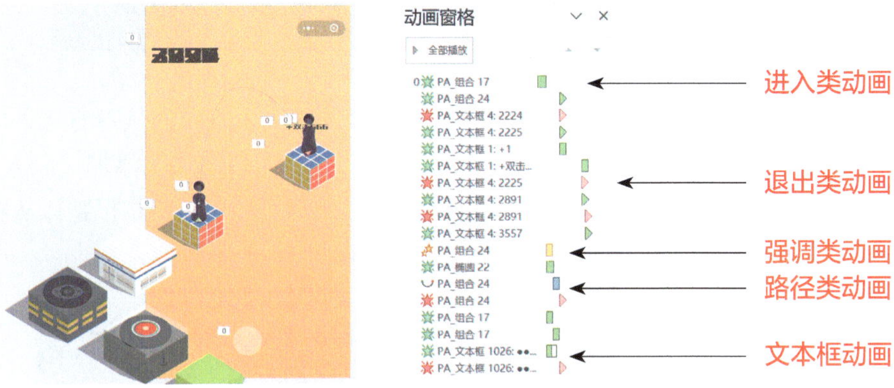

▲用一系列动画模拟微信小游戏“跳一跳” 中的一次跳跃

5.38 文本框动画：比你想象中的更强大

现在请你回看上一节末图右下角，有没有发现我们提到了一个新的动画类型呢？没错，就是文本框动画。不管是进入类动画、退出类动画还是强调类动画，说的都是动画的行为而非对象——进入类动画可以添加到图片上、形状上，同样也可以添加到文本框上。

那为什么没有形状动画、图片动画的说法，偏偏把文本框动画单独列出来呢？这是因为**文本框动画就像一位扫地僧**，看上去平平无奇，但对它知根知底的 PPT 动画高手们都知道，它远比普通人想象中的更强大。

之所以文本框这么独特，主要是因为它有一个独特的动画设置维度——动画文本延迟。下面我们就通过一个实例来了解这个动画设置维度的作用。

实例 48 通过动画文本延迟制作文本逐一飞入效果

首先简单设置好幻灯片背景，使用文本框输入标题，设置好字体、字号。

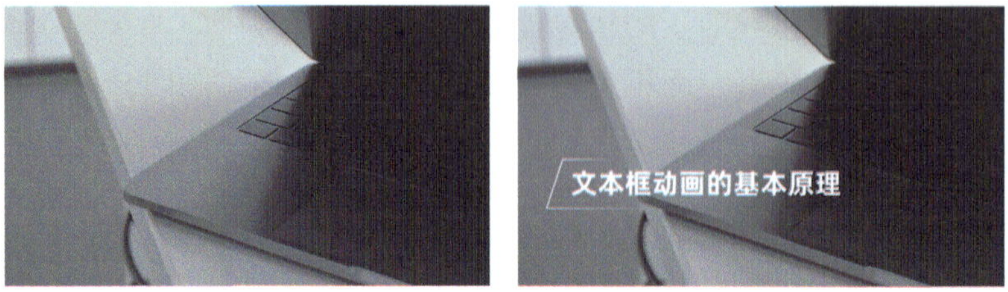

选中文本框，为其添加“飞入”动画，默认的飞入方向为从下方飞入，在“效果选项”下拉菜单中改为从右侧飞入；然后为装饰线条添加“淡入”动画，设置开始播放条件为“上一动画之后”。此时可以看到文本框整体从右向左飞到指定位置。

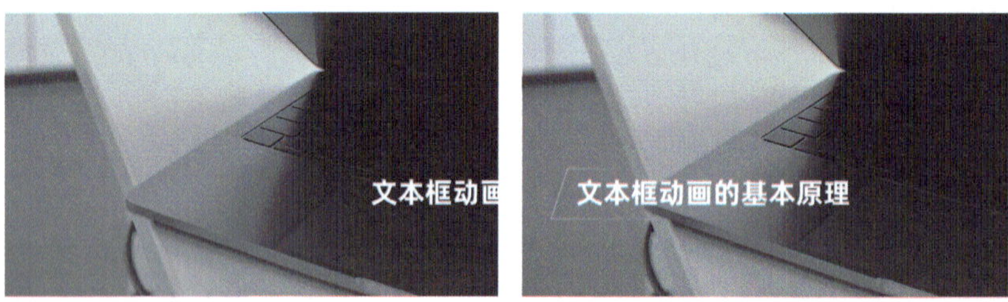

打开“动画窗格”，双击“飞入”动画弹出“飞入”对话框，在对话框底部可以看到“动画文本”，默认“一次显示全部”，即整个文本框作为一个整体显示，因此我们才看到了整个文本框的“飞入”动画。

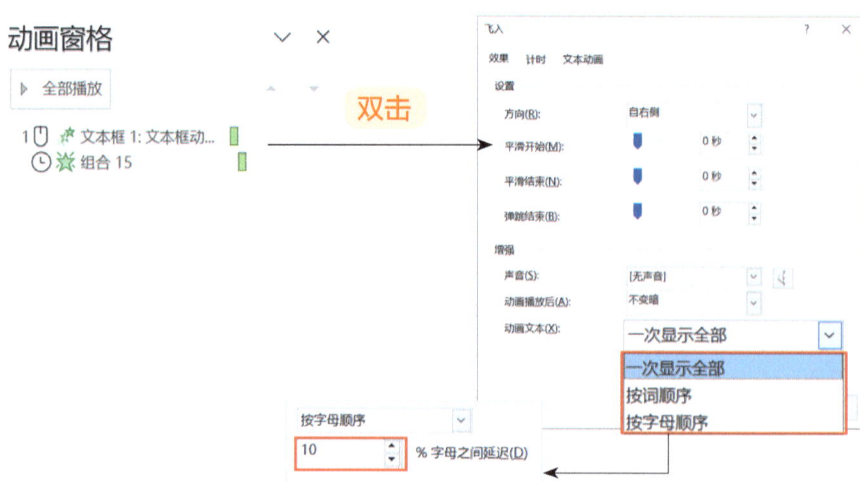

打开下拉菜单，选择“按字母顺序”，此时下方原本灰色的选项也亮起来了，默认“10% 字母之间延迟”，这意味着从第 2 个字母开始，每个字母都会延迟 0.05 秒（原飞入动画时长为 0.5 秒）飞入。单击“确定”，可以看到动画窗格变成了下面这个样子。

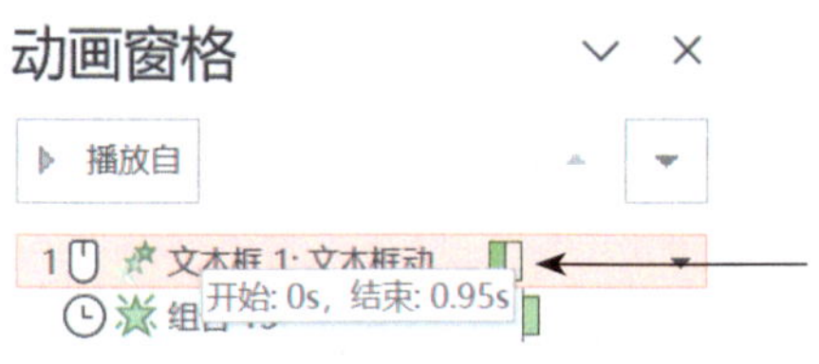

因为标题有 10 个字，后 9 个字每个延迟 0.05 秒飞出，故增加了 0.45 秒，动画持续时间增加至 0.95 秒。播放动画，文字“飞入” 动画效果如下。

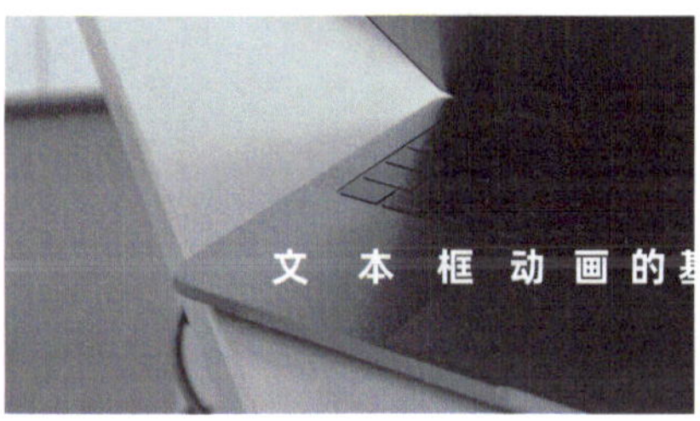

左侧文字先于右侧文字飞出

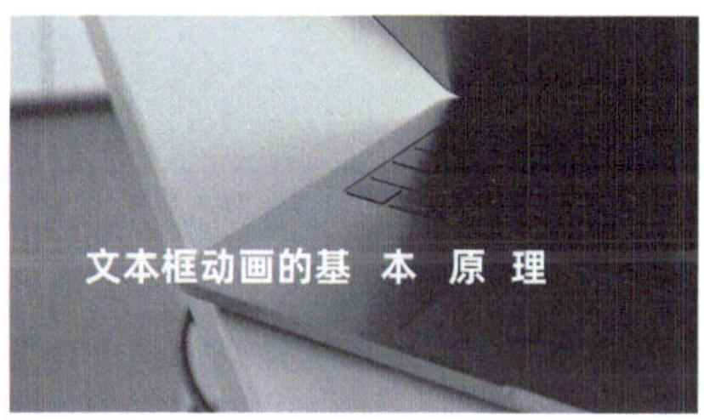

左侧文字先于右侧文字停止

调节按字母顺序延迟的百分比，可以得到不同的动画效果。例如将百分比调整到 100%，可以实现文字逐一飞入的效果——每个文字都会等到前一个文字停止之后才飞入。

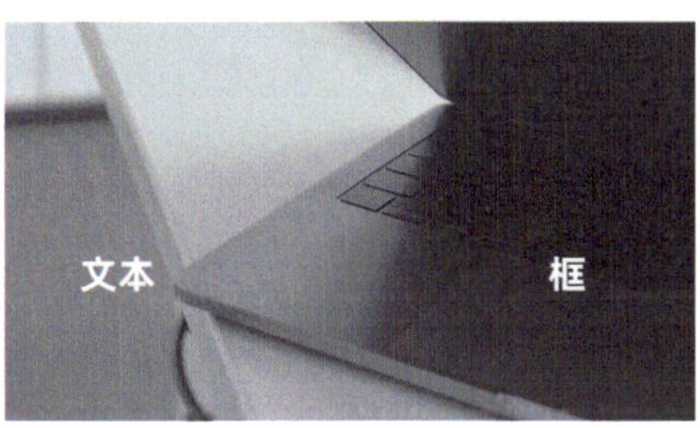

“文”“本”已到位，“框”飞行中

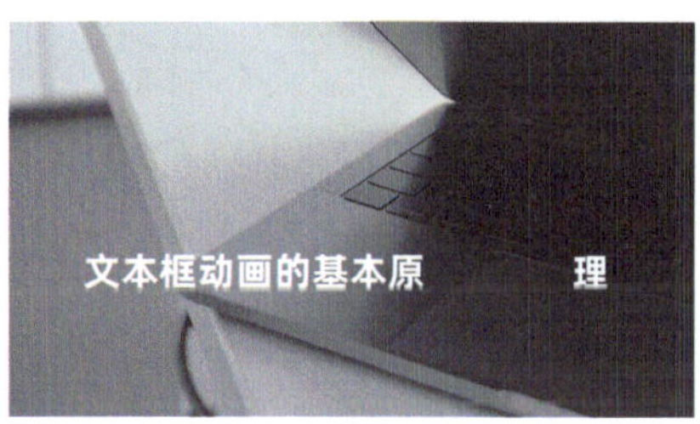

最后一个字“理”即将到位

高手如何使用文本框动画

在前面这个例子中，我们可以感受到文字接连出现的效果，不少高手由此特性出发，利用一系列的圆点代替文字，设置极小的按字母顺序延迟百分比，最终实现了原本在 PPT 里无法实现的笔迹动画效果。

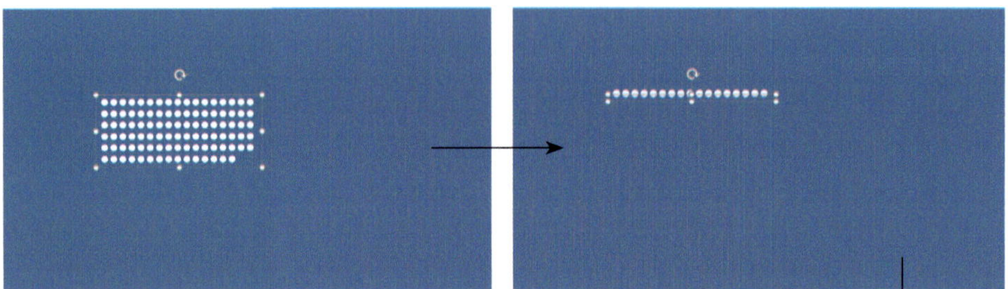

文本框输入 100 个（或更多）●

行距设置为固定值 0 磅

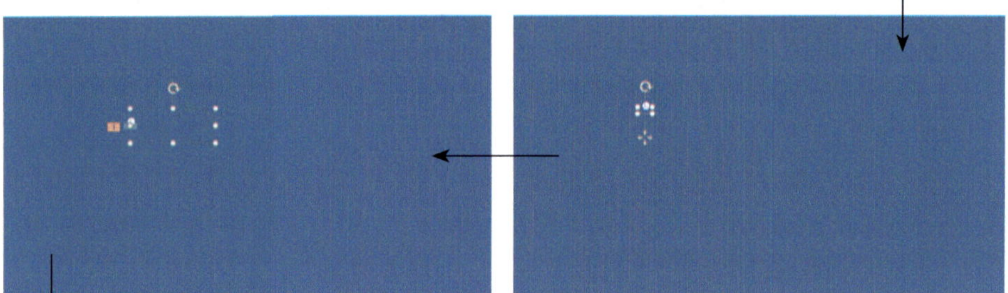

为文本框添加路径动画

缩小文本框宽度使所有●重叠

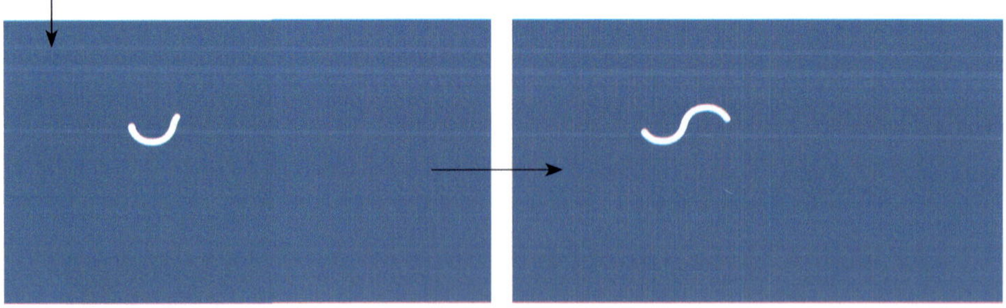

设置按字母顺序延迟的百分比为 0.3% 并播放动画，出现笔迹动画效果

6

怎样准备
分享更方便

• 拒绝“伸手党”，如何在网上分享作品？
• 演示者视图，又有何精妙神奇之处？

这一章，畅快分享！

6.1 你遇到过这些问题吗

朋友要借用我的电脑，可我的电脑上有涉密的 PPT，不想让别人随便翻阅，有什么办法能给 PPT 加密？

做好的 PPT 放到 U 盘里，U 盘带出去用了，但经常忘记把它从电脑中拔掉，甚至还真的弄丢过几次，差点误了大事，有没有好的云盘推荐？

PPT 做完了，要放在另一台电脑上播放，但是这台电脑根本没安装 PowerPoint，怎么办？

我想把 PPT 放到网上分享给大家，有什么办法保证 PPT 既能不被修改，又可以完美地保留动画和音乐效果？

我做的 PPT 体积都好大，随便就是 200~300MB，有什么办法能让 PPT 体积变小一点？

有些颜色在投影的时候还能分清楚，但是在黑白打印稿里就会混在一起。怎么才能避免这种情况呢？如果一页讲义中包含 4 页幻灯片，每张幻灯片看上去都有点儿小，有没有办法将其打印得大一些？

朋友圈一次只能发 9 张图，我想在朋友圈分享 PPT，可页数超过 9 页了该怎么办呢？别人分享的 PPT 好多页连在一起是怎么做到的？

我不想每次分享 PPT 时都要辛辛苦苦地背稿子，花了很长时间还是背不熟，但照着稿子念好像又不太好，有没有折中的好办法呢？

…………

如果你也有这些苦恼，那么这一章就是为你准备的！

6.2 如何保护我们的PPT

如何不让无关人员随意打开你的文件？如何告诉同事，某个文件不要修改？如何删除那些编辑过程中留下的痕迹，比如备注信息？如何恢复来不及保存而丢失的文件？这些设置都可以在“文件”选项卡中的“信息”

分类下完成。

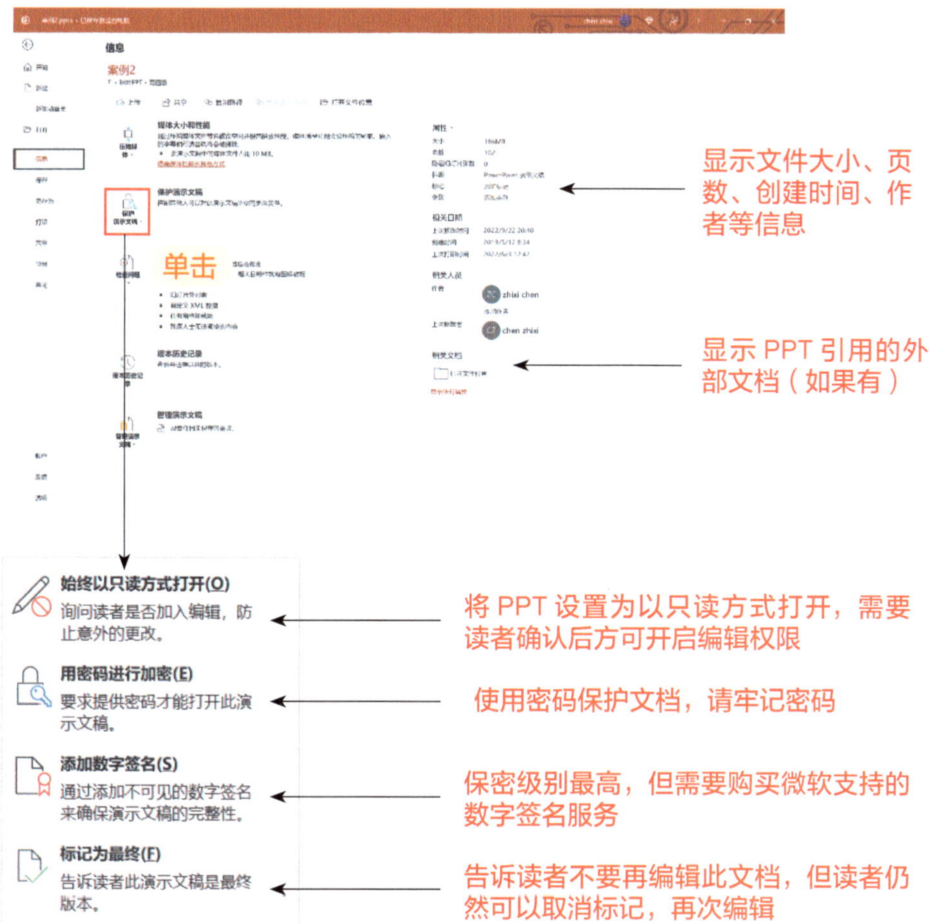

如果你想删除文档中的无用信息，可以使用“信息”分类下的“检查问题”功能。单击“检查问题—检查文档”，可以检查文档中是不是有隐藏的属性或个人信息等内容。如果有，则可以一键删除。用这个方法来批量删除页面中的批注或备注是较为方便的。

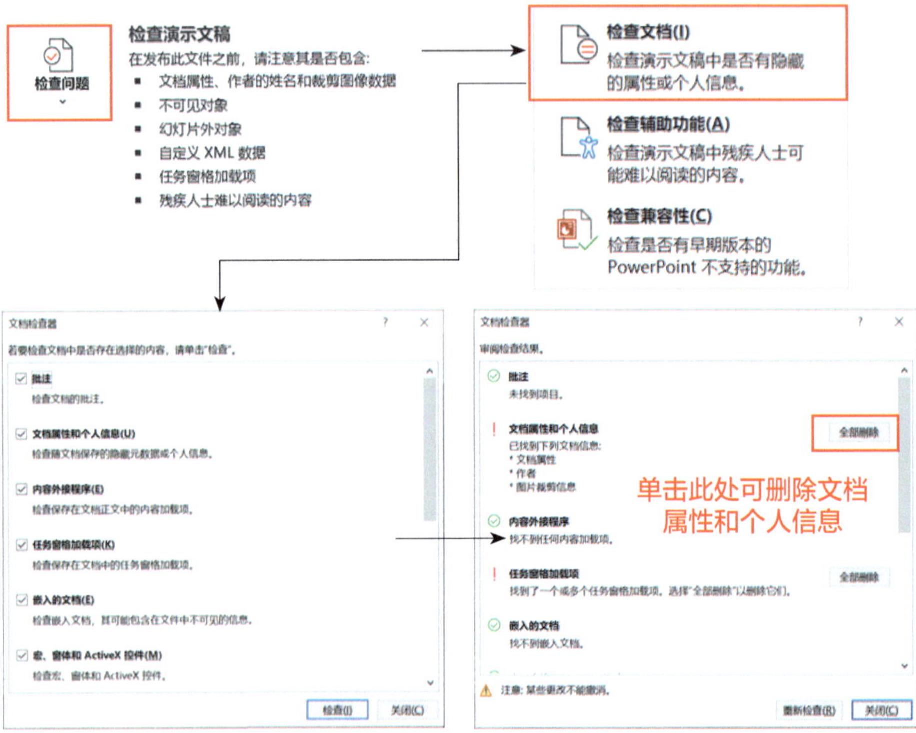

检测项目清单，可自定义　　　　检查结果列表

除了用来检查并删除文档中的隐藏属性和个人信息，“检查问题”功能还包括“检查辅助功能”和“检查兼容性”两个二级功能。前者是用于检查文档是否足够清晰、字号是否足够大，是否方便残疾人士阅读；后者则主要是为了使使用较高版本制作的文档在较低版本的软件中也可以编辑，检查兼容模式下会缺失哪些效果，并判断这些效果缺失后文档是否还在可接受的范围内，需不需要修改。

在第 3 章开头，我们曾经提到 PPT 的自动保存功能，建议大家将 PPT 设置为每隔 5 分钟自动保存 1 次。那这个设置具体在哪里呢？单击“文件—选项”，切换至 “保存”选项卡，就能看到与“保存”相关的一系列设置了。

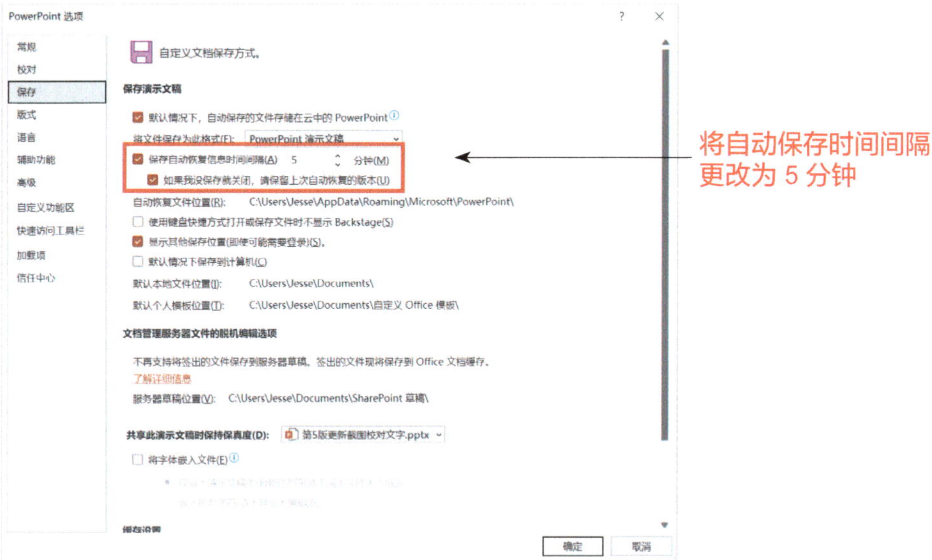

▲ PowerPoint 选项中与“保存”相关的设置

将自动保存时间间隔设置为 5 分钟，并且确保“如果我没保存就关闭，请保留上次自动恢复的版本” 已被勾选。这样，PowerPoint 每隔 5 分钟就会自动保存 1 次文档，一般情况下就不用担心发生意外造成信息丢失了。

设置自动保存的时间间隔后，每次自动保存，文档都会以独立临时文件的形式将该时间点的版本保存下来。如果你修改文档后过了一段时间又后悔了，而“撤销”步骤已经不够用，想恢复到某个时间点以前的版本，就可以单击“文件—信息”，使用“管理演示文稿”功能，检阅并退回到某个时间点 PowerPoint 自动保存的版本。当然，这招并不总是有效，具体情况还需要具体分析。

6.3 PPT云储存：让文档如影随形

随着 5G 网络的普及，云办公、云储存功能的使用比过去方便了很多。如果你使用的是带有云端功能的 Microsoft 365，使用 PowerPoint 自带的 OneDrive 功能，可以非常方便地在 PowerPoint 里直接进行云储存。

使用 OneDrive 客户端

如果你的电脑上安装的是 Windows 10 系统，那么 OneDrive 已经内置于系统中了，单击界面左下角 Windows 标志即可在开始菜单中找到 OneDrive 程序，打开后即可用你的微软账号登录 OneDrive 客户端并查看 OneDrive 中保存的文档。

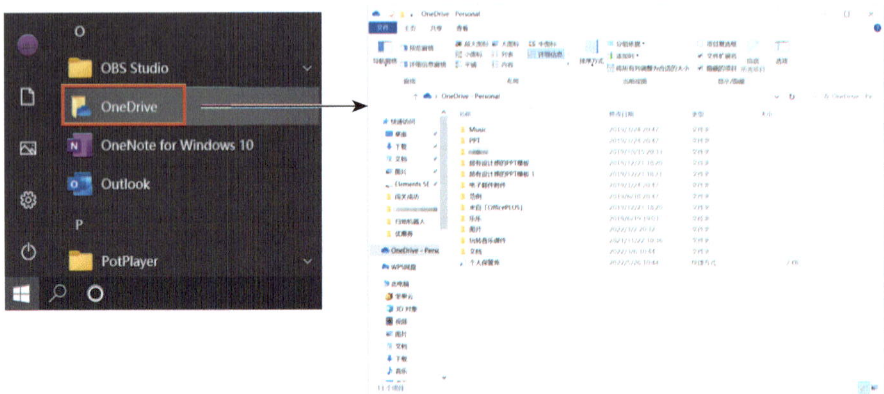

即使处于离线或未登录状态，我们仍然可以在本地 OneDrive 文件夹中进行操作，如移动或修改文档，所有的变更会在联网或登录后自动同步。

当你需要移动办公时，你还可以在你的手机上安装 OneDrive 的手机端 App，随时查看或下载储存在 OneDrive 中的文档。如果你使用的是 Microsoft 365，你还能享受更多 OneDrive 带来的便利，例如一台设备中的最新文档就是所有设备中的最新文档——当你在笔记本电脑上处理完文档并将其保存至云端后，再在你的手机上打开 OneDrive App 时，哪怕你已经数周未打开过 OneDrive App，出现的文档也是最新文档。

▲ OneDrive 中不同状态的图标释义

单击任务栏中的“显示所有图标”按钮，可以看到此时 OneDrive 已经运行，单击云朵图标后会弹出 OneDrive 软件界面，使用“在线查看”功能还能用网页的形式登录微软账号，访问并管理 OneDrive 中的文件。

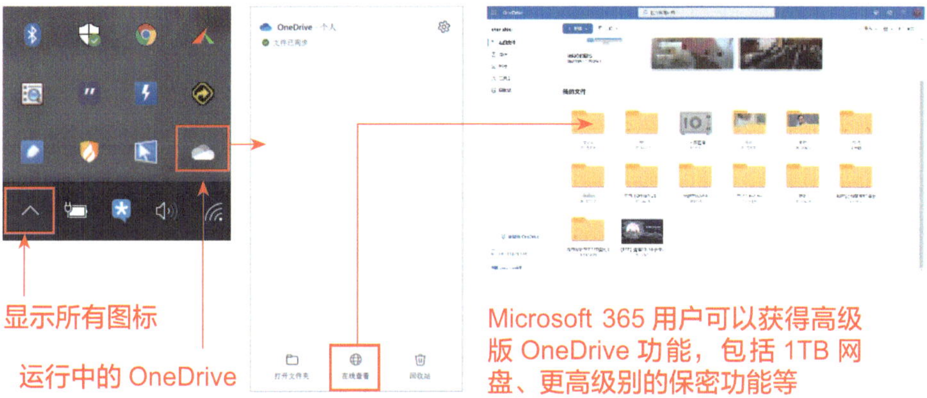

单击右上角的齿轮图标，可以打开 OneDrive 的功能设置对话框，查看或更改 OneDrive 的设置，对重要文件夹进行备份以便跨设备访问等。

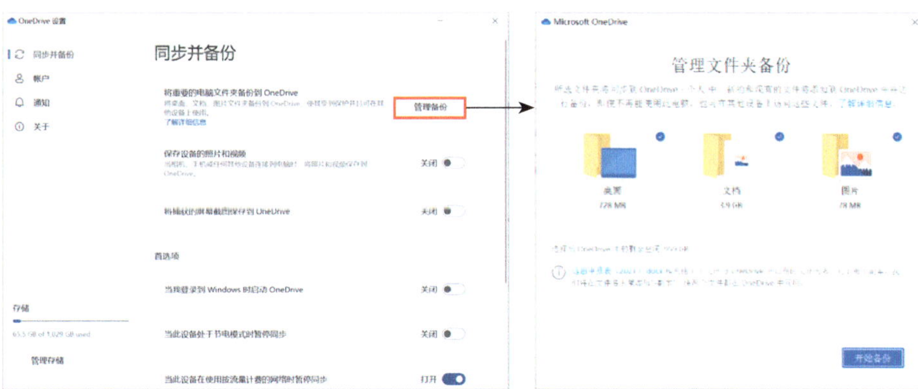

在登录状态下，OneDrive 会自动同步上传本地文件夹中的文档并时刻保持更新，这样你就可以在另外一台电脑上下载使用文档或共享给其他用户。即便另一台电脑没有安装 OneDrive，你也可以通过网页端下载和管理文档。相反，对于那些已经上传到云端的文档，如果你不想在本地文件夹保留备份以达到节省磁盘空间的目的，也可以右击本地同步文件夹里的文档，选择“释放空间”删除本地备份，有需要时再重新下载。

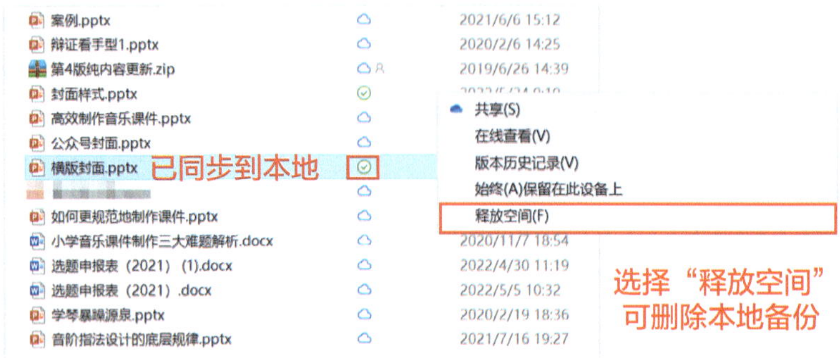

从 PPT 里直接保存文档至 OneDrive

前面提到的功能与市面上其他网盘能提供的服务大同小异，但 OneDrive 还有一招“独门绝技”，那就是**支持从 Office 程序内部直接保存文档至 OneDrive**，这一功能极大地增强了我们工作的便利性。

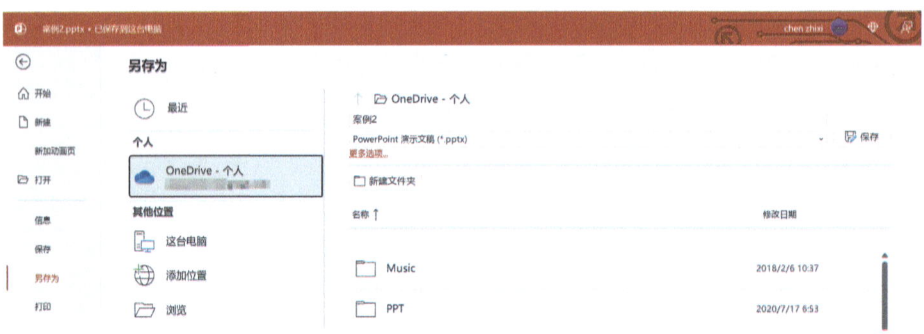

单击“文件”，然后选择“另存为”，即可选择自己的 OneDrive 进行保存。选择 OneDrive 后还能看到其中的分类文件夹，这和将文档保存至本地文件夹在操作上没有任何区别，非常方便。

如果你使用的是 Microsoft 365，第一次保存一份新文档时，Office 会优先推荐你将文档保存至云端——直接按 Ctrl+S 组合键，弹出来的对话框会提示你此文档将被保存到 OneDrive，如果要选择保存到电脑，需要手动选择保存目录。

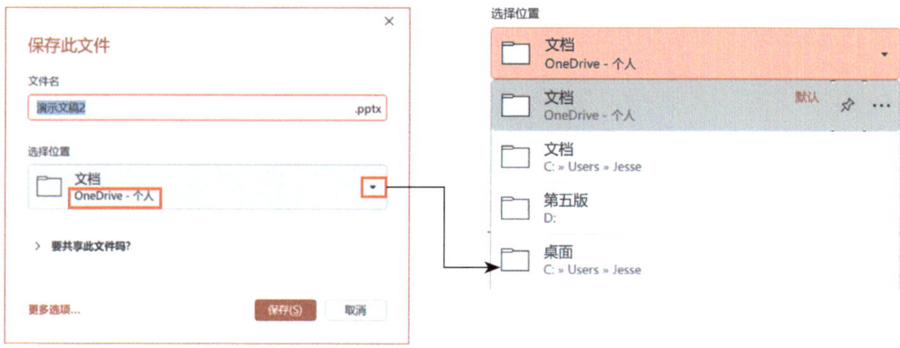

如果使用的是他人电脑，登录的不是自己的账户，也可以在“另存为”中单击“添加位置—OneDrive”，弹出对话框，登录自己的微软账户后进行保存。

通过 OneDrive 共享文档

使用其他网盘时，可以在选择文档后生成下载链接分享给他人，OneDrive 有没有这个功能呢？当然有，这里我们就给大家示范一下如何使用 OneDrive 共享文档。

考虑到不是所有人都安装了 Windows 10 系统及 OneDrive，这里使用网页版 OneDrive 进行演示。单击缩略图右上角的空心圈，将其变为勾选状态，单击“共享”即可弹出共享选项窗口——注意不要直接单击文档缩略图，那样会直接跳转到 PowerPoint Online 打开文档。

准确勾选文档并单击“共享”按钮后，会弹出共享选项对话框，默认拥有链接的人员都可以编辑该文档，如果想要改变这个设置，可取消可编辑权限或者设置权限到期日期或密码。

输入收件人邮箱地址单击“发送”按钮，OneDrive 会向收件人发送一封带

有下载链接的邮件，收件人单击这个链接即可下载此文档。

当然你也可以直接单击下方的“复制”按钮创建一个链接，OneDrive 会自动复制此链接，然后你就可以将复制好的链接粘贴到 QQ、微信、微博等社交平台分享给他人了。另外，在复制链接对话框中同样可以设置编辑权限。

6.4 Office Online 及协同工作

前面我们看到，通过 OneDrive 可以打开 PowerPoint Online（Office Online 中的一个组件）对文档进行处理。事实上，只要你注册了微软账号，也可以直接在浏览器里搜索、访问 Office Online，登录 Office Online 处理文档。

▲ Office Online 拥有完整的 Office 套件服务

Office Online 支持多人同时在线编辑同一个文档，任何人对文档做的改动，都会立刻在其他人的屏幕上显示出来。即便没有协同工作的需求，当你手边没有 Office 软件又必须制作或编辑 PPT 时，连上网络，PowerPoint Online 便能帮到你。虽说 PowerPoint Online 和本地应用程序相比还有一定差距，但比手机端 App 的使用体验还是好很多。

通过共享协同工作

如果你的工作小组成员均使用了 Microsoft 365，那么你们可以直接通过各自的 Office 本地应用程序进行协同工作。

只需要将需要协同工作的文档上传保存至 OneDrive，然后打开文档，单击右上角的“共享”，再选择“共享”，就可以邀请小组成员进行协同工作了。当然，你同样可以通过复制链接进行邀请。

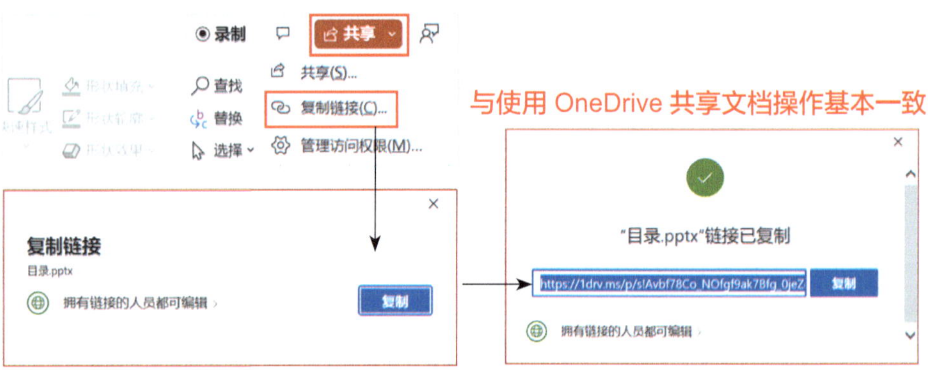

▲ 已上传文档可以直接复制链接进行分享

如果单击“共享”按钮后，下拉菜单中的后两个选项是灰色不可用状态，说明该文档还未上传至 OneDrive，需要先上传文档再进行共享。

总而言之，Office Online 给用户提供了一个完全免费并可以实时协作的 Office 环境。我们可以把它看作微软对 Google 文档兴起的一种回应。虽然 Google 文档有支持离线使用等优势，但 Office Online 与本地 Office 应用程序的兼容性让它在在线文档领域也极具竞争力。

6.5 保留高版本PPT效果的方法

PowerPoint 版本不同导致的效果丢失可谓是演示分享中的一个大坑。相信很多朋友都遇到过用高版本 PowerPoint 制作的 PPT 遇上低版本的播放环境，平面、动画效果丢失或 PPT 无法编辑的尴尬情况。为了避免出现这样的问题，最好的方案当然是“用哪台电脑制作就用哪台电脑演示”，可很多朋友使用的都是台式电脑办公而非笔记本，显然是无法做到携机出行的。

那么，怎样才能在更换电脑放映 PPT 时还最大限度地保留高版本 PPT 里的效果呢？下面给大家一些小提示。

保留字体效果

跨设备演示最容易出问题的就是文字的字体。即便是同版本的 Office 软件，两台不同的电脑上安装的字体也不会完全相同。特别是那些会场专用电脑，平时无人使用，极大可能未安装 PPT 需要的字体。因此，字体效果的保留是绝对不能遗漏的步骤。

具体的做法我们在 1.9 节已经详细探讨过，主要是通过嵌入字体或者将字体转化为图片，如果你忘记怎么做了可以回顾一下，在下一章我们还会讲解另一种保留字体效果的方法。

保留图片 / 文字特效

高版本的 PowerPoint 可以为图片添加各种艺术效果，可以对文字进行扭曲转化，这些功能给图片和文字造成的视觉效果改变都比较大。但由于这些艺术效果都是软件实时计算、绘制生成的，如果更换了低版本 PowerPoint 或使用其他演示软件来播放 PPT，可能会造成特效丢失。

要想避免这一类问题，解决办法仍然是将添加了效果的图片、文字剪切、粘贴为新图片。这样，特效就变成了新图片的一部分，与软件断开了联系，即便更换播放环境也不会出现效果丢失的情况了。

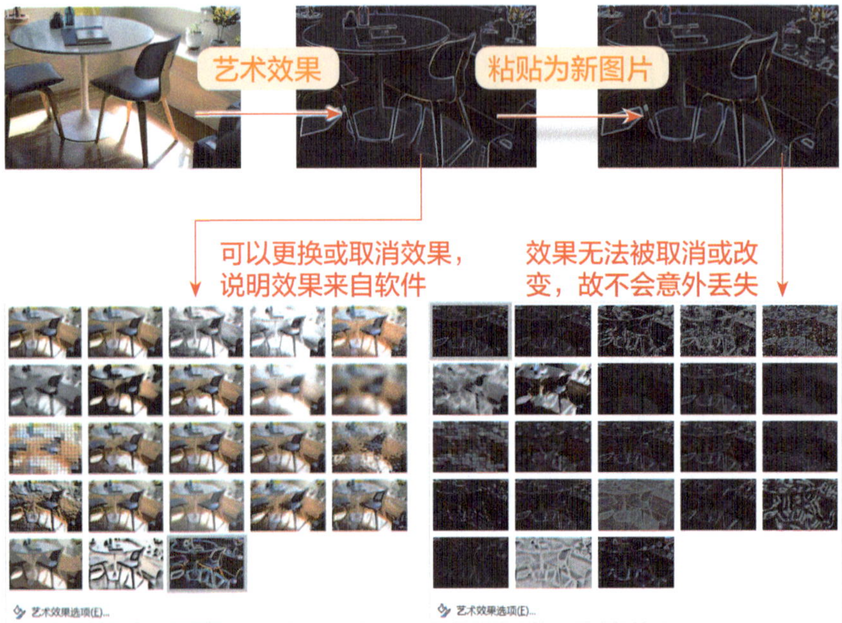

保留 SmartArt 图形效果

如果你经常使用 SmartArt 图形，那么也需要多留意兼容性问题，在保存为兼容格式的 PPT 里，虽然 SmartArt 图形的视觉效果不会丢失，但**图形和内部的文字内容会一并变为图片，无法再进行编辑。**如果想要避免这种情况，可以在保存前将 SmartArt 图形取消组合变为形状，这样就可以在兼容格式下编辑 PPT 了。

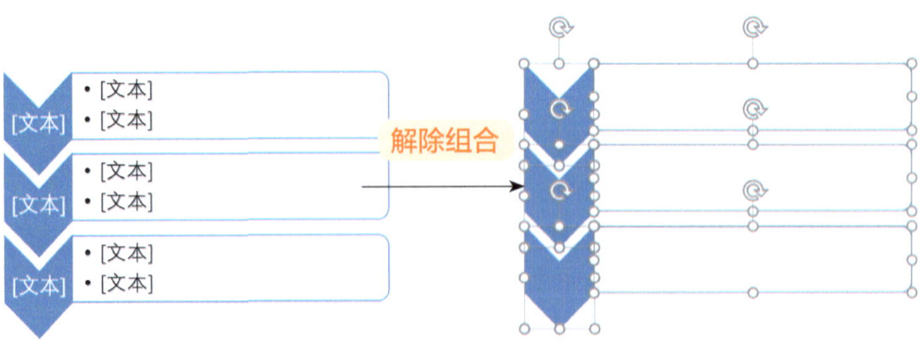

▲ 通常需要解除组合两次才能得到独立的形状

保留切换 / 动画效果

PowerPoint 中的切换 / 动画效果与版本的关联度很高，高版本独有的切换 / 动画效果在低版本中是无法呈现出来的。为了避免出现这样的情况，最简单的一种做法就是在制作时避免使用高版本专属的切换 / 动画效果。如果你不清楚哪些切换效果是高版本专属的，那就先将文档另存为兼容格式，然后再进入“切换”选项卡，留下的切换效果就是能“安全显示”的效果了。动画效果也是如此，在兼容格式下不能显示的效果在设置时就会被直接隐去。

▲ 兼容格式下的切换效果数量大幅减少

如果你特别想要保留某种切换 / 动画效果，也可以考虑将其录制成视频插入 PPT 进行自动播放，但那样灵活度就会降低很多，而且容易在衔接时穿帮。

6.6 外出演示的最佳选择之一：自带电脑

前面说了一系列争取保留高版本 PPT 效果不丢失的措施，但如果情况允许，外出演示的最佳选择之一还是自带电脑。如果你是长期需要在外做 PPT 演示的商务人士或培训师、教师，随身携带一台轻便型笔记本电脑，绝对比每次操心演示环境更轻松。

Jesse 老师目前使用的是微软的 Surface Laptop，其他 PPT 达人们有使用微软 Surface Pro 系列的，也有使用戴尔 XPS 系列的，大都是轻便型笔记本电脑，特别适合外出分享演示时携带。

Surface Laptop 4

Surface Pro 8

XPS 15

▲ PPT 达人常用的轻便型笔记本电脑

如果你也打算使用这类轻便型笔记本电脑做 PPT 演示，那么除了电脑本身，你可能还需要考虑购买以下配件。

蓝牙鼠标
省下一个 USB 接口

USB 分线器
同时连接更多设备

DisplayPort 适配器
转换线接口

VGA 线
连接老款投影仪

6.7 如何控制PPT的大小

PPT 太大，无论是编辑或者发送都很不方便。网上有很多压缩 PPT 的工具，其实都是通过压缩 PPT 中的图片来缩小文件体积的。要想真正控制 PPT 的大小，还得在制作过程中就养成好习惯。

使用矢量图片

随着人们审美偏好的变化，PPT 的制作风格也一直在发生改变。但不管是扁平风格、Low Poly 风格、剪纸风格，还是 MBE 风格、插画风格，它们都有一个共同特点——均以矢量元素为主要装饰。

▲插画风格 PPT 与 MBE 风格 PPT

大量使用矢量元素，不但可以做出符合潮流趋势的 PPT，有效减小 PPT 的大小，还能随意调节这些元素的大小，不用担心画质变模糊。

使用分辨率合适的图片

有时出于使用场合或是内容形式等方面的原因，我们在 PPT 中必须使用大量图片（例如动态相册就只能以图片为主体），这种情况下就要注意考虑图片的分辨率了。受投影仪分辨率的影响，分辨率再高的图片的投影效果也有一定上限，如果使用的是办公级别的投影仪，这个局限会更加明显。

使用分辨率超过投影仪分辨率的图片，在制作时会影响处理速度，播放时无法体现优势，这样的亏本买卖一定不要做。

善用压缩图片功能

对于那些已经使用了高分辨率图片的 PPT，我们也没有必要提取图片、降低分辨率后重新插入。在“图片格式”选项卡中，有一个“压缩图片”功能，这个功能可以帮助我们直接完成对图片的压缩。

与一些压缩软件不同的是，PowerPoint 的这个“压缩图片”功能提供了一个可控的参考范围，我们可以根据建议来选择不同的分辨率，对当前图片或整个 PPT 里的所有图片进行压缩。另外，我们还可以选择彻底删除经过裁剪的图片未保留的裁剪区域，如果你的 PPT 里存在大量裁剪过的图片，勾选此选项可以有效缩小 PPT 的体积，当然**压缩之后，图片就不能恢复到未裁剪状态了。**

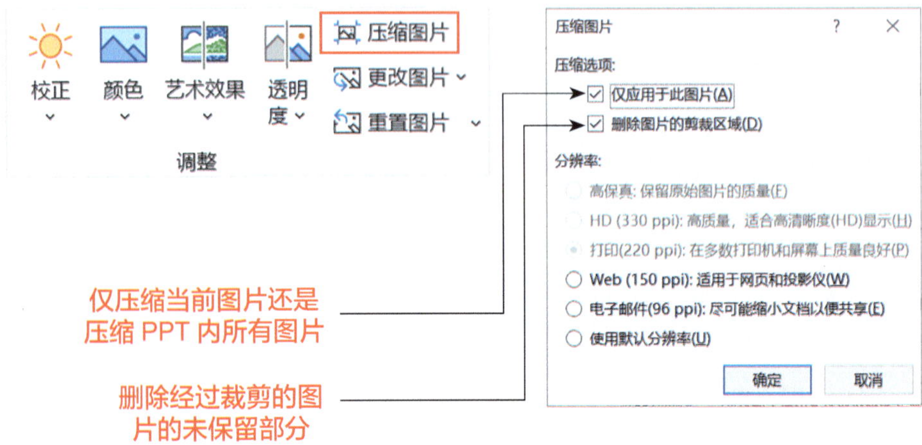

除了手动对图片进行压缩外，如果你特别在意 PPT 的体积大小，还可以在“文件—选项”设置窗口的“高级”分类中勾选“放弃编辑数据”以及将默认分辨率修改为 150ppi 及以下，这样在保存 PPT 时，PowerPoint 就会自动删除经过裁剪的图片的未保留部分及压缩分辨率超出限制的图片。

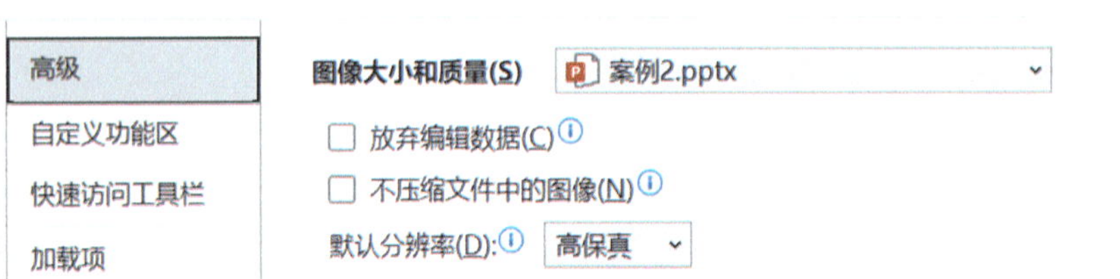

▲ 有关压缩图片的设置

不过，随着 5G 网络的普及、大容量移动存储设备的小型化和 USB 接口传输速度的提升，**在大多数时候我们已经没有必要在图片上下功夫去缩小 PPT 了**。如果 PPT 真的非常大，那极有可能不是图片造成的，再怎么压缩图片恐怕也起不了多大作用。

调整音频格式

在 PPT 里插入音频，我们通常可以选择 MP3 或 WAV 格式。MP3 格式的优点在于体积小、音质不错，但问题在于旧版本的 PowerPoint 对 MP3 格式音频的兼容性不好，想要保证音频能够顺利播放，最好还是选择 WAV 格式。

不过 WAV 格式音频体积又非常大。在下面这个例子里，原本 3.01MB 的 MP3 音乐转换成 WAV 格式后竟然有 44.24MB，增大了近 14 倍！所以，如果能够确定播放环境是 2013 版及以上的 PowerPoint，那就优先使用 MP3 格式的音频，这样可以节约很多空间。

裁取视频片段

如果你是一名教师，想要给同学们展示一部电影里的某个片段，显然没有必要把整部电影全都插入 PPT。即便你使用“剪裁视频”功能剪出了视频里需要的片段（参见实例 27），但和裁剪图片一样，**被剪掉的片段只是不予显示，并没有真的删除。**想要真正将这部分不需要的视频删掉，我们还需要进行下面的操作。

单击“文件—信息”，可以看到案例中的完整视频占用了 92MB 的空间，并且包含剪裁区域。单击“压缩媒体”，选择“全高清”进行压缩，压缩完成后视频仅占 3.8MB，大大节省了空间。

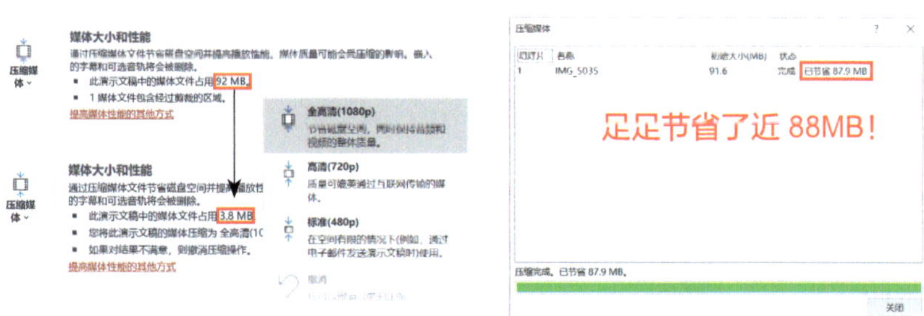

▲“压缩媒体”功能可以迅速减小 PPT 的体积

合理使用及嵌入字体

如果你在一套 PPT 里使用了太多的字体，又进行了嵌入字体操作，PPT 的大小也会明显增加。推荐同一套 PPT 里最多使用 3 种字体，如果某种字体使用得较少，定稿后可将相应内容转换为图片以减少一种字体的嵌入，这样也能有效控制 PPT 的大小。

6.8 PPT的3种放映模式

除了制作的是海报等平面作品又或是动画影片等视频作品，在大多数情况下，我们制作的 PPT 都需要进行播放展示。因此，放映 PPT 几乎是入门级技能——可你知道 PPT 总共有 3 种不同的放映模式吗？

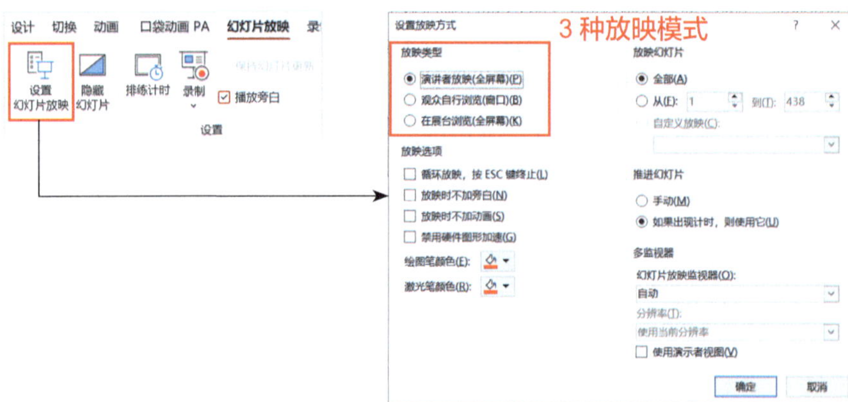

进入“幻灯片放映”选项卡，单击“设置幻灯片放映”按钮，在弹出的对话框中可以看到 3 种放映模式，我们先分别了解一下。

演讲者放映模式

最常见的演讲者放映模式其实包含了 3 种不同的操作方法：单屏放映、多屏放映和使用演讲者视图。

单屏放映是我们平时用得最多的一种放映方法，按 F5 键就能从头开始放映，按住 Shift 键再按 F5 键则可以从当前页开始放映。不过很多人不知道的是，编辑界面和幻灯片放映界面是两个不同的界面，按 Alt+Tab 组合键就能实现切换。如果在演示时发现一些小地方需要改动，就可以按上述组合键迅速切换到编辑界面，不必结束放映。

▲单屏状态下可切换至编辑界面

在幻灯片放映界面晃动鼠标指针，屏幕左下角会出现翻页、墨迹书写、多页浏览、局部放大、其他选项等多个按钮，单击最右侧的“其他选项”按钮会弹出菜单。我们可以通过此菜单在单屏放映和演示者视图两种模式之间切换，也可以进行更多其他的设置。

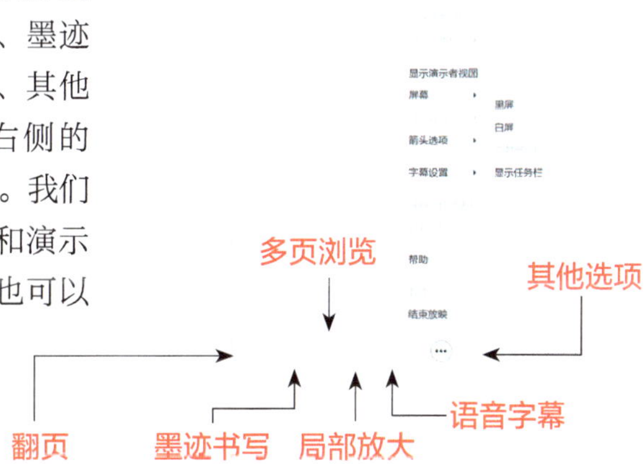

如果你使用的是 Microsoft 365，还可以体验到微软开发的“黑科技”——语音字幕功能和 Cameo 功能。

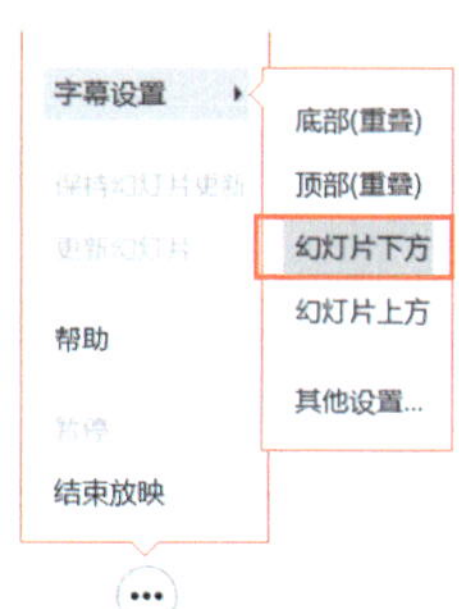

先来看语音字幕功能。首先在“其他选项”菜单里选择“字幕设置”，调整好字幕的样式，然后单击屏幕上的“语音字幕”按钮开始演示，PowerPoint 能根据你讲述的内容在屏幕底部自动生成字幕，识别正确率还是挺高的。如果你需要用外语来讲解 PPT，还可以在“幻灯片放映”选项卡最右侧进行字幕语言设置。

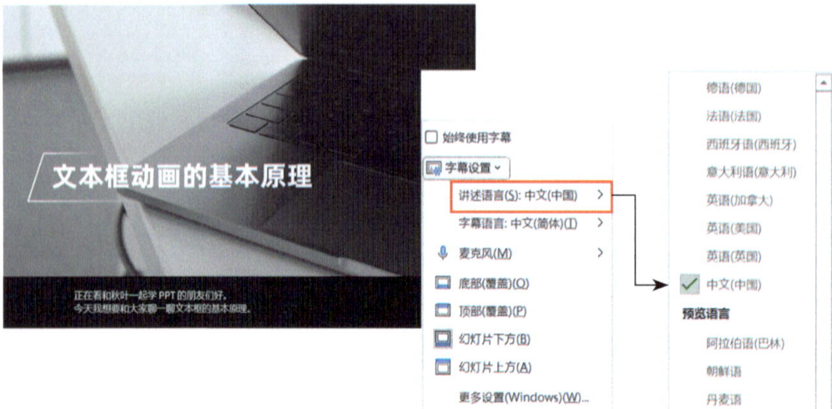

▲ 按实际需求设置字幕语言可以确保语音识别的准确性

你甚至可以在字幕设置里将“讲述语言”和“字幕语言”设置为不同的语言，PowerPoint 会自动完成翻译，并将翻译后的字幕内容呈现在 PPT 中。

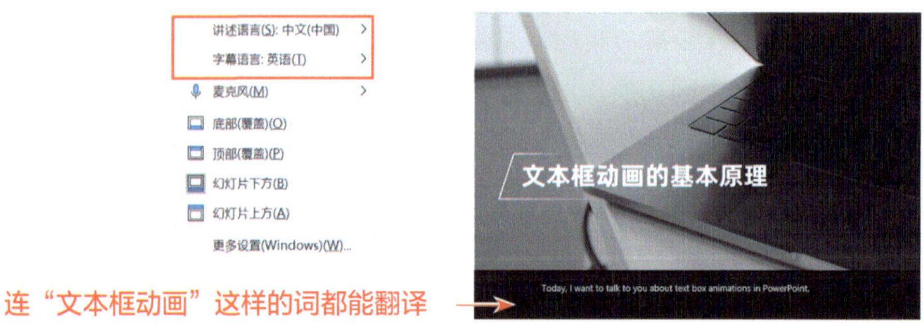

▲ “语音字幕”功能还能实现对讲述内容的实时翻译

了解完语音字幕功能，让我们再来看看 Cameo 功能。这个功能可以在演示时实时放映摄像头拍摄到的画面内容，对用 PowerPoint 制作微课的教师来说十分有用。

首先规划好真人出镜的位置，如幻灯片右下角，这样在制作微课 PPT 时就可以把内容偏左放置。单击“插入—Cameo”，画面右下角就会出现基础的人像窗口占位符。

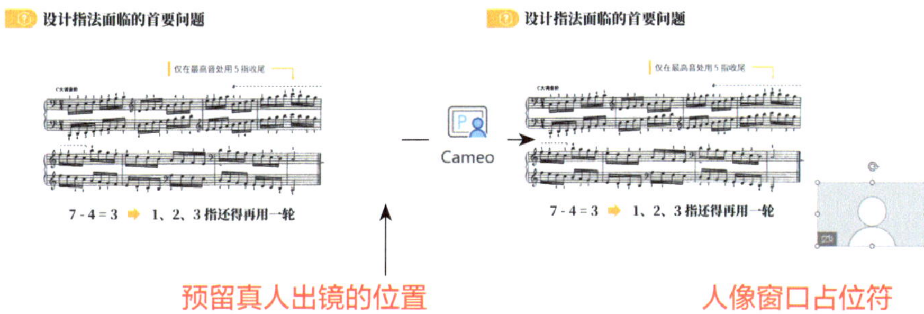

此时工具栏会自动切换到“相机”选项卡，我们可以在“相机”选项卡中快速设置多种不同的相机样式，也可以拖动占位符调整人像窗口的大小和位置。

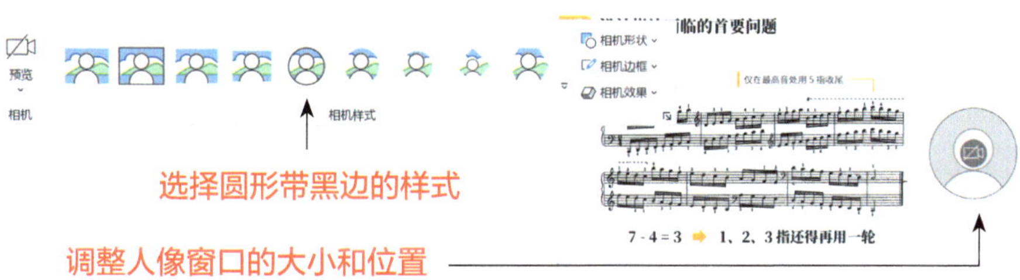

▲ 选择相机样式，调整人像窗口的大小和位置

实际放映时，就能将幻灯片内容和授课教师影像进行同步投屏或录制了。

▲ Cameo 功能的实际投屏效果

如果不需要人像窗口了，在放映过程中晃动鼠标，在左下角菜单栏中单击“摄像机”图标，即可关闭。

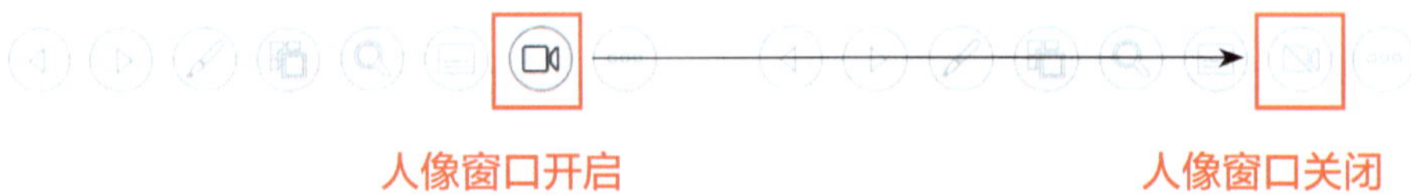

在电脑连接了投影仪的前提下，我们可以使用多屏放映的操作方法来播放 PPT。具体来说，就是按 Windows 徽标键 +P 键，把投影模式切换为扩展模式。这样在播放 PPT 时，放映界面仅会在扩展显示器即投影仪上出现。这样，我们就可以一边投影一边编辑 PPT 或进行其他操作了。

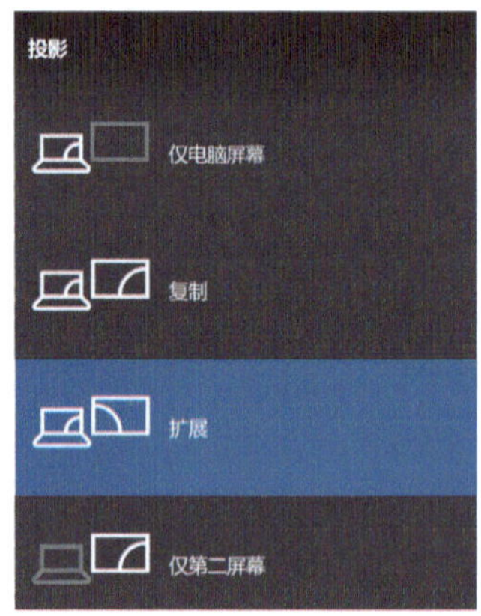

▲ 扩展模式等于加宽了显示屏，非常适合多任务并行的工作环境

演讲者放映模式下最后一种播放 PPT 的操作方法是使用演示者视图。在“幻灯片放映”选项卡中勾选“使用演示者视图”后，连接投影仪按 F5 键即可进入演示者视图模式。若未连接投影仪，则勾选此选项无效，不过**按 Alt+F5 组合键开始放映，可强制进入演示者视图模式，推荐大家试试看。**演示者视图模式可以在观众毫不知情的情况下在电脑屏幕上显示提词稿、下一画面预览等极为实用的信息，能极大地优化演示效果。

视频案例

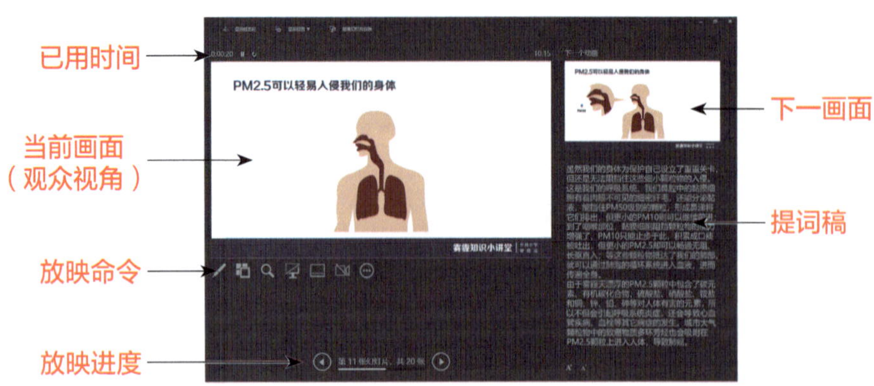

观众自行浏览模式

观众自行浏览模式与演讲者放映模式最大的不同是采用了窗口而非全屏播放 PPT，并且取消了演讲者放映模式下的一系列功能按钮。

使用这一模式播放 PPT，演讲者只能单纯地翻页浏览 PPT，而无法在页面上使用墨迹书写等工具对 PPT 内容进行圈点勾画，也无法使用语音字幕、Cameo 等功能，即便在界面中右击，也仅有“放大”或“定位到特定幻灯片”这类浏览辅助功能可以选择。

其实这也很好理解，毕竟这一模式的预设场景就是将 PPT 提供给观众让其自行翻阅，那些演讲辅助功能就没有存在的意义了。

在展台浏览模式

展台类似于大型购物中心的电子导览屏幕，在展台浏览模式的特点之一是除了按 Esc 键退出播放外，整个播放过程不能人为控制——无法手动翻页、没有右键菜单，但支持超链接。制作者可以在制作时放置好“上一页”“下一页”“回到开头”“跳到结尾”等按钮，以帮助观众有限地控制 PPT 展示进度。

除此之外，在展台浏览模式也可以为 PPT 设置自动换片时间，让 PPT 可以自动循环播放。这样 PPT 就具备了两种播放速度——无人浏览时以轮播的形式自动展示内容，有人浏览时可以把控制权适度转交给观众，由观众自行控制展示进度。

设置自动换片时间的功能在“切换”选项卡最右侧，勾选并填入自动换片时间即可。

▲ “切换”选项卡下的自动换片时间设置

6.9 幻灯片讲义的打印

有时我们参加培训时会收到打印的培训材料，翻开一看发现材料上左侧是 PPT 页面图片，右侧则留有空位便于我们一边听讲一边做笔记，这难道是培训讲师把每页 PPT 截图导出，用 Word 排版制作出来的吗？

当然不是，这样的培训材料都是直接通过 PowerPoint 打印出来的。进入“视图”选项卡，单击“讲义母版”可以编辑讲义母版的结构。讲义母版比较简单，和幻灯片母版一样，可以插入各种元素，如页眉、页脚、时间和页码。我们也可以在工具栏中设置讲义方向及每页的幻灯片数量等参数。

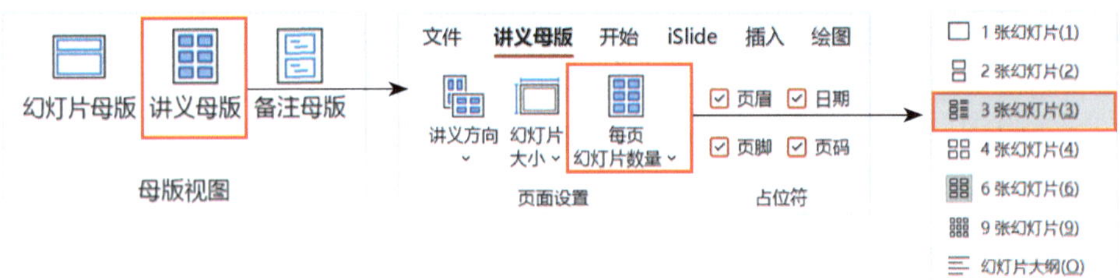

选择“3 张幻灯片”，可以输出为观众留有笔记空位的讲义。打印之前也可以简单设计讲义母版，完成后单击“文件—打印”即可打印讲义。

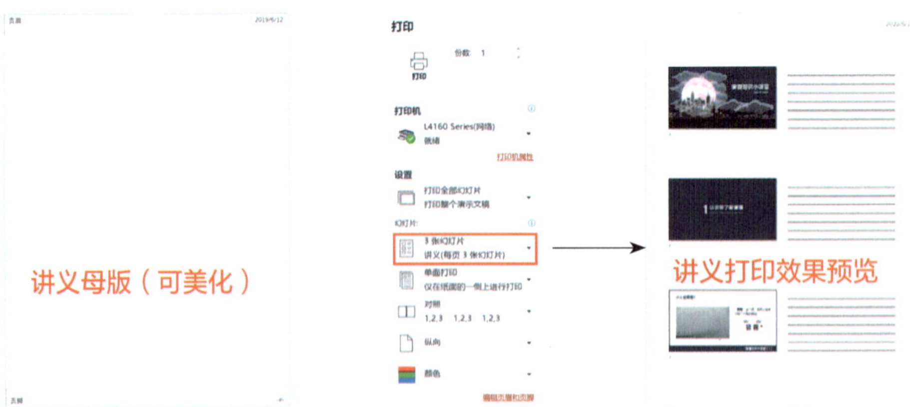

打印的黑白讲义内容看不清怎么办

打印时难免会遇到下面这个问题——虽然 PPT 页面用电脑看配色很精彩，但是打印出的黑白讲义就分不清颜色深浅了。别急，这里有几个比较典型的问题及对策，或许可以帮到你。

问题	对策
数据图表中不同系列数据颜色亮度比较接近，打印为黑白讲义时灰度就比较接近，难以分辨	在“视图”选项卡中点击“灰度”，检查哪些地方颜色对比不那么明显。重新定义这些颜色的灰度
文字衬底色块在 PPT 放映时效果不错，但是做成黑白讲义后，底色会影响阅读	重新定义这些底色在黑白讲义中的灰度，一般可直接改成白色
深色的背景在 PPT 放映时效果很酷，不过在黑白讲义中就变成了大块黑色，太难看	打印讲义时，选择灰度或者黑白模式

▲ 打印黑白讲义时可能遇到的问题及对策

这里具体解释下如何重新定义颜色的灰度。

首先进入“视图”选项卡，找到“颜色 / 灰度”功能组，可以看到 3 个按钮，分别是“颜色”“灰度”“黑白模式”，默认选中的是“颜色”。

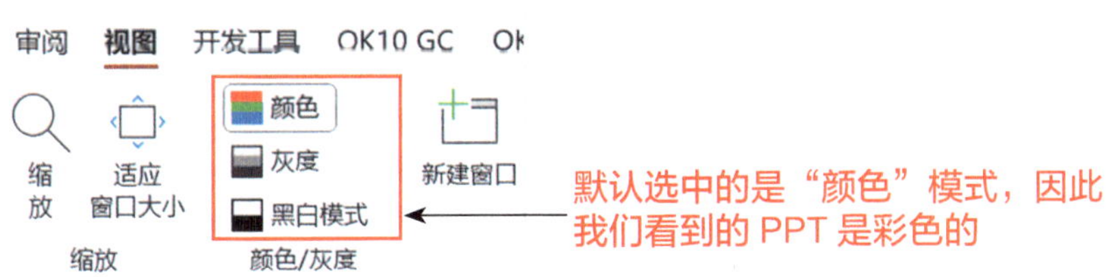

选中“灰度”后，幻灯片的颜色会发生显著变化，所有颜色都会以黑、白、灰 3 色来显示，工具栏也会自动切换至“灰度”选项卡。不过由于现在我们选中的是整个页面，工具栏中的各种灰度方案按钮都是灰色不可用状态。

当选中页面中不同对象时，灰度方案的按钮就会亮起，显示当前该对象采用的方案，如果你觉得这个方案不合理，那就改选其他方案，调整视觉效果。

例如在当前默认的方案下，右下角文字被转换为黑色，和背景的深灰色混在一起之后难以分辨。此时只需要进入母版视图（标题在母版版式中，在页面中无法选中），选中标题文字，单击灰度方案中的“白”，就可以手动将其设置为白色，这样就能看清了。

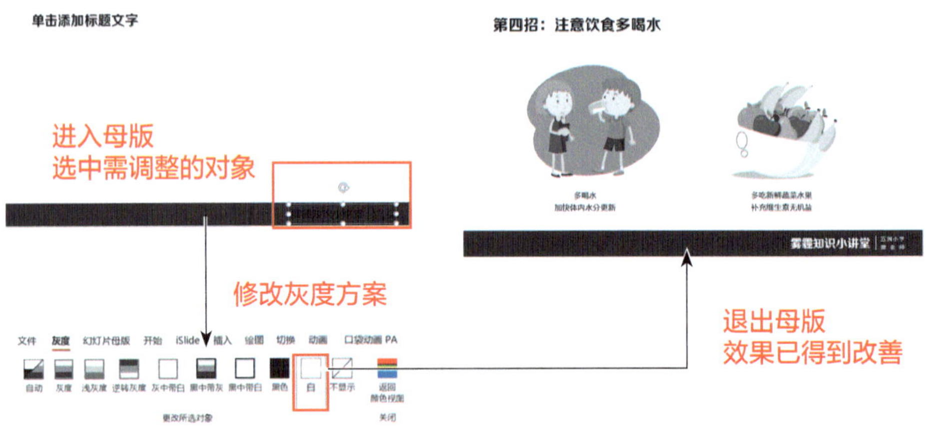

6.10 将PPT转为图片进行分享

线下授课时可以把 PPT 打印出来分享，那如果是线上分享呢？比如想在微信群里进行一次分享，需要把 PPT 转为图片吗？是的。因此，将 PPT 转为图片也是我们在分享时经常会进行的操作。本节我们就来聊聊这个话题。

将 PPT 另存为高精度的图片

把某一张幻灯片用以下 7 种不同的方法转为图片，然后放大进行画质对比：①选中页面缩略图进行复制，然后粘贴为图片；②保存为 JPG 格式；③保存为 PNG 格式；④在播放状态下截屏；⑤另存为 PDF 文档后转换为高分辨率 JPG 格式图片；⑥另存为 PDF 文档后转换为低分辨率 JPG 格式图片；⑦保存为高分辨率 JPG 格式图片。

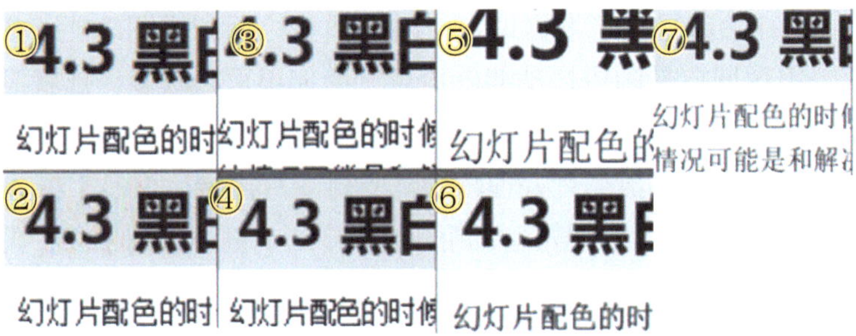

▲这些 PPT 转图片的方式你都尝试过吗？

不难发现，使用方法⑤和方法⑦得到的图片效果最好，使用方法①得到的图片效果最差。不过具体使用何种方法也要结合实际需求来考量，使用方法⑤和方法⑦得到的图片虽然效果不错，但操作起来相对麻烦，如果你只需要在微信群里分享，通常使用方法③得到的图片就足够了。以 PowerPoint 默认的页面尺寸（高度 19.05 厘米）将 PPT 页面另存为 PNG 格式图片，分辨率是 1280 像素 ×720 像素，水平宽度为 1280 像素，而目前主流全面屏手机显示屏的分辨率为 2340 像素 ×1080 像素，水平宽度仅支持 1080 像素。也就是说，就算在微信里点开大图，只要不横屏浏览，使用方法③得到的图片的分辨率都是超过手机显示屏分辨率的。

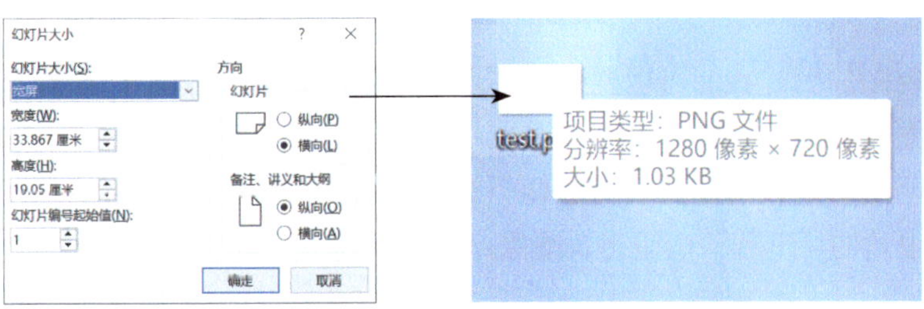

▲以默认宽屏尺寸将 PPT 页面另存为 PNG 格式图片，分辨率完全能满足要求

所以，可以直接单击“文件—另存为”将 PPT 的文件类型设为 PNG 格式导出。如果想要追求更高的分辨率，也可以用 iSlide 等插件的导出功能一键导出超清图片。

把 PPT 页面拼成长图

做完了一套 PPT，除了在正式场合播放，还有很多人会选择发微博分享。一些 PPT 爱好者平时练手制作 PPT 或出于兴趣就某个热点话题制作 PPT，可能一开始就是为了发微博。有时发微博会用到拼图功能，如果 PPT 页数很少，用微博自带的拼接功能就可以，而如果页数较多，那就需要用到其他工具。

目前市面上的大多数图片处理软件都支持图片拼接，很多手机 App 也有类似功能，但先将 PPT 页面导出得到的图片传到手机、存到相册，再来拼图还是多有不便。可以尝试使用一些网页端工具，如美图秀秀网页版。

搜索“美图秀秀”找到页面，单击“拼图—拼接”即可进入默认的“简单拼接”模式，单击“上传图片”即可开始拼图，一次性最多上传 20 张图片。

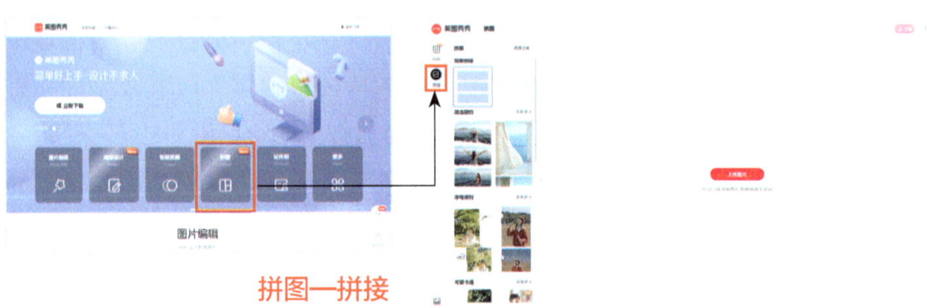

▲ 美图秀秀网页版中的图片拼接功能可以用于拼接长图

上传图片后，我们可以根据需要在右侧的面板里设置画布尺寸、外边框大小、图片间距等属性。选中单张图片则可以设置滤镜、蒙版、旋转、缩放和不透明度等参数。设置后可以调节右下角的缩放比例来查看效果，确定后单击右上角的“下载”按钮将长图保存到本地。

6.11 将动态PPT保存为视频

如果你使用的是 2010 版及以上的 PowerPoint，想要将动态 PPT 保存为视频，无须借助其他软件，可以直接在 PowerPoint 内部完成。具体的步骤如下（2010 版各个功能的位置略有不同）。

（1）单击“文件—导出”。（2）单击“创建视频”。

（3）选择视频格式及质量。（4）单击“创建视频”按钮。

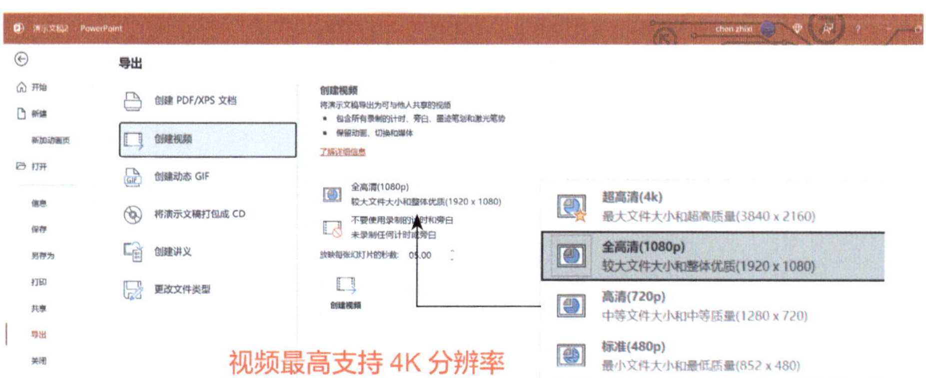

也可以直接在“另存为”下将“保存类型”设置为“MPEG-4 视频”。如果采取这种方式，PowerPoint 会直接把文件另存为视频。

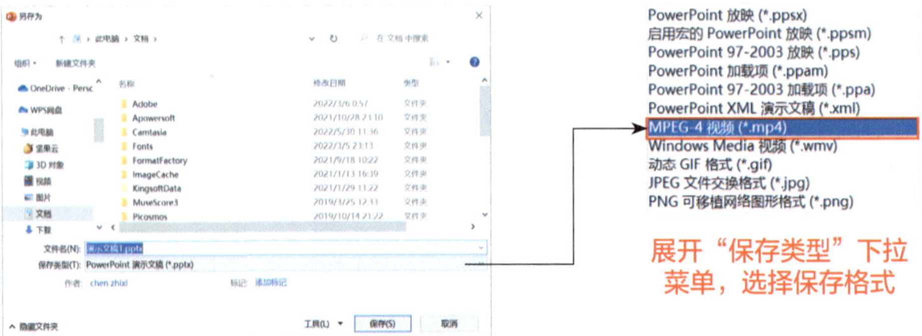

展开“保存类型”下拉菜单，选择保存格式

6.12 微软听听：PPT线上分享新形态

近两年微信小程序越来越火，功能也越来越强大，或许你已经见过各种各样的小程序了，但你见过**可以用来分享 PPT 的小程序**吗？

今天我们就要向你推荐一款由微软公司官方出品的小程序——微软听听。有了它，你就可以非常方便地在微信里分享 PPT 了。

在微信里点击搜索框，切换到“小程序”分类，输入“微软听听”，搜索并打开这款小程序，然后点击底部的“创建”，即可开始创建听听文档。

切换到“小程序”分类　　搜索“微软听听”　　创建文档

文档的上传可以通过云盘、手机相册图片、电脑等多种渠道进行。如果选择通过电脑上传，小程序会提示你打开指定的网页，使用微信扫码登录之后即可上传文档。

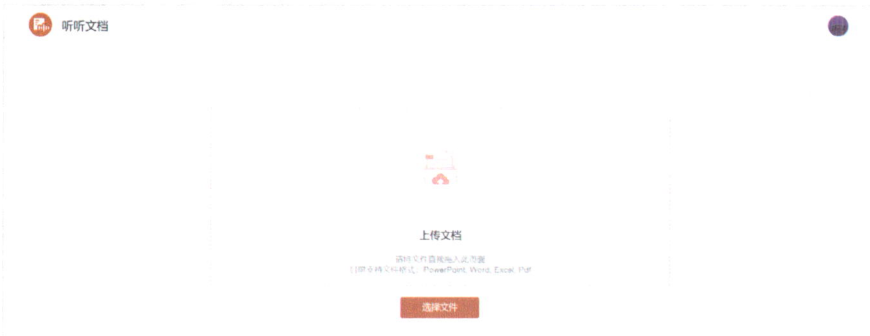

选择好文档后单击上传按钮上传文档，上传完毕之后，网页会在页面中显示一个二维码，扫码即可查看文档。

用手机扫码之后，就可以进入录音环节。文档每一页底部都有一个录音按钮，如果你在 PPT 的备注区域中写了讲稿，此讲稿在手机上也能看到。你可以像发送微信语音消息那样按住按钮开始录制，或是直接右滑选择 AI 读稿生成语音（还可以选择音色），录完后滑动 PPT 画面翻页继续录制下一页（每一页都会以静态图片的形式呈现）。等所有的页面都录制完毕，点击右下角的箭头，设置好权限、标签、背景音后点击“发布”，一份微软听听文档就创建好了。将它分享到微信，大家就可以边看 PPT 边听你的讲解了！

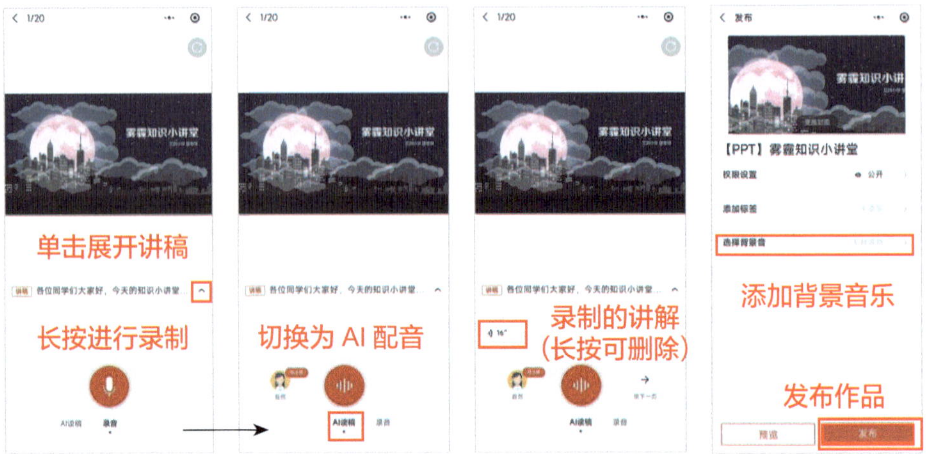

7

善用插件 制作更高效

- 为什么高手们的 PPT 做得又快又好？
- 为什么他们的 PPT 用到的很多功能我没有？

这一章，揭晓谜底！

7.1 “插件”是什么

相信大部分游戏玩家对于“插件”都不陌生。所谓插件，就是与主程序并行的辅助工具，能够依附于主程序，实现一些原本不能实现的功能，给程序使用者带来更多的便利。

以大家都很熟悉的游戏《英雄联盟》为例，游戏中防卫塔会自动攻击进入己方攻击范围的敌方。那些刚刚接触游戏的新人很难准确估算防卫塔的攻击范围，一不小心就会白白“送命”。曾经就有一款游戏插件，可以在玩家靠近这些防卫塔时准确显示出防卫塔的攻击范围，从而大大降低了玩家给对方“送人头”的可能性。

防卫塔会自动攻击敌方

插件可显示出防卫塔的攻击范围

当然，作为对战类游戏，这样影响公平竞技的插件，官方是明令禁止的。但对于 PPT 制作来说，如果有一款能帮我们省时省力完成 PPT 制作任务的辅助工具，那自然是人人欢迎。在这样的需求驱动下，各种各样的 PPT 插件应运而生。它们有的可以提高制作效率，有的可以美化设计效果，有的可以方便我们寻找素材，这一章我们就一起来了解一下这些辅助我们完成 PPT 制作任务的“神器”。

7.2 目前流行的PPT插件

随着 PowerPoint 在功能上的大幅度提升，可挖掘拓展的功能增多，各种插件也如雨后春笋般冒了出来。在这里首先要感谢那些不求回报的插件开发者，他们牺牲自己的时间，克服重重困难制作出了这些为我们节省大量时间的插件，这样的奉献精神值得我们每一个人敬佩和学习。

在本节，我们会向大家重点推荐和介绍 3 款目前市面上流行的 PPT 插件。

iSlide 插件

iSlide 插件的前身是问世较早的 Nordri Tools（NT 插件），2007 年年中，iSlide 插件正式与大众见面并取代了 NT 插件的地位。依靠高效的功能和强大的资源库，这款插件迅速征服了大众，如今无疑是市面上最流行的 PPT 插件之一。

▲ iSlide 插件功能区一览

OK 插件

OneKey Tools 简称 OK 插件，和 iSlide 插件不同的是，它几乎是由作者 @ 只为设计 独立开发完成的。作为一名极具奉献精神的 PPT 设计师，@ 只为设计 不但开发了强大的 OK 插件，还详细录制了每个功能的使用视频，编写了一系列插件教程，帮大批 PPT“小白”走上了进阶之路。如果说 iSlide 插件是注重提升效率的“干练女白领”，那 OK 插件就是在功能上不断突破的“技术宅”。它的功能强大到令人咋舌，如果用游戏里的标准来判断，或许它已经不再是插件，而是需要被封禁的“外挂”了。

OK 插件的功能非常多，以至于使用一张截图根本展示不完，所以这里把它“剪”成两部分展示。

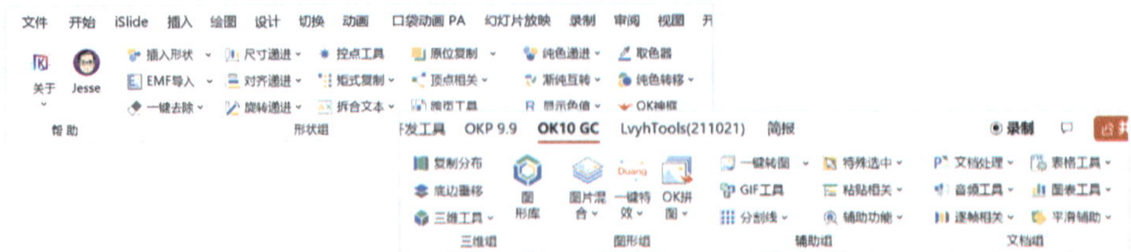

▲目前 OK 插件已经更新到最终版 OK10 荣耀典藏版（OK10GC）

PA 插件

口袋动画（Pocket Animation）简称 PA，最早由周泽安创立的大安工作室开发完成，后被金山 WPS 收编，2021 年下线停运，但安装过该插件后，其本地功能不受影响，依然可以正常使用。这款插件是目前功能最强大的 PPT 动画插件之一，借助它，你可以做出很多 PPT 里根本不存在的动画效果，让自己的创意得到尽情展现——当然，前提是你的技术要过关。

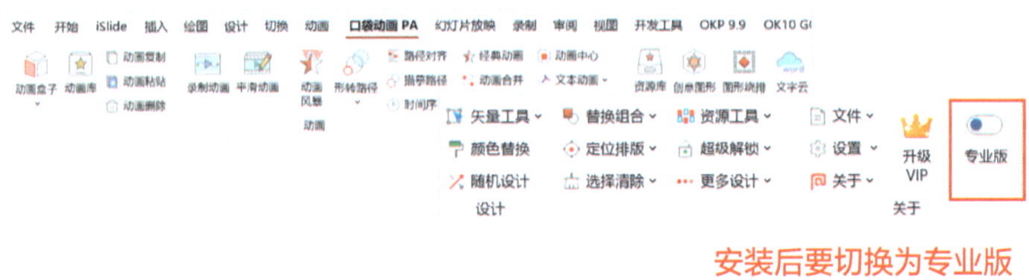

▲PA 插件功能区一览（账号登录等功能做了自定义删减）

7.3 iSlide插件的资源库

前面我们说到，iSlide 插件是如今市面上最流行的 PPT 插件之一。这和它丰富的素材资源分不开。目前，最新版本的 iSlide 插件拥有案例库、主题库、色彩库、图示库、图表库、图标库、图片库、插图库八大资源素材集，覆盖了 PPT 制作的方方面面。

以第 1 章我们和大家介绍过的图标素材为例——没有安装插件时，我们需要打开浏览器、访问“阿里巴巴矢量图标库”、搜索图标、下载图标、插入图标，然后才能根据需要调节图标的大小、颜色，配合文字使用。如果之后觉得这个图标不够好，那就得再次搜索下载新的图标，然后又进行一次调整……**是不是光看这段话都觉得累得不行?**

而如果你安装了 iSlide 插件，只需要单击工具栏中的“图标库”按钮，在弹出的界面里直接就可以进行图标的搜索和下载了，整个过程都可以在 PowerPoint 内部完成。

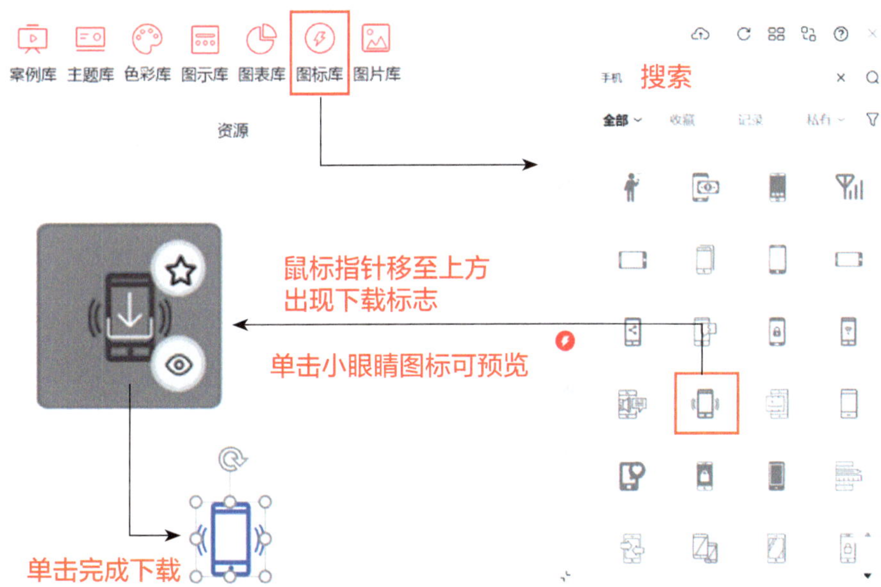

从 iSlide 插件的“图标库”里下载的图标是形状格式的，我们可以直接通过“形状填充”来修改它的颜色。如果对这个图标不满意，还可以选中该图标，在“图标库”中挑选其他图标下载。下载的新图标会直接替换掉之前的图标，并使用与它相同的大小和颜色等设置，你再也不用费时费力地重新调整了。

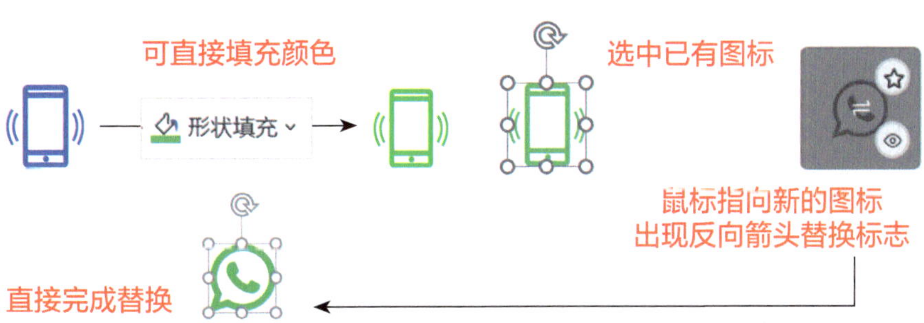

▲ 从 iSlide 插件的“图标库”里下载的图标可方便地改色和替换为其他图标

因为篇幅有限，我们无法一一展示各个资源库的内容，在这些资源库中，色彩库、图标库、图片库、插图库中的内容是完全免费的，其余 4 个资源库都包含较多数量的会员资源，需要购买会员后才能使用（但免费资源数量也不少），大家可以根据自己的实际需要考虑是否购买。

付费会员主题模板

付费会员智能图表

7.4 使用iSlide插件导出长拼图

在上一章，我们聊到如何将 PPT 导出为图片、利用美图秀秀网页版拼长图发微博：首先将 PPT 以图片的方式导出，然后上传图片进行编辑，最后下载拼图。这个过程也不算太复杂，但始终有些不便，而且需要在网络环境中进行。因此，我们找到了一种更好的解决方案——使用 iSlide 插件导出长拼图。

实例 49　使用 iSlide 插件导出长拼图

这里我们选用 iSlide 插件案例库中的一份卡通风格的 PPT 作为拼图案例。

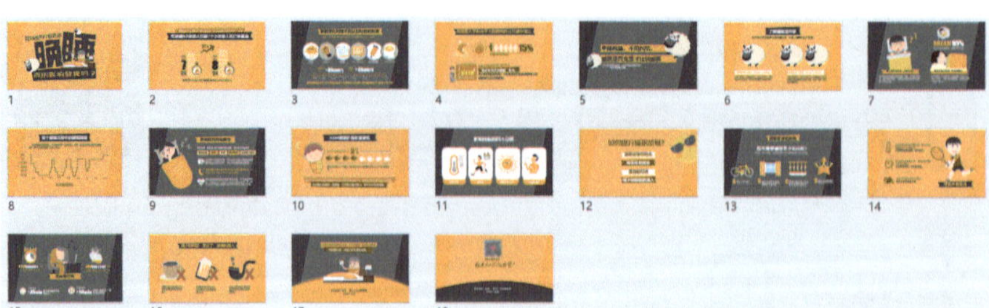

打开 PPT 后，单击 iSlide 插件工具栏中的“PPT 拼图”，此时会弹出“PPT 拼图”对话框。对话框左侧是参数设置区，右侧则是拼图预览，在预览区域滚动鼠标滚轮可以检阅拼图效果。

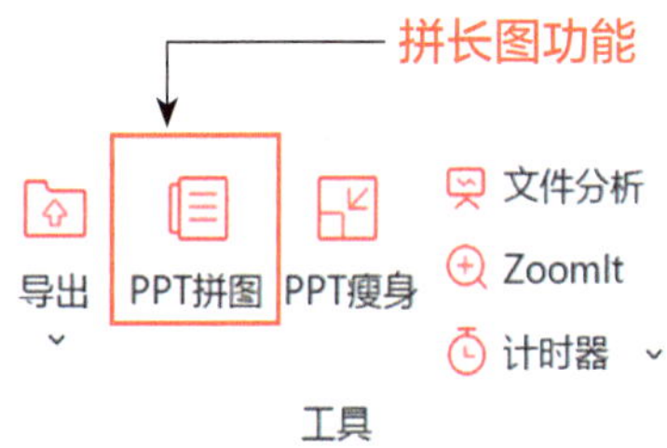

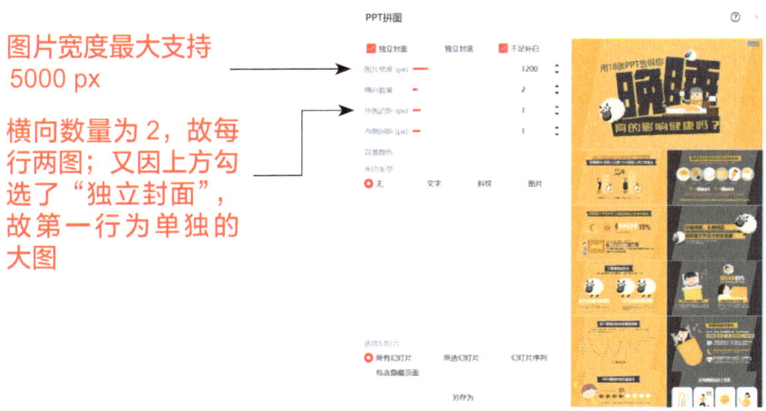

我们根据需要在对话框中完成参数设置即可。这里对部分选项的设置进行说明，其他比较容易理解的选项就不一一解释了。例如，“不足补白”选项，这个选项和其他选项为联动关系——当横向数量设置为 2 及以上时，有可能出现拼图末尾缺页的情况，如果未勾选“不足补白”，这个缺口就会直接显示为背景颜色；如果勾选了此选项，iSlide 插件就会使用白色矩形填补缺口。

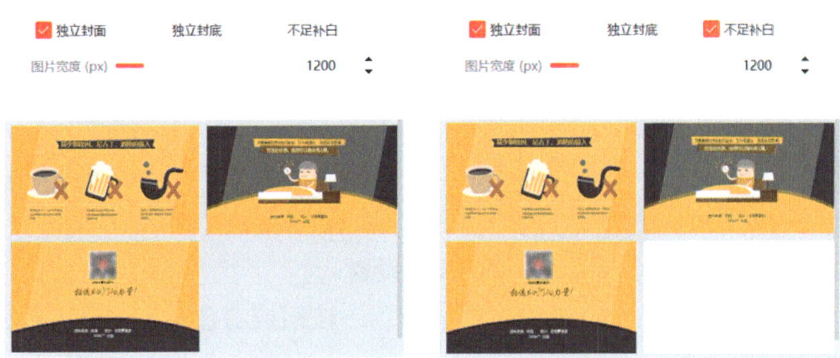

完成所有设置之后，单击“另存为”按钮，就可以将长拼图导出保存了。

7.5 使用iSlide插件进行高级复制

矩阵布局

在第 4 章中，我们和大家介绍过通过 F4 键“重复上一步操作”的功能，这个方法虽然简单快捷，但有个问题就是**不适用于数量较多的复制操作**——一边数数一边按太慢，长按又会导致不知道复制了多少个对象。如何才能快速复制出指定数量的对象呢？iSlide 插件帮你搞定！

实例 50　使用 iSlide 插件绘制电影购票选座图

首先在 iSlide 插件的“图标库”中搜索“沙发”，下载并填充好颜色。

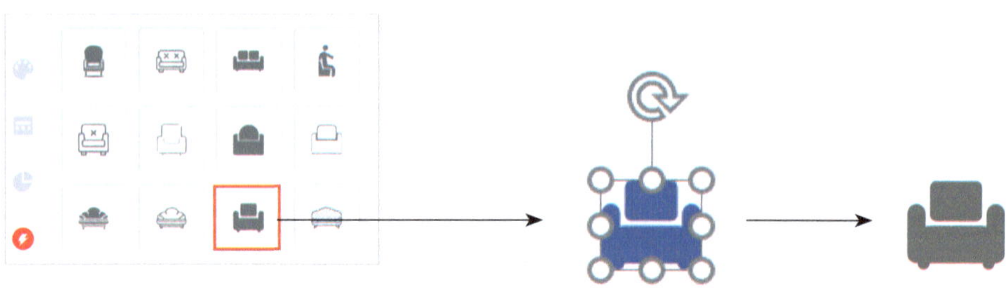

假设电影院里有 13 排，每排 30 个座位，我们需要复制 390（13×30）个座位，如果手动复制，那就太麻烦了。因此我们选择使用 iSlide 插件的“矩阵布局”功能来完成此操作。

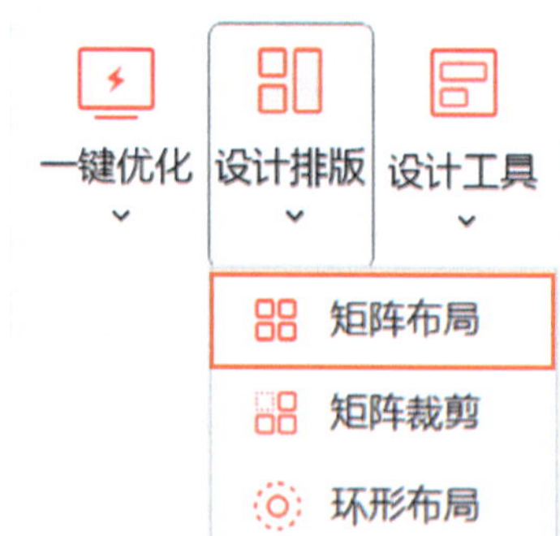

选中图标，单击 iSlide 插件工具栏中的“设计排版—矩阵布局”，弹出对话框，在对话框中将横向数量设置为 30，纵向数量设置为 13，纵向间距设置为 120.0，单击“应用”按钮或者直接关闭对话框，390 个座位就绘制完成了。

按照电影院的布局，框选前 4 排座位将其向上拖移一段距离，然后对称地删去两侧的一些座位，电影院购票选座图就绘制好了。我们还可以选中其中一些座位更换填充色，制作出已被选座的效果。

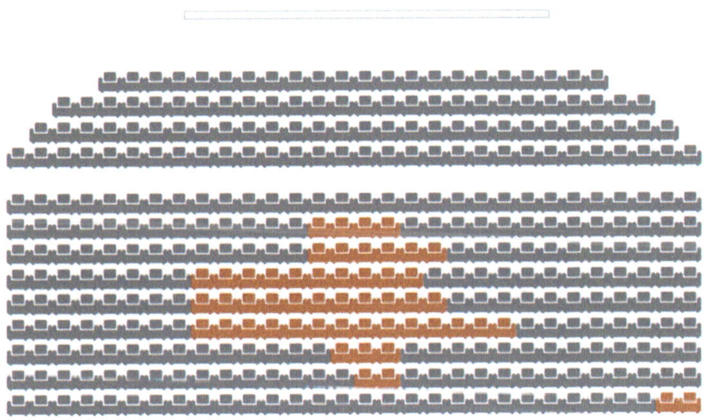

有的同学可能会发现很难在这么多座位里选中影厅中心的座位进行填色，一个解决办法是放大显示比例，先从一个方向框选大半行座位，然后按住 Shift 键从同侧框选不需要填色的座位，此时第二次被选中的座位就会从选中对象中被排除出去。通过这样两次框选，我们就可以选中影厅中心的座位了。

环形布局

如果说使用“矩阵布局”功能只是减少了机械的重复性体力劳动的量，那“环形布局”功能就可以说是**极大地减少了脑力劳动的量**。

环形布局的基本原理与矩阵布局一致，只是布局之后的对象并非纵横分布，而是以环形围绕在原对象周围。下面我们来看一个实例。

✪ 实例 51　使用 iSlide 插件快速绘制表盘

本实例中的表盘分为两类，一类不带刻度线，另一类带刻度线，这两类不同的表盘刚好用到“环形布局”功能的两种不同模式。先来看不带刻度线的表盘画法。

按住 Shift 键绘制圆，然后按照右下图的设置做出表盘底面。

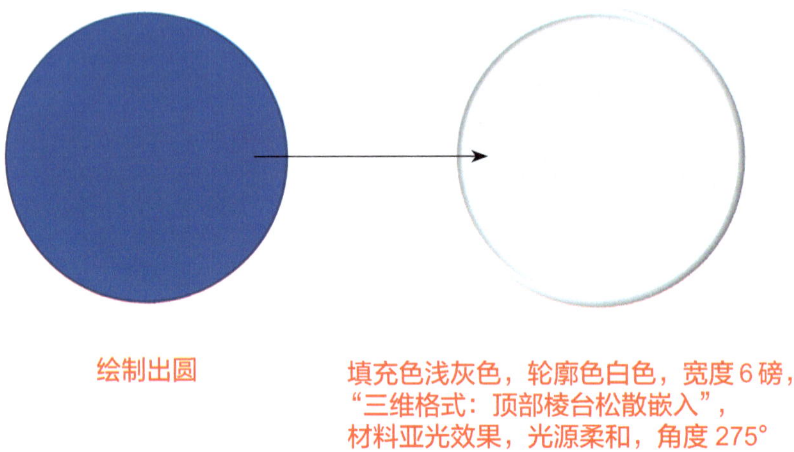

新建文本框，输入数字 10，设置好字体、字号及文本居中，将其移动到表盘中央与表盘居中对齐；单击 iSlide 插件的“设计排版—环形布局”，在弹出的对话框的“数量” 设置项中填入 12，按回车键，就可以环形复制出 12 个数字 10。

拖动对话框下半部分“布局半径”设置项的滑块，增大半径值并实时预览，直到环形分布的位置合适为止；删除原数字，修改环形复制出的数字为1～12，即可完成数字款表盘的绘制。

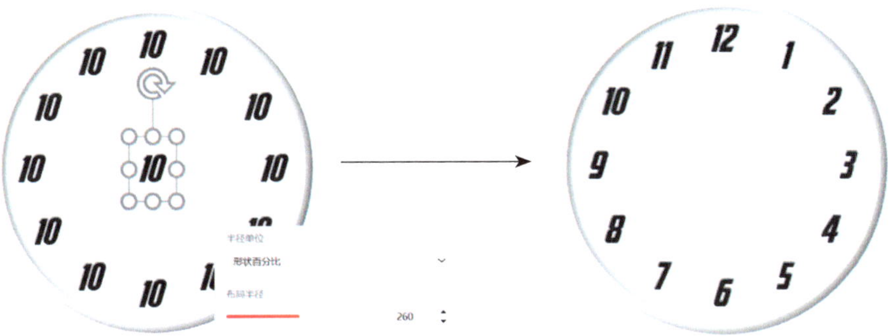

调节半径既可以拖滑块，也可以直接输入数字

删除中央数字，修改周边数字

如果要制作刻度型表盘，方法大体上还是和上面一致，只需要把数字换成短竖线。不过，由于短竖线自身不具备宽度属性，因此半径单位不能使用“形状百分比”，可以改为“点”，然后设置半径为合适的数值，使竖线的位置落到表盘内；最后修改“旋转方式”为“自动旋转”，刻度就可以呈放射性均匀分布好了。

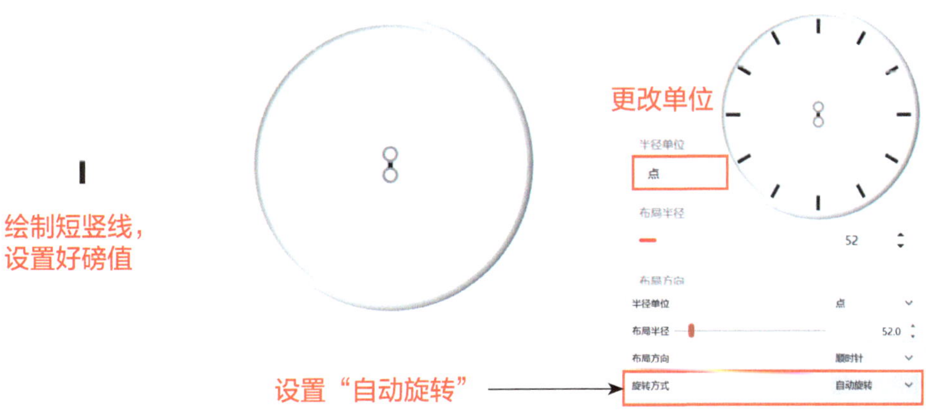

试想一下，如果没有 iSlide 插件，我们只能手动复制出短竖线，计算每

一个刻度的旋转角度。想要精确摆放，还得绘制辅助圆，使之与短竖线组合，最后复制出 12 份，逐一调整角度，对齐后再逐一删除辅助圆——工作量之大，光是想想都足以打消制作的念头了。

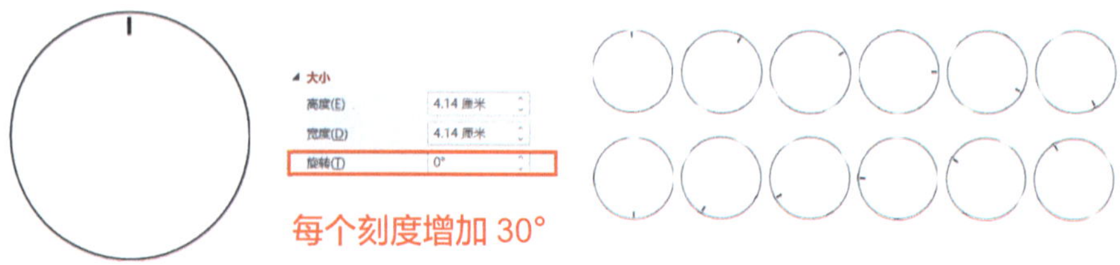

绘制辅助圆组合　　复制并逐一调整角度

7.6 使用iSlide插件批量裁剪图片

还记得在实例 46 中我们使用 SmartArt 的“图片版式”功能快速统一图片尺寸的招数吗？这一招虽然方便，但在实际运用时必须有一个前提条件——我们只要求统一图片的尺寸，而对统一之后的具体尺寸没有要求。一旦要求**将图片快速统一成某个特定的尺寸或比例**，SmartArt 就无能为力了。

面对这类需求，不妨试试 iSlide 插件的“批量裁剪”功能。

实例 52　使用 iSlide 插件一键统一图片比例和尺寸

下图中有一系列大小不一的图片，这些图片不但尺寸不同，比例、方向也各不相同，现在我想让你一次性把所有图片都变成一样大的正方形，而且画面还不能挤压变形（也就是说只能通过裁剪来调整尺寸），你办得到吗？

其实很简单，全选所有图片，单击 iSlide 插件的“设计排版—裁剪图片”，在弹出的对话框中填入正方形尺寸（如 60 毫米 ×60 毫米）即可。

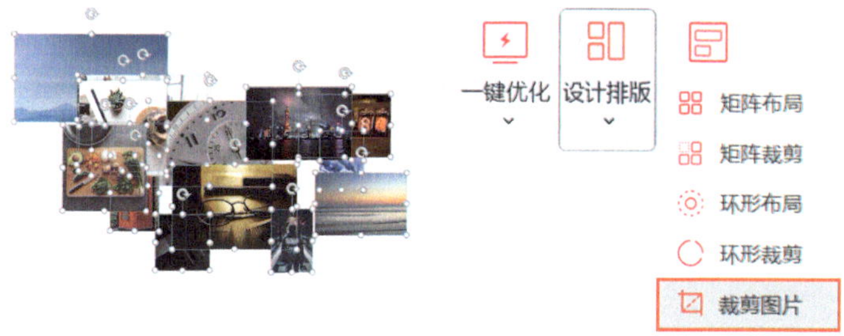

如果你没有想要设置的尺寸，只是想统一所有图片的比例，则可以将某一张你想作为标准的图片放在一旁，**先框选其他图片，然后按住 Shift 键加选该图片**，使其最后被选中，单击 iSlide 插件的“后选形状”，然后再单击“裁剪”，就可以把所有图片都裁剪为该图片的比例。

iSlide 插件提供的这个批量自动裁剪功能会自动保留图片的中心部分。完成裁剪后，如果发现有裁剪效果不理想的图片，可以先选中再单击“裁剪”回到裁剪状态，调整裁剪区域进行修正。

7.7 iSlide插件的其他常用功能

因为篇幅有限，这里不能将 iSlide 插件的所有功能都逐一介绍一遍，就再利用一节对该插件的其他常用功能做一个简单的介绍。

统一字体

在讲到主题、版式的知识时，我们曾经说到过通过主题来统一字体的方法及这个方法的优点。但有时候，我们需要修改的 PPT 并未通过主题进行字体设置，无法通过更改主题字体来批量修改文字字体，而原 PPT 中很有可能又使用了各种各样的字体，导致进行“替换字体”的操作也相对麻烦。

此时，只需要使用 iSlide 插件的“统一字体”功能，就可以快速完成所有字体的统一——不管这些文字原本是什么字体，也不管是文本框里的文字还是占位符里的文字，全都可以一键统一，为修改 PPT 文字字体节约了大量时间。

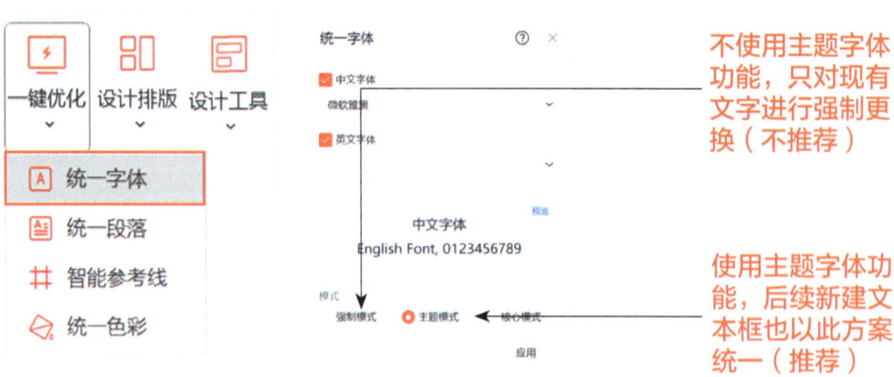

▲ 统一字体功能有 3 种不同模式，推荐使用主题模式

控点调节

此功能可以精确调节形状的控点数据，帮助我们构建更加精确的形状。例如基本形状中的“不完整圆”，绘制完成后拖动控点可以改变它的面积。如果想用它来绘制 63% 的饼图，如何才能将控点准确地设置到 63% 的位置上呢？

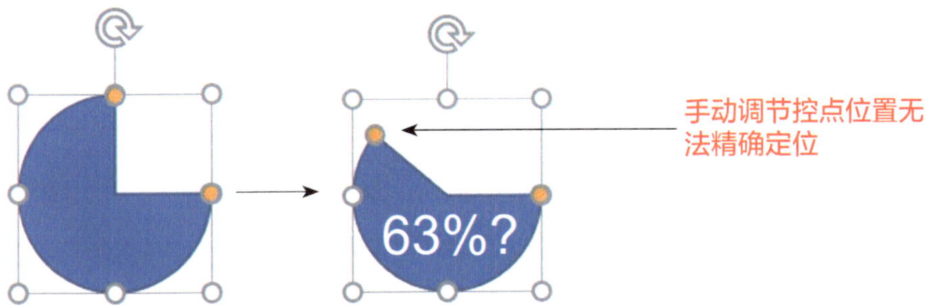

我们可以选中形状，单击 iSlide 插件的“设计排版—控点调节”，弹出的对话框中列出了两个控点的位置。两个控点均以 3 点钟的位置为起点，顺时针旋转对应正值，逆时针旋转对应负值，故控点 1 的初始数值为“0.000”，而控点 2 的值则为“−90.000”。

简单做一下计算：整个圆为 360°，对应 100%，则 3.6° 对应 1%，63% 比默认的“不完整圆”形状（比 3/4 圆）少了 12% 的面积，故应该在 −90° 的基础上再减去 43.2°。将控点 2 的值改为“−133.2”，就可以得到 63% 的饼图了。

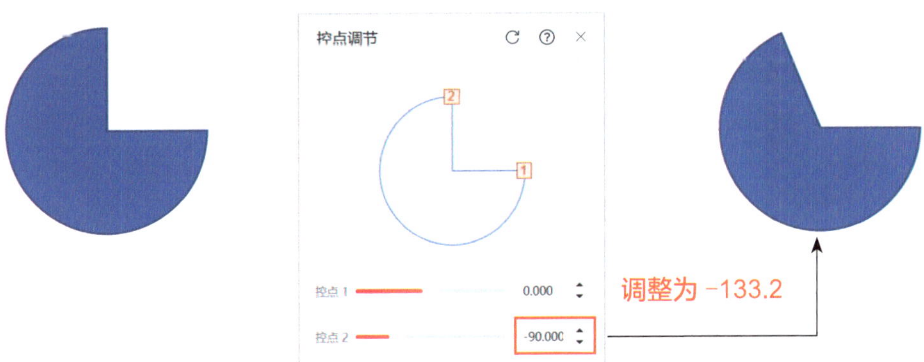

▲ 有了控点调节功能，调整一些简单的饼图就没必要使用图表功能了

形状补间

“补间”功能原本是 iSlide 插件提供的一个动画功能，它能在两个形状对象之间自定义生成数个过渡状态的对象，再通过“闪烁一次”动画，制作出逐渐过渡的效果。过渡变化的属性包括形状的大小、位置、颜色、阴影、柔化边缘，甚至包括锚点和三维旋转等。

听起来是不是有点像我们在 5.35 节说过的“平滑切换”？既然有了软件源生的功能，那插件提供的功能是不是就没用了?

并非如此。阿文就利用这个功能做出了一系列惊艳的平面作品，将“补间”功能变成了一个**造型设计工具**。

▲ @Simon_ 阿文 在微博上发布的一系列用“补间”功能制作的海报

在“补间”功能的帮助下，这些海报的制作变得异常简单。以第一张海报为例，我们只需要在页面中央放置好输入了“365”的文本框——如果只使用一个文本框，需要调节文本框宽度、设置行距，使得文字可以像叠罗汉那样叠置起来。按住 Ctrl+Shift 组合键的同时向右拖动复制一份，然后按两下 F4 键，得到 4 个文本框。

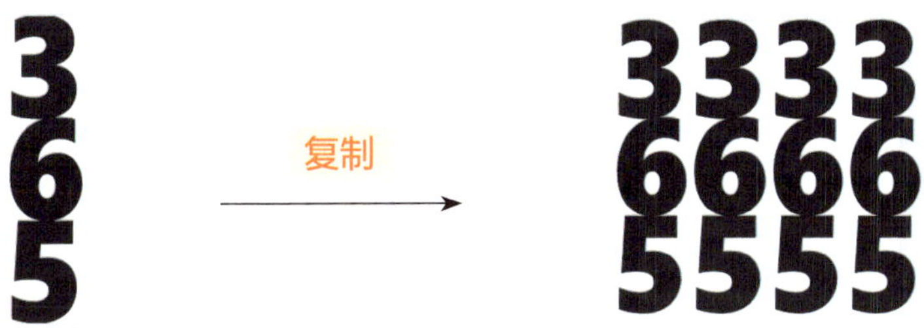

▲ 使用 F4 键快速复制出 4 个文本框

调整文本框的位置（见左下图），打开对象窗格，调整文本框的层次关系，使左侧文本框位于右侧文本框上层，然后分别竖向为文字填充黄色、红色、桃红色、蓝色。

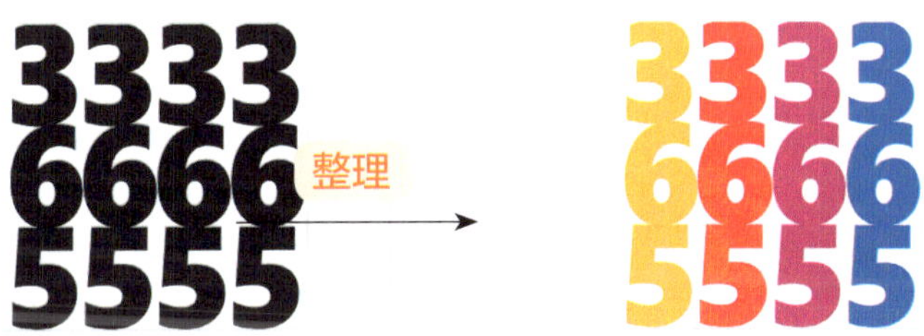

▲ 把所有文本框收入页面范围内、调整对象层次并填色

选中前两个文本框，使用 iSlide 插件的“补间”功能，在弹出的对话框中设置补间数量为 5，取消勾选“添加动画”，单击“应用”。插件会自动在两个文本框之间生成 5 个新的文本框，文字的颜色呈阶梯性变化。

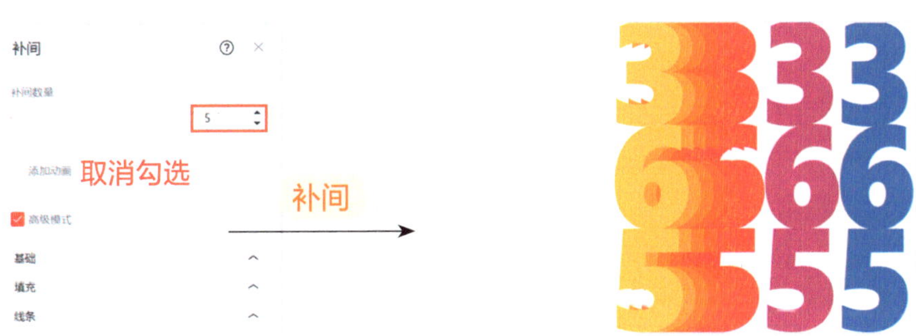

▲ 使用“补间”功能生成颜色呈阶梯性变化的文本

使用同样的方法生成右侧两个文本框之间的过渡文本，然后在最左侧复制出一个黑色文本框，全选所有文本框重新进行横向分布并添加阴影。

最后再调整一些细节，如使用形状遮盖黑色数字下方黄色数字的尖角、为黑色数字“6”中间填充白色、添加文案内容等即可完成设计。

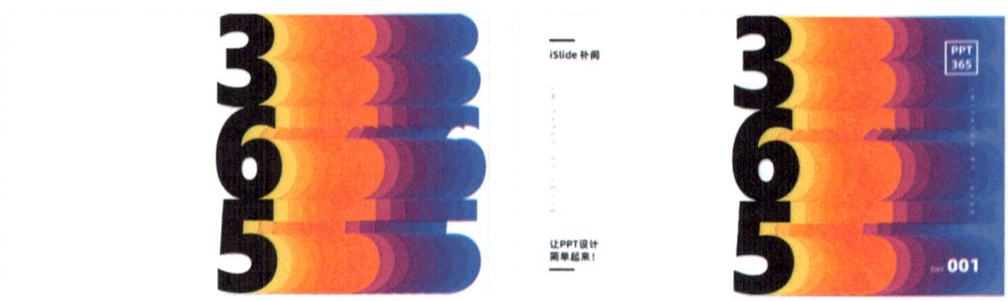

7.8 OK插件，将简化进行到底

前面我们说过，插件存在的意义很大程度上就是简化操作，那**一些本来就非常简单的操作，还有继续简化的可能吗？**例如，绘制一个简单的矩形或者圆形，正常状态下也就是选中形状绘制工具、拖曳绘制，整个过程就需要单击两次，还有简化的可能吗？还真有！

实例 53 用 OK 插件快速制作图片展示小标题

在图片展示型 PPT 中，我们经常能看到下图所示的小标题——因为有底部半透明矩形的衬托，标题文字既不需要占据额外的空间，又不会与画面混在一起，同时还可以保证多张图片标题在形式上的统一，可以说是一举多得。

文字清晰可见

文字无法看清

要制作这样的效果，有一个麻烦的地方就是绘制的矩形必须要和照片一样宽。如果靠 PowerPoint 的矩形绘制功能，很难一次性就画出符合要求的矩形。即便看起来矩形和图片宽度差不多，但放大查看，往往会发现还是差一点儿，需要对矩形宽度做二次调整。

等到调整完毕，设置好颜色、透明度等属性后，还要再复制、移动对齐其他图片。如果这些图片大小不一，我们还要根据图片宽度再次调整矩形的宽度。

下面来看看如何使用 OK 插件的“插入形状”功能绘制符合要求的矩形。

首先选中所有需要添加小标题的图片，然后单击 OK 插件的“插入形状”按钮，所有的图片都会瞬间被盖上与自身尺寸一致且无轮廓线的矩形。

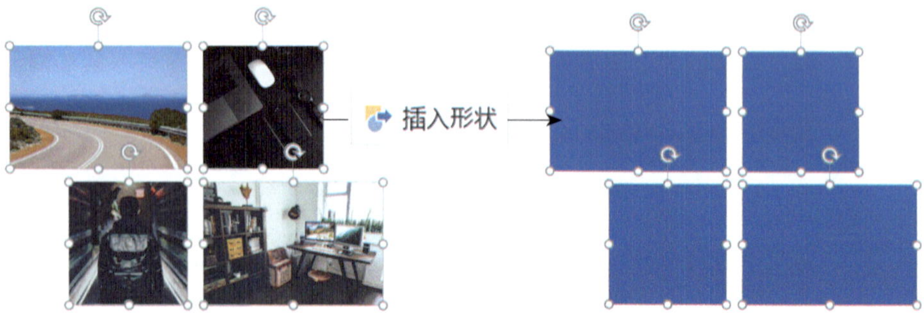

虽然此时选框看起来没有变化，但被选中的对象其实已经变成了图片上层的矩形。因此，我们可以直接向下拖动某个矩形边缘的中点，压缩所有矩形的高度；使用形状填充功能，统一更改所有矩形的颜色；拖动透明度滑块，统一调整所有矩形的透明度；最后输入文字即可，这样效率就得到了大幅度提升。

同时调整所有矩形的高度

同时调整所有矩形的颜色和透明度

除了直接单击，OK 插件的“插入形状”功能的下拉菜单中还有两个功能。一个是“插入圆形”，用法和上面插入矩形的用法一致。如果选中的是圆形对象，则会插入一个与之等大的圆形或椭圆形；如果选中的是矩形对象，则会插入一个与矩形四边内切的圆形或椭圆形。另一个是“全屏矩形”，单击后可以直接插入一个与页面等大的矩形。

之前我们曾在不同案例中多次用到插入矩形这一方法制作渐变或半透明遮罩，有了 OK 插件，插入全屏矩形就不用自己去绘制了，只需要单击一下，全屏大小的矩形就会直接出现在页面上。

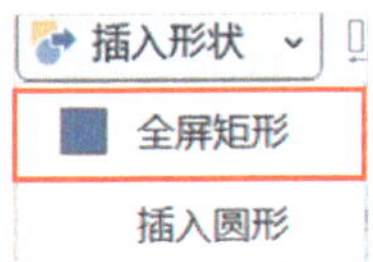

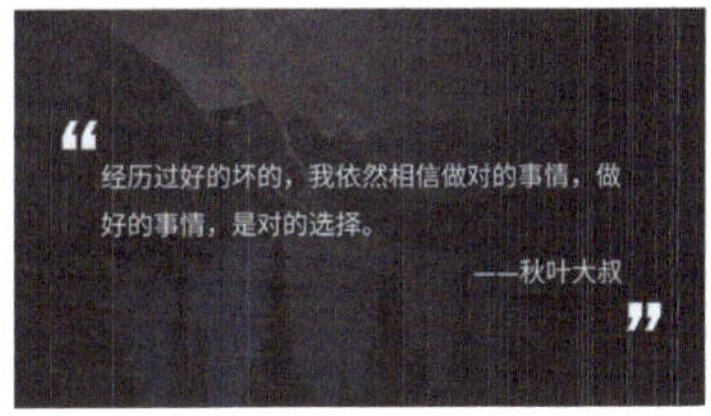

7.9 用OK插件让对齐命令乖乖听话

对齐命令可以说是 PPT 排版中最常用的命令之一——很多时候你只需要将页面上的各种元素用对齐命令稍微调整一下，整个 PPT 给人的感觉立刻就会不一样。

但是，在 PowerPoint 中，对齐命令存在着一点缺陷。到底是怎么回事呢？我们通过一个实例来了解一下。

视频案例

实例 54 对齐命令的缺陷与用 OK 插件解决的方法

在 PowerPoint 里，源生的“水平居中对齐”命令在执行时会出现两种情况。一是如果对齐的两个对象在对齐的方向上不存在包含关系，则两个对象会朝中间移动一段距离实现对齐：

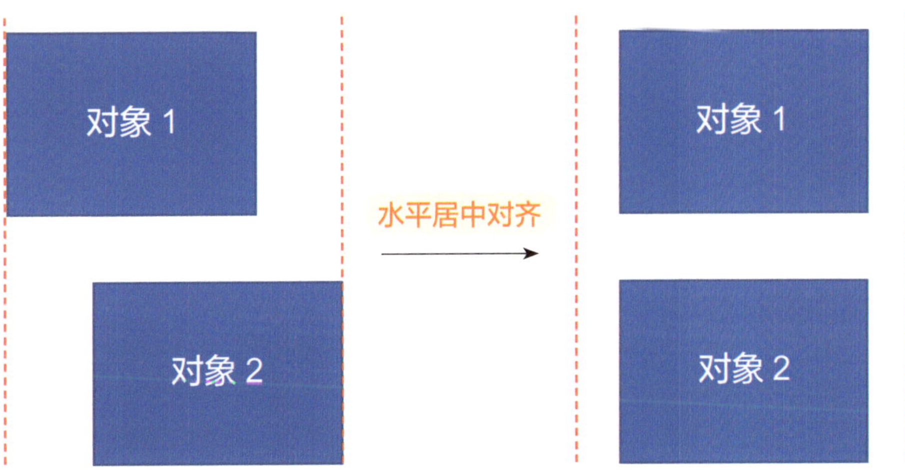

二是如果两个对象在对齐方向上存在包含关系，则总是被包含对象移动，以对齐包含对象——比如在为图标搭配文字时，图标已经排列好，需要移动文本框去对齐图标。可因为文本框通常会比图标更宽，从水平方向上来看，图标被包含在文本框的范围内。此时使用“水平居中对齐”命令，出现的情况就是图标移动，而不是文本框移动，显然这不是我们想要的结果。

针对同样的情况，使用 OK 插件来做居中对齐就会大不相同。我们只需要先选中图标，再按住 Shift 键选择文本框，单击 OK 插件的“对齐递进—经典对齐”，在弹出的对话框中单击“水平居中”，文本框就会“乖乖”移动过去对齐图标。

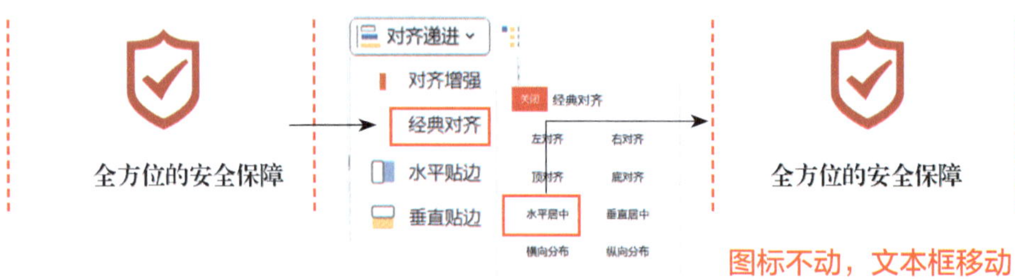

7.10 显示色值、数值上色

显示色值

对于有一定 PPT 制作水平的朋友来说，在网上搜索和下载素材已经是家常便饭，在 1.15 节中，我们曾向大家推荐过“阿里巴巴矢量图标库”，这个图标库的一大优势就是可以在网页上预先设置好图标的颜色，再进行下载，方便了不少 PowerPoint 还未更新到最新版本，无法使用可变色 SVG 格式图标的朋友。

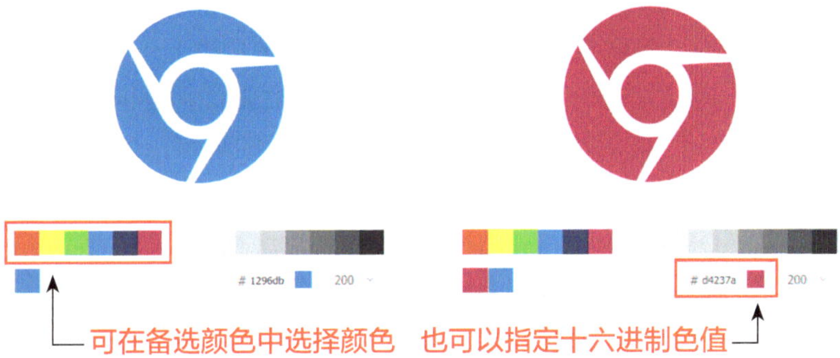

▲ 阿里巴巴矢量图标库中的指定图标颜色功能

不过，因为网站使用的是十六进制色值来指定颜色，这就导致了一个很常见的问题——如果要把图标指定为与 PPT 中某形状相同的颜色，以求得视觉效果上的统一，就必须得知该形状所使用颜色的十六进制色值。但在 PowerPoint 里显示形状的十六进制色值比较麻烦，低版本软件更是没有这个功能。

又是一个使用频率不高，但的确有真实需求的场景，OK 插件再一次为我们提供了解决方案。

我们只需要选中已经填充好颜色的形状，然后单击 OK 插件的“显示色值”按钮，在下拉菜单中选择“16 进制色值”，形状内部就会出现十六进制色值。选中复制后，粘贴到“阿里巴巴矢量图标库”中，就能将图标指定为与该形状一样的颜色了，然后直接下载即可。

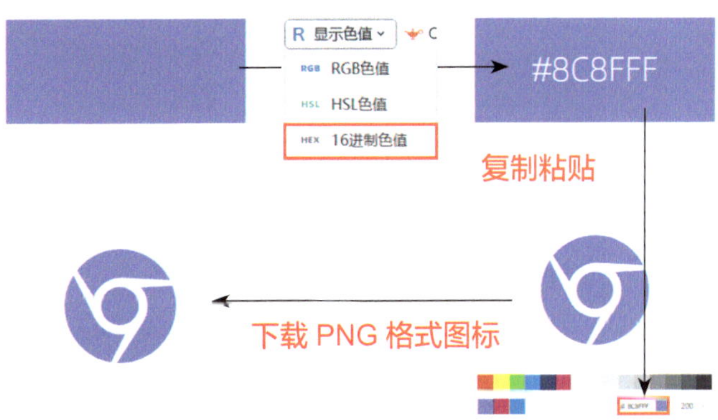

▲ 使用 OK 插件获得指定纯色形状的十六进制色值

数值上色

把上例中的逻辑关系反过来——如果是先从网页上知道了某种颜色的十六进制色值，想要在 PPT 里为形状填充这种颜色，利用 OK 插件能不能办到呢？答案是能，不过这就要用到 OK 插件的另外一项功能——“OK 神框”。

“OK 神框”虽然位于“颜色组”，但它的功能实际上是非常强大而综合的，单单把这一个功能讲透，或许都需要用一整章的篇幅，如果大家对其感兴趣可以寻找相关教程自行研究，也可以在微博上和 @Jesse 老师交流，这里我们先来了解“OK 神框”里的“数值上色”功能。

实例 55　用 OK 插件为形状以十六进制色值上色

单击“OK 神框”，在弹出的小窗口中打开下拉菜单——这是一个很长的下拉菜单（下图中未显示完），你可以想象这个功能有多么强大。选中需填色的形状，单击下拉菜单中的第一项“数值上色（16 进制）”，填入十六进制色值，填色就完成了。

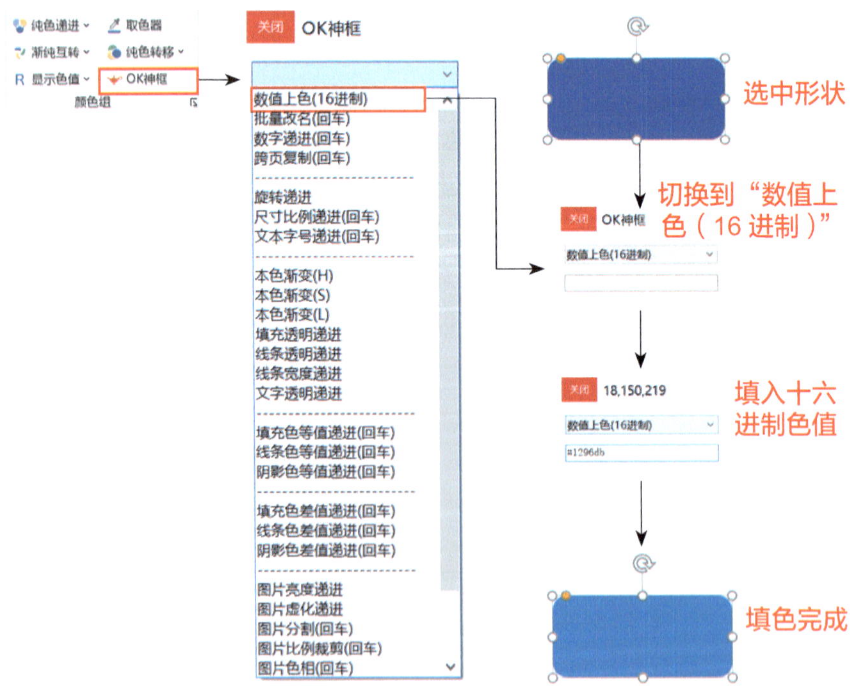

7.11 挑战Photoshop：OK插件之“图片混合”

因为 OK 插件的功能实在是太多、太强大，我们无法将每一个功能都在书中进行介绍，最后介绍一个功能——图片混合。

Photoshop 用户对“图片混合”功能应该有所了解，那么这个功能在 PPT 里又有什么样的作用呢？下面来看一个实例。

实例 56　使用“滤色”“正片叠底”更改图标颜色

在前面的实例中，我们已经了解到如果能更改图标的颜色，就可以更好地将图标与 PPT 的主题颜色或页面内容匹配。也正因为如此，我们才向大家大力推荐“阿里巴巴矢量图标库”这样支持图标改色的网站。

但是有时候，我们手里只有 PNG 格式的图标图片，怎么对图片改色呢？如果没有插件，我们就只能使用“重新着色”功能来凑合。

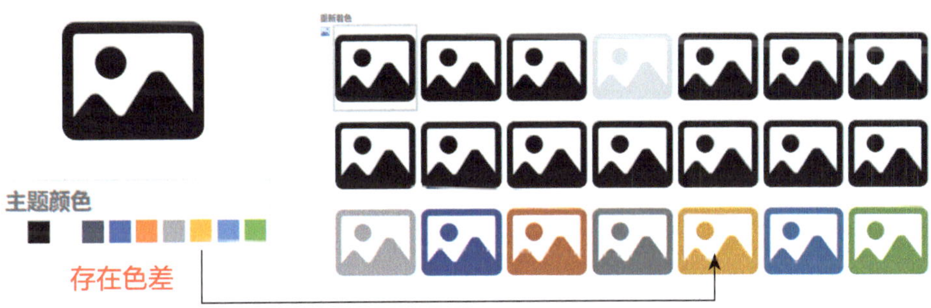

▲使用“重新着色”功能可将图片的颜色转变为近似主题颜色的颜色

从上图可以看出，“重新着色”里的可选颜色是根据主题颜色确定的，想要更改为其他颜色那就得更改主题颜色，而更改了主题颜色又势必会对 PPT 中的其他元素有所影响。即便不考虑这些因素，变色后的图片颜色也与主题颜色有一定差异，并非我们想要的颜色。

而使用 OK 插件，我们就可以非常精准地把图标图片的颜色变为指定颜色。具体方法是：先在页面上绘制一个指定颜色的矩形，然后将图标图片放在矩形范围内。

按住 Shift 键或 Ctrl 键，先选矩形、再选图标，单击 OK 插件的“图片混合”按钮展开下拉菜单，使用“滤色”模式，图标似乎就消失了。

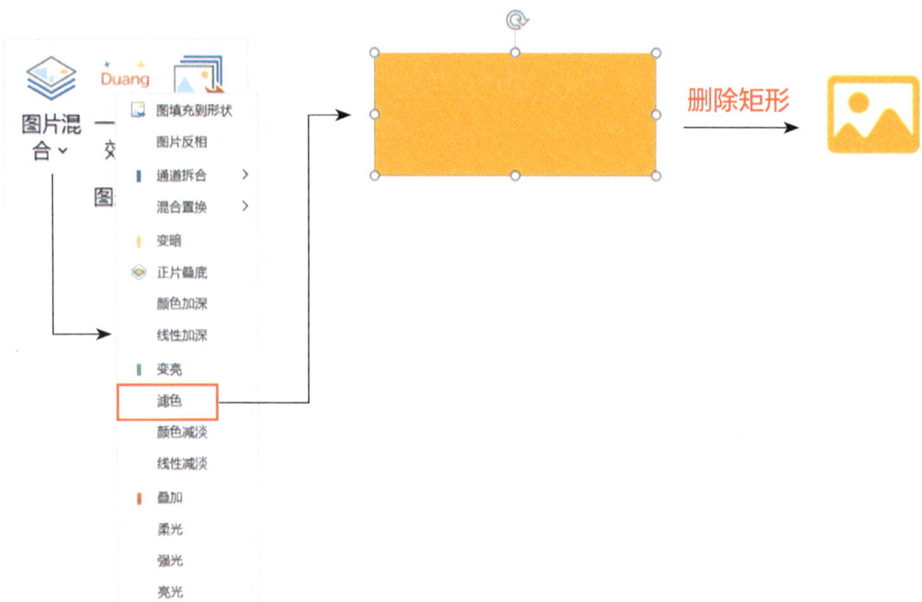

其实不然，直接按 Delete 键删除矩形，你就能看到图标图片已经完成了变色。正因为它与矩形颜色完全一致，你才误以为它消失了。

“滤色”模式可以更改黑色的图标图片，如果图标图片原本是白色的，则需要使用“正片叠底”模式。至于其他颜色的图标图片，先使亮度值最大化或最小化，将图片变成白色或者黑色后再变色即可。

7.12 PA插件：让普通人也能玩转动画

不知道你还有没有印象，PA 插件在本书的第 1 章中就被提及了：高手制作的 PPT 动画就算你拿到了源文件也不一定看得懂，因为他们可能用了很多在 PA 插件的辅助下制成的自定义函数动画。

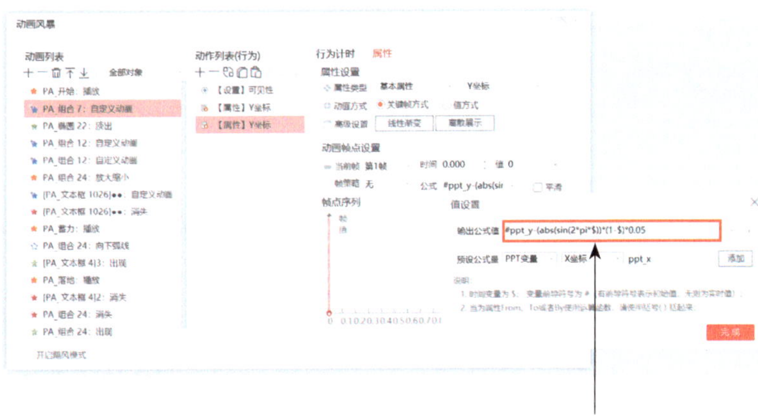

动画行为函数公式：#ppt_y-(abs(sin(2*pi*$))*(1-$)*0.05

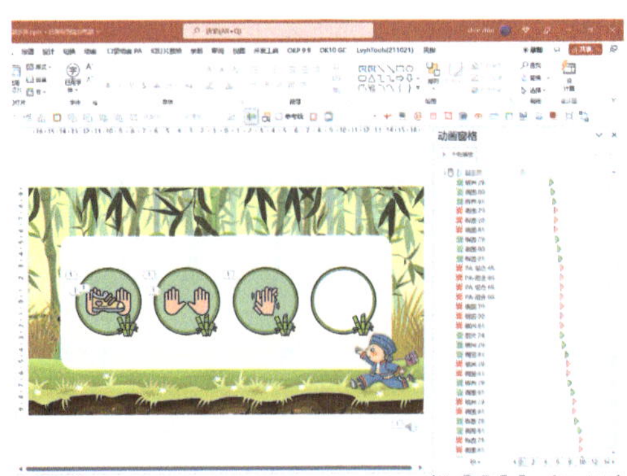

不过，这并不意味着这款插件有很高的使用门槛，而且一般人也很少需要在 PPT 里制作那么复杂的动画。大部分看似炫酷的动画效果，实际上就是大量基础动画的“排兵布阵”，原理很简单，只是操作起来耗时，很多人就放弃学习了。右图是 Jesse 老师制作的音乐课节奏练习动画，整个动画效果只用到了“出现”和“消失”两种动画，但难就难在这么多动画的“排兵布阵”上。

PA 插件的很多功能恰恰能够帮我们批量完成动画设置，简化操作，让普通人也能玩转动画。

7.13 处理无法嵌入字体的更优选择

在学习 PA 插件的动画相关功能之前，我们先来看几个对大多数人来说用处更大的非动画功能。在 1.9 节里，我们给大家介绍过将无法嵌入的字体复制后选择性粘贴为图片的方法。结合 OK 插件里的“一键转图”功能，操作还能更加简单：只需要选中特殊字体文本框，单击“一键转图”，就能将文本直接变为图片。

不过，转为图片后的文字选框会明显扩大，文字也不再位于选框的中央位置，这对后续的对齐操作产生了较大的负面影响。放大图片化后的文字，还可能会出现模糊失真的情况。因此，在后续的章节里，我们又教给了大家使用“合并形状”将文字变为形状的方法。形状化的文字是矢量图形，可以随意改色，放大之后也不会失真，效果很好。但从操作上来讲，还需要额外绘制形状再执行“合并形状”命令，稍微有些烦琐。

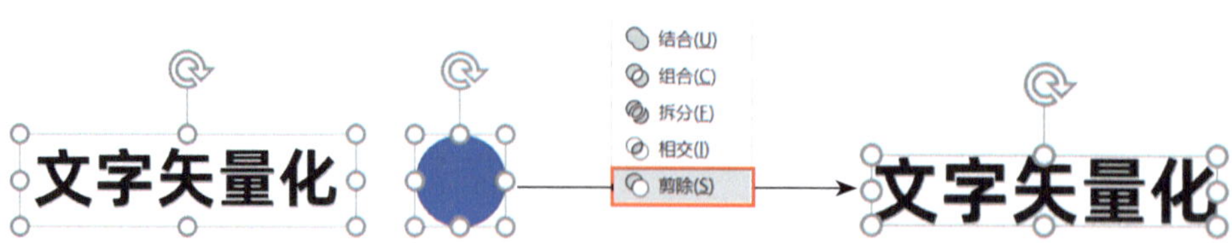

上面这两个方法，一个操作更简便，一个效果更好。这时你一定会问：**有没有什么方法能兼顾效果和简便性呢？**

实例 57 使用 PA 插件实现文本的一键矢量化

首先使用文本框输入文字，设置好需要的字体、字号。

然后打开 PA 插件，确定已切换为“专业版”，选中文本框，找到“矢量工具”按钮，选择下拉菜单中的“文字矢量”，即可完成文本矢量化。

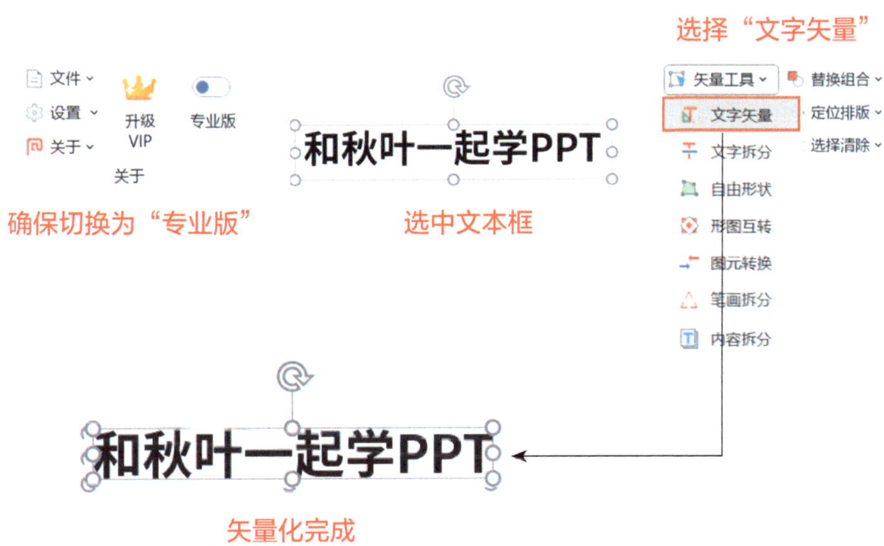

最后要注意一点，和文字转图不同——转为图片，字体选框直接变为灰色不可选状态；而转为形状，字体选框仍然会显示之前文字的字体。这就会导致最后嵌入字体保存时，软件依然会提醒你 PPT 里存在“思源黑体”，无法嵌入。因此，一定要手动将字体设为其他支持嵌入的种类。放心，这样操作后文字的样式是不会改变的，仅仅是换掉名字、取消软件对字体使用的记录而已。

▲ 文字已经矢量化，但系统并未去掉它“思源黑体”的字体属性

除了“文字矢量”，“矢量工具”还包含多种功能，如“文字拆分”功能，其能帮助我们把文字的所有不粘连的笔画拆分成多个对象。

在前面的实例中，我们曾拆分过“时间”两个字，因为使用的是“合并形状”功能，文字里所有的密闭空间都变成了形状，需要手动逐一删除。而使用“文字拆分”功能，一次性就能搞定，能帮我们节省不少时间。

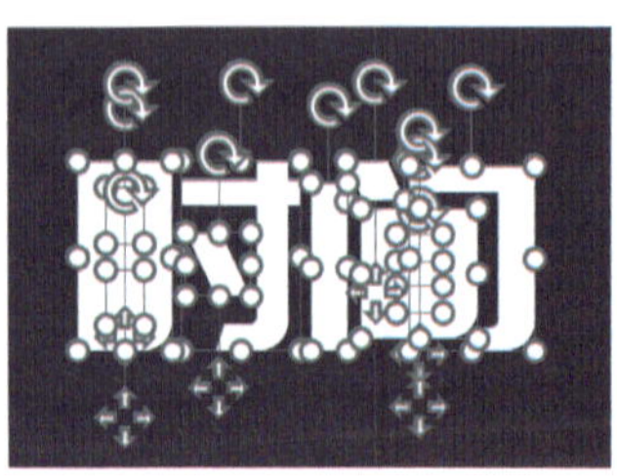

使用“合并形状—拆分”功能

使用 PA 插件的“文字拆分”功能

7.14 “路径对齐”与“动画复制”

在制作路径动画时，我们往往需要将一系列路径动画结合起来，做成一整套路径运动动画（如左下图的 A—B—C 路径）。但如果只是简单地为这个圆添加一次水平路径动画，再添加一次垂直路径动画，得到的效果如右下图所示（A—B、A—C）。

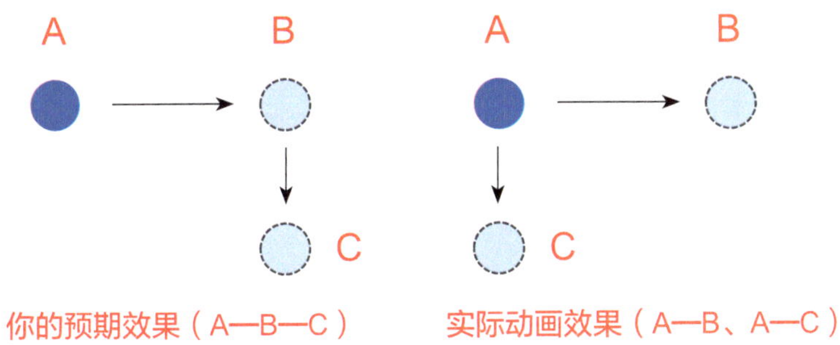

▲连续设置路径动画，并不能把多段路径连接起来

想要得到左侧的（A—B—C）效果，还需要手动选中垂直运动路径，将其向右拖移，使其起点与 B 的位置重合。

单单这么一个操作可能还并不算太麻烦，但如果我们需要将 10 段路径连接起来，难道也要这样一个一个地手动拖动吗？利用 PA 插件，我们完全可以免除这样烦琐的操作。

实例 58　使用 PA 插件制作 10 段步进的卡通头像进度条

首先，绘制一个长长的内阴影圆角矩形，将卡通头像放置在一端。

为头像设置直线动画并改变方向为向右。

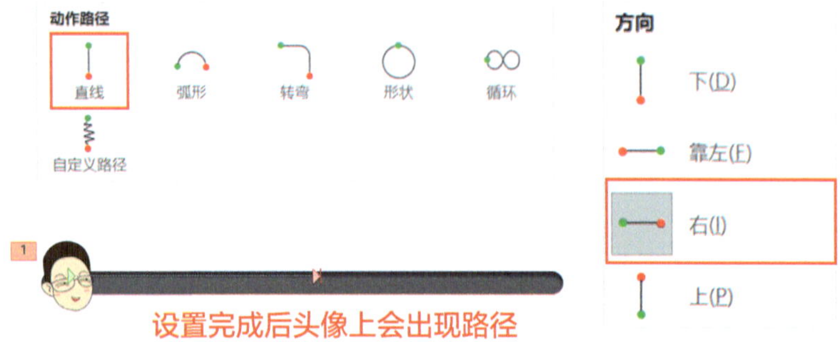

按住 Shift 键缩短水平路径动画的长度，然后双击动画窗格中的路径动画打开效果选项对话框，取消“平滑开始”和“平滑结束”设置。

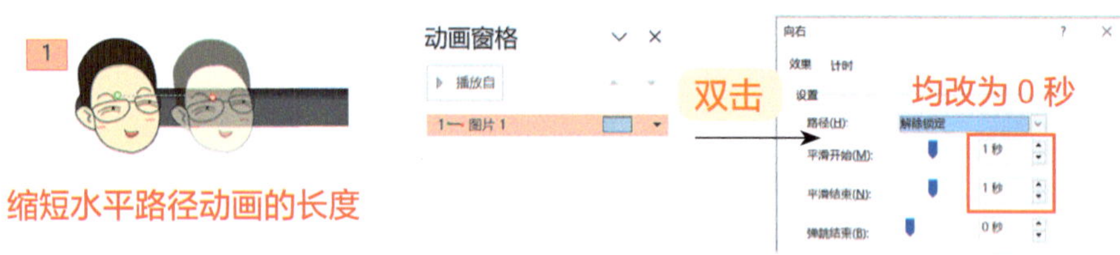

接下来我们要将向右移动的动画复制 9 次。在通常情况下，动画是不能直接复制的，**即便使用动画刷也无法反复为同一个对象添加相同的动画，**但利用 PA 插件，我们可以完成此操作。

选中头像，单击 PA 插件中的“动画复制”，提示复制成功，反复单击“动画粘贴”，粘贴 9 次。完成粘贴后，头像就被设置了总共 10 次向右移动的动画。不过此时每一次移动动画的起止点都是重复的，想要做出步进效果，还需要让这些路径首尾相接——使用 PA 插件的“路径对齐”功能就能实现这个效果。

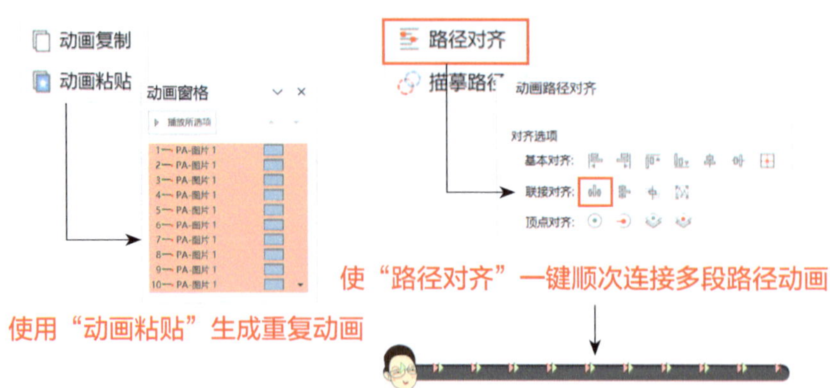

7.15 “动画风暴”“动画行为”与“动画合并”

作为一款动画插件，PA 插件最强大的功能非“动画风暴”莫属。不过如果你对 PPT 动画研究不多的话，想要玩转这个功能恐怕还是有些难度。这是因为“动画风暴”比起 PPT 源生的动画功能来，又提高了一个层次。

使用 PowerPoint 源生的动画功能，用户只能在一些备选的动画（如“飞入”“缩放”）中去挑选一种。而使用“动画风暴”，则能**把所有动画效果还原成动画行为**（如“飞入”动画的行为是对象坐标的变化，“缩放”动画的行为是对象宽度和高度的变化），用户可以自行搭配这些细碎的动画行为，制作出许多 PowerPoint 中没有的动画效果。

如“浮入”动画的效果选项里只有上、下两个方向，没法做出“左浮”“右浮”的效果。

为对象设置好“浮入”动画，然后单击 PA 插件中的“动画风暴”按钮，可以看到所谓的“浮入”动画，无非是对象起始位置（第 1 帧）的“【属性】Y 坐标” 被设置为了“#ppt_y+0.1”。“#ppt_y”代表对象放置位置的 y 坐标，加上 0.1 代表动画开始时对象出现在放置位置下方 0.1 倍幻灯片高度的地方。

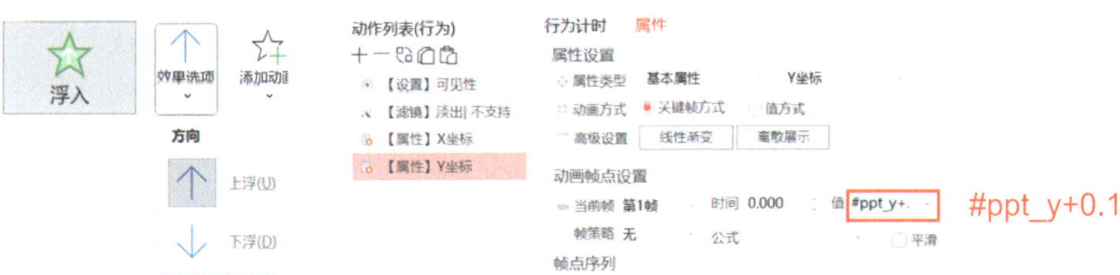

我们只需要把这个值改为“#ppt_y”，确保对象在动画过程中 y 坐标不变，同时依葫芦画瓢，在“【属性】X 坐标”中把初始位置改为“#ppt_x+0.1”，让对象在动画开始时出现在放置位置右侧 0.1 倍幻灯片宽度的地方，动画结束时回到放置位置，这样就实现了“左浮”的效果。

正是因为 PA 插件可以从动画行为层面去自定义动画效果，也就衍生出了一些特殊的功能，其中比较有代表性的一个就是“动画合并”功能。

实例 59　利用 PA 插件的“动画合并”功能制作星星闪烁效果

下载一张带星星的夜空图片，图片上最好有几颗比较突出的星星。将图片设置为幻灯片背景后，在突出的几颗星星上绘制圆形、柔化边缘，填充白色。

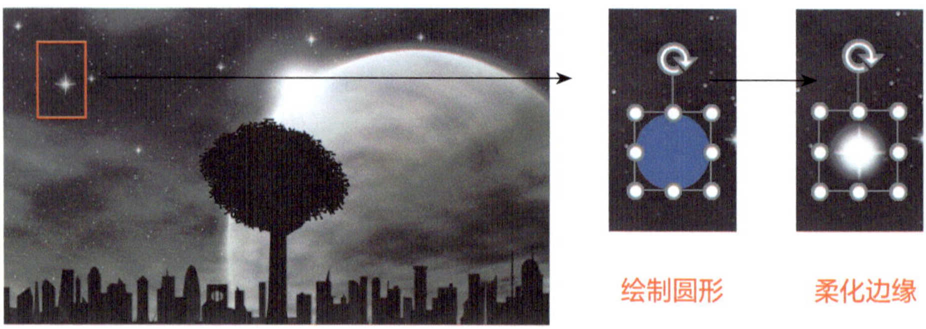

需要注意的是，较小的星星覆盖的圆形的尺寸会相应较小，柔化边缘的磅值也就需要调小一些。为最大的圆形添加“淡化”进入类和退出类动画，完成之后效果如下。

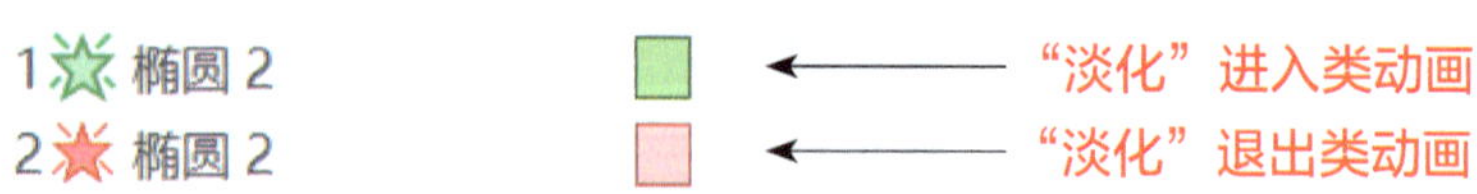

此时如果将“淡化”退出类动画的播放条件设置为“上一动画之后”，星星就能呈现出一次忽明忽暗的效果。但由于“淡化”进入类动画和退出类动画是两个不同的动画，想要这种忽明忽暗的效果一直重复下去，只能再继续手动添加新的“淡化”进入类动画和“淡化”退出类动画，并设置播放条件为“上一动画之后”——如果这页 PPT 作为一个讲故事或者诗朗诵节目的背景，很有可能需要一直播放数分钟，忽明忽暗的效果或许需要重复上百次，如果全靠手动设置，工作量十分巨大。

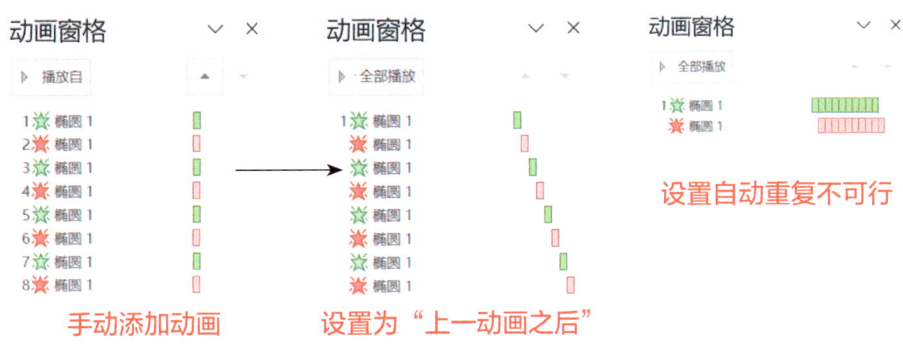

与此同时，设置动画重复次数的做法也不可行，因为你只能单独设置“淡化”进入类动画的重复和“淡化”退出类动画的重复，而我们需要的是“淡化进入—淡化退出”这个过程的重复，二者是有明显区别的。PowerPoint 只支持对单个动画设置重复次数，不支持为多个动画设置重复次数，怎么办？把多个动画合并成一个就行了。

选中一个圆形，单击 PA 插件中的“动画合并”按钮，原来的两个动画就会拼合成一个新的动画，这个动画就包含了“淡化进入—淡化退出”的完整过程（其实就是把两个动画各自的行为放入了同一个动画里）。

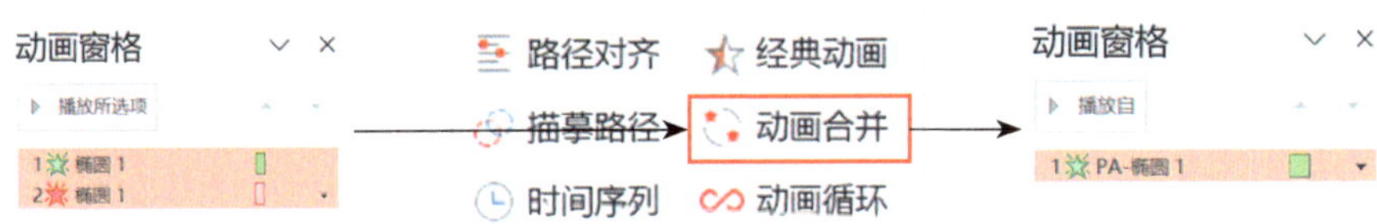

现在我们就可以为这个由两个动画合并而成的新动画设置重复次数了。

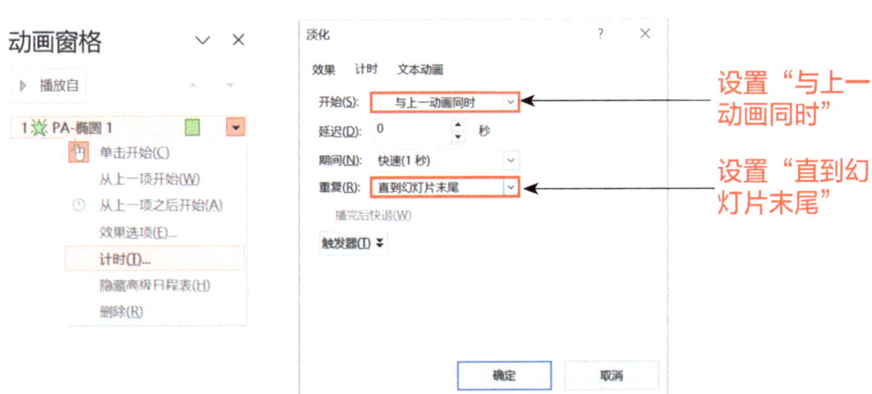

选中设置好动画的圆形，依次单击 PA 插件中的“动画复制”“选择清除—反向选择”“动画粘贴”，可以快速把这个动画设置给页面上的其他圆形。

如果你觉得所有的星星同时忽明忽暗不太自然，还可以使用 PA 插件的“时间序列”功能，为页面中的所有动画设置 0~2 秒的随机延迟效果。

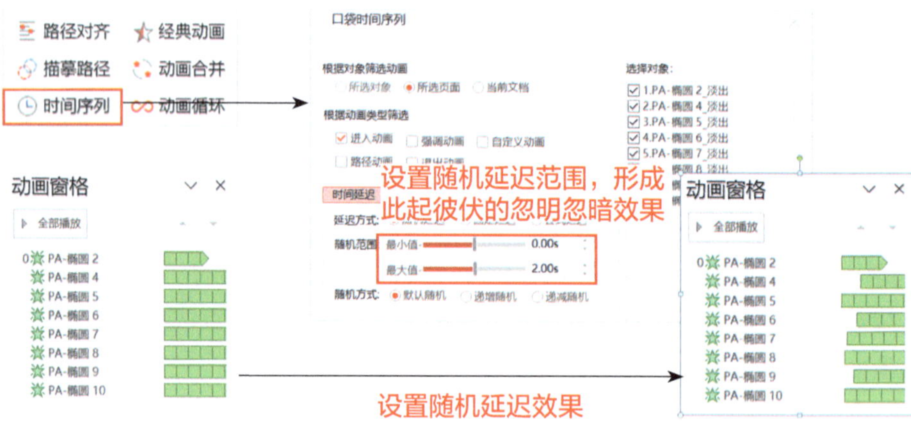

7.16 PA插件的其他功能

除了前面提到的这些功能，PA 插件还有许多实用的功能，相比 iSlide 和 OK 插件，它的功能涵盖面更广、综合性更强，诸如“动画风暴”等一系列功能非常值得我们研究学习。如果你感兴趣的话，可以自行寻找相关的学习资料，口袋动画及 PPT 高手们的公众号，都是不错的选择。

最后再用一节的篇幅，给大家简单讲解 PA 插件的几个功能。

超级组合

“超级组合”位于 PA 插件“替换组合”功能的下拉菜单中。众所周知，在 PowerPoint 中，动画是基于对象存在的，所以一旦被赋予了动画的单个对象与其他对象组合到了一起，那它原有的动画效果就会全部丢失。偏偏在某些情况下，我们需要把一些具备动画效果的对象组合到一起，却又想保留它们的动画效果，这个时候，使用超级组合功能就可以在保留对象各自的动画效果的同时把它们编为一组。

超级解锁

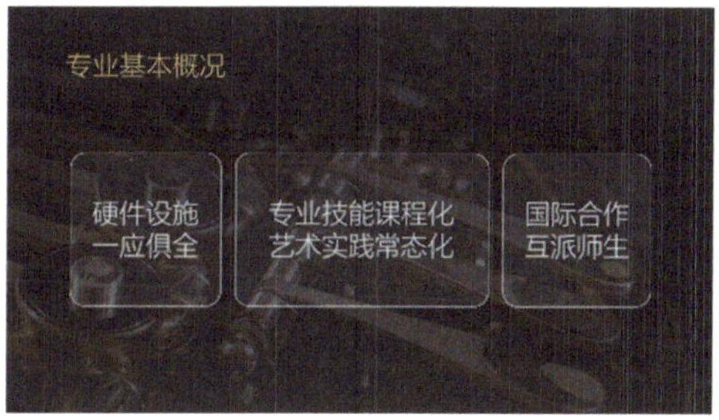

“超级解锁”主要包含“锁定”和“解锁”两方面的功能，它能够非常方便地将页面中的对象按照你的需要进行不同类别的锁定，例如不允许移动、不允许旋转、不允许改变大小，甚至不允许选中。像右边这种使用了全屏大小矩形衬底的设计方案，由于矩形占据了整个页面，导致我们无论在页面上哪里单击，都会把矩形选中，容易失误。此时，选中矩形，在 PA 插件“超级解锁”下拉菜单中的“加锁选项”中勾选“锁定选中”，然后选择“对象锁”，矩形就无法被选中了。

对于这种无法被选中的对象，要想解锁就只能选择“解锁所有”，将页面上其他已锁定的对象与之一起解锁才能实现。

除了“锁定”和“解锁”，“超级解锁”还提供了“智能缩放”功能。在4.7节中，我们曾经提到过一个案例，用形状绘制的熊本熊，由于没有先编组就直接放大，结果“面目全非”。而利用 PA 插件的“智能缩放”功能，放大未编组的一系列对象时，**插件会在放大后自动修正每个元素的位置**，将它们移动到正确的位置（用完记得关闭此功能，以免造成卡顿，影响后续操作）。

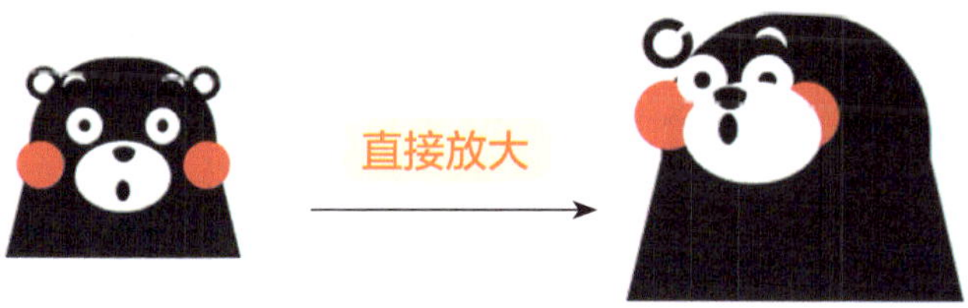

页面撑高

相信有一定 PPT 制作经验和经历的朋友遇到过这种情况：当放大页面显示比例后，用鼠标滚轮控制页面的显示位置，想要显示最底部或者最顶部的页面细节时，不小心将鼠标滚轮多滚了一下，PPT 就直接往后或者往前翻页了，特别不方便。“页面撑高”就是用于解决这个问题的专属功能。

单击“定位排版—页面撑高”，设定撑高页面的值，整个页面的可滚动范围大大增加，在页面边缘位置进行操作，再也不用担心误翻页面的情况出现了。

盒子版 / 专业版

再次提醒大家，前面我们所说的功能在 PA 插件专业版下才能看到，专业版里的功能大都偏向于制作设计，而默认的盒子版中的功能则旨在更多地满足资源方面的需求。随着 PA 插件的停运下线，所有在线资源都已经无法使用了，所以请一定切换到专业版使用。

7.17 市面上其他优秀的PPT插件

前面推荐了 iSlide、OK 和 PA 3 款主流的 PPT 插件，此处介绍一些相对小众、仍然有着优秀功能的插件，如 LvyhTools（又名英豪插件）、小顽简报、OKPlus 等。因为篇幅有限，这些插件的功能不能一一介绍，如果你的电脑性能还不错，安装了前 3 款插件之后处理速度没有被明显拖慢，那就推荐你安装这些插件试用一下。

本节给大家简单介绍几个来自这些插件的特色功能。

LvyhTools：字体收藏

在 PowerPoint 的字体列表里，英文字体排在中文字体之前，为了把字体设置成某种中文字体，打开字体列表之后，通常需要滚动鼠标滚轮很久才能看到中文字体。LvyhTools 针对这个痛点，提供了“字体收藏”功能。

我们只需要单击 LvyhTools“字体”功能区右下角的对话框启动器按钮，就可以在弹出的对话框中将常用字体添加到收藏字体下拉菜单中。

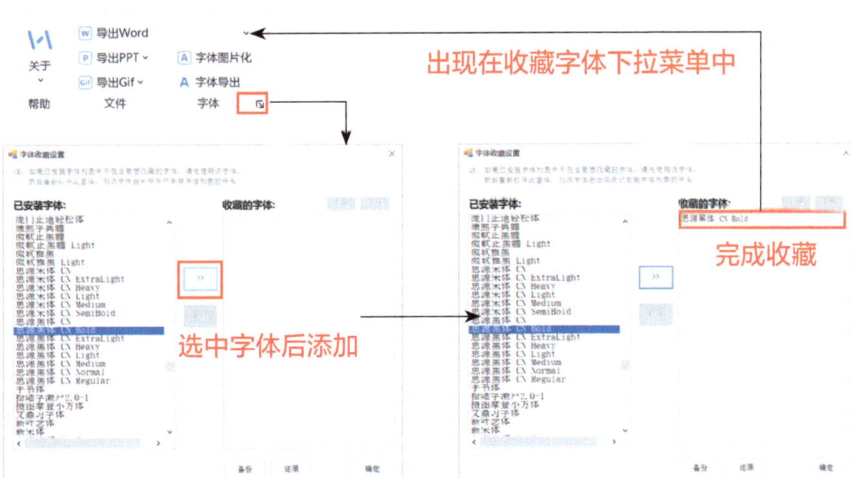

完成所有常用字体的收藏后，右击下拉菜单的箭头按钮，将插件的“字体收藏”窗口添加到“快速访问工具栏”中，我们就得到了简洁得多的常用字体列表，往后就可以非常高效地为 PPT 中的中文设置字体了。

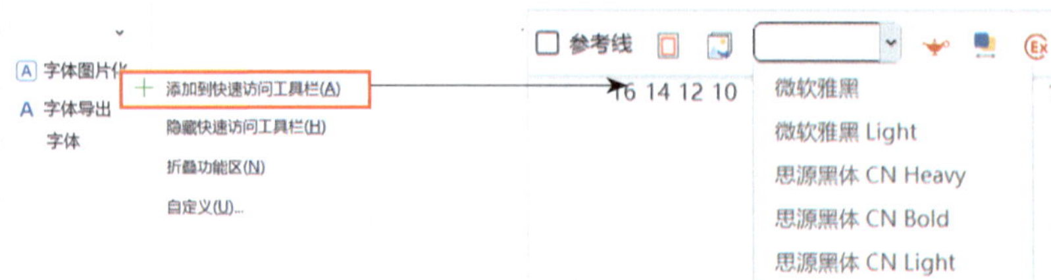

▲ 用好字体收藏功能，有效避免鼠标滚轮磨损

小顽简报：已用字体

如果说 LvyhTools 的“字体收藏”功能是针对我们可能会制作的所有 PPT 开放了一个设置字体的快捷通道，那小顽简报的“已用字体”功能就是针对当前 PPT 更快的字体设置方法。

安装小顽简报后，在“开始”选项卡字体设置功能区的左侧会出现一个新的功能区，单击“已用字体—更新字体列表”，稍等片刻插件就会将当前 PPT 已使用的字体加载出来。因为一套 PPT 不会用到太多种字体，所以这个下拉菜单的加载速度要比 PowerPoint 自带的字体下拉菜单的加载速度快很多。下次如果还要使用这些字体，直接在这里选择会更加方便。右侧的两个字号调节按钮则是微调按钮，可以和 PowerPoint 的字号调节按钮结合起来使用，相当便利。

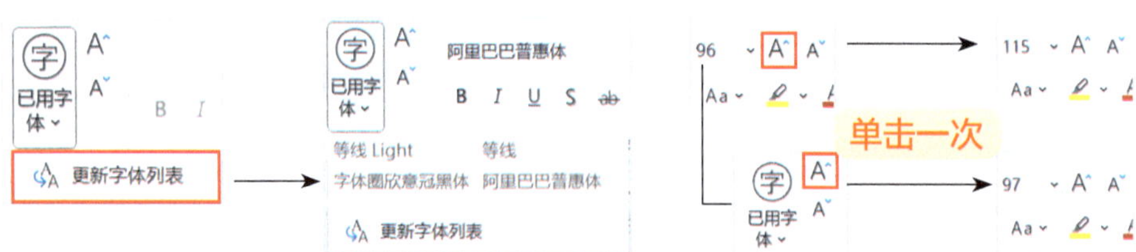

小顽简报：智能缩放

说到字号，不知道大家还有没有印象，在之前的章节里我们就提到过：当你绘制的形状内部有文字时，对形状进行缩放，文字的大小是不会随之变化的，这是因为控制文字大小的是字号而不是形状的大小。同理，若选中的对象里还包含线条，线条的粗细也不会随对象的缩放而变化，因为控制线条粗细的是磅值。

如果恰好你想调整一系列对象的大小，它们既包含文字，又包含线条，而且还各自有动画效果（不能组合，组合后动画效果就会消失），那么纯手动操作就是件很麻烦的事。直接拖曳放大的话，文字的大小和位置、线条粗细都会出问题。

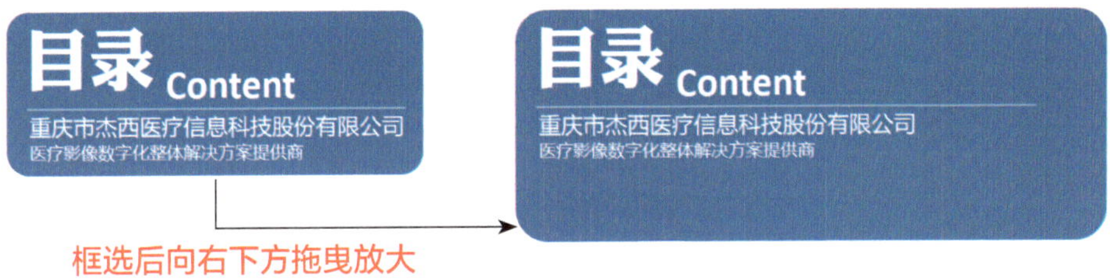

▲不同类别的一系列对象，无法统一调节大小

而安装了小顽简报之后，框选你想要统一调整大小的对象，无须组合，单击小顽简报的“智能缩放”按钮，选定缩放基准点，然后调节滑块或者手动输入缩放百分比数值，不管是形状大小还是字号、线宽，都能统一调整。

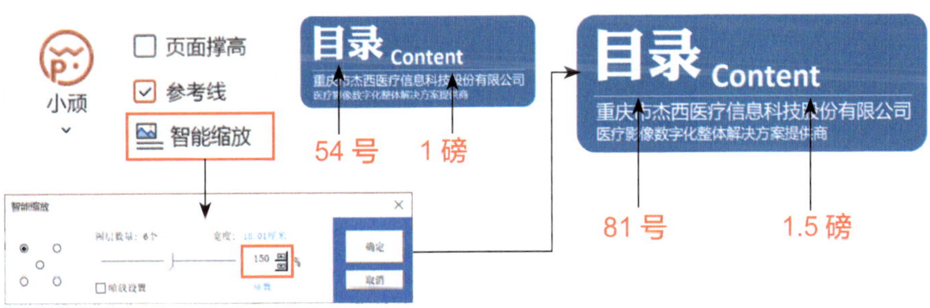

OKPlus：图片映像

在制作图书、奖状的展示页面时，为了增强页面的通透感，有时需要给这些图书、奖状添加映像效果。如果找到的图片是正视图，直接添加映像效果就能完成设置。但如果找到的图片是斜侧方向的立体视图，直接添加映像效果就很奇怪了。

想要制作出正确的立体视图的映像效果，过去只能使用 Photoshop 这样的专业软件，而有了 OKPlus，只需要选中图片，单击“图片映像”按钮就能得到专业级的映像效果。OKPlus 生成的映像是独立的图片，如果想要调整映像的长度，可以使用“图片透明”功能，调整后与原图进行组合即可。

LvyhTools：沿线分布

最近两年，网络上各种各样的社群发展得如火如荼，就算你没有参加过社群活动，也一定在朋友圈里看到过微信好友参加社群的分享、打卡等动态。活动开始和结束时，社群中总会有人晒一晒“本次活动”参与者的“全家福”。由于是网络上的活动，在“全家福”中，大家通常会用头像来代替真人照片。像下面这样的 500 人（头像）全家福海报，你有没有思考过制作者是如何把这么多头像一个挨一个地排列成一个规则的圆形的呢？

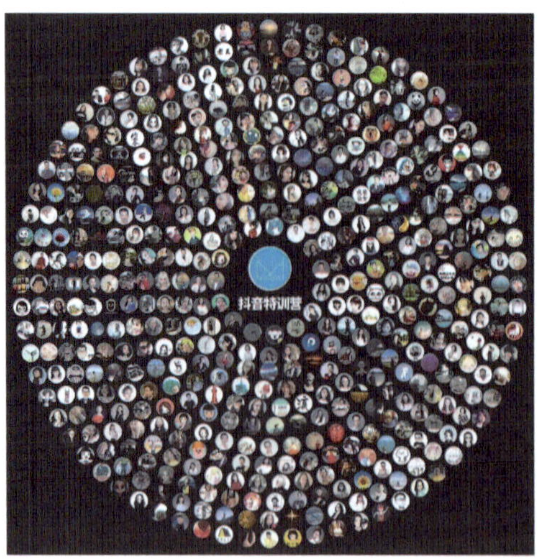

▲ 这么大的工程量，很显然不会是手动排列的

其实要制作出这样的海报，用 PowerPoint 就能完成，**其中最关键的一步是利用 LvyhTools 的“沿线分布”功能，将所有人的头像分布排列到一个个同心圆上。** Jesse 老师曾经就这个效果写过一个完整的教程，这里只截取与 LvyhTools 插件相关的部分做简要说明。

当 500 人的头像都插入 PPT 里，并完成了统一尺寸、裁剪为圆形等操作之后，使用椭圆工具按住 Shift 键绘制一大一小两个圆形，设置无填充，并居中对齐。因为 500 人这个数量比较大，所以需要把两个圆形的大小差异设置得大一些。

选中两个圆形，使用 LvyhTools 中的“位置分布—形状补间”功能，设置补间数量为 10（群人数少就少设置几个），在两个圆形中间生成 10 个过渡同心圆。

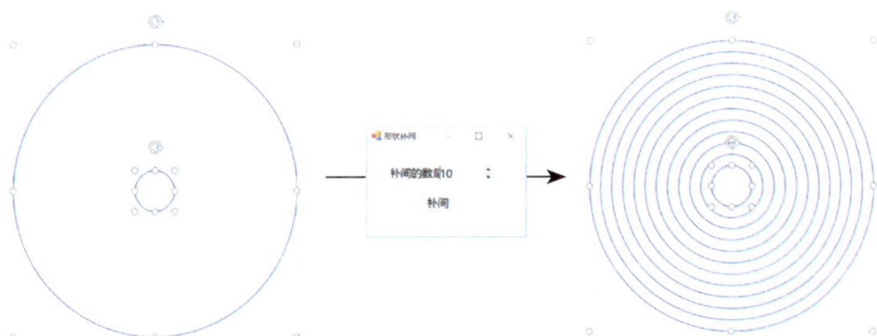

▲ 和 iSlide 插件类似的形状补间功能

把所有同心圆全选编为一组，然后按住 Shift 键，先选择同心圆组合，再框选所有的头像图片，使用 LvyhTools 的“**位置分布—沿线均匀分布 - 保持原角度**”，就可以把所有的头像均匀地放置到同心圆上了。

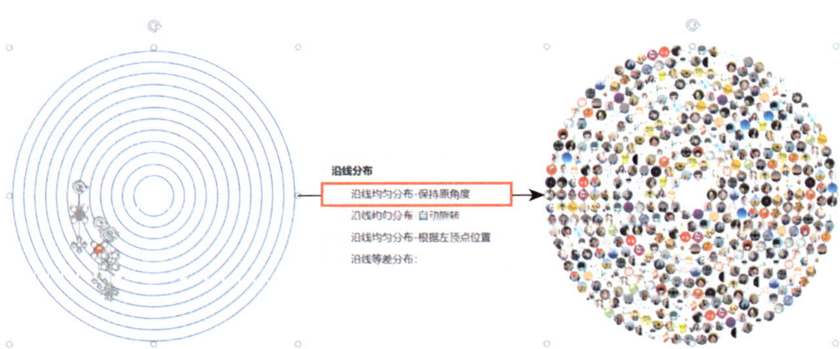

▲ 快速完成手动排列一整天都无法完成的效果

删除辅助用的同心圆组合，将头像都组合到一起，整体缩小、背景填充为黑色，最后再在中央放上社群 Logo，“全家福” 就制作完成了。

7.18 去哪里能下载这些神奇的插件

本章提到的这些插件，除了 iSlide 插件已商业化运作，其余几款要么已下线，要么就是个人作品，不太容易通过网络搜索获得下载链接。

好在有位 PPT 高手 @ 自律的音律 做了一个导航网站——AboutPPT，只需要在网站首页左侧导航栏中单击“PPT 演示—辅助插件”，就能看到所有的 PPT 插件链接了，包括本书未介绍的插件，这里都有介绍和对应的资源链接。

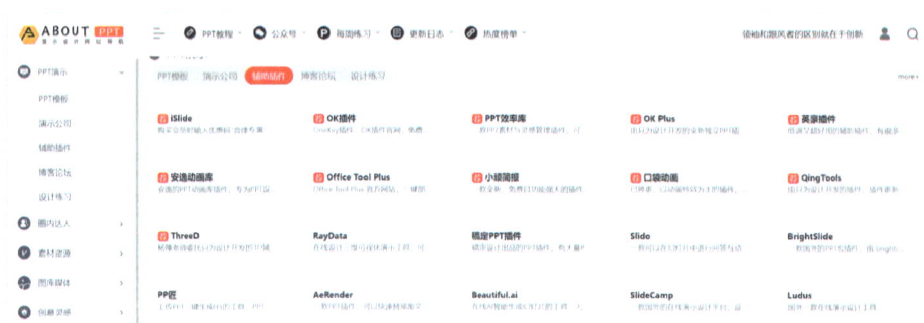

▲这么多的 PPT 插件，你用过哪几款呢？

除了插件资源以外，AboutPPT 还收录了各种各样制作 PPT 时可能会用到的素材资源、图库站点、灵感创意。此外，PPT 高手们的自媒体主页在该网站中也有收录，可以说是非常全面了。

不过互联网上也有句调侃的老话，叫“收藏永不停止，学习从未开始”。所以在本书的最后，我们也要提醒大家，插件并不是装得越多越好，安装太多插件会导致 PowerPoint 启动速度缓慢，甚至导致闪退。

我们应结合自己制作 PPT 时的实际需求去选择插件，最大限度地提升制作 PPT 的效率、减少花在 PPT 制作环节的时间，**把精力都留给安排构架、逻辑梳理等工作**，毕竟这些才是 PPT 制作中最重要、最核心的部分！

后　记

本书由秋叶团队中特别有才华的小伙伴陈陟熹撰写。秋叶作为本书主编，负责梳理大纲和把控内容细节。

如果你是《和秋叶一起学 PPT》的读者，一定知道它在秋叶系列课程中是非常重要的一个部分。

本书也是网易云课堂同名在线课程“和秋叶一起学 PPT”的教材。图书和在线课程的区别如下。

- 在线课程更强调立刻动手，通过操作分解、动手模仿、课程作业等设置，让你找回课堂学习的感觉。
- 图书则是操作大全，就像你书桌上那本内容齐全的“宝典”，方便你全面学习，遇到问题时便于随时查阅。

如何快速提升

动手，对，就是动手。

无论你是图书读者，还是在线课程学员，我们都希望你能动手操作，有所收获。你可以写出让你最印象深刻的收获，附上截屏并在微博上 @ 秋叶 PPT，只要你加上微博话题“和秋叶一起学 PPT”，就能被我们看到。

如果你想快速提升，并得到我们手把手辅导的机会，也可以报名我们的线上学习班。

关于本书的改进

如果你觉得对于本书的某一页内容你有更好的案例或写法，欢迎你投稿。

如果你的投稿在改版时被选用，我们会向你赠书以示答谢。

投稿邮箱：hainei@vip.qq.com。

秋叶

AI之PPT篇
高效办公手册

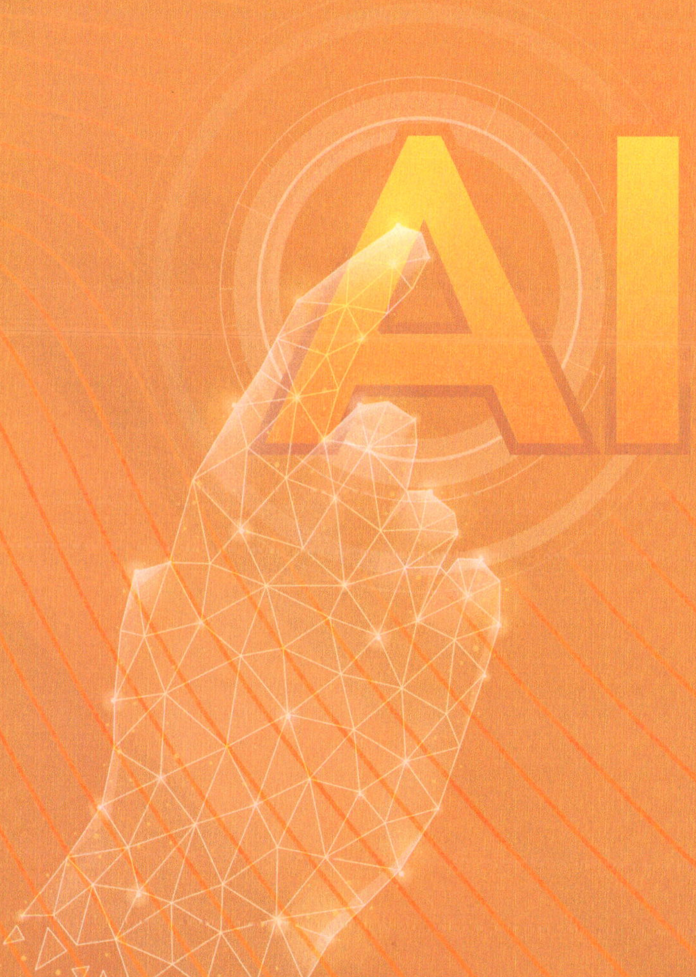

中国工信出版集团
人民邮电出版社
POSTS & TELECOM PRESS

AI 高效办公手册之 PPT 篇

随着科技的飞速发展，AI 已经“学会”思考了，它可以利用大数据进行智能分析，完成一些创新型的操作。因此，越来越多的行业和岗位开始尝试用 AI 来进行文案创作、绘图、编码等工作。

而在制作 PPT 这个领域，AI 的应用也越来越广泛，极大地提高了制作 PPT 的效率，让普通人也可以秒变职场达人。

在这本小册子中，我们将和你一起探讨如何利用 ChatGPT 等 AI 工具来生成 PPT 内容、美化 PPT 界面以及处理 PPT 素材，让 PPT 的制作事半功倍！

第 1 章　ChatGPT 帮你搞定 PPT 内容

别小看 ChatGPT 这个 AI 助手，它的知识储备和计算能力绝对能让你的 PPT 内容更丰富、更能吸引人。

你只要把制作 PPT 的需求拆分成更具体的任务，再向 ChatGPT 提问即可。首先描述清楚背景和要求，让 ChatGPT 生成标题，再生成大纲，然后根据标题和大纲生成每一部分的内容，再进行反馈和优化，就能轻松让 ChatGPT 帮你生成较为满意的 PPT。

注意：即便提问同样的问题，ChatGPT 每次回复的内容也不都是一样的，这是它的工作原理导致的，属于正常现象，你可以多尝试几次，选择最适合的内容。

1.1 ChatGPT帮你写有吸引力的PPT标题

不要再使用“产品研发部年终总结”“奶茶店营销推广策划”“新员工入职培训方案”这样普通的标题做 PPT 的封面标题啦！

PPT 的标题应该有信息、有重点、有力量。

不知道怎么写？那就给出具体指令和要求，让 ChatGPT 来搞定！示例如下。

Q

我的汇报主题是麻辣小龙虾营销推广策划，请帮我取 10 个标题，要求如下。

一、主标题符合如下特点：

1. 使用简洁、明了的词汇，让读者一目了然。
2. 强调主题，突出重点。
3. 使用肯定语气，表达积极的态度和信心。
4. 有针对性地挖掘读者需求，提供可行性解决方案。

二、副标题使用：麻辣小龙虾营销推广策划。

以下是符合要求的 10 个标题：
1. 轻松营销，畅销麻辣小龙虾：麻辣小龙虾营销推广策划
2. 火爆市场，脱颖而出：打造独具特色的麻辣小龙虾品牌推广
3. 善用社交媒体，让你的小龙虾做主角：麻辣小龙虾社交媒体推广策略
4. 抢占市场制高点，打造麻辣小龙虾销售新亮点：营销推广策略探讨
5. 麻辣小龙虾风靡市场，如何打造品牌的独特形象：营销策划分析
6. 营销必杀技：利用网络营销渠道推广麻辣小龙虾
7. 与众不同：麻辣小龙虾营销推广成功案例分析
8. 挖掘市场潜力，掌握行业趋势：麻辣小龙虾营销推广策略的研究和实践
9. 麻辣小龙虾“味”你所想：营销推广策略中的品牌味道策略
10. 创新营销思维，赢得市场先机：麻辣小龙虾营销策划的创新方案

1.2 ChatGPT帮你写有吸引力的PPT大纲

目录页大纲如果直接采用类似“工作业绩”“问题分析”“目标用户”“产品介绍”等写法，则较为缺乏吸引力。所以我们可以把 PPT 每个章节的核心论点提炼出来，变成大纲，这样可以在开篇就对 PPT 的内容进行全面介绍。

同样，优化大纲的工作，也可以交给 ChatGPT。示例如下。

Q 请帮我根据我发你的主题，生成一份汇报提纲，我需要 2 个版本，每个版本都只有 4 个一级标题，且只需要一级标题。**提纲的内容要和主题高度相关，不要出现过于宽泛的概述，用“动词 + 宾语”的结构写标题。**
我的主题是《借势麻辣小龙虾热潮，快速拓展市场份额》。

好的，根据您的要求，我为您生成了 2 个版本的汇报提纲，每个版本只包含 4 个一级标题，且只有一级标题。

版本一：
抓住热点，快速跟进市场变化
积极开发新品，提高产品竞争力
借势市场热潮，拓展市场份额
推动销售，实现市场占有率提升

版本二：
把握市场脉搏，快速响应市场需求
拓宽产品线，满足消费者多样化需求
创新营销手段，提升品牌知名度和美誉度
聚焦市场，持续推进销售业绩提升

1.3 ChatGPT帮你写翔实的PPT汇报内容

确定了 PPT 的标题和大纲之后，接下来就可以直接让 ChatGPT 生成具体的内容。

为了让 ChatGPT 生成的内容更加详细和专业，可以提前给 ChatGPT 设定一个角色，比如要求它扮演一个和你职位相同，但经验更丰富的总监。示例如下。

Q

假设你是一家电商公司的营销总监，名字叫老王，有着 10 年的 5A 广告公司工作经验，操盘过很多大型营销活动，销量均超千万。现在你需要结合自己的经验，以《借势麻辣小龙虾热潮，快速拓展市场份额》为主题，进行 PPT 汇报，要求如下。
（1）一定要使用中文。
（2）页面形式有 3 种：封面页、目录页、内容页。
（3）封面格式。
主标题：使用我发你的主题。
演讲人：你的名字。
（4）目录页要列出内容大纲，包括制定完善的市场营销策略、联合其他企业开展跨界合作、积极参加各类行业展会和活动、加强与媒体的合作和提高品牌曝光率 4 个方面。
（5）根据内容大纲，生成对应的 PPT 内容页。
（6）内容页要结构化，且有具体的案例和数据。

封面页:
主标题——借势麻辣小龙虾热潮，快速拓展市场份额
演讲人——老王

目录页:
制定完善的市场营销策略
联合其他企业开展跨界合作
积极参加各类行业展会和活动
加强与媒体的合作和提高品牌曝光率

内容页:
制定完善的市场营销策略
在市场营销策略方面，我们可以从以下几个方面入手。
1.1 定位清晰：明确我们的目标受众是谁，他们的需求和喜好是什么，从而针对性地开展营销活动。
1.2 产品创新：加大产品创新的力度，不断推出符合市场需求的新品，提升消费者对品牌的认可度和忠诚度。
1.3 促销策略：设计优惠促销活动，吸引更多的消费者关注品牌和产品，提高销售额。
1.4 社交媒体：充分利用社交媒体平台，与消费者建立互动关系，优化品牌形象，提升知名度。

案例:
以淘宝旗舰店为例，通过定期进行产品推广、参加行业大型促销活动、在社交媒体平台进行品牌推广等手段，成功吸引了众多消费者的关注，销售额持续攀升。
（内容较多，仅展示部分内容）

1.4 ChatGPT帮你提炼PPT内容的重点

制作 PPT 时，为了减小阅读压力，让观众更好地理解内容，建议给大段内容都提炼出一个小标题，但是如何准确地提炼呢？问一下 ChatGPT 就可以啦！示例如下。

Q

请帮我为下面的内容总结一个标题出来，需要给出 3 个参考标题。

从科学层面看，人工智能跨越认知科学、神经科学、数学和计算机科学等学科，具有高度交叉性；从技术层面看，人工智能包含计算机视觉、机器学习、知识工程、自然语言处理等多个领域，具有极强专业性；从产业层面看，人工智能在智能制造、智慧农业、智慧医疗、智慧城市等领域的应用不断扩大，具有内在融合性；从社会层面看，人工智能给社会治理、隐私保护、伦理道德等带来新的影响，具有全面渗透性。

参考标题如下。

1. 人工智能：跨越多个学科，渗透到各个领域的新兴产业
2. 探索人工智能：从科学、技术、产业和社会 4 个维度全面解读
3. 人工智能：融合性强，引领着数字时代的发展

Q

请帮我用精练的语言梳理下面内容的逻辑结构。

《固定资产投资项目节能审查办法》（以下简称《办法》）中重点提出固定资产投资项目节能审查意见是项目开工建设、竣工验收和运营管理的重要依据，在提高新建项目能效水平、确保项目符合节能降碳有关政策要求等方面发挥了重要作用。但从地方实践看，节能审查制度在实际执行过程中还存在一些问题，比如有的项目不落实节能审查意见要求、未按规定进行节能验收等，进而加大了节能降碳工作的推进难度。《办法》坚持问题导向，突出闭环管理，加强事中事后监管，进一步明确节能验收程序和内容，规定节能审查机关会同相关行业主管部门对项目节能审查意见落实、节能验收等情况进行监督检查，并将节能审查实施情况作为节能监察和节能目标责任评价考核的重点内容。在此基础上，《办法》还明确了未批先建、未按规定进行节能验收等违法违规行为的法律责任，将进一步提升节能审查制度监管效能，有效遏制“两高一低”项目盲目发展。

逻辑结构如下。

固定资产投资项目节能审查意见的重要性：作为项目开工建设、竣工验收和运营管理的重要依据，发挥了提高新建项目能效水平、确保项目符合节能降碳有关政策要求等方面的重要作用。

节能审查制度存在的问题：一些项目未落实审查要求或未按规定进行验收，加大了工作的推进难度。

> 解决问题的方法:《办法》坚持问题导向，加强事中事后监管，明确节能验收程序和内容，并规定节能审查机关会同相关部门一起监督检查落实情况。
>
> 监管效能的提升:《办法》明确了违规行为的法律责任，提升了节能审查制度的监管效能，并遏制“两高一低”项目盲目发展。

如果材料内容较多，一段一段地发给 ChatGPT，让其提炼总结，效率会很低。

有没有什么办法，能让 ChatGPT 一次性读完并读懂整篇文档，而我们只需要提问，就能得到想要的答案呢?

这里推荐一款强大的工具：ChatDOC。

在 ChatDOC 中，上传 PDF 文档，就能通过对话的方式快速了解文档内容，并提炼内容要点。

1.5 场景应用：ChatGPT帮你搞定各种PPT场景

了解了如何通过拆分内容向 ChatGPT 进行提问后，再来试试让 ChatGPT 生成不同场景下的 PPT 吧！思路如下。

确定框架→补充信息并生成 PPT →反馈与优化

在确定框架时，我们可以为 ChatGPT 提供尽可能多的信息，让它直接生成框架。

如果 ChatGPT 生成的框架不符合需求，可以点击“Regenerate response”（重新生成响应）按钮，也可以继续补充要求，直到获得自己较为满意的框架。

有了基础框架后，就可以在框架上补充自己的信息，然后整合发送给 ChatGPT，要求其生成对应的 PPT。

最后，经过反馈和优化，就可以得到符合预期的 PPT。

1.5.1　ChatGPT 帮你搞定工作汇报

你有没有过，向领导汇报工作进度和项目成果时，总是无从下手，花了好几个小时，写的报告还是缺乏逻辑性和说服力？再有这种情况，不妨试试让 ChatGPT 来帮忙，它会让你的工作汇报更加清晰有力，赢得领导的认可。

第一步，确定框架。

你需要向 ChatGPT 交待这份工作汇报 PPT 的背景信息，如汇报人、汇报对象、汇报主题等，然后让 ChatGPT 为你生成框架。

Q　请你扮演一位 ××行业的 ××岗位员工，要向 ××对象进行汇报，需要制作一份汇报 PPT，汇报主题是 ××主题，请生成一份汇报 PPT 的框架，不需要解释。

××主题工作汇报 PPT

一、概述
1. 第一季度总体运营情况概述
2. 目标完成情况
3. 销售情况
二、总销售额及同比增长率
1. 主要产品类别销售情况分析
2. 新品销售情况分析
3. 区域销售情况分析
（内容较多，仅展示部分内容）

第二步，补充信息并生成 PPT。

根据 ChatGPT 提供的框架补充相关信息后，再给出具体要求，让它生成 PPT。

Q 根据你提供的框架，我完善了相关信息，请为我生成一份工作汇报 PPT 的内容，
要求：排版合理清晰、语言规范简洁、突出我的优点和成绩。
以下为我补充完整的信息：……

第三步，反馈与优化。

你可以继续发送修改指令，让 ChatGPT 不断优化这份工作汇报 PPT。

1.5.2 ChatGPT 帮你搞定产品介绍

你有没有过，制作产品介绍 PPT 的时候脑袋一片空白，不知道该怎么突出卖点和吸引客户？别担心，ChatGPT 或许能帮你解决这个难题。示例如下。

第一步，确定框架。

首先，向 ChatGPT 阐述这份产品介绍 PPT 的背景信息，如产品种类、目标受众、产品特性等，然后让 ChatGPT 为你生成框架。

Q 请你扮演一位 ×× 行业产品经理，需要制作一份关于 ×× 产品的介绍 PPT，产品特点为 ××，目标受众为 ××，请生成一份产品介绍 PPT 的框架，不需要解释。

新产品介绍 PPT
一、概述
1. 产品名称及定位
2. 产品简介
3. 主要卖点
二、产品特性
1. 物理特性
2. 技术特性
3. 用户体验特性
（内容较多，仅展示部分内容）

第二步，补充信息并生成 PPT。

根据 ChatGPT 提供的框架补充相关信息后，再给出具体要求，让它生成 PPT。

Q 根据你提供的框架，我完善了相关信息，请为我生成一份产品介绍 PPT 的内容，要求：排版合理清晰、语言规范简洁、突出产品的卖点和优势。
以下为我补充完整的信息：……

第三步，反馈与优化。

你可以继续发送修改指令，让 ChatGPT 不断优化这份产品介绍 PPT 。

1.5.3 ChatGPT 帮你搞定公司介绍

你有没有过，制作公司介绍 PPT 的时候总是无法用简洁凝练的语言总结要点，导致最终内容散乱，没有重点？充分利用好 ChatGPT，这个问题就会迎刃而解。示例如下。

第一步，确定框架。

你需要向 ChatGPT 交待这份公司介绍 PPT 的背景信息，如公司名称、公司类型、所处领域、目标受众等，然后让 ChatGPT 为你生成框架。

Q 请你扮演一位新能源科技公司的员工，需要制作一份关于“ABC 新能源科技有限公司”的介绍 PPT。公司专注于太阳能技术领域，目标受众为潜在投资者和合作伙伴。请根据这些信息生成一份公司介绍 PPT 的框架，不需要解释。

ABC 新能源科技有限公司介绍 PPT
一、公司概述
1. 公司名称及定位
2. 公司使命和愿景
3. 公司历史和成就
二、产品和技术
1. 公司核心产品
2. 产品特性和优势
3. 技术创新和领先性
（内容较多，仅展示部分内容）

第二步，补充信息并生成 PPT。

根据 ChatGPT 提供的框架补充相关信息后，再给出具体要求，让它生成 PPT。

> Q 根据你提供的框架，我完善了相关信息，请为我生成一份公司介绍 PPT 的内容，要求：排版合理清晰、语言规范简洁、突出公司的优势和竞争力。
> 以下为我补充完整的信息：……

第三步，反馈与优化。

你可以继续发送修改指令，让 ChatGPT 不断优化这份公司介绍 PPT 。

1.5.4 ChatGPT 帮你搞定校园招聘

你有没有过，制作校园宣讲 PPT 时，想要向学生展示公司的优势，却无法找到恰当的表达方式，绞尽脑汁，内容依然缺乏吸引力？别急，让 ChatGPT 为你打开思路，让你的校园宣讲更具魅力，吸引更多优秀毕业生。示例如下。

第一步，确定框架。

你需要向 ChatGPT 交待这份校园宣讲 PPT 的背景信息，如公司名称、所处领域、目标院校、招聘职位等，然后让 ChatGPT 为你生成框架。

> Q 请你扮演一位互联网公司的 HR，需要制作一份关于“XYZ 互联网公司”的校园宣讲 PPT。公司专注于移动互联网领域，目标院校为 ×× 大学，招聘职位包括产品经理和软件工程师。请根据这些信息生成一份校园宣讲 PPT 的框架，不需要解释。

> XYZ 互联网公司校园宣讲 PPT
> 一、公司概述
> 1. 公司名称及定位
> 2. 公司使命和愿景
> 3. 公司历史和成就
> 二、招聘职位介绍
> 1. 产品经理职位介绍
> 2. 软件工程师职位介绍
> 3. 职位要求和岗位职责
> （内容较多，仅展示部分内容）

第二步，补充信息并生成 PPT。

根据 ChatGPT 提供的框架补充相关信息后，再给出具体要求，让它生成 PPT。

Q

根据你提供的框架，我完善了相关信息，请为我生成一份校园宣讲 PPT 的内容，要求：排版合理清晰、语言规范简洁、突出企业文化、发展前景及招聘职位的特点。
以下为我补充完整的信息：……

第三步，反馈与优化。

你可以继续发送修改指令，让 ChatGPT 不断优化这份校园宣讲 PPT 。

1.5.5　ChatGPT 帮你搞定商业计划书

你有没有过，在制作商业计划书 PPT 时感到无从下手，想要把创意和商业模式表达得清晰有力，却总觉得缺乏条理，反复修改，内容仍然难以让人信服？不妨试试让 ChatGPT 来协助你，让你的商业计划书更具说服力，赢得投资者的青睐。示例如下。

第一步，确定框架。

你需要向 ChatGPT 交待这份商业计划书 PPT 的背景信息，如项目名称、所处领域、目标市场、竞争优势等，然后让 ChatGPT 为你生成框架。

Q

请你扮演一位初创科技公司的创始人，需要制作一份关于“创新科技项目”的商业计划书 PPT。项目专注于人工智能领域，目标市场为华南地区，竞争优势包括专利技术和行业经验。请根据这些信息生成一份商业计划书 PPT 的框架，不需要解释。

创新科技项目商业计划书 PPT
一、公司简介
1. 公司名称及定位
2. 公司创始人及背景
3. 公司成立背景和愿景
二、项目概述
1. 项目名称及定位

2. 项目简介和目标
3. 项目内容和核心技术
（内容较多，仅展示部分内容）

第二步，补充信息并生成 PPT。

根据 ChatGPT 提供的框架补充相关信息后，再给出具体要求，让它生成 PPT。

Q

根据你提供的框架，我完善了相关信息，请为我生成一份商业计划书 PPT 的内容，要求：排版合理清晰，语言规范简洁，突出项目的潜力、市场机会及竞争优势。
以下为我补充完整的信息：……

第三步，反馈与优化。

你可以继续发送修改指令，让 ChatGPT 不断优化这份商业计划书 PPT。

1.5.6 ChatGPT 帮你搞定活动策划

你有没有过，在制作活动策划 PPT 时，想让策划方案充满创意和吸引力，思路却总是不够清晰，修改好几遍，方案依然不够打动人心？试试让 ChatGPT 来助你一臂之力，让你的活动策划方案焕然一新，成功吸引观众。示例如下。

第一步，确定框架。

你需要向 ChatGPT 交待这份活动策划 PPT 的背景信息，如活动主题、活动类型、目标受众、活动目标等，然后让 ChatGPT 为你生成框架。

Q

请你扮演一位活动策划师，需要制作一份关于“环保主题公益活动”的策划 PPT。活动类型为公益活动，目标受众为社区居民，活动目标为提高环保意识和参与度。请根据这些信息生成一份活动策划 PPT 的框架，不需要解释。

环保主题公益活动策划 PPT
一、活动背景
1. 环保问题现状和关注度

> 2. 活动目的和意义
> 3. 活动时间和地点
> 二、活动内容
> 1. 活动主题和主题解释
> 2. 活动内容和形式安排
> 3. 参与方式和奖励规定
> （内容较多，仅展示部分内容）

第二步，补充信息并生成 PPT。

根据 ChatGPT 提供的框架补充相关信息后，再给出具体要求，让它生成 PPT。

> Q 根据你提供的框架，我完善了相关信息，请为我生成一份活动策划 PPT 的内容，要求：排版合理清晰、语言规范简洁、突出活动的创意、目标和吸引力。
> 以下为我补充完整的信息：……

第三步，反馈与优化。

你可以继续发送修改指令，让 ChatGPT 不断优化这份活动策划 PPT。

1.5.7　ChatGPT 帮你搞定高校教学创新比赛

你有没有过，参加高校教学创新比赛，却无法把创新的教学理念和方法表达得清晰有力，反复修改，课件内容依然难以让评委信服？别担心，让 ChatGPT 来帮你，让你的创新方案脱颖而出。示例如下。

第一步，确定框架。

你需要向 ChatGPT 交待这份教学创新比赛 PPT 的背景信息，如比赛主题、项目名称、团队成员、项目目标等，然后让 ChatGPT 为你生成框架。

> Q 请你扮演一位高校教学创新比赛参赛者，需要制作一份关于“智能教学助手项目”的比赛 PPT。项目团队由五名成员组成，项目目标是通过人工智能技术提高教学效果。请根据这些信息生成一份教学创新比赛 PPT 的框架，不需要解释。

智能教学助手项目比赛 PPT
一、项目简介
1. 项目名称及定位
2. 项目背景和目标
3. 项目研究内容和核心技术
二、项目需求
1. 项目需求分析和目标用户
2. 项目需求细节和需求分类
3. 项目需求优先级和设计原则
（内容较多，仅展示部分内容）

第二步，补充信息并生成 PPT。

根据 ChatGPT 提供的框架补充相关信息后，再给出具体要求，让它生成 PPT。

Q

根据你提供的框架，我完善了相关信息，请为我生成一份教学创新比赛 PPT 的内容，要求：排版合理清晰、语言规范简洁、突出项目的创新性、实用性等优势。
以下为我补充完整的信息：……

第三步，反馈与优化。

你可以继续发送修改指令，让 ChatGPT 不断优化这份教学创新比赛 PPT。

第 2 章　五大 AI 神器，让 PPT 瞬间美颜

一提到 AI，大家首先想到的可能就是 ChatGPT，但其实在制作 PPT 的时候，还有很多好用的 AI 工具。例如，WPS 的智能美化功能、闪击 PPT、MINDSHOW、Gamma、Motion GO 等 AI 工具，能帮助你生成专业的 PPT 内容、优化布局、调整配色、搭配图片等。使用这些工具制作 PPT 时，不仅能解放双手，还能得到不错的设计效果，一起来了解吧。

2.1 WPS的智能美化功能

WPS 的智能美化功能既可以一键全文美化，也可以自动识别当前 PPT 页面的类型，一页一页地深度美化。

用 WPS 打开一份 PPT 文档，在软件的底部找到“智能美化”，然后选择“单页美化”或者“全文美化”。

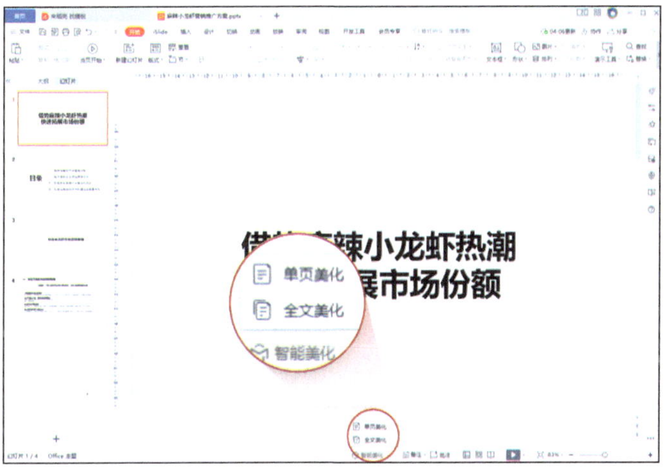

使用全文美化时，可以快速更换模板、配色和字体，实现基础的美化效果。

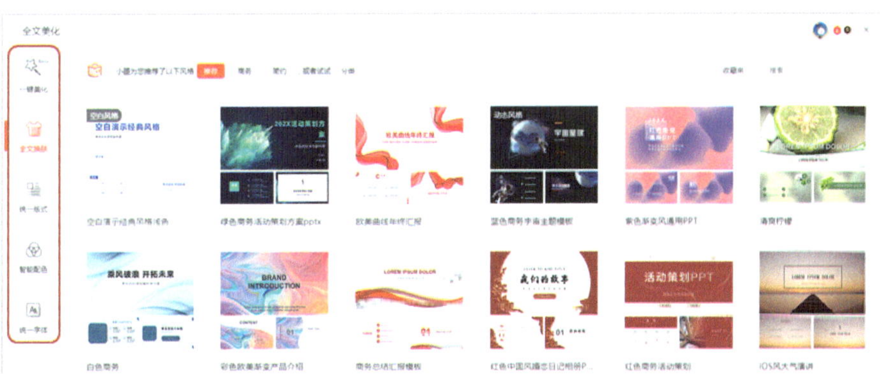

选择一页正文页，使用“单页美化”功能，就能将段落文本转换成图示。

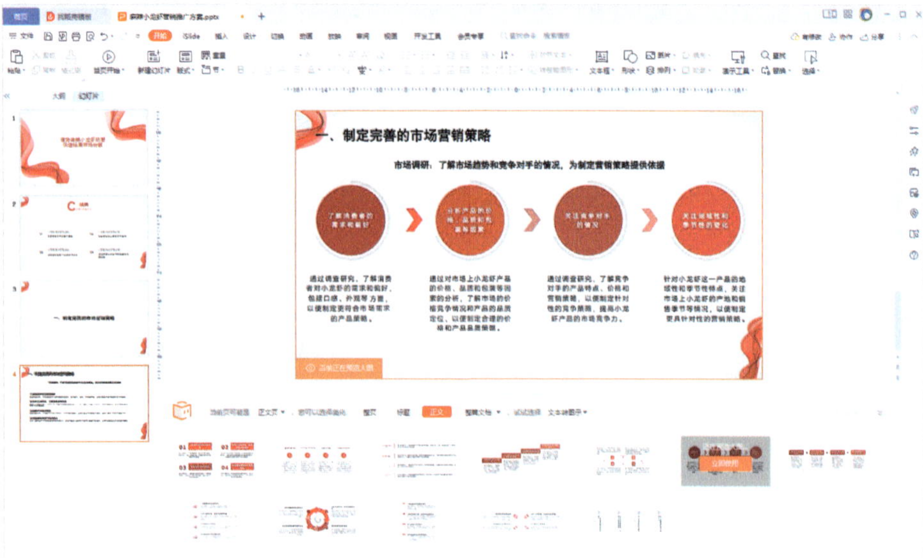

除此之外，还是选择一页正文页，在顶部的“文本工具”选项卡中找到“转智能图形”或“转换成图示”功能，同样可以将文本段落转换成图示。

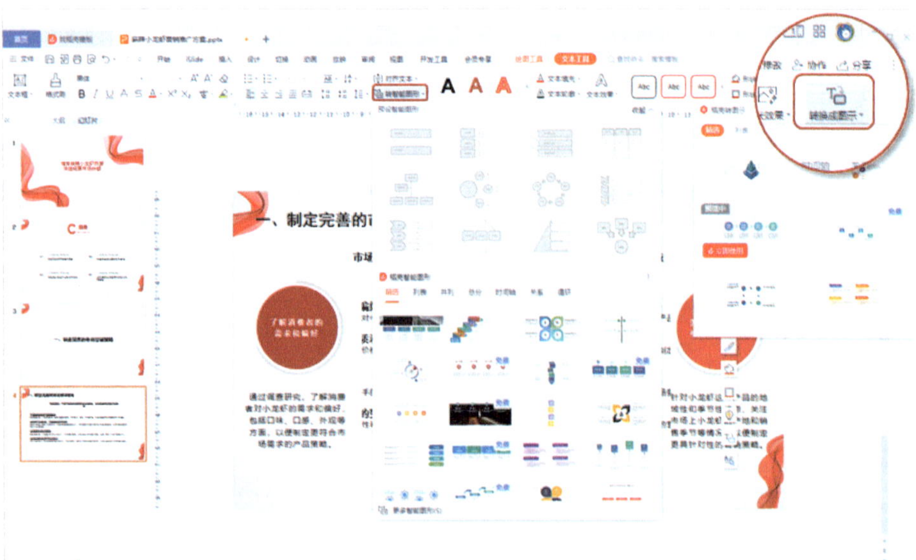

2.2 闪击PPT

闪击 PPT 是一款在线美化 PPT 的工具，你只需要打字输入文案，它会帮你自动完成版式的布局和美化，操作非常方便。

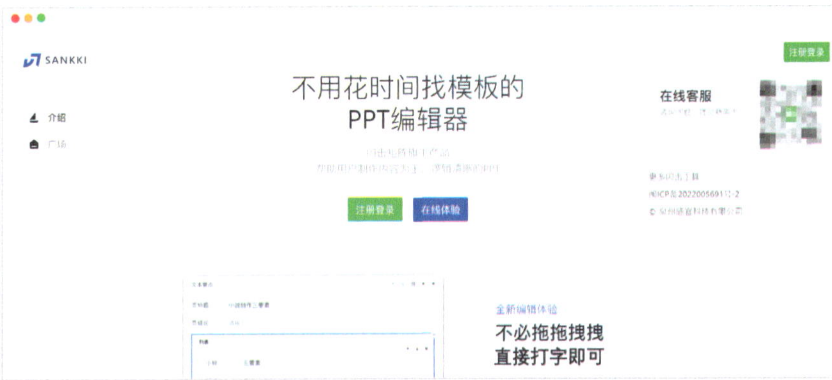

你可以在内容输入区选择需要的页面类型，然后修改内容，右侧 PPT 展示区中对应的文本框内容会同步修改，真正实现“会打字就会做 PPT”。

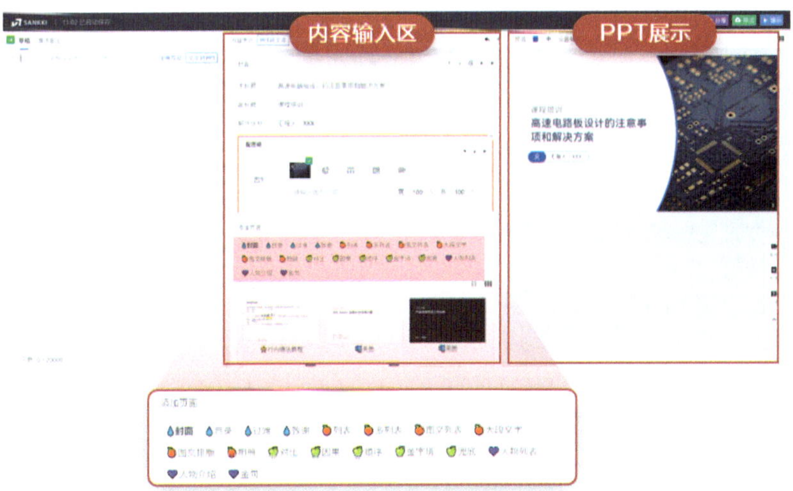

闪击 PPT 提供了非常丰富的页面类型

闪击 PPT 还可以和 ChatGPT 实现“梦幻联动”，示例如下。

Q

假设你是一家电商公司的营销总监，名字叫光头强，有着 10 年的 5A 广告公司工作经验，操盘过很多大型营销活动，销量均超千万。现在你需要结合自己的经验，以“借势麻辣小龙虾热潮，快速拓展市场份额”为主题，进行 PPT 汇报，要求如下。

（1）一定要使用中文。

（2）页面形式有 3 种：封面页、目录页、内容页。

（3）封面格式。

主标题：使用我发你的主题

演讲人：你的名字

（4）目录页要列出内容大纲，包括制定完善的市场营销策略、联合其他企业开展跨界合作、积极参加各类行业展会和活动、加强与媒体的合作和提高品牌曝光率 4 个方面。

（5）根据内容大纲，生成对应的 PPT 内容页。每一页 PPT 内容页都使用“===== 内容 =====”开头。

（6）封面页格式如下。

===== 封面 =====

主标题

演讲人：你的名字

（7）目录页格式如下。

===== 目录 =====

目录

CONTENTS

1. 内容

2. 内容

目录页只需要一级标题。

（8）内容页格式如下。

===== 内容 =====

页面主标题

1. 要点 1

要点描述内容

（9）内容页中的要点描述内容是对要点的详细描述，3～4 条为宜，每条描述在 10 个字以上，50 个字以内。

最后，一定要使用 Markdown 代码块回复你生成的内容，切记切记。

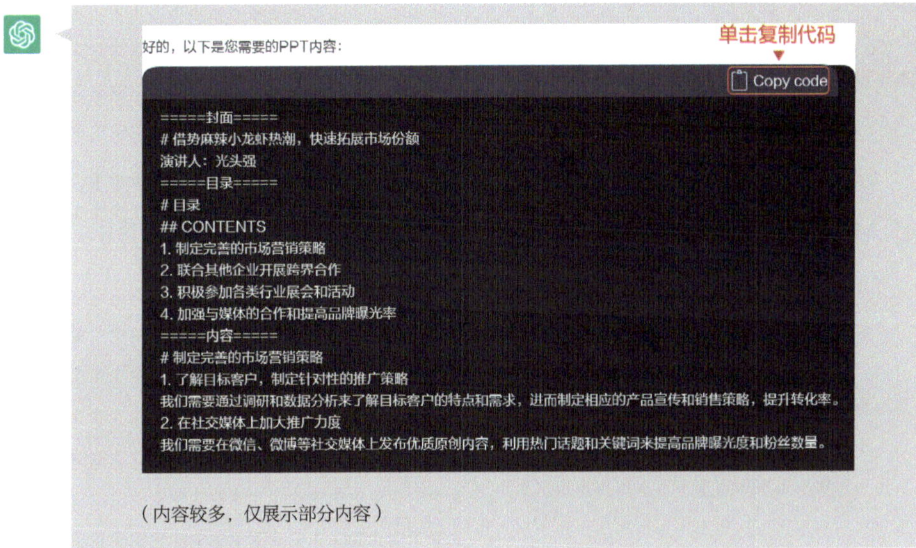

内容生成完毕后，点击“Copy code”按钮复制代码块中的所有内容。

接着粘贴在闪击 PPT 左侧的草稿编辑区，单击“文本转 PPT”按钮即可得到一份 PPT。

由闪击 PPT 自动生成的 PPT（仅展示部分页面）

2.3 MINDSHOW

和闪击 PPT 类似，MINDSHOW 也是一款便捷的 PPT 在线制作工具。MINDSHOW 提供了很多职场汇报常用的模板，方便用户快速套用。

选择一个模板并进入内容编辑区后，在左侧输入文案，右侧就能实时看到修改后的 PPT，十分方便。

MINDSHOW 是以节点的形式组织内容的，所以在输入文案时，一定要明确文案的层级和节点的对应关系。

MINDSHOW 支持导入 Markdown 格式的文本，利用这一点，也可以和 ChatGPT 实现联动，但格式要求上没有闪击 PPT 那么严格。示例如下。

Q

假设你是一家电商公司的营销总监，名字叫光头强，有着 10 年的 5A 广告公司工作经验，操盘过很多大型营销活动，销量均超千万。现在你需要结合自己的经验，以“借势麻辣小龙虾热潮，快速拓展市场份额”为主题，进行 PPT 汇报，要求如下。

（1）使用 Markdown 代码块回复你生成的内容。

（2）页面形式有 3 种：封面页、目录页和内容页。

（3）封面格式。

主标题：使用我发你的主题

演讲人：你的名字

（4）目录页要列出内容大纲，包括制定完善的市场营销策略、联合其他企业开展跨界合作、积极参加各类行业展会和活动、加强与媒体的合作和提高品牌曝光率 4 个方面。

（5）根据内容大纲，生成对应的 PPT 内容页。

（6）内容页要结构化，且内容非常详细。

（7）务必使用 Markdown 代码块输出！切记！

好的，以下是您需要的PPT内容。

单击复制代码

Copy code

```
# 借势麻辣小龙虾热潮，快速拓展市场份额
 演讲人：光头强

# 目录
1. 制定完善的市场营销策略
2. 联合其他企业开展跨界合作
3. 积极参加各类行业展会和活动
4. 加强与媒体的合作和提高品牌曝光率

# 制定完善的市场营销策略

- 分析目标消费群体，制定精准的人群画像
- 选择适合的营销渠道，比如短视频平台、直播平台等
- 推出差异化的产品和服务，满足消费者需求
- 联合KOL和网红进行产品推广，制造话题和热度

# 联合其他企业开展跨界合作

- 联合食品行业的企业，开发麻辣小龙虾味食品和周边产品
- 联合快递物流企业，提供麻辣小龙虾配送服务，满足消费者需求
- 联合旅游公司，开发麻辣小龙虾美食主题旅游线路，提高品牌体验
```

（内容较多，仅展示部分内容）

内容生成完毕后，点击“Copy code”按钮复制代码块中的所有内容。

接着粘贴在 MINDSHOW 的导入编辑区，单击“导入创建”按钮即可得到一份 PPT。

导入编辑区

MINDSHOW 最终生成的 PPT（仅展示部分页面）

2.4 Gamma

Gamma 是一款在线生成 PPT 的工具，你给它一个主题，它会帮你生成一组大纲，然后自动生成一份配图完整、样式美观的 PPT。示例如下。

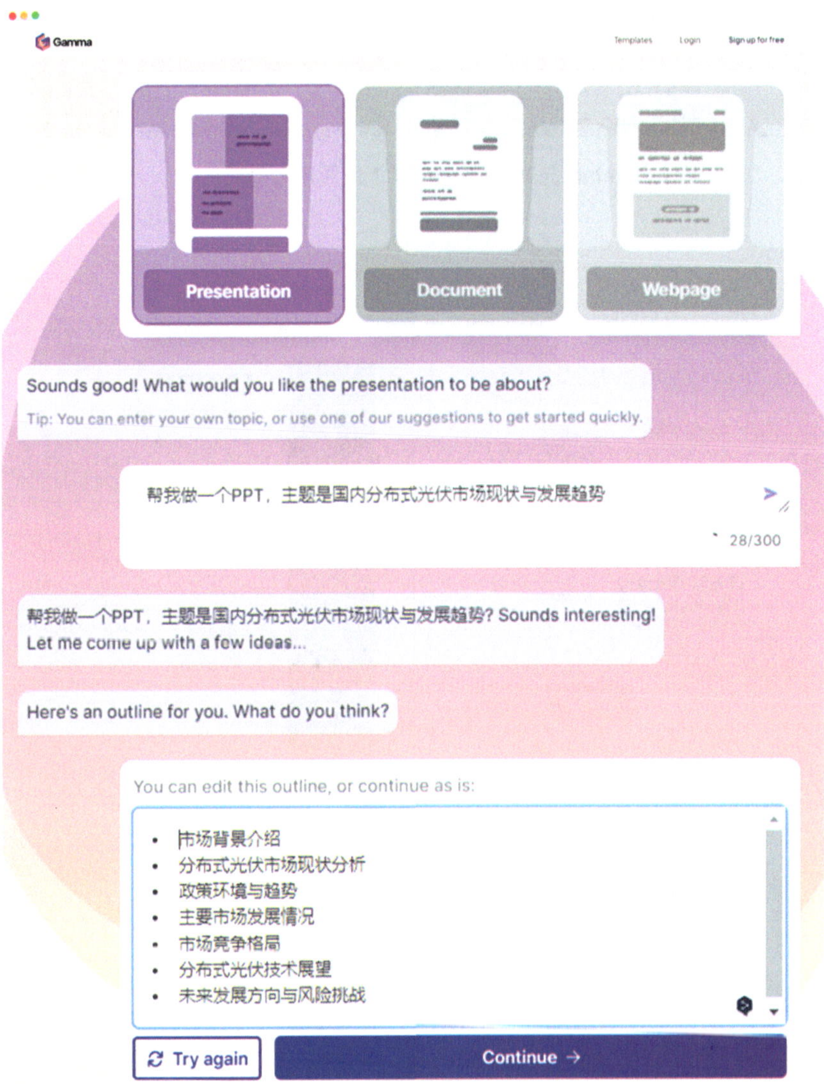

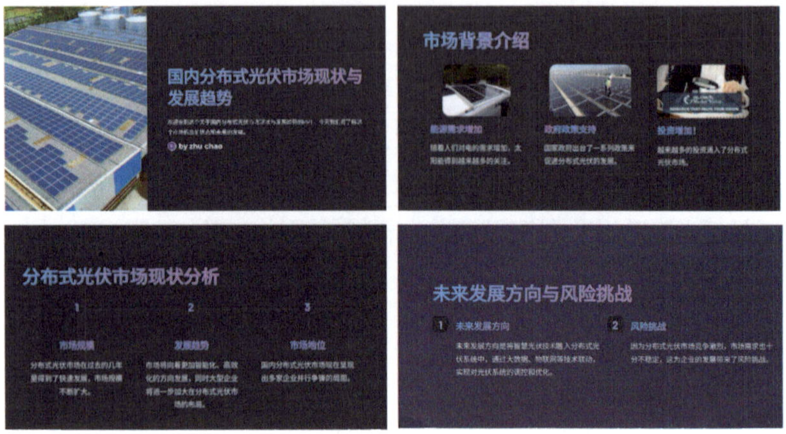

Gamma 自动生成的 PPT（仅展示部分页面）

通过与机器人对话的方式快速修改 PPT

2.5 Motion GO

Motion GO 是一款内置在 PPT 中的插件，它有一个功能叫作“ChatPPT”，利用此功能，只要输入指令，就能够快速生成一份 PPT。示例如下。

Motion Go 最终生成的 PPT（仅展示部分页面）

目前 Motion Go 支持的指令已经超过 300 条，并且还在不断地完善中，距离实现“用嘴做 PPT”的梦想不远啦！

Motion Go 支持的部分指令如下表所示。

类别	具体指令
生成 PPT	生成人工智能行业分析报告 PPT
	帮我写一份人工智能市场报告 PPT，黄色，面向技术人员
	帮我生成一份面霜营销的快闪 PPT
更换模板	请帮我换一个商务风模板
更换主题色	请将主题色改为浅绿色
新增 PPT 页	新增 2 页关于 AI 技术发展趋势的 PPT 页
	插入一页介绍新能源汽车的 PPT 页
插入图片	插入一张秋天落叶的图片
设置字体	所有标题均加粗处理

第 3 章　AI 工具，帮你生成高颜值素材

做好 PPT，往往离不开高质量的素材，但找素材时我们总是依赖于素材网站，要花很多时间，万一找不到完美适配的，还要自己动手处理，更加麻烦。

但现在有了 AI，很多素材就可以直接生成。例如，我们可以让 AI 根据我们的文字描述生成对应的图片，再将图片放到 PPT 中进行简单处理，就能做出高颜值的 PPT。示例如下。

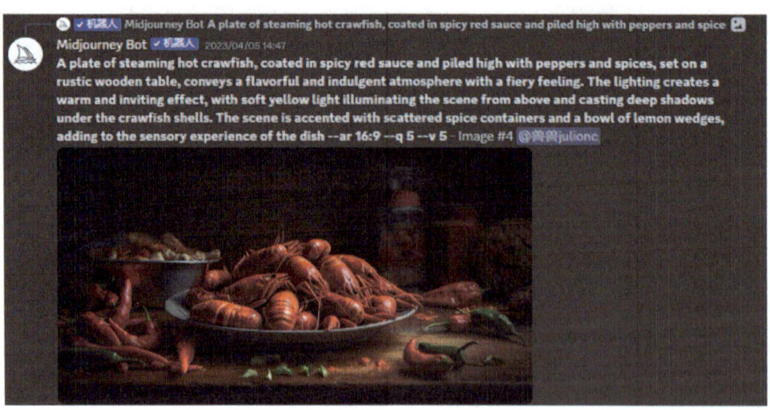

用 AI 生成的图片制作的 PPT 封面

能够实现通过文字描述生成图片的 AI 工具有很多，在这里主要向大家推荐以下几款。

（1）Midjourney：输入关键词直接生成相应风格的图片，如写实风格、插画风格、水墨风格、水彩风格等。

（2）Stable Diffusion：通过输入关键词生成图片，逼真度很高，能够精确控制画面构图和人物姿势，并制作自己的模型，实现了高度的个性化定制。

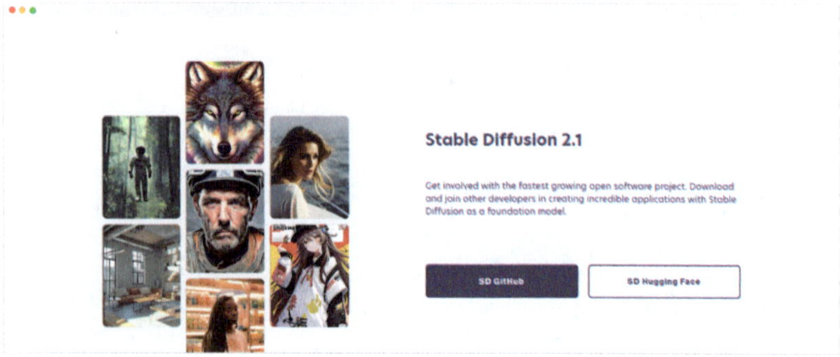

（3）DALL•E：一款由 OpenAI 推出的根据自然语言描述创建图像的工具，目前生成复杂图片的能力有待提高。

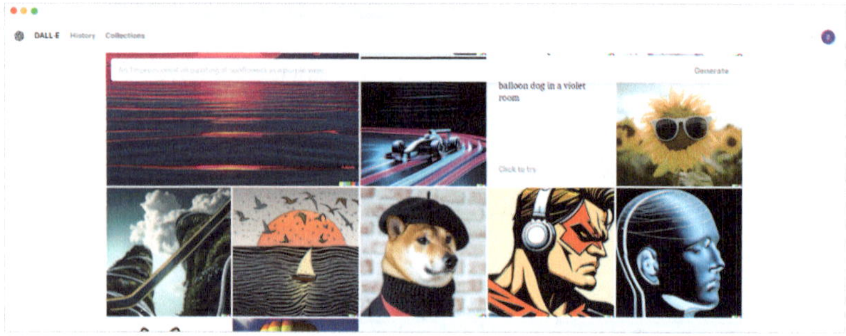

（4）Microsoft Bing Image Creator：一款由微软出品的根据文字生成图片的工具，同样也是输入英文关键词即可得到对应的图片，使用的是 DALL•E 的模型。

（5）文心一格：一款由百度出品的根据文字生成图片的 AI 绘图工具，支持中文关键词，使用起来更方便。

（6）Vega AI：和 Stable Diffusion 类似，语言环境为中文，功能较强，支持在线快速训练，可自由定制。

有时候使用 AI 生成的高清图片并不能直接使用，还需要做抠图处理，所以再推荐3款免费且好用的智能抠图工具，帮助大家更自如地运用图片素材。

顽兔抠图	阿里巴巴出品，不限次数，不压缩质量，免费下载
ARC 实验室	腾讯出品，适合抠人物，不限次数，不压缩质量，免费下载
稿定 PPT 插件	内置在 PPT 中的插件，在 PPT 中就可以完成抠图操作，抠图效果较好

1

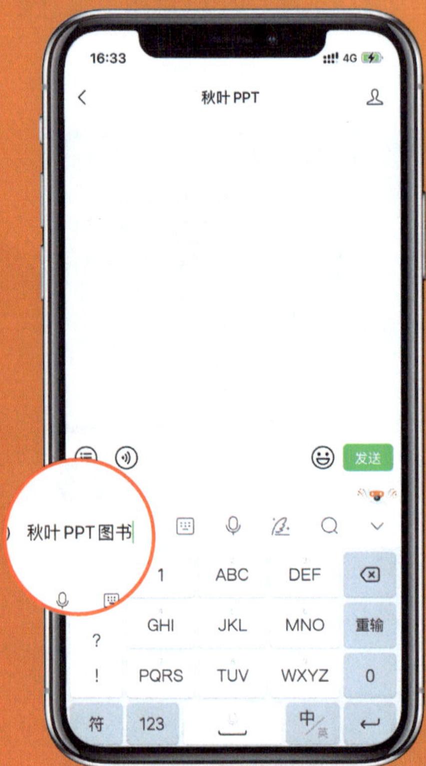

关注微信公众号：**秋叶PPT**

回复关键词：**秋叶PPT图书**

2

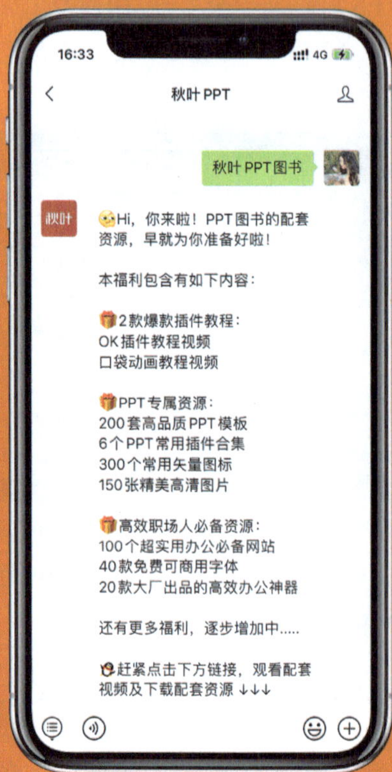

获取秋叶团队出品的

PPT 模板、素材、资料包！

【扫码关注】

微信公众号

秋叶PPT

分类建议：计算机/办公应用/Office

人民邮电出版社网址：www.ptpress.com.cn